深水中的 Benjamin-Ono 方程及其怪波解

郭柏灵　韩励佳　刘峰霞　肖亚敏　著

科学出版社
北京

内 容 简 介

深水中的 Benjamin-Ono (BO) 方程是一类非常重要的非线性色散方程,具有广泛的物理背景和应用背景. 该类方程存在一类具有有限分式的代数孤立子, 并且属于可积系统. 本书给出该类方程的物理背景并阐述其怪波解, 着重研究几种重要类型的 BO 方程的数学理论, 其中包括在能量空间和 Bourgain 空间上的整体解的存在性、唯一性和低正则性等. 同时本书研究了中等深度水波方程的广义解、解的渐近性和极限性质、广义 KP 方程和二维 BO 方程解的爆破性质, 以及利用稳定性理论和谱分析的方法介绍了 BO 方程孤立波解的轨道稳定性和渐近稳定性.

本书适合高等院校数学、物理专业的研究生和教师以及相关领域的科研工作人员阅读.

图书在版编目(CIP)数据

深水中的 Benjamin-Ono 方程及其怪波解/郭柏灵等著. —北京:科学出版社, 2022.5
ISBN 978-7-03-071508-1

Ⅰ. ①深⋯ Ⅱ. ①郭⋯ Ⅲ. ①非线性方程 Ⅳ. ①O175

中国版本图书馆 CIP 数据核字(2022) 第 027157 号

责任编辑:李 欣 李 萍/责任校对:彭珍珍
责任印制:吴兆东/封面设计:无极书装 陈可陈

科学出版社 出版
北京东黄城根北街 16 号
邮政编码:100717
http://www.sciencep.com
北京虎彩文化传播有限公司 印刷
科学出版社发行 各地新华书店经销
*
2022 年 5 月第 一 版 开本:720×1000 1/16
2024 年 1 月第二次印刷 印张:20 1/2
字数:410 000
定价: 168.00 元
(如有印装质量问题, 我社负责调换)

前　　言

20 世纪六七十年代, Benjamin 和 Ono 分别在 [107] 和 [113] 中提出了一类具有奇性的 Hilbert 变换的发展方程

$$u_t + \alpha u u_x - \beta H(u_{xx}) = 0,$$

其中 α, β 为常数, H 为 Hilbert 变换, 我们称之为 Benjamin-Ono 方程, 简称 BO 方程. BO 方程用来描述深水中的水波运动, 也描述光学介质中的三层光学共振. BO 方程与描述浅水波的 Korteweg-de Vries (KdV) 方程以及有限深度的水波方程一起成为重要的色散型水波方程, 这三者之间还有紧密的联系. 当描述流体深度的参数 $\delta \to \infty$ 时, 有限深度水波方程逼近于 BO 方程; 当描述流体深度的参数 $\delta \to 0$ 时, 有限深度水波方程逼近于 KdV 方程. 可以证明 BO 方程是可积系统, 具有孤立子, 不同于 KdV 方程的钟形孤立子, BO 方程具有有限分式的代数孤立子.

1986 年, 周毓麟和郭柏灵首次证明了 BO 方程整体光滑解的存在唯一性. 之后国内外许多著名的学者都对 BO 方程做了大量的研究, 如 T. Tao, C. E. Kenig 等, 得到了 L^2 空间上的大初值整体解等一系列结果. 在研究 BO 方程的过程中, 学者们提出了许多新的研究方法, 如分频分模的 Bourgain 空间方法等, 应用了一系列复杂的混合型工作空间, 将调和分析等工具加以充分利用.

本书的目的在于以简洁明了、通俗易懂的形式比较全面地介绍 BO 方程、有限深度水波方程等一些重要的数学理论、研究方法和研究成果, 以及作者的一些研究结果, 其中包括能量空间和 Bourgain 空间上的整体解的存在性、唯一性、低正则性、渐近性以及孤立波解的轨道稳定性和渐近稳定性等. 我们希望本书的出版有助于数学和物理研究工作者, 特别是有些年轻的研究人员, 能从中对 BO 方程有一个概括性的了解. 如果对这些有兴趣, 可以查阅本书所列有关文献, 更快、更深入地开展 BO 方程新的研究工作.

由于作者水平和篇幅有限, 而且我们是从许多文献中整理而成的, 书中难免有不足之处, 敬请读者谅解并批评指正.

郭柏灵

2021 年 12 月 15 日

目　录

第 1 章 Benjamin-Ono 方程的物理背景及其怪波解

1.1 引　言

1967 年 Benjamin 在文献 [107] 中, 1975 年 Ono 在文献 [113] 中提出了具有奇性的 Hilbert 变换的发展方程

$$u_t + \alpha u u_x - \beta \mathcal{H}(u_{xx}) = 0, \tag{1.1.1}$$

其中 α, β 为常数. 这个方程来自光学介质中的三层光学共振、深水中的层波运动等. 它是可积系统, 具有孤立子, 不同于 KdV 方程的钟形孤立子, 具有有限分式的代数孤立子

$$u(x,t) = \frac{a\delta^2}{(x-t)^2 + \delta^2}, \tag{1.1.2}$$

其中 a, δ 均为常数.

我们这一章主要详细叙述方程 (1.1.1) 的来源及更广泛的一类中等深度的流体力学色散方程, 当深度参数 $l \to 0$ 时得到 KdV 方程, 当 $l \to \infty$ 时得到 Benjamin-Ono 方程.

1.2 Benjamin-Ono 方程及其孤立波解的推导

考虑下面二维不可压缩、理想流体在 y 方向的分层流. 方程为

$$\frac{\partial \rho}{\partial t} + u\frac{\partial \rho}{\partial x} + v\frac{\partial \rho}{\partial \eta} = 0, \tag{1.2.3}$$

$$\frac{\partial u}{\partial x} + \frac{\partial v}{\partial y} = 0, \tag{1.2.4}$$

$$\rho\left(\frac{\partial u}{\partial t} + u\frac{\partial u}{\partial x} + v\frac{\partial u}{\partial y}\right) = -\frac{\partial p}{\partial x}, \tag{1.2.5}$$

$$\rho\left(\frac{\partial v}{\partial t} + u\frac{\partial v}{\partial x} + v\frac{\partial v}{\partial y}\right) = -\frac{\partial p}{\partial y} - \rho g, \tag{1.2.6}$$

其中 (u, v) 表示流体速度, p 表示压力, g 表示重力常数. 考虑具有没有运动的基态解

$$u = u_0 = 0, \quad v = v_0 = 0, \quad p = p_0(y), \quad \rho = \rho_0(y), \tag{1.2.7}$$

其中

$$\frac{\mathrm{d}p_0(y)}{\mathrm{d}y} = -\rho_0(y)g. \tag{1.2.8}$$

当 $\dfrac{\mathrm{d}p_0(y)}{\mathrm{d}y} < 0$ 时, 基态解是稳定的.

考虑基态解的小参数扰动及其线性化方程

$$\begin{cases} u = \varepsilon\overline{u}, v = \varepsilon\overline{v}, p = p_0(y) + \varepsilon\overline{p}, \\ \rho = \rho_0(y) + \varepsilon\overline{\rho}, \end{cases} \tag{1.2.9}$$

ε 为小参数. 将 (1.2.9) 代入 (1.2.3)—(1.2.6) 中并对 ε 线性化, 得

$$\begin{cases} \dfrac{\partial\overline{\rho}}{\partial t} + \overline{v}\dfrac{\mathrm{d}\rho_0(y)}{\mathrm{d}y} = 0, \\[2mm] \dfrac{\partial\overline{u}}{\partial x} + \dfrac{\partial\overline{v}}{\partial y} = 0, \\[2mm] \rho_0(y)\dfrac{\partial\overline{u}}{\partial t} = -\dfrac{\partial\overline{p}}{\partial x}, \\[2mm] \rho_0(y)\dfrac{\partial\overline{v}}{\partial t} = -\dfrac{\partial\overline{p}}{\partial y} - \overline{\rho}g. \end{cases} \tag{1.2.10}$$

设沿 x 方向为正弦波传播

$$(\overline{u},\ \overline{v},\ \overline{p},\ \overline{\rho}) = (u(y),\ v(y),\ p(y),\ \rho(y)) * \exp\{i(kx - wt)\}, \tag{1.2.11}$$

这里 k 为波数, w 为频率. 将 (1.2.11) 代入 (1.2.10) 得

$$\frac{\mathrm{d}}{\mathrm{d}y}\left(\rho_0(y)\frac{\mathrm{d}v}{\mathrm{d}y}\right) - \left(\frac{gk^2}{w^2}\frac{\mathrm{d}\rho_0(y)}{\mathrm{d}y} + k^2\rho_0(y)\right)v = 0 \tag{1.2.12}$$

且

$$\begin{cases} u = \dfrac{i}{k}\dfrac{\mathrm{d}v}{\mathrm{d}y}, \\[2mm] p = \dfrac{iw}{k^2}\rho_0(y)\dfrac{\mathrm{d}v}{\mathrm{d}y}, \\[2mm] \rho = \dfrac{i}{w}\dfrac{\mathrm{d}\rho_0(y)}{\mathrm{d}y}v. \end{cases} \tag{1.2.13}$$

方程 (1.2.12) 连同垂直边界条件构成特征值问题, w 或 $\dfrac{w}{k}$ 为特征值, v 为特征函数.

在特殊的基态情况下, 密度分布

$$\rho_0(y) = \begin{cases} \rho_0(= \text{常数}), & y \geqslant h_0, \\ \rho_0(y), & 0 \leqslant y < h_0. \end{cases} \tag{1.2.14}$$

流体层由两部分组成, 除了有限底层 $(0 \leqslant y_0 < h_0)$, 密度为常数, 固壁底为 $y = 0$. $v(y)$ 的近似边界条件为

$$v = 0, \quad y = 0, \tag{1.2.15}$$

$$v \to 0, \quad y \to +\infty. \tag{1.2.16}$$

在上层 $(y \geqslant h_0)$ 时(1.2.12) 归结为

$$\frac{\mathrm{d}^2 v}{\mathrm{d} y^2} - k^2 v = 0, \tag{1.2.17}$$

具边界条件 (1.2.16) 的解为

$$v(y) \propto \exp(|k|(h_0 - y)). \tag{1.2.18}$$

由此推出

$$\frac{\mathrm{d} v(y)}{\mathrm{d} y} = -|k| v(y), \quad y \geqslant h_0. \tag{1.2.19}$$

另一方面, 对于下层, 我们寻求满足条件 (1.2.15) 在 $y = 0$ 上和 (1.2.19) 在 $y = h_0$ 上的解. 因此满足方程 (1.2.10) 的上述解构成特征值问题, 特征值为 w 或者 $\dfrac{w}{k}$. Benjamin 已经注意到当 k 小时有形式

$$\frac{w}{k} = c_0(1 - \overline{\beta}|k|), \tag{1.2.20}$$

其中 c_0 和 $\overline{\beta}$ 为特征函数的泛函. Davis 和 Acrivos 指出仅考虑最低模.

1.3 底层方程 $(0 \leqslant y < h_0)$

现考虑非线性问题, 对于内波, 它的传播沿 x 方向在流体底层由 (1.2.20) 关系所描述. 考虑到色散和非线性的相互作用, 令

$$\begin{cases} \xi = \varepsilon(x - c_0 t), \\ \tau = \varepsilon^2 t, \qquad\qquad 0 \leqslant y < h_0, \\ y = y, \end{cases} \tag{1.3.21}$$

其中 c_0 待定, (1.2.7) 和 (1.2.8) 在基态渐近作 ε 展开

$$\begin{cases} u = \displaystyle\sum_{n=1}^{\infty} \varepsilon^n u_n(\xi, y, \tau), \\ v = \displaystyle\sum_{n=1}^{\infty} \varepsilon^{n+1} v_n(\xi, y, \tau), \\ p = p_0(y) + \displaystyle\sum_{n=1}^{\infty} \varepsilon^n p_n(\xi, y, \tau), \\ \rho = \rho_0(y) + \displaystyle\sum_{n=1}^{\infty} \varepsilon^n \rho_n(\xi, y, \tau), \end{cases} \qquad 0 \leqslant y < h_0. \tag{1.3.22}$$

考虑连续性 (1.2.4) 或 (1.2.13), 可知 v 为二阶 ε 项, 引入伸缩坐标和展开式 (1.3.22) 代入方程 (1.2.3)—(1.2.6), 可得 ε 最低阶

$$\begin{cases} -c_0 \dfrac{\partial \rho_1}{\partial \xi} + v_1 \dfrac{\mathrm{d}\rho_0(y)}{\mathrm{d}y} = 0, \\ \qquad \dfrac{\partial u_1}{\partial \xi} + \dfrac{\partial v_1}{\partial y} = 0, \\ -c_0 \rho_0(y) + \dfrac{\partial u_1}{\partial \xi} = -\dfrac{\partial p_1}{\partial \xi}, \\ \qquad -\dfrac{\partial p_1}{\partial y} - \rho_1 g = 0. \end{cases} \tag{1.3.23}$$

从 (1.3.23) 消去 u_1, p_1, ρ_1, 可得

$$\frac{\partial}{\partial y}\left(\rho_0(y)\frac{\partial v_1}{\partial y}\right) - \frac{g}{c_0^2}\frac{\mathrm{d}\rho_0(y)}{\mathrm{d}y} v_1 = 0. \tag{1.3.24}$$

分离变量

$$v_1(\xi, y, \tau) = -\frac{\partial f(\xi, \tau)}{\partial \xi}\phi(y), \tag{1.3.25}$$

可得 $\phi(y)$ 满足常微分方程

$$\frac{\mathrm{d}}{\mathrm{d}y}\left(\rho_0(y)\frac{\mathrm{d}\phi}{\mathrm{d}y}\right) - \frac{g}{c_0^2}\frac{\mathrm{d}\rho_0(y)}{\mathrm{d}y}\phi = 0. \tag{1.3.26}$$

则其他量可表示为 $f(\xi,\tau)$ 和 $\phi(y)$ 的式子

$$\begin{cases} u_1 = f(\xi,\tau)\dfrac{\mathrm{d}\phi}{\mathrm{d}y}, \\[2mm] p_1 = -c_0\rho_0(y)f(\xi,\tau)\dfrac{\mathrm{d}\phi}{\mathrm{d}y}, \\[2mm] \rho_1 = -\dfrac{1}{c_0}\dfrac{\mathrm{d}\rho_0(y)}{\mathrm{d}y}\phi. \end{cases} \tag{1.3.27}$$

进而分解得

$$\begin{cases} -c_0\dfrac{\partial\rho_2}{\partial\xi} + v_2\dfrac{\mathrm{d}\rho_0(y)}{\mathrm{d}y} = G_1, \\[2mm] \dfrac{\partial u_2}{\partial\xi} + \dfrac{\partial v_2}{\partial y} = 0, \\[2mm] -\rho_0(y)c_0\dfrac{\partial u_2}{\partial\xi} + \dfrac{p_2}{\partial\xi} = G_2, \\[2mm] -\dfrac{\partial p_2}{\partial y} - \rho_2 g = 0, \end{cases} \tag{1.3.28}$$

其中非齐次项

$$G_1 = \frac{1}{c_0}\rho_0'(y)\phi\frac{\partial f}{\partial\tau} + \frac{1}{c_0}(\rho_0'(y)\phi\phi' - \phi(\rho_0'(y)\phi)')f\frac{\partial f}{\partial\xi}, \tag{1.3.29}$$

$$G_2 = -\rho_0(y)\phi'\frac{\partial f}{\partial\tau} - (\rho_0(y)(\phi')^2 - \rho_0(y)\phi\phi'' + \rho_0'(y)\phi\phi')f\frac{\partial f}{\partial\xi}, \tag{1.3.30}$$

消去 ξ, u_2, p_2, ρ_2，由 (1.3.28) 可得

$$\frac{\partial}{\partial y}\left(\rho_0(y)\frac{\partial v_2}{\partial y}\right) - \frac{g}{c_0^2}\frac{\mathrm{d}\rho_0(y)}{\mathrm{d}y}v_2 = J(f,\phi), \tag{1.3.31}$$

其中非齐次项为

$$J(f,\phi) = -\frac{2}{c_0}(\rho_0(y)\phi')'\frac{\partial f}{\partial\tau} - \frac{1}{c_0}[3(\rho_0\phi'^2)' - 2\rho_0(y)\phi'\phi'' - 2(\rho_0(y)\phi'\phi'')']f\frac{\partial f}{\partial\xi}.$$

为使得非齐次方程 (1.3.31) 存在非奇性解, 必须满足条件

$$\int_0^{h_0} \left[\frac{\partial}{\partial y} \left(\rho_0(y) \frac{\partial v_2}{\partial y} \right) - \frac{g}{c_0^2} \rho_0'(y) v_2 \right] \phi \mathrm{d}y = \int_0^{h_0} J(f, \phi) \phi \mathrm{d}y. \tag{1.3.32}$$

在底部边界条件对下层的解 (ϕ, v_2) 为

$$\phi = 0, \quad v_2 = 0, \quad y = 0. \tag{1.3.33}$$

利用这些条件, (1.3.32) 归结为

$$c_0 \rho_0 \left[v_2(h_0) \frac{\mathrm{d}\phi(h_0)}{\mathrm{d}y} - \frac{\partial v_2(h_0)}{\partial y} \phi(h_0) \right]$$

$$= \left[2 \int_0^{h_0} (\rho_0(y)\phi')' \phi \mathrm{d}y \right] \frac{\partial f}{\partial \tau}$$

$$+ \left[\int_0^{h_0} (3(\rho_0(y)\phi'^2)' - 2\rho_0(y)\phi'\phi'' - 2(\rho_0(y)\phi'\phi'')') \phi \mathrm{d}y \right] f \frac{\partial f}{\partial \xi}. \tag{1.3.34}$$

如果 ϕ, v_2 在 $y = h_0$ 是已知的, 则得到 $f(\xi, \tau)$ 的方程. 在 $y = h_0$ 的边界条件选为 $O(\varepsilon^2)$ 阶. 下面得到方程在 $y \geqslant h_0$ 的解.

1.4　上层方程 $(y \geqslant h_0)$ 和 $y = h_0$ 的匹配

采用坐标变换

$$\begin{cases} X = x - c_0 t, \\ \tau = \varepsilon^2 t, \qquad y \geqslant h_0, \\ y = y, \end{cases} \tag{1.4.35}$$

在此变换下, 方程 (1.2.3)—(1.2.6) 变成

$$\varepsilon \frac{\partial \rho}{\partial \tau} - c_0 \frac{\partial \rho}{\partial X} + u \frac{\partial \rho}{\partial X} + v \frac{\partial \rho}{\partial y} = 0, \tag{1.4.36}$$

$$\frac{\partial u}{\partial X} + \frac{\partial v}{\partial y} = 0, \tag{1.4.37}$$

$$\varepsilon^2 \frac{\partial u}{\partial \tau} - c_0 \frac{\partial u}{\partial X} + u \frac{\partial u}{\partial X} + v \frac{\partial u}{\partial y} = -\frac{1}{\rho_0} \frac{\partial p}{\partial X}, \tag{1.4.38}$$

$$\varepsilon^2 \frac{\partial v}{\partial \tau} - c_0 \frac{\partial v}{\partial X} + u \frac{\partial v}{\partial X} + v \frac{\partial v}{\partial y} = -\frac{1}{\rho_0} \frac{\partial p}{\partial y} - g, \tag{1.4.39}$$

其中 ρ_0 为常数. 设因变元可表示为

$$\begin{cases} u = \varepsilon^2 U(X, y, \tau, \varepsilon), \\ v = \varepsilon^2 V(X, y, \tau, \varepsilon), \\ p = P_0(y) + \varepsilon^2 P(X, y, \tau, \varepsilon), \\ \rho = \rho_0 + \varepsilon^4 R(X, y, \tau, \varepsilon), \end{cases} \quad y \geqslant h_0. \qquad (1.4.40)$$

把 (1.4.40) 代入 (1.4.36)—(1.4.39), 消去 U, P, R 得

$$\frac{\partial^2 V}{\partial X^2} + \frac{\partial^2 V}{\partial y^2} = O(\varepsilon^2), \qquad (1.4.41)$$

即 v 在上层满足拉普拉斯方程 $O(\varepsilon^2)$. 现要解拉普拉斯方程满足边界条件

$$\begin{cases} V(X, y, \tau, \varepsilon) \to 0, \ y \to \infty, \\ V(X, y, \tau, \varepsilon) = V_0(X, \tau, \varepsilon), \ y = h_0. \end{cases} \qquad (1.4.42)$$

这里 $V_0(X, \tau, \varepsilon)$ 待定. 上层 $(y \geqslant h_0)$ 满足 D 氏条件 (狄利克雷条件) 的解, 有

$$V(X, y, \tau, \varepsilon) = \frac{1}{\pi} \mathcal{P} \int_{-\infty}^{\infty} V_0(X', \tau, \varepsilon) \frac{y - h_0}{(y + h_0)^2 + (X - X')^2} \mathrm{d}X', \qquad (1.4.43)$$

于此 $\mathcal{P}$ 表示积分的主值. 推之,

$$\frac{\partial V(X, y, \tau, \varepsilon)}{\partial y} = \frac{1}{\pi} \mathcal{P} \int_{-\infty}^{\infty} V_0(X', \tau, \varepsilon) \frac{(X - X')^2 - (y - h_0)^2}{[(y - h_0)^2 + (X - X')^2]^2} \mathrm{d}X'. \qquad (1.4.44)$$

当 $y = h_0$ 时

$$\frac{\partial V(X, y, \tau, \varepsilon)}{\partial y} = -\frac{1}{\pi} \frac{\partial}{\partial X} \mathcal{P} \int_{-\infty}^{\infty} V_0(X, \tau, \varepsilon) \frac{\mathrm{d}X'}{X - X'}. \qquad (1.4.45)$$

现决定匹配条件, 当边界条件取在下层解, 即在 $y = h_0$ 上, 要求下层解越过 $y = h_0$ 和上层解相连接, 包括它的一阶导数 $O = (\varepsilon^3)$,

$$\varepsilon^2 v_1(\xi, h_0, \tau) + \varepsilon^3 v_2(\xi, h_0, \tau) = \varepsilon^2 V(X, h_0, \tau, \varepsilon), \qquad (1.4.46)$$

$$\varepsilon^2 \frac{\partial v_1}{\partial y}(\xi, h_0, \tau) + \varepsilon^3 \frac{\partial v_2}{\partial y}(\xi, h_0, \tau) = \varepsilon^2 \frac{\partial V}{\partial y}(X, h_0, \tau, \varepsilon). \qquad (1.4.47)$$

不失一般性, 选取

$$V_0(X, \tau, \varepsilon) = -\frac{\partial f(\xi, \tau)}{\partial \xi}. \tag{1.4.48}$$

则 (1.4.45) 变为

$$\frac{\partial V(X, h_0, \tau, \varepsilon)}{\partial y} = \varepsilon \frac{1}{\pi} \mathcal{P} \frac{\partial^2}{\partial \xi^2} \int_{-\infty}^{\infty} \frac{f(\xi', \tau)}{\xi - \xi'} \mathrm{d}\xi'. \tag{1.4.49}$$

因此 (1.4.46) 和 (1.4.47) 中 ε 阶的系数相等,

$$\phi(h_0) = 1, \quad v_2(\xi, h_0, \tau) = 0,$$
$$\frac{\mathrm{d}\phi(h_0)}{\mathrm{d}y} = 0, \quad \frac{\partial v_2(\xi, h_0, \tau)}{\partial y} = \frac{1}{\pi} \mathcal{P} \frac{\partial^2}{\partial \xi^2} \int_{-\infty}^{\infty} \frac{f(\xi', \tau)}{\xi - \xi'} \mathrm{d}\xi'. \tag{1.4.50}$$

最后, 我们求解特征值问题 (1.3.26) 具有边界条件 (1.3.33), (1.4.50) 决定 c_0 为特征值, ϕ 为特征函数, 进一步从 (1.3.34) 积分可得方程

$$\frac{\partial f}{\partial \tau} + \alpha f \frac{\partial f}{\partial \xi} - \beta \frac{\partial^2}{\partial \xi^2} \mathcal{H}(f) = 0, \tag{1.4.51}$$

其中系数

$$\alpha = \left(\frac{3}{2} \int_0^{h_0} \rho_0(y) \phi'^2 \mathrm{d}y \right) \Big/ \left(\int_0^{h_0} \rho_0(y) \phi'^2 \mathrm{d}y \right), \tag{1.4.52}$$

$$\beta = \rho_0 \Big/ \left(\frac{2}{c_0} \int_0^{h_0} \rho_0(y) \phi'^2 \mathrm{d}y \right). \tag{1.4.53}$$

方程 (1.4.51) 后来被称为著名的 Benjamin-Ono 方程, 类似方程 (1.4.51), 加积分项的光滑效应, 包括重力曲面波、旋转流体波, 等离子体的离子声波包括具 Landau 阻尼的积分项 $\frac{\partial}{\partial \xi} \mathcal{H}(f)$, 是导数波的耗损.

1.5　关于方程 (1.4.51) 的守恒律

首先, (1.4.51) 对 ξ 积分可得

$$Q_1 = \int_{-\infty}^{\infty} f \mathrm{d}\xi, \tag{1.5.54}$$

$$\frac{\mathrm{d}Q_1}{\mathrm{d}\tau} = 0. \tag{1.5.55}$$

其次, (1.4.51) 乘以 f 可得

$$\frac{\mathrm{d}Q_2}{\mathrm{d}\tau} = 0, \tag{1.5.56}$$

其中

$$Q_2 = \int_{-\infty}^{\infty} f^2 \mathrm{d}\xi. \tag{1.5.57}$$

利用 Hilbert 变换的性质,

$$\int_{-\infty}^{\infty} g(x)\mathcal{H}(g(x))\mathrm{d}x = 0. \tag{1.5.58}$$

定义

$$Q_3 = \int_{-\infty}^{\infty} \left(\frac{1}{3}f^3 + \frac{\beta}{\alpha}\frac{\partial f}{\partial \xi}\mathcal{H}(f) \right) \mathrm{d}\xi. \tag{1.5.59}$$

(1.4.51) 乘以 f^2, 再积分可得

$$\frac{\mathrm{d}Q_3}{\mathrm{d}\tau} = 0, \tag{1.5.60}$$

通过利用 Hilbert 性质,

$$\int_{-\infty}^{\infty} g(x)\mathcal{H}(h(x))\mathrm{d}x = -\int_{-\infty}^{\infty} \mathcal{H}(g(x))h(x)\mathrm{d}x. \tag{1.5.61}$$

最后考虑波的相位的量

$$Q_4 = \frac{\mathrm{d}}{\mathrm{d}\tau} \int_{-\infty}^{\infty} \xi f \mathrm{d}\xi, \tag{1.5.62}$$

$$\tilde{Q}_4 = \int_{-\infty}^{\infty} \xi f \mathrm{d}\xi, \tag{1.5.63}$$

可看到

$$Q_4 = \frac{\alpha}{2}\tilde{Q}_4. \tag{1.5.64}$$

1.6 方程 (1.4.51) 的定常行波

在方程 (1.4.51) 中, 设 f 为 $\zeta = \xi - \lambda\tau$ 的函数, 则 (1.4.51) 归结为

$$-\lambda\frac{\mathrm{d}f}{\mathrm{d}\zeta} + \alpha f\frac{\mathrm{d}f}{\mathrm{d}\zeta} - \beta\frac{\mathrm{d}^2}{\mathrm{d}\zeta^2}\mathcal{H}(f) = 0, \tag{1.6.65}$$

积分得

$$-\lambda f + \frac{1}{2}\alpha f^2 - \beta \frac{\mathrm{d}}{\mathrm{d}\zeta}\mathcal{H}(f) = 0. \tag{1.6.66}$$

将表达式

$$f_\delta(\zeta) = \frac{a\delta^2}{\zeta^2 + \delta^2} \tag{1.6.67}$$

代入 (1.6.66) 得

$$\lambda = \frac{a\alpha}{4}, \quad |\delta| = \frac{4\beta}{a\alpha}, \tag{1.6.68}$$

其中用到变换

$$\mathcal{H}\left(\frac{1}{\zeta^2 + \delta}\right) = \frac{1}{|\delta|}\frac{\zeta}{\zeta^2 + \delta^2}. \tag{1.6.69}$$

也可考虑 (1.6.66) 的周期解, 利用

$$\mathcal{H}(\cos D\zeta) = (\mathrm{sgn}\ D)\sin D\zeta,$$

$$\mathcal{H}\left(\frac{1}{1 - B\cos D\zeta}\right) = (\mathrm{sgn}\ D)B\sin D\zeta/(\sqrt{1 - B^2}(1 - B\cos D\zeta)),$$

可得

$$f_p(\zeta) = \frac{A}{1 - B\cos\left(\dfrac{\pi\zeta}{L}\right)}, \tag{1.6.70}$$

其中

$$A = \frac{8\pi^2\beta^2}{\alpha^2 a L^2}, \quad B = \sqrt{1 - \left(\frac{4\pi\beta}{\alpha L a}\right)^2}, \quad \lambda = \frac{a\alpha}{4}. \tag{1.6.71}$$

对于 mKdV 方程

$$\frac{\partial u}{\partial t} + u^2\frac{\partial u}{\partial x} + \hat{\beta}\frac{\partial^3 u}{\partial x^3} = 0, \tag{1.6.72}$$

可得代数孤立波解

$$u = u_0 - \frac{4u_0\hat{\delta}^2}{(x - \hat{\lambda}t)^2 + \hat{\delta}^2}, \tag{1.6.73}$$

其中 $\hat{\lambda} = u_0^2, \hat{\delta} = \sqrt{\dfrac{3}{2}}\dfrac{\hat{\beta}}{u_0}$, 其周期解有形式

$$u = u_0 - \frac{\hat{A}}{1 - \hat{B}\cos\hat{D}(x - \hat{\lambda}t)}, \tag{1.6.74}$$

其中

$$\hat{A} = 3\hat{\beta}^2\pi^2/u_0\hat{L}^2, \quad \hat{B} = \sqrt{1 - 3\hat{\beta}^2\pi^2/2u_0^2\hat{L}^2}, \tag{1.6.75}$$

$$\hat{D} = \frac{\pi}{\hat{L}}, \quad \hat{\lambda} = u_0^2(1 - (\hat{\beta}\pi/u_0\hat{L})^2). \tag{1.6.76}$$

当 $L \to \infty$ 时, u_0 有限, (1.6.74) 趋近于 (1.6.73).

1.7 有限深度流体的孤立波

在流体中非线性有限振幅具有有限深度的扰动传播可用流函数来描述, 形如 $\psi(x,z,t) = c_0\phi(z)u(x,t)$, 1967 年 Whitham 得到函数 ϕ 和 u 满足的方程

$$\frac{\mathrm{d}^2\phi}{\mathrm{d}z^2} + \left(\frac{N^2(z)}{c^2(k)} - k^2\right)\phi = 0, \tag{1.7.77}$$

$$\frac{\partial u(x)}{\partial t} + cu(x)\frac{\partial u(x)}{\partial x} + \frac{\partial}{\partial x}\int_{-\infty}^{\infty} \mathrm{d}x' u(x')G(x'-x) = 0, \tag{1.7.78}$$

其中

$$G(x) = \frac{1}{2\pi}\int_{-\infty}^{\infty} \mathrm{d}k c(k)e^{ikx}.$$

具有边界条件

$$\phi(0) = \phi(-D) = 0, \quad |x| \to \infty, \quad u(x) \to 0.$$

$N(z)$ 为 Brunt-Vaisala 频率, c 为非线性特征参数, $c(k)$ 为相色散速度. 考虑在流体模型中, $N^2(z)$ 在中心 $z = d$ 的一个小邻域 ε 外为 0, 对此模型, 方程 (1.7.77) 中

$$c^2(k) = g\frac{\delta\rho}{\rho_0}[k(k\varepsilon + \coth(kd) + \coth(k(D-d)))]^{-1}, \tag{1.7.79}$$

其中 $\delta\rho$ 表示下层和上层的密度差, ρ_0 为平均值. 对于充分小的 k 忽略 $k\varepsilon$, 可得 $c(k) - c_0 \sim k^2$, D 有限, $c(k) - c_0 \sim |k|$, D 为无穷. 将此代入 (1.7.78) 可得浅水波 KdV 方程 [121] 和 Benjamin–Ono 方程 [107,113]. 考虑定常波的解, $u(x,t) = u(\xi)$, $\xi = x - ct$, c 为波速, 直接积分 (1.7.78)

$$cu(\xi) - \frac{1}{2}cu^2(\xi) - \int_{-\infty}^{\infty} \mathrm{d}\xi'G(\xi'-\xi) = 0. \tag{1.7.80}$$

对于 KdV 和 BO 方程的解为

$$u(\xi)_{\text{KdV}} = u_0 \text{sech}^2(\xi), \quad c - c_0 = \frac{1}{3} c u_0, \tag{1.7.81}$$

$$u(\xi)_{\text{BO}} = u_0 \left(1 + \left(\frac{\xi}{b}\right)^2\right)^{-1}, \quad c - c_0 = \frac{1}{4} c u_0. \tag{1.7.82}$$

设 $\varepsilon \ll d \ll D$, D 为有限的, 则对小的 $-k$, (1.7.79) 具有

$$c(k) = c_0 \left[1 - \frac{1}{2} kd(\coth kD) - \frac{1}{D}\right], \tag{1.7.83}$$

其中 $c_0 = \left(\dfrac{g d \delta \rho}{\rho_0}\right)^{\frac{1}{2}}$. 当 $D \to \infty$ 时为 (1.7.82), (1.7.80) 具有 (1.7.83) 形式的解.
当 $D \to 0$ 时为 (1.7.81). 对于参数 a 和 b, 有解

$$u(\xi; a, b) = \frac{u_0}{\cosh^2(a\xi) + [\sin(a\xi)/a]^2/b^2}. \tag{1.7.84}$$

当 $a \to 0$ 时, b, ξ 固定, 它趋于 (1.7.82). 而当 $b \to 0$ 时, a, ξ 有限, 它趋于 (1.7.81).
当 $|\xi| \to \infty$ 时, a, b 有限

$$u(\xi; a, b) \sim 4 u_0 \left[1 + (ab)^{-2}\right]^{-1} e^{-2a|\xi|}, \quad a \neq 0. \tag{1.7.85}$$

第 2 章 Benjamin-Ono 方程初值问题的光滑解

2.1 含扩散项的广义 Benjamin-Ono 方程

我们考虑广义 Benjamin-Ono 方程

$$u_t + 2uu_x + \mathcal{H}u_x + b(x,t)u_x + c(x,t)u = f(x,t), \tag{2.1.1}$$

$$u|_{t=0} = \phi(x) \tag{2.1.2}$$

的 Cauchy 问题. 为了用 Leray-Schauder 不动点原理来证明 Cauchy 问题 (2.1.1), (2.1.2) 光滑解的存在性、唯一性, 我们考虑用增加小的扩散项于方程 (2.1.1) 中相应的 Cauchy 问题, 即考虑方程

$$u_t + 2uu_x + \mathcal{H}u_x - \varepsilon u_{xx} + b(x,t)u_x + c(x,t)u = f(x,t), \tag{2.1.3}$$

$$u|_{t=0} = \phi(x) \tag{2.1.4}$$

的光滑解来逼近 (2.1.1), (2.1.2) 的光滑解, 其中

$$\mathcal{H}f(x) = \frac{1}{\pi}\mathrm{P.V.}\int_{\mathbb{R}} \frac{f(x-y)}{y}\mathrm{d}y.$$

以下 $W_2^{(k,[\frac{k}{2}])}(Q_T^*)$ 表示函数 $f_{x^r t^s} \in L^2(Q_T^*)$, $2s + r \leqslant k, k = 0, 1, \cdots$, 其中 $Q_T^* = \{x \in \mathbb{R}, 0 \leqslant t \leqslant T\}$. $W_\infty^{(k,[\frac{k}{2}])}(Q_T^*)$ 表示函数 $f_{x^r t^s} \in L^\infty(Q_T^*), 2s + r \leqslant k, k = 0, 1, \cdots$, 对 $k = 0, W_2^{(0,0)}(Q_T^*) = L^2(Q_T^*), W_\infty^{(0,0)}(Q_T^*) = L^\infty(Q_T^*)$.

对于线性抛物型方程

$$Lu \equiv u_t - \varepsilon u_{xx} + b(x,t)u_x + c(x,t)u = f(x,t), \tag{2.1.5}$$

有如下定理.

定理 2.1.1 设 $b(x,t), c(x,t) \in W_\infty^{(k,[\frac{k}{2}])}(Q_T^*)$, $f(x,t) \in W_2^{(k,[\frac{k}{2}])}(Q_T^*)$, 且 $\phi(x) \in H^{k+1}(\mathbb{R})$, 则初值问题 (2.1.5), (2.1.2) 具有唯一整体解

$$u(x,t) \in W_2^{(k+2,[\frac{k}{2}]+1)}(Q_T^*).$$

现研究具有 Hilbert 变换的线性抛物型方程

$$L_\lambda u \equiv Lu + \lambda H u_{xx} \equiv u_t - \varepsilon u_{xx} + \lambda \mathcal{H} u_x + b(x,t) u_x + c(x,t) u = f(x,t) \quad (2.1.6)$$

的初值问题

$$u|_{t=0} = \phi(x), \qquad\qquad\qquad (2.1.7)$$

其中 $0 \leqslant \lambda \leqslant 1$.

首先, 当 $\lambda = 0$ 时, 线性抛物型方程 $L_0 u = f$ 具初值 $\phi(x)$, 当 $b(x,t), c(x,t) \in L^\infty(Q_T^*)$, $f(x,t) \in L^2(Q_T^*)$, $\phi(x) \in H^1(\mathbb{R})$ 时具有唯一解 $u(x,t) \in W_2^{(2,1)}(Q_T^*)$.

令 E 表示 $\lambda \in [0,1]$ 的集合, 对于这些 λ, 使线性抛物型方程 $L_x u = f(x,t)$ 具有唯一整体解 $u_\lambda(x,t) \in W_2^{(2,1)}(Q_T^*)$, 可知集合 E 在 $[0,1]$ 中是非空的.

以下我们用能量方程对初值问题 (2.1.5), (2.1.4) 作先验估计

$$\sup_{0 \leqslant t \leqslant T} \|u(\cdot,t)\|_{H^1(\mathbb{R})} + \|u_{xx}\|_{L^2(Q_T^*)} + \|u_t\|_{L^2(Q_T^*)} \leqslant C(\|\phi\|_{H^1(\mathbb{R})} + \|f\|_{L^2(Q_T^*)}),$$

$$(2.1.8)$$

即

$$\|u\|_{W_2^{2,1}(Q_T^*)} \leqslant C_1(\|\phi\|_{H^1(\mathbb{R})} + \|f\|_{L^2(Q_T^*)}), \qquad (2.1.9)$$

其中常数 C_1 依赖于 $\|b\|_{L^\infty(Q_T^*)}, \|c\|_{L^\infty(Q_T^*)}$ 和扩散系数 $\varepsilon > 0$, 但与 $0 \leqslant \lambda \leqslant 1$ 无关.

利用这些先验估计能证 $E \equiv [0,1]$, 对于任何 $\lambda \in [0,1]$ 都成立, 因此对 $\lambda = 1$, 我们得到问题 (2.1.5), (2.1.4) 的唯一广义整体解.

定理 2.1.2　设 $b(x,t), c(x,t) \in L^\infty(Q_T^*)$, $f(x,t) \in L^2(Q_T^*)$, $\phi(x) \in H^1(\mathbb{R})$, 则初值问题 (2.1.5), (2.1.4) 具有唯一广义整体解

$$u(x,t) \in W_2^{(2,1)}(Q_T^*).$$

推论 2.1.3　在定理 2.1.2 的条件下, 初值问题 (2.1.5), (2.1.4) 的广义整体解有估计

$$\|u\|_{W_2^{2,1}(Q_T^*)} \leqslant K_1(\|\phi\|_{H^1(\mathbb{R})} + \|f\|_{L^2(Q_T^*)}),$$

其中 C_1 是一常数, 依赖于 $\|b\|_{L^\infty(Q_T^*)}, \|c\|_{L^\infty(Q_T^*)}$ 和 $\varepsilon > 0$.

推论 2.1.4　设 $b(x,t), c(x,t) \in W_\infty^{(k,[\frac{k}{2}])}(Q_T^*)$, $f(x,t) \in W_2^{(k,[\frac{k}{2}])}(Q_T^*)$, $\phi(x) \in H^{k+1}(\mathbb{R})$, $k \geqslant 1$ 为整数, 则初值问题 (2.1.4),(2.1.5) 具有唯一整体解

$$u(x,t) \in W_2^{(k+2,[\frac{k}{2}]+1)}(Q_T^*).$$

下面证明非线性抛物型方程 (2.1.3) 具初值 (2.1.4) 的整体广义解的存在性.

定理 2.1.5 设 $b(x,t), c(x,t) \in L^\infty(Q_T^*)$, $f(x,t) \in L^2(Q_T^*)$, $\phi(x) \in H^1(\mathbb{R})$, 则非线性抛物型问题 (2.1.3), (2.1.4) 具有广义整体解 $u(x,t) \in W_2^{(2,1)}(Q_T^*)$, 满足方程 (2.1.3), 在古典意义下满足初始条件 (2.1.4), 且有估计

$$\sup_{0 \leqslant t \leqslant T} \|u(\cdot,t)\|_{H^1(\mathbb{R})} + \|u_{xx}\|_{L^2(Q_T^*)} + \|u_t\|_{L^2(Q_T^*)} \leqslant K_2(\|\phi\|_{H^1(\mathbb{R})} + \|f\|_{L^2(Q_T^*)}),$$
(2.1.10)

其中常数 $K_2 > 0$ 依赖于 $b(x,t), c(x,t)$ 的模和 $\varepsilon > 0$.

证明 我们用不动点原理证明广义整体解的存在性. 定义映射

$$T_\lambda : B \to B = L^\infty(Q_T^*).$$

对 $0 \leqslant \lambda \leqslant 1$ 和任何 $v(x,t) \in B, u(x,t)$ 为线性抛物型方程

$$u_t - \varepsilon u_{xx} + \mathcal{H}u_x + 2vu_x + bu_x + cu = \lambda f \qquad (2.1.11)$$

的唯一广义整体解, 其初值

$$u(x,0) = \lambda\phi(x), \qquad (2.1.12)$$

则对 $v(x,t) \in B$, 可得 $u(x,t) \in W_2^{(2,1)}(Q_T^*)$, 因映射 $W_2^{(2,1)}(Q_T^*) \to B$ 是紧的, 则映射 $T_\lambda : B \to B, u = T_\lambda v \ (v(x,t) \in B)$ 是完全连续的 $(0 \leqslant \lambda \leqslant 1)$.

当 $\lambda = 0$ 时,

$$T_0(B) = 0.$$

为了证明初值问题 (2.1.4), (2.1.5) 广义整体解的存在性, 只要充分地证明由映射 $T_\lambda : B \to B$ 建立的一切可能的不动点 $(0 \leqslant \lambda \leqslant 1)$ 在基本空间的一致有界性, 即要给出初值问题

$$u_t - \varepsilon u_{xx} + \mathcal{H}u_x + 2uu_x + bu_x + cu = \lambda f, \qquad (2.1.13)$$
$$u(x,0) = \lambda\phi(x) \qquad (2.1.14)$$

的解 $u_\lambda(x,t)$ 的先验估计, $0 \leqslant \lambda \leqslant 1$.

作函数 $u(x,t)$ 和方程 (2.1.13) 的数量积, 可得

$$\int_{-\infty}^{\infty} u \left(u_t - \varepsilon u_{xx} + Hu_{xx} + 2uu_x + bu_x + cu - \lambda f \right) \mathrm{d}x = 0.$$

由简单计算可得

$$\frac{\mathrm{d}}{\mathrm{d}t}\|u(\cdot,t)\|_{L^2(\mathbb{R})}^2 + \|u_x(\cdot,t)\|_{L^2(\mathbb{R})}^2 \leqslant C_2\{\|u(\cdot,t)\|_{L^2(\mathbb{R})}^2 + \|f(\cdot,t)\|_{L^2(\mathbb{R})}^2\}.$$

因此可得估计

$$\sup_{0 \leqslant t \leqslant T} \|u(\cdot, t)\|_{L^2(\mathbb{R})} + \|u_x\|_{L^2(Q_T^*)} \leqslant C_3(\|\phi\|_{L^2(\mathbb{R})} + \|f\|_{L^2(Q_T^*)}),$$

其中常数 C_2 和 C_1 依赖于 $\|b\|_{L^\infty(Q_T^*)}, \|c\|_{L^\infty(Q_T^*)}$ 和 $\varepsilon > 0$, 但与 $0 \leqslant \lambda \leqslant 1$ 无关.

再用 u_{xx} 和 (2.1.13) 作内积, 可得

$$\int_{-\infty}^{\infty} u_{xx} \left(u_t - \varepsilon u_{xx} + H u_{xx} + 2uu_x + bu_x + cu - \lambda f \right) \mathrm{d}x = 0.$$

类似可得

$$\sup_{0 \leqslant t \leqslant T} \|u_x(\cdot, t)\|_{L^2(\mathbb{R})} + \|u_{xx}\|_{L^2(Q_T^*)} \leqslant C_4(\|\phi\|_{H^1(\mathbb{R})} + \|f\|_{L^2(Q_T^*)}).$$

这就证明了初值问题 (2.1.13), (2.1.14) 的解的存在性在 $L^\infty([0,T]; H^1(\mathbb{R}))$ 中一致有界, 因此在空间 B 中对 $0 \leqslant \lambda \leqslant 1$ 一致有界.

因此初值问题 (2.1.4), (2.1.5) 的广义解 $u(x,t) \in W_2^{(2,1)}(Q_T^*)$ 是存在的. 现设初值问题 (2.1.4), (2.1.5) 的两个广义解 $u(x,t), v(x,t) \in H^2(\mathbb{R})$. 令 $W(x,t) = u(x,t) - v(x,t)$ 满足齐次线性方程

$$W_t - \varepsilon W_x x + (b + u + v)W + (c + u_x + v_x)W = 0$$

和

$$W(x,0) = 0.$$

利用 $u, v \in L^\infty([0,T]; H^2(\mathbb{R}))$, 令 W_x, W 项的系数有界, 因此, 利用能量不等式可得

$$W(x,0) \equiv 0,$$

所以 (2.1.4) 和 (2.1.5) 的解是唯一的. 定理得证.　　　　　　　　　□

2.2　先 验 估 计

为了得到初值问题 (2.1.1), (2.1.2) 的整体解, 须令 $\varepsilon \to 0$, 为此必须对 (2.1.3), (2.1.4) 的初值问题 $\varepsilon > 0$ 做一致先验估计.

引理 2.2.1　设 $b(x,t), b_x(x,t), c(x,t) \in L^\infty(Q_T^*)$, $f(x,t) \in L^2(Q_T^*)$, $\phi(x) \in L^2(\mathbb{R})$, 则非线性抛物型问题 (2.1.3), (2.1.4) 的解有估计

$$\sup_{0 \leqslant t \leqslant T} \|u(\cdot, t)\|_{L^2(\mathbb{R})} \leqslant K_3(\|\phi\|_{L^2(\mathbb{R})} + \|f\|_{L^2(Q_T^*)}), \tag{2.2.15}$$

其中常数 $K_3 > 0$ 和 $\varepsilon > 0$ 无关, 只依赖于 $\|b\|_{L^\infty(Q_T^*)}, \|c\|_{L^\infty(Q_T^*)}$.

由直接计算和利用 Hilbert 算子的性质可得

$$\frac{\mathrm{d}}{\mathrm{d}t}\int_{-\infty}^{\infty}\left(u^4 + 2bx^3 + 3buHu + 3u^2Hu + 2u_x^2\right)\mathrm{d}x$$

$$= -4\varepsilon\|u_{xx}\|_{L^2(\mathbb{R})}^2 + \varepsilon\int_{-\infty}^{\infty}\left[6uHu_x + H(uu_x) + 3bHu_x + H(bu)_x\right]u_{xx}\mathrm{d}x$$

$$+ \int_{-\infty}^{\infty}\left[\left(\frac{5}{2}b_x - 4c\right)u_x^2 + \frac{3}{2}b_x(Hu_x)^2 - 3b^2u_x + Hu_x\right]\mathrm{d}x$$

$$- \int_{-\infty}^{\infty}bu^3u_x\mathrm{d}x + 6\int_{-\infty}^{\infty}[(b_x - c)(u^2Hu_x + uH(uu_x)) - b^2u^2u_x]\mathrm{d}x$$

$$+ 3\int_{-\infty}^{\infty}\left[(-bc + b_t)uHu_x + (b_{xx} - 4c_x)uu_x - bu_xH(b_xu) - cuH(bu_x)\right]\mathrm{d}x$$

$$+ 6\int_{-\infty}^{\infty}f(uHu_x + H(uu_x))\mathrm{d}x + \int_{-\infty}^{\infty}[3bHu_x + 2H(bu_x) + 4u_xf_x]\mathrm{d}x$$

$$- \int_{-\infty}^{\infty}cu^4\mathrm{d}x + \int_{-\infty}^{\infty}(2b_t - 6bc)u^3\mathrm{d}x + 4\int_{-\infty}^{\infty}fu^3\mathrm{d}x + 6\int_{-\infty}^{\infty}bfu^2\mathrm{d}x$$

$$- 3\int_{-\infty}^{\infty}cuH(b_xu)\mathrm{d}x + 3\int_{-\infty}^{\infty}fH(b_xu)\mathrm{d}x. \tag{2.2.16}$$

设 $b(x,t), c(x,t)$, 自由项 $f(x,t)$ 和初值 $\phi(x)$ 满足如下条件:

(i) $f(x,t) \in W_2^{(1,0)}(Q_T^*)$;

(ii) $c(x,t) \in W_\infty^{(1,0)}(Q_T^*)$;

(iii) $b(x,t) \in W_\infty^{(2,1)}(Q_T^*)$;

(iv) $\phi(x) \in H^1(\mathbb{R})$.

首先, 我们对等式 (2.2.16) 进行估计. 对 (2.2.16) 的右端第一项进行积分. 令 $J(x,t)$ 表示积分含括号的项, 则

$$\left|\int_0^\infty Ju_{xx}\mathrm{d}x\right| \leqslant \frac{1}{2}\|u_{xx}(\cdot,t)\|_{L^2(\mathbb{R})}^2 + \frac{1}{2}\|J(\cdot,t)\|_{L^2(\mathbb{R})}^2,$$

其中

$$\|J(\cdot,t)\|_{L^2(\mathbb{R})}^2 \leqslant C\int_0^\infty\left[u^2(Hu_x)^2 + H(uu_x)^2 + b^2(Hu_x)^2\right.$$

$$\left. + (H(bu_x))^2 + u^6 + b^2u^4u^4\right]\mathrm{d}x. \tag{2.2.17}$$

由于

$$\int_\infty^\infty u^2 \left(Hu_x\right)^2 \mathrm{d}x \leqslant \|u(\cdot,t)\|_{L^\infty(\mathbb{R})}^2 \|Hu_x(\cdot,t)\|_{L^2(\mathbb{R})}^2$$

$$= \|u(\cdot,t)\|_{L^\infty(\mathbb{R})}^2 \|u_x(\cdot,t)\|_{L^2(\mathbb{R})}^2$$

$$\leqslant \eta \|u(\cdot,t)\|_{L^2(\mathbb{R})}^2 + C_5(\eta) \|u(\cdot,t)\|_{L^2(\mathbb{R})}^2,$$

$$\int_\infty^\infty \left(H(uu_x)\right)^2 \mathrm{d}x = \int_\infty^\infty u^2 u_x^2 \mathrm{d}x$$

$$\leqslant \eta \|u_{xx}(\cdot,t)\|_{L^2(\mathbb{R})}^2 + C_5(\eta) \|u(\cdot,t)\|_{L^2(\mathbb{R})}^2,$$

可得 (2.2.17) 的估计

$$\|J(\cdot,t)\|_{L^2(\mathbb{R})}^2 \leqslant 6C_6(\eta) \|u_{xx}(\cdot,t)\|_{L^2(\mathbb{R})}^2 + C_7(\eta) \|u(\cdot,t)\|_{L^2(\mathbb{R})}^2,$$

其中 $C_7(\eta)$ 依赖于 $\|b\|_{W_\infty^{(1,0)}(Q_T^*)}$, $\sup\limits_{0 \leqslant t \leqslant T} \|u(\cdot,t)\|_{L^2(\mathbb{R})}$, 使得 η 满足 $6C_6(\eta) = 1$, 可得

$$\|J(\cdot,t)\|_{L^2(\mathbb{R})}^2 \leqslant \|u_{xx}(\cdot,t)\|_{L^2(\mathbb{R})}^2 + C_8 \|u(\cdot,t)\|_{L^2(\mathbb{R})}^2,$$

则有

$$\left| \int_0^\infty Ju_{xx}\mathrm{d}x \right| \leqslant \|u_{xx}(\cdot,t)\|_{L^2(\mathbb{R})}^2 + \frac{1}{2}C_8 \|u(\cdot,t)\|_{L^2(\mathbb{R})}^2, \tag{2.2.18}$$

其中 C_8 依赖于 $\|b\|_{W_\infty^{(1,0)}(Q_T^*)}$ 和 $\sup\limits_{0 \leqslant t \leqslant T} \|u(\cdot,t)\|_{L^2(\mathbb{R})}$.

利用插值公式, 可得 (2.2.16) 其他项的估计

$$\left| \int_{-\infty}^\infty \left[\left(\frac{5}{2}b_x - 4c\right) u_x^2 + \frac{3}{2}b_x(Hu_x)^2 - 3b^2 u_x Hu_x \right] \mathrm{d}x \right|$$

$$\leqslant (4\|b_x\|_{L^\infty(Q_T^*)} + 4\|c\|_{L^\infty(Q_T^*)} + 3\|b\|_{L^\infty(Q_T^*)}^2) \|u_x(\cdot,t)\|_{L^2(\mathbb{R})}^2.$$

由 (2.2.16), 可得不等式

$$\frac{\mathrm{d}}{\mathrm{d}t} \int_{-\infty}^\infty \left(u^4 + 2bu^3 + 2bxHu_x + 3u^2Hu_x + 2u_x^2 \right) \mathrm{d}x + 3\varepsilon\|u_{xx}(\cdot,t)\|_{L^2(\mathbb{R})}^2$$

$$\leqslant C_{10} \|u(\cdot,t)\|_{H^1(\mathbb{R})}^2 + C_{11} \|f(\cdot,t)\|_{H^1(\mathbb{R})}^2, \tag{2.2.19}$$

其中 C_{10}, C_{11} 为常数, 依赖于 $\|b\|_{W_\infty^{(2,1)}(Q_T^*)}, \|c\|_{W_\infty^{(1,0)}(Q_T^*)}$ 和 $\sup\limits_{0 \leqslant t \leqslant T} \|u(\cdot,t)\|_{L^2(\mathbb{R})}$, 但和 ε 无关.

由 (2.2.19), 对 t 积分可得

$$\|u_x(\cdot,t)\|_{L^2(\mathbb{R})}^2 \leqslant C_{12}(\|\phi\|_{H^1(\mathbb{R})}^2 + \|f\|_{W^{(1,2)}(Q_T^*)}),$$

对任何 $0 \leqslant t \leqslant T$, C_{12} 为常数, 与 $\varepsilon > 0$ 无关.

引理 2.2.2 设 $b(x,t) \in W_\infty^{(2,1)}(Q_T^*)$, $c(x,t) \in W_\infty^{(1,0)}(Q_T^*)$, 以及 $f(x,t) \in W_2^{(1,0)}(Q_T^*)$, $\phi(x) \in H^1(\mathbb{R})$, 则初值问题 (2.1.13), (2.1.14) 的广义整体解 $u_\varepsilon(x,t) \in W_2^{(2,1)}(Q_T^*)$, 且有估计

$$\sup_{0\leqslant t\leqslant T} \|u_{\varepsilon x}(\cdot,t)\|_{L^2(\mathbb{R})} \leqslant K_4(\|\phi\|_{H^1(\mathbb{R})} + \|f\|_{W^{(1,2)}(Q_T^*)}), \tag{2.2.20}$$

其中常数 K_4 和 ε 无关.

引理 2.2.3 在引理 2.2.2 的条件下, 初值问题 (2.1.13), (2.1.14) 的整体解 $u_\varepsilon(x,t) \in W_2^{(2,1)}(Q_T^*)$ 有估计

$$\|u_\varepsilon(\cdot,t)\|_{L^\infty(Q_T^*)} \leqslant K_5(\|\phi\|_{H^1(\mathbb{R})} + \|f\|_{W^{(1,0)}(Q_T^*)}), \tag{2.2.21}$$

其中常数 K_5 和 ε 无关.

为了估计 $\|u_{\varepsilon xx}(\cdot,t)\|_{L^2(\mathbb{R})}$, 由计算可得如下等式

$$\frac{\mathrm{d}}{\mathrm{d}t} \int_{-\infty}^{\infty} \left(2u_{xx}^2 + 5u_x^2 Hu_x + 10uu_x Hu_{xx}\right) \mathrm{d}x + 4\varepsilon\|u_{xxx}(\cdot,t)\|_{L^2(\mathbb{R})}^2$$

$$= -10\varepsilon \int_{-\infty}^{\infty} \left[uHu_{xxx} + H(uu_x)_{xx} + (uHu_x)_x + H(uu_{xxx})\right] u_{xx}\mathrm{d}x$$

$$- \int_{-\infty}^{\infty} \left[(6b_x + 4c)u_{xx}^2 + 10(bu^2 + 2u^2)u_{xx}Hu_{xx} + 10bu_{xx}H(uu_{xx})\right] \mathrm{d}x$$

$$+ 10 \int_{-\infty}^{\infty} \left[(b + 2u)u_x Hu_x - bH(u_x)^2 + 2u_x H(uu_x)\right] u_{xx}\mathrm{d}x$$

$$- 20 \int_{-\infty}^{\infty} uu_x^2 Hu_{xx}\mathrm{d}x - 10 \int_{-\infty}^{\infty} bu_x H(u_x u_{xx})\mathrm{d}x$$

$$+ \int_{-\infty}^{\infty} 10cuHu_{xx}\mathrm{d}x - 10 \int_{-\infty}^{\infty} (b_x - c)uu_x Hu_{xx}\mathrm{d}x$$

$$- 10 \int_{-\infty}^{\infty} (b_x + c)u_x H(uu_{xx})\mathrm{d}x - 10 \int_{-\infty}^{\infty} cuH(u_x u_{xx})\mathrm{d}x$$

$$+ 10 \int_{-\infty}^{\infty} [H(u_x u_{xx}) - u_{xx}Hu_x]f\mathrm{d}x - 4 \int_{-\infty}^{\infty} (c_{xx}u - f_{xx})u_{xx}\mathrm{d}x$$

$$+ 10 \int_{-\infty}^{\infty} (c_x u^2 - f_x u)Hu_{xx}\mathrm{d}x - 10 \int_{-\infty}^{\infty} (c_x u + f_x)H(uu_{xx})\mathrm{d}x$$

$$+ 10 \int_{-\infty}^{\infty} (b_x + c) u_x H(u_x^2) \mathrm{d}x - 10 \int_{-\infty}^{\infty} (c_x u - f_x) H(u_x^2) \mathrm{d}x, \qquad (2.2.22)$$

以 J_k $(k = 0, 1, \cdots, 15)$ 表示等式 (2.2.22) 右端的积分项.

对于 J_1, 有

$$J_1 = 20\varepsilon \int_{-\infty}^{\infty} (u_{xx} u_{xxx} Hu - u u_{xx} H u_{xxx}) \mathrm{d}x,$$

则

$$|J_1| \leqslant 20\varepsilon \left\{ \|Hu\|_{L^\infty(Q_T^*)} \|u_{xx}(\cdot, t)\|_{L^2(\mathbb{R})} \|u_{xxx}(\cdot, t)\|_{L^2(\mathbb{R})} \right.$$

$$\left. + \|u\|_{L^\infty(Q_T^*)} \|u_{xx}(\cdot, t)\|_{L^2(\mathbb{R})} \|H u_{xxx}(\cdot, t)\|_{L^2(\mathbb{R})} \right\}$$

$$\leqslant 4\varepsilon \|u_{xxx}(\cdot, t)\|_{L^2(\mathbb{R})}^2 + 50\varepsilon \left(\|u\|_{L^\infty(Q_T^*)} + \|Hu\|_{L^\infty(Q_T^*)} \right) \|u_{xx}(\cdot, t)\|_{L^2(\mathbb{R})}^2,$$

其中

$$\|Hu\|_{L^\infty(Q_T^*)}^2 = \sup_{0 \leqslant t \leqslant T} \|Hu(\cdot, t)\|_{L^\infty(\mathbb{R})}^2$$

$$\leqslant C_{13} \sup_{0 \leqslant t \leqslant T} \|Hu(\cdot, t)\|_{L^2(\mathbb{R})} \|H u_x(\cdot, t)\|_{L^2(\mathbb{R})}$$

$$\leqslant C_{13} \sup_{0 \leqslant t \leqslant T} \|u(\cdot, t)\|_{L^2(\mathbb{R})} \sup_{0 \leqslant t \leqslant T} \|u_x(\cdot, t)\|_{L^2(\mathbb{R})},$$

对 $\varepsilon > 0$ 一致有界.

对于 J_2, 有

$$|J_2| \leqslant \|6b_x + 4c\|_{L^\infty(Q_T^*)} \|u_{xx}(\cdot, t)\|_{L^2(\mathbb{R})}^2$$

$$+ 10 \left\| bu + 2u^2 \right\|_{L^\infty(Q_T^*)} \|u_{xx}(\cdot, t)\|_{L^2(\mathbb{R})} \|H u_{xx}(\cdot, t)\|_{L^2(\mathbb{R})}$$

$$+ 10 \|b\|_{L^\infty(Q_T^*)} \|u_{xx}(\cdot, t)\|_{L^2(\mathbb{R})} \|Hu(\cdot, t) u_{xx}(\cdot, t)\|_{L^2(\mathbb{R})}$$

$$\leqslant 6 \|b_x\|_{L^\infty(Q_T^*)} + 4 \|c\|_{L^\infty(Q_T^*)} + 20 \|b\|_{L^\infty(Q_T^*)} \|u\|_{L^\infty(Q_T^*)}$$

$$+ 20 \|u\|_{L^\infty(Q_T^*)}^2 \|u_{xx}(\cdot, t)\|_{L^2(\mathbb{R})}^2,$$

类似地, 可计算其余的 J_k 项, 从 (2.2.19) 可得

$$\frac{\mathrm{d}}{\mathrm{d}t} \int_{\infty}^{\infty} (2u_{xx}^2 + 5u_x^2 H u_x + 10 u u_x H u_{xx}) \mathrm{d}x$$

$$\leqslant C_{14} \|u_{xx}(\cdot, t)\|_{L^2(\mathbb{R})}^2 + C_{15} \|u_x(\cdot, t)\|_{L^2(\mathbb{R})}^2 + C_{16} \|u(\cdot, t)\|_{L^2(\mathbb{R})}^2$$

$$+ C_{17} \|f(\cdot, t)\|_{L^2(\mathbb{R})}^2 + \|f_{xx}(\cdot, t)\|_{L^2(\mathbb{R})}^2,$$

其中常数 C_{14}, C_{17} 依赖于 $\|b\|_{W_\infty^{(2,0)}(Q_T^*)}$, $\|c\|_{W_\infty^{(2,0)}(Q_T^*)}$ 和 $\|u(\cdot,t)\|_{H^1(\mathbb{R})}$, 但与 ε 无关.

引理 2.2.4 设 $b(x,t) \in W_\infty^{(2,1)}(Q_T^*)$, $c(x,t) \in W_\infty^{(2,0)}(Q_T^*)$, 以及 $f(x,t) \in W_2^{(2,0)}(Q_T^*)$, $\phi(x) \in H^2(\mathbb{R})$, 则初值问题 (2.1.13), (2.1.14) 的广义整体解 $u_\varepsilon(x,t)$ 有估计

$$\sup_{0 \leqslant t \leqslant T} \|u_{\varepsilon x}(\cdot,t)\|_{L^2(\mathbb{R})} \leqslant K_6(\|\phi\|_{H^2(\mathbb{R})} + \|f\|_{W^{(2,0)}(Q_T^*)}), \tag{2.2.23}$$

其中常数 K_6 依赖于 $\|b\|_{W_\infty^{(2,1)}(Q_T^*)}$, $\|c\|_{W_\infty^{(2,0)}(Q_T^*)}$ 和 $\|\phi\|_{H^1(\mathbb{R})}$, 但和 ε 无关.

由 (2.1.13) 可得如下引理.

引理 2.2.5 在引理 2.2.4 的条件下, 初值问题 (2.1.13), (2.1.14) 的整体解 $u_\varepsilon(x,t) \in W_2^{(2,1)}(Q_T^*)$ 有如下估计

$$\sup_{0 \leqslant t \leqslant T} \|u_{\varepsilon t}(\cdot,t)\|_{L^2(\mathbb{R})} \leqslant K_7(\|\phi\|_{H^2(\mathbb{R})} + \|f\|_{W^{(2,0)}(Q_T^*)}), \tag{2.2.24}$$

其中常数 K_7 依赖于 $\|b\|_{W_\infty^{(2,0)}(Q_T^*)}$, $\|c\|_{W_\infty^{(2,0)}(Q_T^*)}$ 和 $\|\phi\|_{H^1(\mathbb{R})}$, 但和 ε 无关.

引理 2.2.6 在引理 2.2.4 的条件下, 初值问题 (2.1.13), (2.1.14) 的广义整体解有估计

$$\|u_{\varepsilon x}(\cdot,t)\|_{L^\infty(Q_T^*)} \leqslant K_8(\|\phi\|_{H^2(\mathbb{R})} + \|f\|_{W^{(2,0)}(Q_T^*)}), \tag{2.2.25}$$

其中常数 K_8 和 $\varepsilon > 0$ 无关.

2.3 广 义 解

由引理 2.2.1—引理 2.2.6, 函数 $\{u_\varepsilon(x,t)\}$ 的集合在函数空间

$$Z = L^\infty\left([0,T]; H^2(\mathbb{R})\right) \cap W_\infty^{(1)}\left([0,T]; L^2(\mathbb{R})\right)$$

对 $\varepsilon > 0$ 一致有界, 由插值空间理论, 可得如下引理.

引理 2.3.1 在引理 2.2.4 的条件下, 初值问题 (2.1.13), (2.1.14) 的广义整体解 $u_\varepsilon(x,t)$ 有估计

$$|u_\varepsilon(\bar{x},t) - u_\varepsilon(x,t)| \leqslant k_9|\bar{x} - x|, \tag{2.3.26}$$

$$|u_\varepsilon(x,\bar{t}) - u_\varepsilon(x,t)| \leqslant k_{10}|\bar{t} - t|^{\frac{3}{4}}, \tag{2.3.27}$$

$$|u_{\varepsilon x}(\bar{x},t) - u_{\varepsilon x}(x,t)| \leqslant k_{11}|\bar{x} - x|^{\frac{1}{2}}, \tag{2.3.28}$$

$$|u_{\varepsilon x}(x,\bar{t}) - u_{\varepsilon x}(x,t)| \leqslant k_{12}|\bar{t} - t|^{\frac{1}{4}}, \tag{2.3.29}$$

其中 $\bar{x}, x \in \mathbb{R}, \bar{t}, t \in [0,T]$, 常数 $K_9, \cdots, K_{12}$ 与 $\varepsilon > 0$ 无关.

由一致性估计 (2.3.26)—(2.3.29), 集合 $\{u_\varepsilon(x,t)\}$ 和 $\{u_{\varepsilon x}(x,t)\}$ 是在空间 $C_{xt}^{1,\frac{3}{4}}(Q_T^*)$ 和 $C_{xt}^{\frac{1}{2},\frac{1}{4}}(Q_T^*)$ 一致有界的, 因此可得如下定理.

定理 2.3.2　设 $b(x,t) \in W_\infty^{(2,1)}(Q_T^*)$, $c(x,t) \in W_\infty^{(2,0)}(Q_T^*)$, 以及 $f(x,t) \in W_2^{(2,0)}(Q_T^*)$, $\phi(x) \in H^2(\mathbb{R})$, 则初值问题 (2.1.13),(2.1.14) 的广义整体解 $u(x,t) \in Z$ 在广义意义下满足方程 (2.1.1), 在古典意义下满足 (2.1.2).

定理 2.3.3　设 $b(x,t) \in W_\infty^{(1,0)}(Q_T^*)$, $c(x,t) \in L^\infty(Q_T^*)$, 则初值问题 (2.1.13), (2.1.14) 的广义整体解 $u(x,t) \in Z$ 是唯一的.

定理 2.3.4　在定理 2.3.2 的条件下, 初值问题 (2.1.13), (2.1.14) 的解 $u_\varepsilon(x,t)$, 当 $\varepsilon \to 0$ 时是收敛于初值问题 (2.1.1), (2.1.2) 的解 $u(x,t)$ 的, $\{u_\varepsilon(x,t)\}$ 和 $\{u_{\varepsilon x}(x,t)\}$ 是一致收敛于 $u(x,t)$ 和 $u_x(x,t)$ (在 Q_T^* 的任何紧集上) 的, $\{u_{\varepsilon xx}(x,t)\}$ 和 $\{u_{\varepsilon t}(x,t)\}$ 在 $L^p([0,T];L^2(\mathbb{R}))$ $(2 \leqslant p < \infty)$ 中分别弱收敛于 $u_{xx}(x,t)$ 和 $u_t(x,t)$.

以下定理是有关收敛速率的估计.

定理 2.3.5　在推论 2.1.4 的条件下, 初值问题 (2.1.13), (2.1.14) 的整体广义解 $u_\varepsilon(x,t) \in W_2^{(2,1)}(Q_T^*)$, $u(x,t) \in Z$ 是初值问题 (2.1.1), (2.1.2) 的整体广义解, 则有如下收敛速率估计

$$\sup_{0 \leqslant t \leqslant T} \|u_\varepsilon(\cdot,t) - u(\cdot,t)\|_{L^2(\mathbb{R})} \leqslant K_{13}\varepsilon, \tag{2.3.30}$$

$$\|u_\varepsilon - u\|_{L^\infty(\mathbb{R})}^2 \leqslant K_{14}\varepsilon^{\frac{3}{4}}, \tag{2.3.31}$$

$$\sup_{0 \leqslant t \leqslant T} \|u_{\varepsilon x}(\cdot,t) - u_x(\cdot,t)\|_{L^2(\mathbb{R})} \leqslant K_{15}\varepsilon^{\frac{1}{2}}, \tag{2.3.32}$$

$$\|u_{\varepsilon x} - u_x\|_{L^\infty(\mathbb{R})}^2 \leqslant K_{16}\varepsilon^{\frac{1}{4}}, \tag{2.3.33}$$

其中常数 $K_{13}, K_{14}, K_{15}, K_{16}$ 与 $\varepsilon > 0$ 无关.

定理 2.3.6　在推论 2.1.4 的条件下, 对任意 $T > 0$, 初值问题 (2.1.1),(2.1.2) 在无界区域 $Q_\infty^* = \{x \in \mathbb{R}, t \in \mathbb{R}\}$ 中具有唯一的整体广义解

$$u(x,t) \in L_{\text{loc}}^\infty\left(\mathbb{R}; H^2(\mathbb{R})\right) \cap W_{\infty,\text{loc}}^{(1)}\left(\mathbb{R}; L^2(\mathbb{R})\right).$$

定理 2.3.7　设 $\phi(x) \in H^M(\mathbb{R}), M \geqslant 2$, 则初值问题 (2.1.1), (2.1.2) 具有唯一的整体解

$$u(x,t) \bigcap_{k=1}^{[\frac{M}{2}]} W_{\infty,\text{loc}}^{(k)}\left(\mathbb{R}; H^{m-2k}(\mathbb{R})\right),$$

其导数

$$u_{x^r t^s}(x,t) \in L_{\text{loc}}^\infty\left(\mathbb{R}; L^2(\mathbb{R})\right), \quad 0 \leqslant 2s + r \leqslant M.$$

第 3 章　Benjamin-Ono 方程的整体低正则解

3.1　引　言

在本章中，我们详细介绍 Benjamin-Ono 方程在 L^2 空间上的大初值整体解. 在整体适定性问题上，L^2 空间上的大初值整体解堪称目前最好的结果. 该结果用到了 Gauge 变换、分频分模的 Bourgain 空间方法、光滑效应估计，以及一系列复杂的混合型空间，将调和分析方法应用得淋漓尽致.

3.2　Benjamin-Ono 方程的适定性研究现状

首先我们考虑如下色散广义的 Benjamin-Ono 方程

$$\begin{cases} \partial_t u + \partial_x D_x^{1+a} u + \dfrac{1}{2}\partial_x\left(u^2\right) = 0, \\ u(x,0) = u_0(x) \quad x \in \mathbb{R}, t \in \mathbb{R}, \end{cases} \tag{3.2.1}$$

这里 $0 \leqslant a \leqslant 1$，$D_x^{1+a}$ 是象征为 $|\xi|^{1+a}$ 的 Fourier 乘子. (3.2.1) 是描述浅水渠中的长波较弱的非线性传播的数学模型. 当 $a = 0$ 时，方程 (3.2.1) 就退化为 Benjamin-Ono 方程；当 $a = 1$ 时，方程 (3.2.1) 就退化为 KdV 方程. 但是，与 Benjamin-Ono 方程和 KdV 方程不同，方程 (3.2.1) 当 $0 < a < 1$ 时不是可积系统，也没有无穷多的守恒律，目前已知的守恒律为

$$I_1 = \int u(x,t)\mathrm{d}x,$$

$$I_2 = \int |u(x,t)|^2 \mathrm{d}x,$$

$$I_3 = \frac{1}{6}\int u^3 \mathrm{d}x + \int \left| D_x^{\frac{1+a}{2}} u \right|^2 \mathrm{d}x.$$

(3.2.1) 的初值问题在初值数据 u_0 属于实值 Sobolev 空间 $H_r^\sigma(\mathbb{R})$，$\sigma \geqslant 0$ 中有广泛的研究. $H_r^\sigma = H_r^\sigma(\mathbb{R})$ 表示范数为

$$\|\phi\|_{H_r^\sigma} = \|\phi\|_{H^\sigma} = \left\| \left(1 + |\xi|^2\right)^{\sigma/2} \widehat{\phi}(\xi) \right\|_{L_\xi^2}$$

的实值函数空间.

当 $a = 0$ 时, (3.2.1) 方程就是经典的 Benjamin-Ono 方程 (3.3.2). 在空间 $H_r^0(\mathbb{R})$, $H_r^{1/2}(\mathbb{R})$, $H_r^1(\mathbb{R})$ 中, Benjamin-Ono 方程 (3.3.2) 的初值问题都有弱解 (参见 [77], [115], [120]). Ponce[114] 应用能量方法证明了 (3.3.2) 在 $H^{3/2}$ 中具有整体适定性. Koch 和 Tzvetkov[91] 得到了解在 $H^s \left(s > \dfrac{5}{4} \right)$ 中的局部适定性. 早期的一些在高正则性空间中的局部和整体适定性结果参见 [109], [110].

当 $0 < a < 1$ 时, 对于色散广义的 Benjamin-Ono 方程, Kenig, Ponce 和 Vega[42] 应用能量方法和光滑效应证明了方程 (3.2.1) 在 H^s, $s \geqslant \dfrac{3}{4}(2 - a)$ 中是局部适定的, 且当 $a \geqslant \dfrac{4}{5}$ 时是整体适定的.

Molinet 等在 [97] 中证明了当 $0 \leqslant a < 1$ 时, 对任意的 s, 无论初值数据 $u_0 \in H^s$ 多么小, 解映射都不是从 H^s 到 $C([0, T]; H^s)$ 的 C^2 光滑映射. 该结论说明运用压缩映射方法直接得到 Benjamin-Ono 方程 (3.3.2) 或者色散广义的 Benjamin-Ono 方程 (3.2.1) 的局部解是不可能的. 进一步, 当 $0 \leqslant a < 1$ 时, 像研究 KdV 方程那样, 应用经典的 Bourgain 空间方法[70] 来研究方程 (3.2.1) 也是行不通的. 因为当 $0 \leqslant a < 1$ 时, 关于 (3.2.1) 的双线性估计

$$\|\partial_x (u_1 u_2)\|_{X_s^{-b}} \leqslant C \|u_1\|_{X_{s*}^b} \|u_2\|_{X_{s*}^b}$$

对任意的 $b \in \mathbb{R}$ 都不能成立, 这里 Bourgain 空间 X_s^b 对应的色散关系为 $\omega_a(\xi) = |\xi|^{1+a}\xi$, $s* = 1/2 + a/2$, 见 [97]. 对 Benjamin-Ono 方程 ($a = 0$), [122] 给出了关于不适定性的一个更强的结论: 即对任意的 $s > 0$, 解映射都不是从 H^s 到 H^s 的一致连续的映射. 值得注意的是, [122] 中的结论并不能得到解映射在 L^2 空间上不是一致连续的或者不是 Lipschitz 连续的. 得到这些不适定性结果主要是因为非线性项上带有一阶导数, 而线性部分的光滑效应较弱.

因此, 我们要考虑 Benjamin-Ono 方程 ($a = 0$) 及色散广义的 Benjamin-Ono 方程 ($0 < a < 1$) 的低正则解有两个途径: 一个是改变初值所在的空间, 不选择 Sobolev 空间; 一个是求适定性弱一点的解, 如只要求解映射连续而不是一致连续. Herr[83,123] 等得到了初值数据属于 $H^s \cap \dot{H}^{\frac{1}{2} - \frac{1}{1+\alpha}}$, $s \geqslant -\dfrac{3}{4}\alpha$ 时方程 (3.2.1) ($0 < a < 1$) 的局部适定性以及 $s \geqslant 0$ 时的整体适定性结果, 对低频加上特殊的结构, 就能保证在该空间中使用压缩映射方法. Guo 等[81] 利用短时的 $X^{s,b}$ 结构结合能量估计, 得到方程 (3.2.1) ($0 \leqslant a < 1$) 在 $H_r^s(s > 1 - a)$ 中的局部适定性, 该解映射仅是连续的. [84] 利用仿微分 Gauge 变换得到了方程 (3.2.1) ($0 < a < 1$) 在 L^2 中的整体适定性结果.

对于 Benjamin-Ono 方程 (3.3.2), Tao [105] 利用 Gauge 变换得到了解在 $H_r^s(s \geqslant 1)$ 中的整体适定性. 接着, Ionescu 和 Kenig [87] 应用 Gauge 变换、分频分模的 Bourgain 空间方法和引入光滑效应估计等, 得到了 (3.3.2) 在 L^2 空间上的大初值整体解, 此时的解映射仅是连续的, 甚至在任意有界集上都不是一致连续的. 目前, L^2 空间上的大初值整体解也是 Benjamin-Ono 方程 (3.3.2) 适定性方面的最好结果. 在复初值情形, 由于 Gauge 变换无法使用, 类似于 [87] 中的方法, [124] 得到了在改进的 Sobolev 空间 $\widetilde{H}^\sigma(\sigma \geqslant 0)$ 中的局部适定性结果, $\widetilde{H}^\sigma$ 空间在高频等同于 Sobolev 空间 H^σ, 不同的是在低频处增加了特殊的结构.

总体而言, 色散广义的 Benjamin-Ono 方程 (3.2.1) ($0 < a < 1$) 比 Benjamin-Ono 方程 (3.3.2) 的色散效应更强, 但是, 色散广义的 Benjamin-Ono 方程 (3.2.1) ($0 < a < 1$) 很难作 Gauge 变换, 而 Gauge 变换是消去或减弱高低频相互作用的重要手段, 而且十分有效, 参见 [87], [105].

3.3 Benjamin-Ono 方程在 L^2 空间上的大初值整体解

在本节中，我们详细介绍经典的 Benjamin-Ono 方程

$$\begin{cases} \partial_t u + \mathcal{H}\partial_x^2 u + \partial_x(u^2/2) = 0, & (x,t) \in \mathbb{R}_x \times \mathbb{R}_t, \\ u(0) = \phi \end{cases} \tag{3.3.2}$$

在实初值低正则空间上的整体适定性问题.

下面我们来介绍一下 (3.3.2) 在低正则空间中的适定性问题以及需要克服的主要困难. 应用经典的 Bourgain 空间 $X^{\sigma,b}$ 方法 [70,111] 处理 (3.3.2) 遇到的核心困难就是在处理非线性项的双线性估计时, 出现的高低频相互作用情形无法处理 [97,122]. 在 [105] 中, Tao 构造了 Gauge 变换来减弱高低频相互作用, 首次得到了 (3.3.2) 在 H^1 上的整体适定性. Gauge 变换能使某些最难处理的产生高低频相互作用的项消失. 但是, 仅使用 Gauge 变换, 想在 $X^{\sigma,b}$ 空间框架下得到 L^2 上的整体解依然是不够的. 一方面, 在工作空间中, 需要在低频上增加特殊的结构, 参见 3.5 节中的空间 Z_0; 另一方面, 对于高频情形, 应用经典的 $X^{\sigma,b}$ 空间处理双线性估计的高频情形时, 不可避免地会产生对数发散, 参见 [76]. 为了避免对数发散, 需要在处理高频的工作空间中引入新的光滑效应型结构, 即分成两部分, 既包含 $X^{\sigma,b}$ 型的空间又包含光滑效应型的 $L_x^1 L_t^2$ 空间.

本章我们将详细介绍 Benjamin-Ono 方程的初值问题在空间 $H_r^\sigma(\mathbb{R}), \sigma \geqslant 0$ 上是整体适定的, 参见文献 [87]. 当 $\sigma = 0$ 时, $H_r^\sigma(\mathbb{R}) = L^2(\mathbb{R})$.

令 $H_r^\infty(\mathbb{R}) = \bigcap_{\sigma=0}^\infty H_r^\sigma(\mathbb{R})$. 再令

$$S^\infty : H_r^\infty(\mathbb{R}) \to C(\mathbb{R}; H_r^\infty(\mathbb{R}))$$

表示由初值数据 $\phi \in H_r^\infty$ 到初值问题 (3.3.2) 古典解 $u \in C\left(\mathbb{R}; H_r^\infty\right)$ 的映射. 下面我们来看守恒律: 如果 $\phi \in H_r^\infty$, $u = S^\infty(\phi)$, (3.3.2) 满足

$$\int_{\mathbb{R}} u(x,t)^2 \mathrm{d}x = \int_{\mathbb{R}} \phi(x)^2 \mathrm{d}x, \qquad \text{对任意的 } t \in \mathbb{R}. \tag{3.3.3}$$

对于 $T > 0$,

$$S_T^\infty : H_r^\infty(\mathbb{R}) \to C\left([-T,T]; H_r^\infty(\mathbb{R})\right)$$

表示 S^∞ 在时间区间 $[-T,T]$ 上的限制. 下面是本章的主要结果.

定理 3.3.1 (a) 假设 $T > 0$, 解映射 $S_T^\infty : H_r^\infty \to C([-T,T]; H_r^\infty)$ 可以唯一地拓展到映射 $S_T^0 : H_r^0 \to C\left([-T,T]; H_r^0\right)$, 并且有

$$\left\| S_T^0(\phi)(t) \right\|_{H_r^0} = \|\phi\|_{H_r^0}, \qquad \text{对任意的 } t \in [-T,T], \quad \phi \in H_r^0.$$

对任意的初值 $\phi \in H_r^0$, 函数 $S_T^0(\phi)$ 是初值问题 (3.3.2) 在 $C\left([-T,T] : H_r^{-2}\right)$ 上的解.

(b) 对任意的 $\sigma \geqslant 0, S_T^0\left(H_r^\sigma\right) \subseteq C\left([-T,T]; H_r^\sigma\right)$,

$$\left\| S_T^0(\phi) \right\|_{C([-T,T]; H_r^\sigma)} \leqslant C\left(T, \sigma, \|\phi\|_{H_r^\sigma}\right)$$

成立, 并且映射 $S_T^\sigma = S_T^0|_{H_r^\sigma} : H_r^\sigma \to C\left([-T,T]; H_r^\sigma\right)$ 是连续的.

注记 3.3.2 如果 $T \leqslant T'$, $\phi \in H_r^\sigma$, 那么

$$S_T^\sigma(\phi)(t) = S_{T'}^\sigma(\phi)(t), \qquad \text{对任意的 } t \in [-T,T].$$

对任意 $T > 0$ 和 $\sigma > 0$, 流映射 $\phi \to S_T^\sigma(\phi)$ 在空间 H_r^σ 的任意有界集上都不是一致连续的, 参见文献 [122].

对于 (3.3.2) 在复初值的情形, 由于 Gauge 变换无法使用, 目前用本章中介绍的方法也只能做到在 $\tilde{H}^\sigma, \sigma \geqslant 0$ 空间中的局部解, 见参考文献 [124].

在 3.4 节中, 我们详细介绍如何使用 Gauge 变换, 并结合频率分解, 将 (3.3.2) 转化为以下三个非线性项相对容易解决的 Benjamin-Ono 方程的初值问题.

$$\begin{cases} \left(\partial_t + \mathcal{H}\partial_x^2\right) w_+ = E_+\left(w_+, w_-, w_0\right), \\ w_+(0) = e^{iU_0(\cdot, 0)} P_{+\,\mathrm{high}}\phi, \end{cases}$$

$$\begin{cases} \left(\partial_t + \mathcal{H}\partial_x^2\right) w_- = E_-\left(w_+, w_-, w_0\right), \\ w_-(0) = e^{-iU_0(\cdot, 0)} P_{-\,\mathrm{ligh}}\phi, \end{cases}$$

$$\begin{cases} \left(\partial_t + \mathcal{H}\partial_x^2\right) w_0 = E_0\left(w_+, w_-, w_0\right), \\ w_0(0) = 0. \end{cases}$$

在 3.5 节和 3.6 节中, 我们介绍该章使用的工作空间及其基本性质. 在 3.7 节中, 我们介绍在新的空间中的线性估计. 在 3.8—3.10 节中, 我们介绍在新的空间框架下关于非线性项的双线性估计. 在 3.11 节中, 我们介绍由于 Gauge 变换带来的乘子估计. 3.12 节主要介绍定理 3.3.1 的详细证明.

3.4 Gauge 变换

在本节中, 我们来介绍 Gauge 变换. Gauge 变换可以显著地减弱来自低频数据的影响.

假设 $\phi \in H_r^\infty$, $u = S^\infty(\phi) \in C(\mathbb{R}; H_r^\infty)$. 在 $L^2(\mathbb{R})$ 上定义算子

$$
\begin{aligned}
P_{\text{low}} &: \quad \xi \to 1_{[-2^{10}, 2^{10}]}(\xi), \\
P_{\pm\text{high}} &: \quad \xi \to 1_{[2^{10}, \infty)}(\pm\xi), \\
P_\pm &: \quad \xi \to 1_{[0,\infty)}(\pm\xi).
\end{aligned}
$$

再令

$$
\phi_0 = P_{\text{low}}\, \phi \in H_r^\infty, \quad u_0 = S^\infty(\phi_0), \quad \widetilde{u} = u - u_0.
$$

因为对任意的 $\sigma \geqslant 0$ 有 $\|\phi_0\|_{H_r^\sigma} \leqslant C_\sigma \|\phi\|_{L^2}$, 则由 u_0 满足的方程可得

$$
\sup_{t \in [-2,2]} \|\partial_t^{\sigma_1} \partial_x^{\sigma_2} u_0(.,t)\|_{L_x^2} \leqslant C_{\sigma_1,\sigma_2} \|\phi\|_{L^2}, \quad \sigma_1, \sigma_2 \in [0,\infty) \cap \mathbb{Z}. \tag{3.4.4}
$$

将 $u = \widetilde{u} + u_0$ 代入原方程 (3.3.2), 得到

$$
\begin{cases}
\partial_t \widetilde{u} + \mathcal{H} \partial_x^2 \widetilde{u} + \partial_x (u_0 \cdot \widetilde{u}) + \partial_x (\widetilde{u}^2/2) = 0, \\
\widetilde{u}(0) = P_{+\text{high}}\phi + P_{-\text{high}}\phi.
\end{cases} \tag{3.4.5}
$$

在 (3.4.5) 两边同时作用算子 $P_{+\text{high}}$, $P_{-\text{high}}$ 和 P_{low}, 得到

$$
\begin{cases}
\partial_t (P_{\pm\text{high}}\widetilde{u}) \mp i \cdot \partial_x^2 (P_{\pm\text{high}}\widetilde{u}) \\
\qquad + P_{\pm\text{high}} \partial_x (u_0 \cdot \widetilde{u}) + P_{\pm\text{high}} \partial_x (\widetilde{u}^2/2) = 0, \\
(P_{\pm\text{high}}\widetilde{u})(0) = P_{\pm\text{high}}\phi
\end{cases} \tag{3.4.6}
$$

和

$$
\begin{cases}
\partial_t (P_{\text{low}}\, \widetilde{u}) + \mathcal{H} \partial_x^2 (P_{\text{low}}\, \widetilde{u}) + P_{\text{low}}\, \partial_x (u_0 \cdot \widetilde{u}) + P_{\text{low}}\, \partial_x (\widetilde{u}^2/2) = 0, \\
(P_{\text{low}}\, \widetilde{u})(0) = 0.
\end{cases} \tag{3.4.7}
$$

接下来作变量替换

$$\begin{cases} P_{+\,\mathrm{high}}\tilde{u} = e^{-iU_0}w_+, \\ P_{-\,\mathrm{high}}\tilde{u} = e^{iU_0}w_-, \\ P_{\mathrm{low}}\tilde{u} = w_0, \end{cases} \tag{3.4.8}$$

这里 U_0 是待定的、依赖于 u_0 的 Gauge 变换. 下面我们来确定 U_0. 根据参考文献 [105], 首先由下面的方程

$$\partial_t U_0(0,t) + \frac{1}{2}\mathcal{H}\partial_x u_0(0,t) + \frac{1}{4}u_0^2(0,t) = 0, \quad U_0(0,0) = 0 \tag{3.4.9}$$

来确定 $U(0,t)$, 然后再进一步由下面的方程

$$\partial_x U_0(x,t) = \frac{1}{2}u_0(x,t) \tag{3.4.10}$$

构造 $U_0(x,t)$. 这里强调 U_0 是实值函数, 因为 ϕ_0 和 u_0 都是实值函数. 由方程 (3.3.2)、初值数据满足 $u_0 = S^\infty(\phi_0)$ 和 (3.4.10) 可得

$$\partial_x \left[\partial_t U_0 + \mathcal{H}\partial_x^2 U_0 + (\partial_x U_0)^2 \right] = 0, \quad (x,t) \in \mathbb{R} \times \mathbb{R}.$$

再加上 (3.4.9), (3.4.10) 就可得到

$$\partial_t U_0 = -\frac{1}{2}\mathcal{H}\partial_x u_0 - \frac{1}{4}u_0^2, \quad (x,t) \in \mathbb{R} \times \mathbb{R}. \tag{3.4.11}$$

由 (3.4.10), (3.4.11), $U_0 \in C^\infty(\mathbb{R} \times \mathbb{R})$, 并且对任意的整数 $\sigma_1, \sigma_2 \geqslant 0, (\sigma_1, \sigma_2) \neq (0,0)$, 有

$$\sup_{t \in |-2,2|} \|\partial_t^{\sigma_1}\partial_x^{\sigma_2}U_0(\cdot,t)\|_{L_x^2} \leqslant C_{\sigma_1,\sigma_2}\|\phi\|_{L^2}. \tag{3.4.12}$$

下面将

$$P_{+\mathrm{high}}\,\tilde{u} = e^{-iU_0}w_+, \quad \tilde{u} = e^{-iU_0}w_+ + e^{iU_0}w_- + w_0$$

代入 (3.4.6),

$$\begin{cases} (\partial_t + \mathcal{H}\partial_x^2)w_+ = E_+(w_+, w_-, w_0) \\ w_+(0) = e^{iU_0(\cdot,0)}P_{+\,\mathrm{high}}\phi, \end{cases}$$

这里

$$E_+(w_+, w_-, w_0)$$

$$
\begin{aligned}
&= e^{iU_0} P_{+\,\text{high}} \left[\partial_x \left(e^{-iU_0} w_+ + e^{iU_0} w_- + w_0 \right)^2 / 2 \right] \\
&\quad - e^{iU_0} P_{+\,\text{high}} \left[\partial_x \left[u_0 \left(e^{iU_0} w_- + w_0 \right) \right] \right] \\
&\quad + e^{iU_0} \left(P_{-\text{high}} + P_{\text{low}} \right) \left(u_0 e^{-iU_0} \partial_x w_+ \right) + 2iP_- \left(\partial_x^2 w_+ \right) \\
&\quad - e^{iU_0} P_{+\,\text{high}} \left[\partial_x \left(u_0 e^{-iU_0} \right) \cdot w_+ \right] + i \left(\partial_t U_0 - i\partial_x^2 U_0 - \left(\partial_x U_0 \right)^2 \right) \cdot w_+,
\end{aligned}
$$

观察 $E_+ \left(w_+, w_-, w_0 \right)$, 我们发现, $P_{+\text{high}} \left(u_0 e^{-iU_0} \partial_x w_+ \right)$ 这一项被约掉了 (因为 (3.4.10)), 这就是 Gauge 变换的作用.

再应用 $w_+ = e^{iU_0} P_{+\,\text{high}} \left(e^{-iU_0} w_+ \right), w_- = e^{-iU_0} P_{-\,\text{high}} \left(e^{iU_0} w_- \right), w_0 = P_{\text{low}} \left(w_0 \right)$, (3.4.10) 和 (3.4.11), 将 $E_+ \left(w_+, w_-, w_0 \right)$ 改写成

$$
\begin{aligned}
E_+ \left(w_+, w_-, w_0 \right) =\ & -e^{iU_0} P_{+\,\text{high}} \left[\partial_x \left(e^{-iU_0} w_+ + e^{iU_0} w_- + w_0 \right)^2 / 2 \right] \\
& - e^{iU_0} P_{+\,\text{high}} \left[\partial_x \left[u_0 \cdot P_{-\,\text{high}} \left(e^{iU_0} w_- \right) + u_0 \cdot P_{\text{low}} \left(w_0 \right) \right] \right] \\
& + e^{iU_0} \left(P_{-\,\text{high}} + P_{\text{low}} \right) \left[\partial_x \left(u_0 \cdot P_{+\,\text{high}} \left(e^{-iU_0} w_+ \right) \right) \right] \\
& + 2iP_- \left[\partial_x^2 \left(e^{iU_0} P_{+\,\text{high}} \left(e^{-iU_0} w_+ \right) \right) \right] \\
& - P_+ \partial_x u_0 \cdot w_+.
\end{aligned}
\tag{3.4.13}
$$

类似地, 可以得到关于 $P_{-\text{high}}\, \tilde{u}$ 的方程

$$
\begin{cases}
\left(\partial_t + \mathcal{H} \partial_x^2 \right) w_- = E_- \left(w_+, w_-, w_0 \right), \\
w_-(0) = e^{-iU_0(\cdot,0)} P_{-\,\text{high}} \phi,
\end{cases}
$$

这里

$$
\begin{aligned}
E_- \left(w_+, w_-, w_0 \right) =\ & -e^{-iU_0} P_{-\,\text{high}} \left[\partial_x \left(e^{-iU_0} w_+ + e^{iU_0} w_- + w_0 \right)^2 / 2 \right] \\
& - e^{-iU_0} P_{-\,\text{high}} \left[\partial_x \left[u_0 \cdot P_{+\,\text{high}} \left(e^{-iU_0} w_+ \right) + u_0 \cdot P_{\text{low}} \left(w_0 \right) \right] \right] \\
& + e^{-iU_0} \left(P_{+\text{high}} + P_{\text{low}} \right) \left[\partial_x \left(u_0 \cdot P_{-\,\text{high}} \left(e^{iU_0} w_- \right) \right) \right] \\
& - 2iP_+ \left[\partial_x^2 \left(e^{-iU_0} P_{-\,\text{high}} \left(e^{iU_0} w_- \right) \right) \right] \\
& - P_- \partial_x u_0 \cdot w_-.
\end{aligned}
\tag{3.4.13}'
$$

关于 $P_{\text{low}}\, \tilde{u}$ 的方程

$$
\begin{cases}
\left(\partial_t + \mathcal{H} \partial_x^2 \right) w_0 = E_0 \left(w_+, w_-, w_0 \right), \\
w_0(0) = 0,
\end{cases}
\tag{3.4.14}
$$

这里

$$E_0 \left(w_+, w_-, w_0 \right) = -\frac{1}{2} P_{\text{low}} \left[\partial_x \left[\left(e^{-iU_0} w_+ + e^{iU_0} w_- + w_0 + u_0 \right)^2 - u_0^2 \right] \right].$$

我们将本节的结果总结成如下引理.

引理 3.4.1　假设 $\phi \in H_r^\infty$ 且 $u = S^\infty(\phi) \in C\left(\mathbb{R}; H_r^\infty\right)$, 则可以将解 u 分解成

$$u = e^{-iU_0} w_+ + e^{iU_0} w_- + w_0 + u_0,$$

这里 $u_0 = S^\infty \left(P_{\text{low}} \left(\phi \right) \right)$ 满足 (3.4.4), U_0 满足 (3.4.12).

注记 3.4.2　虽然关于 w_+, w_- 的非线性项 E_+, E_- 比较复杂, 但是我们可以发现 E_+ 和 E_- 中只有第一行比较难处理, 第二、第三、第四行本质上都是形如

$$P_\pm \left[光滑函数 \cdot P_\mp \left(非光滑函数 \right) \right]$$

的项, 如果导数在 $P_\mp$ (非光滑函数) 上可以使用光滑效应估计. 而第五行, 导数属于光滑函数.

在后面的叙述中, 我们就集中来处理关于 w_+, w_- 和 w_0 的 Benjamin-Ono 方程 (3.4.13), (3.4.13)′, (3.4.14).

3.5　工作空间的构造

在这一节中, 我们详细地介绍工作空间的构造. 因为解具备 L^2 守恒, 所以我们只需在时间区间 $[-1, 1]$ 中证明解的存在性就可以了, 下面构造的工作空间就是针对这个时间区间. (3.5.16) 式中的 i, 所有定义中的 $j \geqslant 0$, (3.5.17) 式中的 $I - \partial_\tau^2$ 都是为了使函数能够在支集 $\mathbb{R} \times [-1, 1]$ 中.

首先我们介绍构造工作空间用到的一些符号和分解. 假设 $\eta_0 : \mathbb{R} \to [0, 1]$ 表示一个支在 $[-8/5, 8/5]$ 上的偶的光滑函数, 且在区间 $[-5/4, 5/4]$ 中恒等于 1. 令 $\chi_l(\xi) = \eta_0 \left(\xi/2^l \right) - \eta_0 \left(\xi/2^{l-1} \right)$, $l \in \mathbb{Z}$, χ_l 支在 $\left\{ \xi : |\xi| \in \left[(5/8) \cdot 2^l, (8/5) \cdot 2^l \right] \right\}$ 中, 并且

$$\chi_{[l_1, l_2]} = \sum_{l=l_1}^{l_2} \chi_l, \quad 对任意的 \; l_1 \leqslant l_2 \in \mathbb{Z}.$$

为简单起见, 如果 $l \geqslant 1$, 则 $\eta_l = \chi_l$; 如果 $l \leqslant -1$, 则 $\eta_l \equiv 0$. 对于 $l_1 \leqslant l_2 \in \mathbb{Z}$, 则有

$$\eta_{[l_1, l_2]} = \sum_{l=l_1}^{l_2} \eta_l \quad 和 \quad \eta_{\leqslant l_2} = \sum_{l=-\infty}^{l_2} \eta_l.$$

对任意的整数 $k \geqslant 0$, 函数 $\phi \in L^2(\mathbb{R})$, 定义如下的算子 P_k,

$$\widehat{P_k\phi}(\xi) = \eta_k(\xi)\widehat{\phi}(\xi).$$

我们也用 $\mathscr{F}(P_k u)(\xi, \tau) = \eta_k(\xi)\mathscr{F}(u)(\xi, \tau)$ 来定义 $L^2(\mathbb{R} \times \mathbb{R})$ 上的算子 P_k.

设 $\mathbb{Z}_+ = \mathbb{Z} \cap [0, \infty)$. 对于 $\xi \in \mathbb{R}$, 令

$$\omega(\xi) = -\xi|\xi|.$$

当 $l \in \mathbb{Z}$ 时, 令 $I_l = \{\xi \in \mathbb{R} : |\xi| \in [2^{l-1}, 2^{l+1}]\}$. 当 $l \in [0, \infty) \cap \mathbb{Z}$ 时, 令 $\tilde{I}_0 = [-2, 2]$, $\tilde{I}_l = I_l$ $(l \geqslant 1)$. 下面定义 $D_{k,j}$, 令 $k \in \mathbb{Z}$, $j \geqslant 0$, 定义

$$\begin{cases} D_{k,j} = \left\{(\xi, \tau) \in \mathbb{R} \times \mathbb{R} : \xi \in I_k, \tau - \omega(\xi) \in \tilde{I}_j\right\}, & k \geqslant 1, \\ D_{k,j} = \left\{(\xi, \tau) \in \mathbb{R} \times \mathbb{R} : \xi \in I_k, \tau \in \tilde{I}_j\right\}, & k \leqslant 0. \end{cases}$$

下面我们先定义 Banach 空间 $X_k = X_k(\mathbb{R} \times \mathbb{R})$, $k \in \mathbb{Z}_+$:

当 $k \geqslant 1$ 时, 定义

$$X_k = \left\{ f \in L^2 : f \text{ 支在 } I_k \times \mathbb{R} \text{ 上}, \right.$$

$$\left. \|f\|_{X_k} := \sum_{j=0}^{\infty} 2^{j/2} \beta_{k,j} \left\|\eta_j(\tau - \omega(\xi))f(\xi, \tau)\right\|_{L^2_{\xi,\tau}} < \infty \right\},$$

这里

$$\beta_{k,j} = 1 + 2^{(j-2k)/2}. \tag{3.5.15}$$

为了使后面的双线性估计 (3.9.70), (3.9.71) (3.10.92), (3.10.93) 成立, $\beta_{k,j}$ 的选取是很重要的. 由于 k 很小时, $2^{j/2}\beta_{k,j} \approx 2^j$, 因此我们定义 X_0 为

$$X_0 = \left\{ f \in L^2 : f \text{ 支在 } \tilde{I}_0 \times \mathbb{R} \text{ 上}, \right.$$

$$\left. \|f\|_{X_0} := \sum_{j=0}^{\infty} \sum_{k'=-\infty}^{1} 2^{j-k'} \left\|\eta_j(\tau)\chi_{k'}(\xi)f(\xi, \tau)\right\|_{L^2_{\xi,\tau}} < \infty \right\}.$$

由于后面的估计中会出现对数发散, 所以只使用 X_k 空间是不够的, 还需要引入光滑效应型空间 $L^1_x L^2_t$.

对于高频情形 $k \geqslant 100$ 和低频情形 $k = 0$, 定义 Banach 空间 $Y_k = Y_k(\mathbb{R} \times \mathbb{R})$. 令 $\mathscr{F}$ 和 $\mathscr{F}_1$ 分别表示 $\mathcal{S}'(\mathbb{R} \times \mathbb{R})$ 和 $\mathcal{S}'(\mathbb{R})$ 上的 Fourier 变换.

当 $k \geqslant 100$ 时, 定义

$$Y_k = \left\{ f \in L^2 : f \text{ 支在 } \bigcup_{j=0}^{k-1} D_{k,j} \text{ 上, 且} \right.$$

$$\left. \|f\|_{Y_k} := 2^{-k/2} \left\| \mathscr{F}^{-1}[(\tau - \omega(\xi) + i)f(\xi,\tau)] \right\|_{L_x^1 L_t^2} < \infty \right\}.$$

当 $k = 0$ 时, 定义

$$Y_0 = \left\{ f \in L^2 : f \text{ 支在 } \tilde{I}_0 \times \mathbb{R} \text{ 上且} \right.$$

$$\left. \|f\|_{Y_0} := \sum_{j=0}^{\infty} 2^j \left\| \mathscr{F}^{-1}[\eta_j(\tau)f(\xi,\tau)] \right\|_{L_x^1 L_t^2} < \infty \right\}.$$

接下来, 我们定义本章最基本的工作空间 Z_k:

$$Z_k := X_k, \quad 1 \leqslant k \leqslant 99;$$

$$Z_k := X_k + Y_k, \quad k \geqslant 100 \quad \text{或} \quad k = 0.$$

空间 X_k 对应着 $X^{\sigma,b}$ -型空间; 空间 Y_k 对应着光滑效应空间, 来源于光滑效应不等式

$$\|\partial_x u\|_{L_x^\infty L_t^2} \leqslant C \left\| (\partial_t + \mathcal{H}\partial_x^2) u \right\|_{L_x^1 L_t^2}, \quad \text{对任意的 } u \in \mathcal{S}(\mathbb{R} \times \mathbb{R}).$$

注记 3.5.1　当 $k \in [1, 99] \cap \mathbb{Z}$ 时, 我们也可以像上面那样定义 Y_k, 再令 $Z_k := X_k + Y_k$, 参见引理 3.4.1, 但是这样没有必要, 反而麻烦.

在某些估计中, 我们还需要定义空间 $\bar{Z}_0$, $Z_0 \subseteq \bar{Z}_0$,

$$\bar{Z}_0 = \left\{ f \in L^2(\mathbb{R} \times \mathbb{R}) : f \text{ 支在 } \tilde{I}_0 \times \mathbb{R} \text{ 上,} \right.$$

$$\left. \|f\|_{\bar{Z}_0} := \sum_{j=0}^{\infty} 2^j \left\| \eta_j(\tau)f(\xi,\tau) \right\|_{L_{\xi,\tau}^2} < \infty \right\}.$$

我们还需要定义空间 $B_0(\mathbb{R})$:

$$B_0 = \left\{ f \in L^2(\mathbb{R}) : f \text{ 支在 } \tilde{I}_0 \text{ 上,} \right.$$

$$\|f\|_{B_0} := \inf_{f=g+h} \left\|\mathscr{F}_1^{-1}(g)\right\|_{L_x^1} + \sum_{k'=-\infty}^{1} 2^{-k'} \|\chi_{k'} \cdot h\|_{L_\xi^2} < \infty \Bigg\}.$$

进一步, 当 $k \in \mathbb{Z}_+$ 时, 令

$$\begin{cases} A_k(\xi,\tau) = \tau - \omega(\xi) + i, & k \geqslant 1, \\ A_k(\xi,\tau) = \tau + i, & k = 0. \end{cases}$$

当 $\sigma \geqslant 0$ 时, 我们定义 Banach 空间 $\tilde{H}^\sigma = \tilde{H}^\sigma(\mathbb{R})$, $F^\sigma = F^\sigma(\mathbb{R} \times \mathbb{R})$ 和 $N^\sigma = N^\sigma(\mathbb{R} \times \mathbb{R})$.

$$\tilde{H}^\sigma = \left\{ \phi \in L^2 : \|\phi\|_{\tilde{H}^\sigma}^2 := \|\eta_0 \cdot \mathscr{F}_1(\phi)\|_{B_0}^2 + \sum_{k=1}^{\infty} 2^{2\sigma k} \|\eta_k \cdot \mathscr{F}_1(\phi)\|_{L^2}^2 < \infty \right\}$$
$$(3.5.16)$$

$$F^\sigma = \left\{ u \in \mathcal{S}'(\mathbb{R} \times \mathbb{R}) : \|u\|_{F^\sigma}^2 := \sum_{k=0}^{\infty} 2^{2\sigma k} \left\|\eta_k(\xi)\left(I - \partial_\tau^2\right)\mathscr{F}(u)\right\|_{Z_k}^2 < \infty \right\}$$
$$(3.5.17)$$

$$N^\sigma = \left\{ u \in \mathcal{S}'(\mathbb{R} \times \mathbb{R}) : \|u\|_{N^\sigma}^2 := \sum_{k=0}^{\infty} 2^{2\sigma k} \left\|\eta_k(\xi) A_k(\xi,\tau)^{-1}\mathscr{F}(u)\right\|_{Z_k}^2 < \infty \right\}$$
$$(3.5.18)$$

下节引理 3.6.2 中使得 $L_x^2 L_t^\infty$ 范数有界需要用到的时间截断限制, 造成了我们需要做一个重要的频率分解, 就是频率 $\leqslant 1$ (如果色散因子 $\omega(\xi) \leqslant 1$, 则由测不准原理, 频率 $\leqslant 1$ 是不会出现的) 和频率 $\geqslant 1$. 上面空间定义中的 $D_{k,j}$ 和 A_k 就反映出这种分解.

3.6 空间 Z_k 的性质

本节我们来介绍一下空间 Z_k 的性质. 由定义, 当 $k \geqslant 1$, $f_k \in Z_k$ 时, 对 f_k 有如下分解

$$\begin{cases} f_k = \sum_{j=0}^{\infty} f_{k,j} + g_k, \\ \sum_{j=0}^{\infty} 2^{j/2} \beta_{k,j} \|f_{k,j}\|_{L^2} + \|g_k\|_{Y_k} \leqslant 2 \|f_k\|_{Z_k}, \end{cases}$$
$$(3.6.19)$$

这里 $f_{k,j}$ 支在 $D_{k,j}$ 上, g_k 支在 $\bigcup_{j=0}^{k-1} D_{k,j}$ 上 (当 $k \leqslant 99$ 时, $g_k \equiv 0$). 如果 $f_0 \in Z_0$, 则 f_0 有如下分解

$$
\begin{cases}
f_0 = \displaystyle\sum_{j=0}^{\infty} \sum_{k'=-\infty}^{1} f_{0,j}^{k'} + \sum_{j=0}^{\infty} g_{0,j}, \\[4mm]
\displaystyle\sum_{j=0}^{\infty} \sum_{k'=-\infty}^{1} 2^{j-k'} \left\| f_{0,j}^{k'} \right\|_{L^2} + \sum_{j=0}^{\infty} 2^j \left\| \mathscr{F}^{-1}(g_{0,j}) \right\|_{L_x^1 L_t^2} \leqslant 2 \left\| f_0 \right\|_{Z_0},
\end{cases} \tag{3.6.20}
$$

这里 $f_{0,j}^{k'}$ 支在 $D_{k',j}$ 上, $g_{0,j}$ 支在 $\widetilde{I}_0 \times \widetilde{I}_j$ 上.

引理 3.6.1　(a) 对于 $m, m' : \mathbb{R} \to \mathbb{C}, k \geqslant 0, f_k \in Z_k$, 则有

$$
\begin{cases}
\| m(\xi) f_k(\xi, \tau) \|_{Z_k} \leqslant C \left\| \mathscr{F}_1^{-1}(m) \right\|_{L^1(\mathbb{R})} \| f_k \|_{Z_k}, \\[2mm]
\| m'(\tau) f_k(\xi, \tau) \|_{Z_k} \leqslant C \| m' \|_{L^\infty(\mathbb{R})} \| f_k \|_{Z_k};
\end{cases} \tag{3.6.21}
$$

(b) 当 $k \geqslant 1, j \geqslant 0, f_k \in Z_k$ 时, 则有

$$
\| \eta_j(\tau - \omega(\xi)) f_k(\xi, \tau) \|_{X_k} \leqslant C \| f_k \|_{Z_k}; \tag{3.6.22}
$$

(c) 当 $k \geqslant 1, j \in [0, k], f_k$ 支在 $I_k \times \mathbb{R}$ 上时, 则有

$$
\left\| \mathscr{F}^{-1} \left[\eta_{\leqslant j}(\tau - \omega(\xi)) f_k(\xi, \tau) \right] \right\|_{L_x^1 L_t^2} \leqslant C \left\| \mathscr{F}^{-1}(f_k) \right\|_{L_x^1 L_t^2}. \tag{3.6.23}
$$

证明　(a) 由 Plancherel 恒等式和定义即可得到.

(b) 不妨假设 $k \geqslant 100, f_k = g_k \in Y_k, j \leqslant k$. 因为 $g_k \in Y_k$, 则 g_k 可以分解为

$$
\begin{cases}
g_k(\xi, \tau) = 2^{k/2} \chi_{[k-1,k+1]}(\xi)(\tau - \omega(\xi) + i)^{-1} \\[2mm]
\qquad\qquad \times \eta_{\leqslant k}(\tau - \omega(\xi)) \displaystyle\int_{\mathbb{R}} e^{-ix\xi} h(x, \tau) \mathrm{d}x, \\[3mm]
\| g_k \|_{Y_k} = C \| h \|_{L_x^1 L_\tau^2}.
\end{cases} \tag{3.6.24}
$$

从 $|\{\xi \in I_k : |\tau - \omega(\xi)| \leqslant 2^{j+1}\}| \leqslant C 2^{j-k}$ 容易看出 (b) 成立.

(c) 应用 Plancherel 恒等式, 只需要证明

$$
\left\| \int_{\mathbb{R}} e^{ix\xi} \chi_{[k-1,k+1]}(\xi) \eta_{\leqslant j}(\tau - \omega(\xi)) \mathrm{d}\xi \right\|_{L_x^1 L_\tau^\infty} \leqslant C. \tag{3.6.25}
$$

为了证明 (3.6.25), 假设 $k \geqslant 100$, 则 (3.6.25) 的左端仅当 $\tau \approx 2^{2k}$ 时不为 0. 作变量替换 $\tau - \omega(\xi) = \alpha$, 然后分部积分,

$$
\left| \int_{\mathbb{R}} e^{ix\xi} \chi_{[k-1,k+1]}(\xi) \eta_{\leqslant j}(\tau - \omega(\xi)) \mathrm{d}\xi \right| \leqslant C \frac{2^{j-k}}{1 + (2^{j-k}x)^2}.
$$

再由 $\tau \approx 2^{2k}$, 则 (c) 得证. $\qquad\qquad\qquad\qquad\qquad\qquad\qquad\qquad\qquad$ $\square$

由 (3.6.19) 和引理 3.6.1(b),(c), 易知当 $k \geqslant 1$, $(I - \partial_\tau^2) f_k \in Z_k$ 时, f_k 可以分解为

$$
\begin{cases}
f_k = \displaystyle\sum_{j=0}^\infty f_{k,j} + g_k, \\
\displaystyle\sum_{j=0}^\infty 2^{j/2} \beta_{k,j} \left\| (I - \partial_\tau^2) f_{k,j} \right\|_{L^2} + \left\| (I - \partial_\tau^2) g_k \right\|_{Y_k} \leqslant C \left\| (I - \partial_\tau^2) f_k \right\|_{Z_k},
\end{cases}
$$
(3.6.26)

这里 $f_{k,j}$ 支在 $D_{k,j}$ 上, g_k 支在 $\bigcup_{j=0}^{k-20} D_{k,j}$ 上 (当 $k \leqslant 99$ 时, $g_k \equiv 0$).

下面介绍有关 Z_k 空间的估计.

引理 3.6.2 (a) 设 $k \geqslant 0, t \in \mathbb{R}, f_k \in Z_k$, 则有

$$
\begin{cases}
\left\| \displaystyle\int_{\mathbb{R}} f_k(\xi, \tau) e^{it\tau} \mathrm{d}\tau \right\|_{L_\xi^2} \leqslant C \left\| f_k \right\|_{Z_k}, \quad k \geqslant 1, \\
\left\| \displaystyle\int_{\mathbb{R}} f_0(\xi, \tau) e^{it\tau} \mathrm{d}\tau \right\|_{B_0} \leqslant C \left\| f_0 \right\|_{Z_0}, \quad k = 0.
\end{cases}
$$
(3.6.27)

结果就得到

$$
F^\sigma \subseteq C \left(\mathbb{R}; \tilde{H}^\sigma \right), \quad \text{对任意的 } \sigma \geqslant 0.
$$
(3.6.28)

(b) 当 $k \geqslant 1$, $(I - \partial_\tau^2) f_k \in Z_k$ 时, 则有

$$
\left\| \mathscr{F}^{-1} (f_k) \right\|_{L_x^2 L_t^\infty} \leqslant C 2^{k/2} \left\| (I - \partial_\tau^2) f_k \right\|_{Z_k}.
$$
(3.6.29)

(c) 当 $k \geqslant 1$, $f_k \in Z_k$ 时, 则有

$$
\left\| \mathscr{F}^{-1} (f_k) \right\|_{L_x^\infty L_t^2} \leqslant C 2^{-k/2} \left\| f_k \right\|_{Z_k}.
$$
(3.6.30)

引理 3.6.2 的证明 (a) 我们分 $1 \leqslant k < 100, f_k = f_{k,j}$, $k \geqslant 100, f_k = g_k$ 和 $k = 0$ 三种情形考虑.

若 $k \geqslant 1$, 我们应用 (3.6.19), 首先假设 $f_k = f_{k,j}$. 则有

$$
\left\| \int_{\mathbb{R}} f_{k,j}(\xi, \tau) e^{it\tau} \mathrm{d}\tau \right\|_{L_\xi^2} \leqslant C \left\| f_{k,j}(\xi, \tau) \right\|_{L_\xi^2 L_\tau^1} \leqslant C 2^{j/2} \left\| f_{k,j} \right\|_{L_{\xi,\tau}^2},
$$

这就得到了 (3.6.27).

再假设 $k \geqslant 100, f_k = g_k \in Y_k$, 此时可以把 g_k 作形如 (3.6.24) 的分解. 定义修正的 Hilbert 变换

$$\mathcal{L}_k(g)(\mu) = \int_{\mathbb{R}} g(\tau)(\tau - \mu + i)^{-1}\eta_{\leqslant k}(\tau - \mu)\mathrm{d}\tau, \quad g \in L^2(\mathbb{R}). \tag{3.6.31}$$

显然, $\|\mathcal{L}_k\|_{L^2 \to L^2} \leqslant C$, 对所有的 k 成立, 再令 $h^*(x, \mu) = \mathcal{L}_k\left[e^{it\tau}h(x, \tau)\right](\mu)$, $\|h^*\|_{L^1_x L^2_\mu} \leqslant C\|h\|_{L^1_x L^2_\tau}$. 应用 (3.6.24), Minkowski 不等式和变量替换

$$\left\| \int_{\mathbb{R}} g_k(\xi, \tau)e^{it\tau}\mathrm{d}\tau \right\|_{L^2_\xi} \leqslant C2^{k/2} \left\| |\chi_{[k-1,k+1]}(\xi) \int_{\mathbb{R}} e^{-ix\xi}h^*(x, \omega(\xi))\mathrm{d}x \right\|_{L^2_\xi}$$
$$\leqslant C2^{k/2} \cdot 2^{-k/2}\|h^*\|_{L^1_x L^2_\mu}$$
$$\leqslant C \|g_k\|_{Y_k}, \tag{3.6.32}$$

这就得到了当 $k \geqslant 1$ 时 (3.6.27) 的证明.

最后设 $k = 0$. 应用 (3.6.20) 的分解, 首先假设 $f_0 = f_{0,j}^{k'}$ 支在 $D_{k',j}$ 上, $\|f_0\|_{Z_0} \approx 2^{j-k'} \|f_{0,j}^{k'}\|_{L^2}$. 则有

$$\left\| \int_{\mathbb{R}} f_{0,j}^{k'}(\xi, \tau)e^{it\tau}\mathrm{d}\tau \right\|_{B_0} \leqslant C2^{-k'} \left\| \int_{\mathbb{R}} |f_{0,j}^{k'}(\xi, \tau)|\mathrm{d}\tau \right\|_{L^2_\xi} \leqslant C2^{-k'}2^{j/2}\|f_{0,j}^{k'}\|_{L^2},$$

即得结论. 其次假设 $f_0 = g_{0,j}$ 支在 $\tilde{I}_0 \times \tilde{I}_j$ 上, $\|f_0\|_{Z_0} \approx 2^j \|\mathscr{F}^{-1}(g_{0,j})\|_{L^1_x L^2_i}$, 则有

$$\left\| \int_{\mathbb{R}} g_{0,j}(\xi, \tau)e^{it\tau}\mathrm{d}\tau \right\|_{B_0} \leqslant C \|\mathscr{F}^{-1}(g_{0,j})\|_{L^1_x L^\infty_i} \leqslant C2^{j/2}\|\mathscr{F}^{-1}(g_{0,j})\|_{L^1_x L^\infty_t},$$

这就完成了 (a) 的证明.

(b) 应用 (3.6.26) 的分解, 先假设 $f_k = f_{k,j}$, 令 $f_{k,j}^{\#}(\xi, \mu) = f_{k,j}(\xi, \mu + \omega(\xi))$. 由分部积分, (3.6.29) 的左端可以被下面的式子

$$\sum_{n \in \mathbb{Z}} \frac{C}{n^2 + 1} \int_{\tilde{I}_j} \left\| \int_{\mathbb{R}} (I - \partial_\mu^2) f_{k,j}^{\#}(\xi, \mu)e^{ix\xi}e^{it\omega(\xi)}\mathrm{d}\xi \right\|_{L^2_x L^\infty_{t \in [n-1/2, n+1/2]}} \mathrm{d}\mu$$

控制, 再由标准的极大函数估计 ([42])

$$\left\| \int_{\mathbb{R}} g(\xi)e^{ix\xi}e^{it\omega(\xi)}\mathrm{d}\xi \right\|_{L^2_x L^\infty_{t \in [-1/2, 1/2]}} \leqslant C2^{k/2}\|g\|_{L^2_\xi}, \tag{3.6.33}$$

就可以得到 (3.6.29), 这里 g 为任意支在 I_k 上的函数. 上式还表明, 当 $f_k \in X_k$ 时, 有

$$\left\| \int_{\mathbb{R}^2} f_k(\xi, \tau) e^{ix\xi} e^{it\tau} \mathrm{d}\xi \mathrm{d}\tau \right\|_{L_x^2 L_{t \in [-1/2, 1/2]}^\infty} \leqslant C 2^{k/2} \|f_k\|_{X_k}. \tag{3.6.34}$$

注记 3.6.3 对于 (3.6.29), 当 $j \geqslant k$ 时, 由 Sobolev 嵌入定理我们可以得到更强的结论:

假设 $k \geqslant 100, f_k = g_k, (I - \partial_\tau^2) g_k \in Y_k$, 由分部积分, (3.6.29) 的左端可以被

$$\sum_{n \in \mathbb{Z}} \frac{C}{n^2 + 1} \left\| \int_{\mathbb{R}^2} (I - \partial_\tau^2) g_k(\xi, \tau) e^{ix\xi} e^{it\tau} \mathrm{d}\xi \mathrm{d}\tau \right\|_{L_x^2 L_{t \in [n-1/2, n+1/2]}^\infty}$$

控制.

先将 $(I - \partial_\tau^2) g_k$ 写成 (3.6.24) 的分解, 再由 Minkowski 不等式, 只需证明

$$f(\xi, \tau) = 2^{k/2} \chi_{[k-1, k+1]}(\xi) (\tau - \omega(\xi) + i)^{-1} \eta_{\leqslant k}(\tau - \omega(\xi)) \cdot h(\tau) \tag{3.6.35}$$

时,

$$\left\| \int_{\mathbb{R}^2} f(\xi, \tau) e^{ix\xi} e^{it\tau} \mathrm{d}\xi \mathrm{d}\tau \right\|_{L_x^2 L_{t \in [-1/2, 1/2]}^\infty} \leqslant C 2^{k/2} \|h\|_{L^2} \tag{3.6.36}$$

成立.

由于 $k \geqslant 100, |\xi| \in \left[2^{k-2}, 2^{k+2}\right]$, 我们可以假设 (3.6.35) 中的 h 支在

$$\left\{ \tau : |\tau| \in \left[2^{2k-10}, 2^{2k+10}\right] \right\}$$

中. 令 $h_+ = h \cdot \mathbf{1}_{[0,\infty)}, h_- = h \cdot \mathbf{1}_{(-\infty,0]}$, 像 (3.6.35) 那样定义 f_+ 和 f_-. 由对称性, 只需证明 (3.6.36) 对 f_+ 成立, 这里 f_+ 是支在

$$\left\{ (\xi, \tau) : \xi \in \left[-2^{k+2}, -2^{k-2}\right], \tau \in \left[2^{2k-10}, 2^{2k+10}\right] \right\}$$

上的. 由 $\omega(\xi) = \xi|\xi|$, 在 f_+ 的支集上有 $\tau - \omega(\xi) = \tau - \xi^2$, 并且除了满足 $|\sqrt{\tau} + \xi| \leqslant C$, 都有 $f_+(\xi, \tau) = 0$. 令

$$f_+'(\xi, \tau) = 2^{k/2} \chi_{[k-1, k+1]}(-\sqrt{\tau}) \left(\tau - \xi^2 + (\sqrt{\tau} + \xi)^2 + i\sqrt{\tau} 2^{-k}\right)^{-1}$$
$$\times \eta_0(\sqrt{\tau} + \xi) \cdot h_+(\tau).$$

经过计算, 当 $\mu = |\tau - \xi^2| + 1$ 时, 有

$$\left| f_+(\xi, \tau) - f_+'(\xi, \tau) \right| \leqslant C 2^{k/2} |h_+(\tau)| \frac{\eta_{\leqslant k+5}(\mu)}{\mu} \left(\frac{1}{\mu} + \frac{\mu}{2^k} \right).$$

仿照引理 3.6.1 (b) 的证明, 就得到

$$\left\| f_+ - f'_+ \right\|_{X_k} \leqslant C \left\| h_+ \right\|_{L^2}.$$

因此, 应用 (3.6.34), 有 $\left\| \mathscr{F}^{-1} \left(f_+ - f'_+ \right) \right\|_{L^2_x L^\infty_{t \in [-1/2, 1/2]}} \leqslant C 2^{k/2} \left\| h_+ \right\|_{L^2}$. 为了估计 $\left\| \mathscr{F}^{-1} \left(f'_+ \right) \right\|_{L^2_x L^\infty_{t \in [-1/2, 1/2]}}$, 作变量替换 $\xi = -\sqrt{\tau} + \mu$, 则有

$$\mathscr{F}^{-1} \left(f'_+ \right) (x, t) = 2^{k/2} \int_{\mathbb{R}} h_+(\tau) (2\sqrt{\tau})^{-1} \chi_{[k-1, k+1]}(-\sqrt{\tau}) e^{it\tau} e^{-ix\sqrt{\tau}} \mathrm{d}\tau$$

$$\times \int_{\mathbb{R}} \eta_0(\mu) \left(\mu + i/2^{k+1} \right)^{-1} e^{ix\mu} \mathrm{d}\mu. \qquad (3.6.37)$$

上式右端关于 μ 的积分的绝对值小于等于 C. 对上式右端第一个积分, 作变量替换 $\tau = \theta^2$, 再用 (3.6.33), 就有 $\left\| \mathscr{F}^{-1} \left(f'_+ \right) \right\|_{L^2_x L^\infty_{t \in [-1/2, 1/2]}} \leqslant C 2^{k/2} \left\| h_+ \right\|_{L^2}$, 这就得到了 (3.6.36) 的证明.

　　(c) 应用 (3.6.19) 的分解, 首先假设 $f_k = f_{k,j}$, 令 $f^{\#}_{k,j}(\xi, \mu) = f_{k,j}(\xi, \mu + \omega(\xi))$. 只需证明更强的控制

$$\left\| \int_{D_{k,j}} f_{k,j}(\xi, \tau) e^{ix_0 \xi} e^{it\tau} \mathrm{d}\xi \mathrm{d}\tau \right\|_{L^2_t} \leqslant C 2^{-k/2} 2^{j/2} \left\| f_{k,j} \right\|_{L^2}$$

对任意 $x_0 \in \mathbb{R}$ 成立. 应用 Plancherel 恒等式、对偶估计和 Hölder 不等式, 上式左端可以由

$$C \sup_{\|h\|_{L^2(\mathbb{R})} = 1} \int_{I_k \times \tilde{I}_j} \left| f^{\#}_{k,j}(\xi, \mu) \right| \cdot |h(\mu + \omega(\xi))| \mathrm{d}\xi \mathrm{d}\mu$$

$$\leqslant C \sup_{\|h\|_{L^2(\mathbb{R})} = 1} \int_{\tilde{I}_j} \left(\int_{I_k} \left| f^{\#}_{k,j}(\xi, \mu) \right|^2 \mathrm{d}\xi \right)^{1/2} \left(\int_{I_k} |h(\mu + \omega(\xi))|^2 \mathrm{d}\xi \right)^{1/2} \mathrm{d}\mu$$

$$\leqslant C 2^{-k/2} 2^{j/2} \left(\int_{I_k \times \tilde{I}_j} \left| f^{\#}_{k,j}(\xi, \mu) \right|^2 \mathrm{d}\xi \mathrm{d}\mu \right)^{1/2}$$

控制.

　　再假设 $k \geqslant 100, f_k = g_k \in Y_k$, 我们将 g_k 写成 (3.6.24). 应用 Plancherel 恒等式和 Minkowski 不等式, 只需证明

$$\left| \int_{\mathbb{R}} e^{ix_0 \xi} \chi_{[k-1, k+1]}(\xi) (\tau - \omega(\xi) + i)^{-1} \eta_{\leqslant k}(\tau - \omega(\xi)) \mathrm{d}\xi \right| \leqslant C 2^{-k} \qquad (3.6.37)'$$

对 x_0 和 τ(假设$k \geqslant 100$) 一致成立. 假设 $|\tau| \in \left[2^{2k-10}, 2^{2k+10}\right]$, 由对称性设 $\tau \geqslant 0$. (3.6.37)′ 中的变量 ξ 属于 $[-\sqrt{\tau} - C, -\sqrt{\tau} + C]$ 并满足 $\tau - \omega(\xi) = \tau - \xi^2$. 类似于 (b) 中的证明, 我们将被积函数

$$1_{(-\infty,0]}(\xi)\chi_{[k-1,k+1]}(\xi)\left(\tau - \xi^2 + i\right)^{-1}\eta_{\leqslant k}\left(\tau - \xi^2\right)$$

换成 $\chi_{[k-1,k+1]}(-\sqrt{\tau})\left(\tau - \xi^2 + (\sqrt{\tau} + \xi)^2 + i\sqrt{\tau}2^{-k}\right)^{-1}\eta_0(\sqrt{\tau} + \xi)$, 出现的误差项可以被

$$C\left[2^{-k} + \left(2^{2k}|\sqrt{\tau} + \xi|^2 + 1\right)^{-1}\right]1_{[0,C]}(|\sqrt{\tau} + \xi|)$$

控制, 该误差的 L_ξ^1 范数小于等于 $C2^{-k}$. 最后作变量替换 $\xi = -\sqrt{\tau} + \mu$, 利用 (3.6.37) 中积分关于 μ 的一致有界性即可得到 (3.6.37)′. $\square$

3.7 线 性 估 计

在这节中, 我们给出线性半群和积分算子的线性估计. 对任意的 $u \in C(\mathbb{R}; L^2)$, 令 $\tilde{u}(\cdot, t) \in C(\mathbb{R}; L^2)$ 表示只关于 x 方向的 Fourier 变换, $\phi \in L^2(\mathbb{R})$, 则 $W(t)\phi \in C(\mathbb{R}; L^2)$ 表示 Benjamin-Ono 方程的线性半群

$$\widetilde{[W(t)\phi]}(\xi, t) = e^{it\omega(\xi)}\widehat{\phi}(\xi), \tag{3.7.38}$$

这里 $\omega(\xi) = \xi|\xi|$. 假设 $\psi : \mathbb{R} \to [0,1]$ 是一个支在区间 $[-8/5, 8/5]$ 上的偶的光滑函数, 在区间 $[-5/4, 5/4]$ 中等于 1. 再令 $\varphi = \widehat{\psi} - \widehat{\psi''} \in \mathscr{S}(\mathbb{R})$.

关于 Benjamin-Ono 方程的线性半群 $W(t)\phi$ 有如下线性估计.

引理 3.7.1 $\sigma \geqslant 0, \phi \in \widetilde{H}^\sigma$, 则有估计

$$\|\psi(t) \cdot (W(t)\phi)\|_{F^\sigma} \leqslant C\|\phi\|_{\widetilde{H}^\sigma}.$$

引理 3.7.1 的证明 两边同时关于 x, t 作 Fourier 变换,

$$\mathscr{F}[\psi(t) \cdot (W(t)\phi)](\xi, \tau) = \widehat{\phi}(\xi)\widehat{\psi}(\tau - \omega(\xi)). \tag{3.7.39}$$

由 F^σ 空间的定义

$$\|\psi(t) \cdot (W(t)\phi)\|_{F^\sigma}^2 = \sum_{k \in \mathbb{Z}_+} 2^{2\sigma k}\left\|\eta_k(\xi)\widehat{\phi}(\xi)\varphi(\tau - \omega(\xi))\right\|_{Z_k}^2$$

$$\leqslant \sum_{k=1}^\infty 2^{2\sigma k}\left\|\eta_k(\xi)\widehat{\phi}(\xi)\varphi(\tau - \omega(\xi))\right\|_{X_k}^2 + \left\|\eta_0(\xi)\widehat{\phi}(\xi)\varphi(\tau - \omega(\xi))\right\|_{Z_0}^2. \tag{3.7.40}$$

由于 $\varphi \in \mathcal{S}(\mathbb{R})$, 则对任意的 $k \geqslant 1$,

$$\left\| \eta_k(\xi)\widehat{\phi}(\xi)\varphi(\tau - \omega(\xi)) \right\|_{X_k} \leqslant C \left\| \eta_k \cdot \widehat{\phi} \right\|_{L^2}.$$

对于 (3.7.40) 右端的第二部分, 因为 $k = 0$, 作分解 $\eta_0 \cdot \widehat{\phi} = g + \sum_{k' \leqslant 1} h_{k'}, h_{k'}$ 支在 $I_{k'}$ 上且有估计

$$\left\| \mathscr{F}_1^{-1}(g) \right\|_{L_x^1} + \sum_{k' \leqslant 1} 2^{-k'} \|h_{k'}\|_{L^2} \leqslant 2 \left\| \eta_0 \cdot \widehat{\phi} \right\|_{B_0}.$$

由 Z_0 的定义

$$\|g(\xi)\varphi(\tau - \omega(\xi))\|_{Z_0} \leqslant \|g(\xi)\varphi(\tau)\|_{Y_0} + \|g(\xi)[\varphi(\tau - \omega(\xi)) - \varphi(\tau)]\|_{X_0}$$

$$\leqslant C \left\| \mathscr{F}_1^{-1}(g) \right\|_{L_x^1} + C \left\| g(\xi)\xi^2(1 + |\tau|)^{-4} \right\|_{X_0} \leqslant C \left\| \mathscr{F}_1^{-1}(g) \right\|_{L_x^1},$$

又有

$$\|h_{k'}(\xi)\varphi(\tau - \omega(\xi))\|_{Z_0} \leqslant \|h_{k'}(\xi)\varphi(\tau - \omega(\xi))\|_{X_0} \leqslant C2^{-k'} \|h_{k'}\|_{L^2},$$

即可得到引理 3.7.1 的证明. □

下面我们来证明关于积分算子的线性估计.

引理 3.7.2　$\sigma \geqslant 0, u \in N^\sigma \cap C(\mathbb{R}; H^{-2})$, 则有估计

$$\left\| \psi(t) \cdot \int_0^t W(t - s)(u(s))\mathrm{d}s \right\|_{F^\sigma} \leqslant C\|u\|_{N^\sigma}.$$

引理 3.7.2 的证明　两边同时关于 x, t 作 Fourier 变换,

$$\mathscr{F}\left[\psi(t) \cdot \int_0^t W(t - s)(u(s))\mathrm{d}s \right](\xi, \tau)$$

$$= c \int_{\mathbb{R}} \mathscr{F}(u)(\xi, \tau') \frac{\widehat{\psi}(\tau - \tau') - \widehat{\psi}(\tau - \omega(\xi))}{\tau' - \omega(\xi)} \mathrm{d}\tau'. \tag{3.7.41}$$

当 $k \in \mathbb{Z}_+$ 时, 令 $f_k(\xi, \tau') = \mathscr{F}(u)(\xi, \tau')\eta_k(\xi)A_k(\xi, \tau')^{-1}$. 因为 $f_k \in Z_k$, 则令

$$T(f_k)(\xi, \tau) = \int_{\mathbb{R}} f_k(\xi, \tau') \frac{\varphi(\tau - \tau') - \varphi(\tau - \omega(\xi))}{\tau' - \omega(\xi)} A_k(\xi, \tau') \mathrm{d}\tau'. \tag{3.7.42}$$

由 F^σ, N^σ 空间的定义, 为证明引理 3.7.2 只需要证明

$$\|T\|_{Z_k \to Z_k} \leqslant C, \quad \text{关于 } k \in \mathbb{Z}_+ \text{ 一致成立}. \tag{3.7.43}$$

首先证明 $k \geqslant 1$ 的情形. 为了证明 (3.7.43), 应用 (3.6.19) 的表示. 令 $f_k = f_{k,j}$ 支在 $D_{k,j}$ 中, 再令

$$f_{k,j}^{\#}(\xi, \mu') = f_{k,j}(\xi, \mu' + \omega(\xi)),$$

$$T(f_{k,j})^{\#}(\xi, \mu) = T(f_{k,j})(\xi, \mu + \omega(\xi)),$$

$$T(f_{k,j})^{\#}(\xi, \mu) = \int_{\mathbb{R}} f_{k,j}^{\#}(\xi, \mu') \frac{\varphi(\mu - \mu') - \varphi(\mu)}{\mu'} (\mu' + i) \, \mathrm{d}\mu', \qquad (3.7.44)$$

其中

$$\left| \frac{\varphi(\mu - \mu') - \varphi(\mu)}{\mu'} (\mu' + i) \right| \leqslant C \left[(1 + |\mu|)^{-4} + (1 + |\mu - \mu'|)^{-4} \right].$$

由 (3.7.44) 得

$$\left| T(f_{k,j})^{\#}(\xi, \mu) \right| \leqslant C(1 + |\mu|)^{-4} 2^{j/2} \left[\int_{\tilde{I}_j} \left| f_{k,j}^{\#}(\xi, \mu') \right|^2 \mathrm{d}\mu' \right]^{1/2}$$

$$+ C\eta_{[j-2, j+2]}(\mu) \int_{\tilde{I}_j} \left| f_{k,j}^{\#}(\xi, \mu') \right| (1 + |\mu - \mu'|)^{-4} \mathrm{d}\mu'.$$

再由 X_k 空间的定义即可证明

$$\|T\|_{X_k \to X_k} \leqslant C, \qquad \text{关于 } k \in \mathbb{Z}_+ \text{ 一致成立.} \qquad (3.7.45)$$

接下来, 假设 $f_k = g_k \in Y_k$, 此时不妨设 $k \geqslant 100$. 类似于引理 3.6.1 (b), (c) 和 (3.7.45), 假设 g_k 支在 $\left\{ (\xi, \tau') : |\tau' - \omega(\xi)| \leqslant 2^{k-20} \right\}$ 上, g_k 有如下分解

$$g_k(\xi, \tau') = \frac{\tau' - \omega(\xi)}{\tau' - \omega(\xi) + i} g_k(\xi, \tau') + \frac{i}{\tau' - \omega(\xi) + i} g_k(\xi, \tau').$$

应用引理 3.6.1 (b),

$$\left\| i(\tau' - \omega(\xi) + i)^{-1} g_k(\xi, \tau') \right\|_{X_k} \leqslant C \|g_k\|_{Y_k}.$$

为证 (3.7.45) 只需证明

$$\left\| \int_{\mathbb{R}} g_k(\xi, \tau') \varphi(\tau - \tau') \mathrm{d}\tau' \right\|_{Z_k} + \left\| \varphi(\tau - \omega(\xi)) \int_{\mathbb{R}} g_k(\xi, \tau') \mathrm{d}\tau' \right\|_{X_k} \leqslant C \|g_k\|_{Y_k}.$$

$$(3.7.46)$$

(3.7.46) 左端第二项的界, 可以由 (3.6.32), $t = 0$ 的情形得到. 若要估计 (3.7.46) 左端第一项, 将 g_k 分成

$$g_k\left(\xi, \tau'\right) = g_k\left(\xi, \tau'\right) \left[\frac{\tau' - \omega(\xi) + i}{\tau - \omega(\xi) + i} + \frac{\tau - \tau'}{\tau - \omega(\xi) + i}\right].$$

则有

$$\left\|\int_{\mathbb{R}} g_k\left(\xi, \tau'\right) \varphi\left(\tau - \tau'\right) \mathrm{d}\tau'\right\|_{Z_k}$$

$$\leqslant \left\|\eta_{[0,k-1]}(\tau - \omega(\xi))(\tau - \omega(\xi) + i)^{-1} \int_{\mathbb{R}} g_k\left(\xi, \tau'\right)\left(\tau' - \omega(\xi) + i\right) \varphi\left(\tau - \tau'\right) \mathrm{d}\tau'\right\|_{Y_k}$$

$$+ C \sum_{j \leqslant k} 2^{j/2} \left\|\eta_j(\tau - \omega(\xi))(\tau - \omega(\xi) + i)^{-1} \int_{\mathbb{R}} g_k\left(\xi, \tau'\right) \varphi\left(\tau - \tau'\right)\left(\tau - \tau'\right) \mathrm{d}\tau'\right\|_{L^2}$$

$$+ C \sum_{j \geqslant k-1} 2^{j/2} \beta_{k,j} \left\|\eta_j(\tau - \omega(\xi)) \int_{\mathbb{R}} g_k\left(\xi, \tau'\right) \varphi\left(\tau - \tau'\right) \mathrm{d}\tau'\right\|_{L^2}$$

$$:= I_1 + I_2 + I_3.$$

应用引理 3.6.1 (c),

$$I_1 \leqslant C 2^{-k/2} \left\|\mathscr{F}_1^{-1}(\varphi) \cdot \mathscr{F}^{-1}\left[(\tau' - \omega(\xi) + i) g_k\left(\xi, \tau'\right)\right]\right\|_{L_x^1 L_t^2} \leqslant C \left\|g_k\right\|_{Y_k}.$$

令 $g_k^{\#}\left(\xi, \mu'\right) = g_k\left(\xi, \mu' + \omega(\xi)\right)$, 再令

$$g_{k,j'}^{\#}\left(\xi, \mu'\right) = g_k^{\#}\left(\xi, \mu'\right) \eta_{j'}\left(\mu'\right), \quad \text{此时 } j' \in [0, k-20].$$

应用引理 3.6.1 (b), $2^{j'/2} \left\|g_{k,j'}\right\|_{L^2} \leqslant C \left\|g_k\right\|_{Y_k}$ 可得

$$I_2 \leqslant C \sum_{j=0}^{k} \sum_{j'=0}^{k-20} 2^{-j/2} 2^{-j'/2} \left[2^{j'/2} \left\|g_{k,j'}\right\|_{L^2}\right] \leqslant C \left\|g_k\right\|_{Y_k}.$$

由于 $\varphi \in \mathcal{S}(\mathbb{R})$,

$$I_3 \leqslant C \sum_{j=k-1}^{\infty} \sum_{j'=0}^{k-20} 2^{-3j} 2^{j'/2} \left\|g_{k,j'}\right\|_{L^2} \leqslant C \left\|g_k\right\|_{Y_k}.$$

这就得到了 (3.7.46) 的证明.

下面考虑 $k = 0$ 的情形. 应用 (3.6.20) 的分解, 首先假设 $f_0 = f_{0,j}^{k'}$ 支在 $D_{k',j}$ 上,

$$\|f_0\|_{Z_0} \approx 2^{j-k'} \left\| f_{0,j}^{k'} \right\|_{L^2}.$$

$k = 0$ 意味着 $|\xi| \leqslant 2$, 此时有

$$\left| \frac{\varphi(\tau - \tau') - \varphi(\tau - \omega(\xi))}{\tau' - \omega(\xi)} (\tau' + i) \right| \leqslant C \left[(1 + |\tau|)^{-4} + (1 + |\tau - \tau'|)^{-4} \right].$$

再应用 (3.7.42) 有

$$\left| T\left(f_{0,j}^{k'} \right)(\xi, \tau) \right| \leqslant C(1 + |\tau|)^{-4} 2^{j/2} \left[\int_{\widetilde{I}_j} \left| f_{0,j}^{k'}(\xi, \tau') \right|^2 \mathrm{d}\tau' \right]^{1/2}$$

$$+ C \eta_{[j-4,j+4]}(\tau) \int_{\widetilde{I}_j} \left| f_{0,j}^{k'}(\xi, \tau') \right| (1 + |\tau - \tau'|)^{-4} \mathrm{d}\tau'.$$

再由 X_0 的定义可以得到 $\|T\|_{X_0 \to X_0} \leqslant C$.

接下来, 假设 $f_0 = g_{0,j}$ 支在 $\widetilde{I}_0 \times \widetilde{I}_j$ 上. 我们就有

$$\begin{cases} g_{0,j}(\xi, \tau') = 2^{-j} \eta_{[0,1]}(\xi) \eta_{[j-1,j+1]}(\tau') \int_{\mathbb{R}} e^{-ix\xi} h(x, \tau') \mathrm{d}x, \\ 2^j \|\mathscr{F}^{-1}(g_{0,j})\|_{L_x^1 L_t^2} = C\|h\|_{L_x^1 L_{\tau'}^2}, \end{cases} \tag{3.7.47}$$

对 j 分成低频、高频两种情形: $j \leqslant 5$ 和 $j \geqslant 6$.

如果 $j \leqslant 5$, 则

$$\frac{\varphi(\tau - \tau') - \varphi(\tau - \omega(\xi))}{\tau' - \omega(\xi)} = c \int_0^1 \varphi'(\tau - \alpha\tau' - (1-\alpha)\omega(\xi)) \mathrm{d}\alpha.$$

为了证明 (3.7.43), 只需证明对任意的 $\alpha \in [0,1]$ 有如下估计

$$\left\| \int_{\mathbb{R}} g_{0,j}(\xi, \tau') \varphi'(\tau - \alpha\tau' - (1-\alpha)\omega(\xi)) (\tau' + i) \mathrm{d}\tau' \right\|_{Z_0}$$

$$\leqslant C \left\| \mathscr{F}^{-1}(g_{0,j}) \right\|_{L_x^1 L_t^2}. \tag{3.7.48}$$

当 $|\xi| \leqslant 2$, $|\tau'| \leqslant C$ 时, 可以简化为

$$\varphi'(\tau - \alpha\tau' - (1-\alpha)\omega(\xi)) (\tau' + i) = \varphi'(\tau - \alpha\tau') (\tau' + i) + R(\xi, \tau, \tau')$$

且

$$|R(\xi,\tau,\tau')| \leqslant C\xi^2(1+|\tau|)^{-4},$$

应用 (3.7.47),

$$\left\|\int_{\mathbb{R}} g_{0,j}(\xi,\tau')\,\varphi'(\tau-\alpha\tau'-(1-\alpha)\omega(\xi))(\tau'+i)\,\mathrm{d}\tau'\right\|_{Z_0}$$

$$\leqslant \left\|\int_{\mathbb{R}} g_{0,j}(\xi,\tau')\,\varphi'(\tau-\alpha\tau')(\tau'+i)\,\mathrm{d}\tau'\right\|_{Y_0}$$

$$+\,C\left\|\xi^2(1+|\tau|)^{-4}\int_{\tilde{I}_j}|g_{0,j}(\xi,\tau')|\,\mathrm{d}\tau'\right\|_{X_0}$$

$$\leqslant \left\|\mathscr{F}^{-1}(g_{0,j})\right\|_{L_x^1 L_t^2},$$

这就证明了 $j \leqslant 5$ 情形下的 (3.7.43) 成立.

再考虑 $j \geqslant 6$ 的情形, 因为 $|\tau'| \geqslant C$, $|\xi| \leqslant 2$, 作如下分解

$$\frac{\varphi(\tau-\tau')-\varphi(\tau-\omega(\xi))}{\tau'-\omega(\xi)}(\tau'+i)=\frac{\varphi(\tau-\tau')-\varphi(\tau)}{\tau'}(\tau'+i)+R'(\xi,\tau,\tau'),$$

这里

$$|R'(\xi,\tau,\tau')| \leqslant C\xi^2\left[(1+|\tau|)^{-4}+(1+|\tau-\tau'|)^{-4}\right].$$

应用 (3.7.47) 和定义有如下估计

$$\left\|\int_{\mathbb{R}} g_{0,j}(\xi,\tau')\frac{\varphi(\tau-\tau')-\varphi(\tau)}{\tau'}(\tau'+i)\,\mathrm{d}\tau'\right\|_{Y_0}$$

$$+\left\|\int_{\mathbb{R}}|g_{0,j}(\xi,\tau')|\cdot|R'(\xi,\tau,\tau')|\,\mathrm{d}\tau'\right\|_{X_0}$$

$$\leqslant C2^j\left\|\mathscr{F}^{-1}(g_{0,j})\right\|_{L_x^1 L_t^2}.$$

这就完成了 (3.7.43) 的证明. $\qquad\square$

3.8　局部的 L^2 估计

本节主要介绍局部的 L^2 估计, 这个估计很接近 Bourgain 空间 $X^{\sigma,b}$ 的双线性估计 (参考 [21]).

对于 $\xi_1,\xi_2 \in \mathbb{R}$, $\omega:\mathbb{R}\to\mathbb{R}$, 令

$$\Omega(\xi_1,\xi_2)=-\omega(\xi_1+\xi_2)+\omega(\xi_1)+\omega(\xi_2). \tag{3.8.49}$$

对于有紧支集的函数 $f, g, h \in L^2(\mathbb{R} \times \mathbb{R})$, 令

$$J(f, g, h) = \int_{\mathbb{R}^4} f(\xi_1, \mu_1) g(\xi_2, \mu_2) h(\xi_1 + \xi_2, \mu_1 + \mu_2 + \Omega(\xi_1, \xi_2)) \mathrm{d}\xi_1 \mathrm{d}\xi_2 \mathrm{d}\mu_1 \mathrm{d}\mu_2,$$
(3.8.50)

给出一个三元的实数对 $(\alpha_1, \alpha_2, \alpha_3)$, 令 $\min(\alpha_1, \alpha_2, \alpha_3), \max(\alpha_1, \alpha_2, \alpha_3), \mathrm{med}(\alpha_1, \alpha_2, \alpha_3)$ 分别表示三个数中的最小的、最大的和中间的, 并且有关系式

$$\mathrm{med}(\alpha_1, \alpha_2, \alpha_3) = \alpha_1 + \alpha_2 + \alpha_3 - \max(\alpha_1, \alpha_2, \alpha_3) - \min(\alpha_1, \alpha_2, \alpha_3).$$

引理 3.8.1 假设 $k_1, k_2, k_3 \in \mathbb{Z}, j_1, j_2, j_3 \in \mathbb{Z}_+$ 和 $f_{k_i, j_i} \in L^2(\mathbb{R} \times \mathbb{R})$ 是支在 $I_{k_i} \times \widetilde{I}_{j_i}, i = 1, 2, 3$ 中的函数, 有以下结论:

(a) 对任意的 $k_1, k_2, k_3 \in \mathbb{Z}$ 和 $j_1, j_2, j_3 \in \mathbb{Z}_+$,

$$|J(f_{k_1, j_1}, f_{k_2, j_2}, f_{k_3, j_3})| \leqslant C 2^{\min(k_1, k_2, k_3)/2} 2^{\min(j_1, j_2, j_3)/2} \prod_{i=1}^{3} \|f_{k_i, j_i}\|_{L^2};$$
(3.8.51)

(b) 对任意的 $\max(k_1, k_2, k_3) \geqslant \min(k_1, k_2, k_3) + 5, i \in \{1, 2, 3\}$,

$$|J(f_{k_1, j_1}, f_{k_2, j_2}, f_{k_3, j_3})| \leqslant C 2^{(j_1 + j_2 + j_3)/2} 2^{-(j_i + k_i)/2} \prod_{i=1}^{3} \|f_{k_i, j_i}\|_{L^2};$$
(3.8.52)

(c) 对任意的 $k_1, k_2, k_3 \in \mathbb{Z}, j_1, j_2, j_3 \in \mathbb{Z}_+$,

$$|J(f_{k_1, j_1}, f_{k_2, j_2}, f_{k_3, j_3})| \leqslant C 2^{\min(j_1, j_2, j_3)/2 + \mathrm{med}(j_1, j_2, j_3)/4} \prod_{i=1}^{3} \|f_{k_i, j_i}\|_{L^2}.$$
(3.8.53)

引理 3.8.1 的证明 令

$$A_{k_i}(\xi) = \left[\int_{\mathbb{R}} |f_{k_i, j_i}(\xi, \mu)|^2 \mathrm{d}\mu \right]^{1/2}, \quad i = 1, 2, 3.$$

应用 Hölder 不等式和函数 f_{k_i, j_i} 支集的性质得

$$|J(f_{k_1, j_1}, f_{k_2, j_2}, f_{k_3, j_3})|$$

$$\leqslant C 2^{\min(j_1, j_2, j_3)/2} \int_{\mathbb{R}^2} A_{k_1}(\xi_1) A_{k_2}(\xi_2) A_{k_3}(\xi_1 + \xi_2) \mathrm{d}\xi_1 \mathrm{d}\xi_2$$

$$\leqslant C 2^{\min(k_1, k_2, k_3)/2} 2^{\min(j_1, j_2, j_3)/2} \prod_{i=1}^{3} \|f_{k_i, j_i}\|_{L^2},$$
(3.8.54)

这就完成了 (a) 的证明.

下面进行 (b) 的证明, 注意到

$$|\Omega\left(\xi_1,\xi_2\right)| = 2\min\left(|\xi_1|,|\xi_2|,|\xi_1+\xi_2|\right)\cdot\mathrm{med}\left(|\xi_1|,|\xi_2|,|\xi_1+\xi_2|\right). \tag{3.8.55}$$

再利用支集的性质, 若要 $J\left(f_{k_1,j_1},f_{k_2,j_2},f_{k_3,j_3}\right)\neq 0$, 必须满足下面条件

$$\max\left(k_1,k_2,k_3\right)\leqslant\mathrm{med}\left(k_1,k_2,k_3\right)+2, \tag{3.8.56}$$

并且

$$\begin{cases} \max\left(j_1,j_2,j_3\right)\in[\widetilde{k}-5,\widetilde{k}+5] \quad \text{或者} \\ \max\left(j_1,j_2,j_3\right)\geqslant\widetilde{k}+5 \text{ 并且} \max\left(j_1,j_2,j_3\right)-\mathrm{med}\left(j_1,j_2,j_3\right)\leqslant 5, \end{cases} \tag{3.8.57}$$

这里 $\widetilde{k}=\min\left(k_1,k_2,k_3\right)+\mathrm{med}\left(k_1,k_2,k_3\right)$.

作简单的变量替换, 再利用 ω 奇函数的性质, 则有

$$|J(f,g,h)|=|J(g,f,h)|, \qquad |J(f,g,h)|=|J(\tilde{f},h,g)|, \tag{3.8.58}$$

这里 $\tilde{f}(\xi,\mu)=f(-\xi,-\mu)$. 因此由对称性, 为了证明 (3.8.52), 假设 $i=3$, 令

$$B_{k_3}(\xi,\mu)$$
$$=\left[\frac{1}{2^{j_1}2^{j_2}}\int_{\mathbb{R}^2}|f_{k_3,j_3}(\xi,\mu+\alpha+\beta)|^2\left(1+\alpha/2^{j_1}\right)^{-2}\left(1+\beta/2^{j_2}\right)^{-2}\mathrm{d}\alpha\mathrm{d}\beta\right]^{1/2}.$$

显然有

$$\|B_{k_3}\|_{L^2}=C\|f_{k_3,j_3}\|_{L^2}, \quad \text{并且 } B_{k_3} \text{ 支在 } I_{k_3}\times\mathbb{R} \text{ 上.} \tag{3.8.59}$$

再利用 Hölder 不等式,

$$|J\left(f_{k_1,j_1},f_{k_2,j_2},f_{k_3,j_3}\right)|$$
$$\leqslant C2^{(j_1+j_2)/2}\int_{\mathbb{R}^2}A_{k_1}\left(\xi_1\right)A_{k_2}\left(\xi_2\right)B_{k_3}\left(\xi_1+\xi_2,\Omega\left(\xi_1,\xi_2\right)\right)\mathrm{d}\xi_1\mathrm{d}\xi_2. \tag{3.8.60}$$

为了估计 (3.8.60), 根据 $|\xi_1|,|\xi_2|$ 和 $|\xi_1+\xi_2|$ 的大小关系, 我们分成下面三种情形

$$\begin{cases} R_1=\{(\xi_1,\xi_2):|\xi_1+\xi_2|\leqslant|\xi_1| \text{ 且 } |\xi_2|\leqslant|\xi_1|\}, \\ R_2=\{(\xi_1,\xi_2):|\xi_1+\xi_2|\leqslant|\xi_2| \text{ 且 } |\xi_1|\leqslant|\xi_2|\}, \\ R_3=\{(\xi_1,\xi_2):|\xi_1|\leqslant|\xi_1+\xi_2| \text{ 且 } |\xi_2|\leqslant|\xi_1+\xi_2|\}. \end{cases}$$

考虑 $(\xi_1, \xi_2) \in R_1$ 的情形. 利用 (3.8.55), $\Omega(\xi_1, \xi_2) = \pm 2\xi_2(\xi_1 + \xi_2)$. 定义

$$B'_{k_3}(\xi, \mu) = B_{k_3}(\xi, 2\xi\mu),$$

则 $\left\| B'_{k_3} \right\|_{L^2} \approx 2^{-k_3/2} \left\| B_{k_3} \right\|_{L^2}$. (3.8.60) 的右端在 R_1 上的积分可以由下面式子控制:

$$C \int_{\mathbb{R}^2} A_{k_1}(\xi_1) A_{k_2}(\xi_2) \left[B'_{k_3}(\xi_1 + \xi_2, \xi_2) + B'_{k_3}(\xi_1 + \xi_2, -\xi_2) \right] \mathrm{d}\xi_1 \mathrm{d}\xi_2$$

$$\leqslant C 2^{-k_3/2} \left\| A_{k_1} \right\|_{L^2} \left\| A_{k_2} \right\|_{L^2} \left\| B_{k_3} \right\|_{L^2},$$

这就证明了 R_1 情形的 (3.8.52).

$(\xi_1, \xi_2) \in R_2$ 的情形是完全类似的. 下面我们来考虑 $(\xi_1, \xi_2) \in R_3$ 的情形, 这时 $\Omega(\xi_1, \xi_2) = \pm 2\xi_1\xi_2$. 由对称性, 为了估计 (3.8.60), 只需估计

$$\int_{R_3} A_{k_1}(\xi_1) A_{k_2}(\xi_2) B_{k_3}(\xi_1 + \xi_2, 2\xi_1\xi_2) \mathrm{d}\xi_1 \mathrm{d}\xi_2. \tag{3.8.61}$$

定义

$$B''_{k_3}(\xi, \mu) = B_{k_3}\left(\xi, \mu + \xi^2/2\right),$$

则 $\left\| B''_{k_3} \right\|_{L^2} = \left\| B_{k_3} \right\|_{L^2}$. 再由 (3.8.56) 和假设条件 $\max(k_1, k_2, k_3) \geqslant \min(k_1, k_2, k_3) + 5$, 当 $\xi_1 \in I_{k_1}, \xi_2 \in I_{k_2}, (\xi_1, \xi_2) \in R_3, \xi_1 + \xi_2 \in I_{k_3}$ 时, $|\xi_1 - \xi_2| \geqslant 2^{k_3 - 100}$. 积分

$$\int_{R_3} A_{k_1}(\xi_1) A_{k_2}(\xi_2) B_{k_3}(\xi_1 + \xi_2, 2\xi_1\xi_2) \mathrm{d}\xi_1 \mathrm{d}\xi_2$$

$$\lesssim \int_{\left\{ |\xi_1 - \xi_2| \geqslant 2^{k_3 - 100} \right\}} A_{k_1}(\xi_1) A_{k_2}(\xi_2) B''_{k_3}\left(\xi_1 + \xi_2, -(\xi_1 - \xi_2)^2/2\right) \mathrm{d}\xi_1 \mathrm{d}\xi_2$$

$$\leqslant C 2^{-k_3/2} \left\| A_{k_1} \right\|_{L^2} \left\| A_{k_2} \right\|_{L^2} \left\| B''_{k_3} \right\|_{L^2}, \tag{3.8.62}$$

最后一步利用了 Hölder 不等式和简单的变量替换, 这就证明了 R_3 情形的 (3.8.52).

下面来证明结论 (c), 应用 (a) 的结论, 假设

$$\mathrm{med}(j_1, j_2, j_3) \leqslant 2 \min(k_1, k_2, k_3). \tag{3.8.63}$$

应用 (3.8.57), 假设 $j_1 = \min(j_1, j_2, j_3), j_2 = \mathrm{med}(j_1, j_2, j_3)$. 令

$$\widetilde{R}_{j_2} = \left\{ (\xi_1, \xi_2) : |\xi_1 - \xi_2| \geqslant 2^{j_2/2} \right\},$$

对于区域 $(\xi_1, \xi_2) \in {}^c \widetilde{R}_{j_2} = \mathbb{R}^2 \backslash \widetilde{R}_{j_2}$ 上的积分, 类似于 (3.8.54), 可以得到下面的估计

$$
\left| \int_{{}^c \widetilde{R}_{j_2} \times \mathbb{R}^2} f_{k_1, j_1}(\xi_1, \mu_1) f_{k_2, j_2}(\xi_2, \mu_2) \right.
$$

$$
\left. \cdot f_{k_3, j_3}(\xi_1 + \xi_2, \mu_1 + \mu_2 + \Omega(\xi_1, \xi_2)) \, \mathrm{d}\xi_1 \mathrm{d}\xi_2 \mathrm{d}\mu_1 \mathrm{d}\mu_2 \right|
$$

$$
\leqslant C 2^{j_1/2} \int_{{}^c \widetilde{R}_{j_2}} A_{k_1}(\xi_1) A_{k_2}(\xi_2) A_{k_3}(\xi_1 + \xi_2) \, \mathrm{d}\xi_1 \mathrm{d}\xi_2
$$

$$
\leqslant C 2^{j_1/2} \iint_{|\mu| \leqslant 2^{j_2/2}} A_{k_1}(\xi_2 + \mu) A_{k_2}(\xi_2) A_{k_3}(2\xi_2 + \mu) \, \mathrm{d}\xi_2 \mathrm{d}\mu
$$

$$
\leqslant C 2^{j_1/2} \int_{|\mu| \leqslant 2^{j_2/2}} \left(\int_{\mathbb{R}} |A_{k_1}(\xi_2 + \mu)|^2 |A_{k_2}(\xi_2)|^2 \, \mathrm{d}\xi_2 \right)^{1/2} \|A_{k_3}\|_{L^2} \, \mathrm{d}\mu
$$

$$
\leqslant C 2^{j_1/2} 2^{j_2/4} \|A_{k_1}\|_{L^2} \|A_{k_2}\|_{L^2} \|A_{k_3}\|_{L^2},
$$

这就证明了 (3.8.53). 对于区域 $(\xi_1, \xi_2) \in \widetilde{R}_{j_2}$ 上的积分, 类似于 (3.8.60), 可以得到下面的估计

$$
\left| \int_{\widetilde{R}_{j_2} \times \mathbb{R}^2} f_{k_1, j_1}(\xi_1, \mu_1) f_{k_2, j_2}(\xi_2, \mu_2) \right.
$$

$$
\left. \cdot f_{k_3, j_3}(\xi_1 + \xi_2, \mu_1 + \mu_2 + \Omega(\xi_1, \xi_2)) \, \mathrm{d}\xi_1 \mathrm{d}\xi_2 \mathrm{d}\mu_1 \mathrm{d}\mu_2 \right|
$$

$$
\leqslant C 2^{(j_1 + j_2)/2} \int_{\widetilde{R}_{j_2}} A_{k_1}(\xi_1) A_{k_2}(\xi_2) B_{k_3}(\xi_1 + \xi_2, \Omega(\xi_1, \xi_2)) \, \mathrm{d}\xi_1 \mathrm{d}\xi_2.
$$

我们将上式右端积分区域分成三部分继续估计, 分别为 $\widetilde{R}_{j_2} \cap R_1$, $\widetilde{R}_{j_2} \cap R_2$ 和 $\widetilde{R}_{j_2} \cap R_3$. 积分在前两个区域 $\widetilde{R}_{j_2} \cap R_1$ 和 $\widetilde{R}_{j_2} \cap R_2$ 的部分可以被

$$
C 2^{-k_3/2} \|A_{k_1}\|_{L^2} \|A_{k_2}\|_{L^2} \|B_{k_3}\|_{L^2}
$$

控制, 这就可以得到 (3.8.53). 对于区域 $\widetilde{R}_{j_2} \cap R_3$ 上的积分, 由对称性只需估计

$$
\int_{\widetilde{R}_{j_2} \cap R_3} A_{k_1}(\xi_1) A_{k_2}(\xi_2) B_{k_3}(\xi_1 + \xi_2, 2\xi_1 \xi_2) \, \mathrm{d}\xi_1 \mathrm{d}\xi_2. \tag{3.8.64}
$$

类似于 (3.8.62) 的估计, (3.8.64) 小于等于

$$
\int_{\{|\xi_1 - \xi_2| \geqslant 2^{j_2/2}\}} A_{k_1}(\xi_1) A_{k_2}(\xi_2) B_{k_3}''\left(\xi_1 + \xi_2, -(\xi_1 - \xi_2)^2 / 2\right) \, \mathrm{d}\xi_1 \mathrm{d}\xi_2.
$$

再由 Hölder 不等式和简单的变量替换就得到 (3.8.53). 引理 3.8.1 证毕. □

下面我们给出引理 3.8.1 的另一种叙述方式, 在下一章作双线性估计的时候会使用.

推论 3.8.2 假设 $k_1, k_2, k_3 \in \mathbb{Z}, j_1, j_2, j_3 \in \mathbb{Z}_+, f_{k_i,j_i} \in L^2(\mathbb{R} \times \mathbb{R})$ 是支在 $D_{k_i,j_i}, i = 1, 2$ 上的函数, 则有以下结论:

(a) 对任意的 $k_1, k_2, k_3 \in \mathbb{Z}, j_1, j_2, j_3 \in \mathbb{Z}_+$,

$$\left\| \mathbf{1}_{D_{k_3,j_3}}(\xi, \tau) \left(f_{k_1,j_1} * f_{k_2,j_2}\right)(\xi, \tau) \right\|_{L^2}$$
$$\leqslant C 2^{\min(k_1,k_2,k_3)/2} 2^{\min(j_1,j_2,j_3)/2} \prod_{i=1}^{2} \|f_{k_i,j_i}\|_{L^2}; \tag{3.8.65}$$

(b) 对任意的 $\max(k_1, k_2, k_3) \geqslant \min(k_1, k_2, k_3) + 5, i \in \{1, 2, 3\}$, 有

$$\left\| \mathbf{1}_{D_{k_3,j_3}}(\xi, \tau) \left(f_{k_1,j_1} * f_{k_2,j_2}\right)(\xi, \tau) \right\|_{L^2} \leqslant C 2^{(j_1+j_2+j_3)/2} 2^{-(j_i+k_i)/2} \prod_{i=1}^{2} \|f_{k_i,j_i}\|_{L^2}; \tag{3.8.66}$$

(c) 对任意的 $k_1, k_2, k_3 \in \mathbb{Z}$ 且 $j_1, j_2, j_3 \in \mathbb{Z}_+$, 有

$$\left\| \mathbf{1}_{D_{k_3,j_3}}(\xi, \tau) \left(f_{k_1,j_1} * f_{k_2,j_2}\right)(\xi, \tau) \right\|_{L^2}$$
$$\leqslant C 2^{\min(j_1,j_2,j_3)/2 + \mathrm{med}(j_1,j_2,j_3)/4} \prod_{i=1}^{2} \|f_{k_i,j_i}\|_{L^2}; \tag{3.8.67}$$

(d) 若要使得 $\mathbf{1}_{D_{k_3,j_3}}(\xi, \tau) \left(f_{k_1,j_1} * f_{k_2,j_2}\right)(\xi, \tau) \neq 0$, 需要满足

$$\max(k_1, k_2, k_3) \leqslant \mathrm{med}(k_1, k_2, k_3) + 2, \tag{3.8.68}$$

同时

$$\begin{cases} \max(j_1, j_2, j_3) \in [\widetilde{k} - 8, \widetilde{k} + 8] & \text{或者} \\ \max(j_1, j_2, j_3) \geqslant \widetilde{k} + 8 \text{ 且 } \max(j_1, j_2, j_3) - \mathrm{med}(j_1, j_2, j_3) \leqslant 10, \end{cases} \tag{3.8.69}$$

这里 $\widetilde{k} = \min(k_1, k_2, k_3) + \mathrm{med}(k_1, k_2, k_3)$.

推论 3.8.2 的证明 显然有

$$\left\| \mathbf{1}_{D_{k_3,j_3}}(\xi, \tau) \left(f_{k_1,j_1} * f_{k_2,j_2}\right)(\xi, \tau) \right\|_{L^2} = \sup_{\|f\|_{L^2}=1} \left| \int_{D_{k_3,j_3}} f \cdot \left(f_{k_1,j_1} * f_{k_2,j_2}\right) \mathrm{d}\xi \mathrm{d}\tau \right|.$$

设 $f_{k_3,j_3} = \mathbf{1}_{D_{k_3,j_3}} \cdot f$, 则 $f^\#_{k_i,j_i}(\xi,\mu) = f_{k_i,j_i}(\xi,\mu+\omega(\xi)), i=1,2,3$. 再由函数 $f^\#_{k_i,j_i}$ 的支集属于 $I_{k_i} \times \bigcup_{|m|\leqslant 3} \widetilde{I}_{j_i+m}$, $\left\|f^\#_{k_i,j_i}\right\|_{L^2} = \|f_{k_i,j_i}\|_{L^2}$, 利用变量替换得到

$$\int_{D_{k_3,j_3}} f \cdot (f_{k_1,j_1} * f_{k_2,j_2})\,\mathrm{d}\xi\mathrm{d}\tau = J\left(f^\#_{k_1,j_1}, f^\#_{k_2,j_2}, f^\#_{k_3,j_3}\right),$$

由引理 3.8.1, (3.8.56) 和 (3.8.57) 可以证得推论 3.8.2. $\qquad\square$

3.9　双线性估计 Low × High → High

本节我们开始证明基于 Low × High → High 相互作用的双线性估计.

命题 3.9.1　假设 $k \geqslant 20, k_2 \in [k-2,k+2], f_{k_2} \in Z_{k_2}, f_0 \in Z_0$, 则有

$$2^k \left\|\eta_k(\xi) \cdot (\tau-\omega(\xi)+i)^{-1} f_{k_2} * f_0\right\|_{Z_k} \leqslant C \|f_{k_2}\|_{Z_{k_2}} \|f_0\|_{Z_0}. \tag{3.9.70}$$

命题 3.9.2　假设 $k \geqslant 20, k_2 \in [k-2,k+2], f_{k_2} \in Z_{k_2}, f_{k_1} \in Z_{k_1}$, 对任意的 $k_1 \in [1,k-10]\cap\mathbb{Z}$, 有

$$2^k \left\|\eta_k(\xi)(\tau-\omega(\xi)+i)^{-1} f_{k_2} * \sum_{k_1=1}^{k-10} f_{k_1}\right\|_{Z_k}$$
$$\leqslant C \|f_{k_2}\|_{Z_{k_2}} \sup_{k_1\in[1,k-10]} \left\|(I-\partial_\tau^2) f_{k_1}\right\|_{Z_{k_1}}. \tag{3.9.71}$$

命题 3.9.1 和命题 3.9.2 证明的主要工具有定义, (3.6.19), (3.6.20), (3.6.26), 以及引理 3.6.1 和引理 3.6.2 ((b), (c)), 推论 3.8.2 和下面引理 3.9.3 中的 L^2 估计.

引理 3.9.3　假设 $k \geqslant 20, k_1 \in (-\infty,k-10]\cap\mathbb{Z}, k_2 \in [k-2,k+2], j,j_1,j_2 \in \mathbb{Z}_+$, f_{k_1,j_1} 是支在 D_{k_1,j_1} 中的 L^2 函数, f_{k_2,j_2} 是支在 D_{k_2,j_2} 中的 L^2 函数, 则有

$$2^k 2^{j/2} \beta_{k,j} \|\eta_k(\xi)\eta_j(\tau-\omega(\xi))(\tau-\omega(\xi)+i)^{-1} (f_{k_1,j_1}*f_{k_2,j_2})\|_{L^2}$$
$$\leqslant C\gamma_{k,k_1} \cdot 2^{j_1/2}\beta_{k_1,j_1}\|f_{k_1,j_1}\|_{L^2} \cdot 2^{j_2/2}\beta_{k_2,j_2}\|f_{k_2,j_2}\|_{L^2}, \tag{*}$$

这里 $\gamma_{k,k_1} = \left(2^{k_1/2}+2^{-k/2}\right)^{-1}$, 由定义如果 $k_1 \leqslant 0$, $\beta_{k_1,j_1} = 2^{j_1/2}$.

再有, 只有满足条件

$$\begin{cases} \max(j,j_1,j_2) \in [k+k_1-10, k+k_1+10] \text{ 或者} \\ \max(j,j_1,j_2) \geqslant k+k_1+10 \text{ 且} \max(j,j_1,j_2) - \mathrm{med}(j,j_1,j_2) \leqslant 10 \end{cases} \tag{3.9.72}$$

时,

$$\mathbf{1}_{D_{k,j}}(\xi,\tau)(f_{k_1,j_1}*f_{k_2,j_2}) \neq 0.$$

引理 3.9.3 的证明 条件 (3.9.72) 直接由 (3.8.69) 可得到. 为了证明 ∗, 应用推论 (3.8.2), (3.8.61)—(3.8.67) 可得

$$2^k 2^{j/2} \beta_{k,j} \left\| \eta_k(\xi) \eta_j(\tau - \omega(\xi)) (\tau - \omega(\xi) + i)^{-1} \left(f_{k_1,j_1} * f_{k_2,j_2} \right) \right\|_{L^2}$$

$$\leqslant C 2^k 2^{-j/2} \beta_{k,j} \left\| \mathbf{1}_{D_{k,j}} (\xi, \tau) \left(f_{k_1,j_1} * f_{k_2,j_2} \right) \right\|_{L^2}.$$

下面仅需要证明

$$\left\| \mathbf{1}_{D_{k,j}} (\xi, \tau) \left(f_{k_1,j_1} * f_{k_2,j_2} \right) \right\|_{L^2}$$

$$\leqslant C 2^{-k} \gamma_{k,k_1} 2^{(j+j_1+j_2)/2} \beta_{k_1,j_1} \beta_{k_2,j_2} \beta_{k,j}^{-1} \left\| f_{k_1,j_1} \right\|_{L^2} \left\| f_{k_2,j_2} \right\|_{L^2}, \tag{3.9.73}$$

令 $\Pi = \left\| f_{k_1,j_1} \right\|_{L^2} \left\| f_{k_2,j_2} \right\|_{L^2}$. 现在分成四种情形.

情形 1: $j = \max(j, j_1, j_2)$. 应用 (3.8.66),

$$\left\| \mathbf{1}_{D_{k,j}} (\xi, \tau) \left(f_{k_1,j_1} * f_{k_2,j_2} \right) \right\|_{L^2} \leqslant C 2^{-k/2} 2^{(j_1+j_2)/2} \Pi.$$

再由 $\beta_{k_1,j_1} \beta_{k_2,j_2} \beta_{k,j}^{-1} \geqslant C^{-1}$, $2^{j/2} \geqslant C^{-1} \left(2^{(k+k_1)/2} + 1 \right)$, 以及条件 (3.9.72), 就可以得到 (3.9.73).

情形 2: $j_2 = \max(j, j_1, j_2)$, 应用 (3.8.66),

$$\left\| \mathbf{1}_{D_{k,j}} (\xi, \tau) \left(f_{k_1,j_1} * f_{k_2,j_2} \right) \right\|_{L^2} \leqslant C 2^{-k/2} 2^{(j+j_1)/2} \Pi.$$

再由

$$\beta_{k_1,j_1} \beta_{k_2,j_2} \beta_{k,j}^{-1} \geqslant C^{-1} \quad \text{和} \quad 2^{j/2} \geqslant C^{-1} \left(2^{(k+k_1)/2} + 1 \right)$$

及条件 (3.9.72), 就可以得到 (3.9.73).

情形 3: $j_1 = \max(j, j_1, j_2) \geqslant k + k_1 - 20$, $k_1 \geqslant 0$, 应用 (3.8.66),

$$\left\| \mathbf{1}_{D_{k,j}} (\xi, \tau) \left(f_{k_1,j_1} * f_{k_2,j_2} \right) \right\|_{L^2} \leqslant C 2^{-j_1/2} \left(2^{k_1/2} + 2^{\max(j,j_2)/4} \right)^{-1} 2^{(j+j_1+j_2)/2} \Pi.$$

再加上 $2^{j_1/2} \beta_{k_1,j_1} \geqslant C^{-1} 2^{j_1-k_1}, \beta_{k_2,j_2} \geqslant 1$, $\beta_{k,j} \leqslant C \beta_{k_1,j_1}$. 应用 (3.9.72) 和 $2^{j_1} \beta_{k,j_1}^{-1} \geqslant C^{-1} 2^{k+k_1}$ 即得 (3.9.73). 实际上, 这里的条件 $j_1 = \max(j, j_1, j_2)$ 并不是必要的. 我们可以把条件直接叙述成: 如果 $k_1 \geqslant 0$ 并且 $j_1 \geqslant k + k_1 - 20$, 则

$$2^k 2^{j/2} \beta_{k,j} \left\| \eta_k(\xi) \eta_j(\tau - \omega(\xi)) (\tau - \omega(\xi) + i)^{-1} \left(f_{k_1,j_1} * f_{k_2,j_2} \right) \right\|_{L^2}$$

$$\leqslant C \left(2^{k_1/2} + 2^{\max(j,j_2)/4} \right)^{-1} \cdot 2^{j_1/2} \beta_{k_1,j_1} \left\| f_{k_1,j_1} \right\|_{L^2} \cdot 2^{j_2/2} \beta_{k_2,j_2} \left\| f_{k_2,j_2} \right\|_{L^2}. \tag{3.9.73}'$$

情形 4: $j_1 = \max(j, j_1, j_2) \geqslant k + k_1 - 20$, $k_1 \leqslant 1$, 应用 (3.8.65),

$$\left\| \mathbf{1}_{D_{k,j}} (\xi, \tau) \left(f_{k_1,j_1} * f_{k_2,j_2} \right) \right\|_{L^2} \leqslant C 2^{k_1/2} 2^{(j+j_2)/2} 2^{-\max(j,j_2)/2} \Pi.$$

再由 $2^{j_1/2}\beta_{k_1,j_1} = 2^{j_1}, \beta_{k_2,j_2} \geqslant 1, \beta_{k,j} \leqslant C\beta_{k,j_1}$, 利用 (3.9.72), $2^{j_1}\beta_{k,j_1}^{-1} \geqslant C^{-1}\left(2^{k+k_1}+1\right)$ 就可以得到 (3.9.73). 为了后续应用, 我们会把该结论条件改成: $k_1 \leqslant 1, j_1 \geqslant k+k_1-20$, 此时有

$$2^k 2^{j/2}\beta_{k,j} \left\|\eta_k(\xi)\eta_j(\tau-\omega(\xi))(\tau-\omega(\xi)+i)^{-1}\left(f_{k_1,j_1}*f_{k_2,j_2}\right)\right\|_{L^2}$$
$$\leqslant C2^{-\max(j,j_2)/2}\gamma_{k,k_1}\cdot 2^{j_1}\left\|f_{k_1,j_1}\right\|_{L^2}\cdot 2^{j_2/2}\beta_{k_2,j_2}\left\|f_{k_2,j_2}\right\|_{L^2}. \qquad \square$$

命题 3.9.1 的证明　应用 (3.6.19), (3.6.20) 的分解, 分成三种情形讨论.

情形 1 : $f_0 = f_{0,j_1}^{k_1}$ 支在 D_{k_1,j_1} 上, $f_{k_2} = f_{k_2,j_2}$ 支在 $D_{k_2,j_2}, j_1,j_2 \geqslant 0, k_1 \leqslant 1$ 上,

$$\|f_0\|_{Z_0} \approx 2^{j_1-k_1}\left\|f_{0,j_1}^{k_1}\right\|_{L^2}, \qquad \|f_{k_2}\|_{Z_{k_2}} \approx 2^{j_2/2}\beta_{k_2,j_2}\left\|f_{k_2,j_2}\right\|_{L^2}.$$

我们需要估计的 (3.9.70) 变为

$$2^k\left\|\eta_k(\xi)\cdot(\tau-\omega(\xi)+i)^{-1}f_{k_2,j_2}*f_{0,j_1}^{k_1}\right\|_{Z_k}$$
$$\leqslant C2^{j_1-k_1}\left\|f_{0,j_1}^{k_1}\right\|_{L^2}\cdot 2^{j_2/2}\beta_{k_2,j_2}\left\|f_{k_2,j_2}\right\|_{L^2}.$$

令

$$h_k(\xi,\tau) = \eta_k(\xi)(\tau-\omega(\xi)+i)^{-1}\left(f_{k_2,j_2}*f_{0,j_1}^{k_1}\right)(\xi,\tau).$$

首先我们观察到, 对于大部分 j_1 和 j_2 的情形, 函数 h_k 支在有限个 $D_{k,j}$ 上, 所以用 (∗) 就可以控制 $2^k\|h_k\|_{X_k}$. 剩下的情形, 由 (3.9.72) 可以看出, 我们只需要考虑下面情形

$$\begin{cases} |j_1-(k+k_1)| \leqslant 10 \text{ 且 } j_2 \leqslant k+k_1+10 & \text{或者} \\ |j_2-(k+k_1)| \leqslant 10 \text{ 且 } j_1 \leqslant k+k_1+10 & \text{或者} \\ j_1,j_2 \geqslant k+k_1-10 \text{ 和 } |j_1-j_2| \leqslant 10. \end{cases} \qquad (3.9.74)$$

假设在条件 (3.9.74) 下, 应用 (3.9.72), 若 $\mathbf{1}_{D_{k,j}}(\xi,\tau)\cdot h_k \neq 0$, 必须要满足 $j \leqslant \max(j_1,j_2)+C$. 这时再分两组情形: $j_1 \geqslant k+k_1-20$ 和 $j_1 \leqslant k+k_1-20$.

如果 $j_1 \geqslant k+k_1-20$, 由 (3.9.74), $j_2 \leqslant j_1+C$, h_k 支在 $\bigcup_{j \leqslant j_1+C}D_{k,j}$ 上. 由 (3.9.73) 可得

$$2^k\|h_k\|_{X_k} \leqslant C2^k\sum_{j \leqslant j_1+C}2^{j/2}\beta_{k,j}\left\|\eta_j(\tau-\omega(\xi))h_k(\xi,\tau)\right\|_{L^2}$$
$$\leqslant C\left[\sum_{j \leqslant j_1+C}2^{-\max(j,j_2)/2}\right]2^{-k_1/2}\times 2^{j_1}\left\|f_{0,j_1}^{k_1}\right\|_{L^2}$$

$$\cdot 2^{j_2/2} \beta_{k_2,j_2} \|f_{k_2,j_2}\|_{L^2},$$

这就得到了 (3.9.74) 的证明.

如果 $j_1 \leqslant k + k_1 - 20$, 再由 (3.9.74), 可得 $|j_2 - (k+k_1)| \leqslant 10$, h_k 支在 $\bigcup_{j \leqslant k+k_1+C} D_{k,j}$ 中. 应用引理 3.6.1 ((b) (c), 特别是 (b) 的证明过程) 得到

$$2^k \|h_k\|_{Z_k} \leqslant C2^{k/2} \left\|\mathscr{F}^{-1}\left[(\tau - \omega(\xi) + i)h_k(\xi,\tau)\right]\right\|_{L_x^1 L_t^2}$$
$$\leqslant C2^{k/2} \left\|\mathscr{F}^{-1}\left(f_{0,j_1}^{k_1}\right)\right\|_{L_x^2 L_t^\infty} \left\|\mathscr{F}^{-1}(f_{k_2,j_2})\right\|_{L_x^2 L_t^2}$$
$$\leqslant C2^{(j_1-k_1)/2} \left\|f_{0,j_1}^{k_1}\right\|_{L^2} \cdot 2^{(k+k_1)/2} \|f_{k_2,j_2}\|_{L^2}.$$

这就得到了 (3.9.74) 的证明, 因为 $|j_2 - (k+k_1)| \leqslant 10$. 为了后续应用, 我们可以证明稍微强一点的结论

$$2^k \left\|\eta_k(\xi)(\tau-\omega(\xi)+i)^{-1} f_{k_2,j_2} * f_{0,j_1}^{k_1}\right\|_{Z_k}$$
$$\leqslant C2^{j_1-k_1/2} \left\|f_{0,j_1}^{k_1}\right\|_{L^2} \cdot 2^{j_2/2} \beta_{k_2,j_2} \|f_{k_2,j_2}\|_{L^2}. \tag{3.9.75}$$

这里把 (3.9.70) 右端 2^{-k_1} 换成了 $2^{-k_1/2}$.

情形 2: $f_0 = f_{0,j_1}^{k_1}$ 支在 $D_{k_1,j_1}, j_1 \geqslant 0, k_1 \leqslant 1$ 上, $f_{k_2} = g_{k_2}$ 支在 $\bigcup_{j_2 \leqslant k_2-1} D_{k_2,j_2}$ 上,

$$\|f_0\|_{Z_0} \approx 2^{j_1-k_1} \left\|f_{0,j_1}^{k_1}\right\|_{L^2}, \quad \|f_{k_2}\|_{Z_{k_2}} \approx \|g_{k_2}\|_{Y_{k_2}}.$$

(3.9.70) 的估计变为

$$2^k \left\|\eta_k(\xi) \cdot (\tau-\omega(\xi)+i)^{-1} g_{k_2} * f_{0,j_1}^{k_1}\right\|_{Z_k} \leqslant C2^{j_1-k_1} \left\|f_{0,j_1}^{k_1}\right\|_{L^2} \cdot \|g_{k_2}\|_{Y_{k_2}}. \tag{3.9.76}$$

与前面一样, 令

$$h_k(\xi,\tau) = \eta_k(\xi)(\tau-\omega(\xi)+i)^{-1} \left(g_{k_2} * f_{0,j_1}^{k_1}\right)(\xi,\tau).$$

由引理 3.6.1 ((b)(c)) 和 (3.9.75) 的估计, 假设 g_{k_2} 支在

$$\left\{(\xi_2,\tau_2): \xi_2 \in I_{k_2}, |\tau_2 - \omega(\xi_2)| \leqslant 2^{k+k_1-20}\right\} \text{ 上.}$$

下面分成两种情形: $j_1 \geqslant k + k_1 - 20$ 和 $j_1 \leqslant k + k_1 - 20$. 如果 $j_1 \geqslant k + k_1 - 20$, 令 $g_{k_2,j_2}(\xi_2,\tau_2) = g_{k_2}(\xi_2,\tau_2)\eta_{j_2}(\tau_2 - \omega(\xi_2))$. 应用 X_k 范数、引理 3.6.1 (b) 和 (3.9.73), 有

$$2^k \left\|\eta_k(\xi) \cdot (\tau-\omega(\xi)+i)^{-1} g_{k_2} * f_{0,j_1}^{k_1}\right\|_{Z_k}$$

$$\leqslant C \sum_{j,j_2 \leqslant j_1+C} 2^k 2^{j/2} \beta_{k,j} \left\| \eta_k(\xi)\eta_j(\tau-\omega(\xi))(\tau-\omega(\xi)+i)^{-1} \left(f_{0,j_1}^{k_1} * g_{k_2,j_2}\right) \right\|_{L^2}$$

$$\leqslant C\gamma_{k,k_1} \cdot 2^{j_1} \left\| f_{0,j_1}^{k_1} \right\|_{L^2} \sum_{j,j_2 \leqslant j_1+C} 2^{-\max(j,j_2)/2} \cdot 2^{j_2/2} \beta_{k_2,j_2} \|g_{k_2,j_2}\|_{L^2}$$

$$\leqslant C\gamma_{k,k_1} \cdot 2^{j_1} \left\| f_{0,j_1}^{k_1} \right\|_{L^2} \cdot \|g_{k_2}\|_{Y_{k_2}}.$$

这就得到了 (3.9.76).

假设 $j_1 \leqslant k + k_1 - 20$. 再由 (3.9.72), 函数 $\eta_k(\xi) \cdot (\tau-\omega(\xi)+i)^{-1} g_{k_2} * f_{0,j_1}^{k_1}$ 支在 $D_{k,j}$ 上, $|j - (k+k_1)| \leqslant C$. 对 $\eta_k(\xi) \cdot (\tau-\omega(\xi)+i)^{-1} g_{k_2} * f_{0,j_1}^{k_1}$, 应用 X_k 范数和引理 3.6.2 (c), 有

$$2^k \left\| \eta_k(\xi) \cdot (\tau-\omega(\xi)+i)^{-1} g_{k_2} * f_{0,j_1}^{k_1} \right\|_{X_k}$$

$$\leqslant C2^k 2^{-(k+k_1)/2} \left\| f_{0,j_1}^{k_1} * g_{k_2} \right\|_{L^2}$$

$$\leqslant C2^{(k-k_1)/2} \left\| \mathscr{F}^{-1}\left(f_{0,j_1}^{k_1}\right) \right\|_{L_x^2 L_t^\infty} \left\| \mathscr{F}^{-1}(g_{k_2}) \right\|_{L_x^\infty L_t^2}$$

$$\leqslant C2^{(k-k_1)/2} \cdot 2^{j_1/2} \left\| f_{0,j_1}^{k_1} \right\|_{L^2} \cdot 2^{-k/2} \|g_{k_2}\|_{Y_{k_2}}$$

$$\leqslant C2^{(j_1-k_1)/2} \left\| f_{0,j_1}^{k_1} \right\|_{L^2} \cdot \|g_{k_2}\|_{Y_{k_2}},$$

这就得到了 (3.9.76).

情形 3: 假设 $f_0 = g_{0,j}$ 支在 $\widetilde{I}_0 \times \widetilde{I}_{j_1}, j_1 \geqslant 0$ 上, $\|f_0\|_{Z_0} \approx 2^{j_1} \left\| \mathscr{F}^{-1}(g_{0,j_1}) \right\|_{L_x^1 L_t^2}$. 现在只需要证明

$$2^k \left\| \eta_k(\xi) \cdot (\tau-\omega(\xi)+i)^{-1} f_{k_2} * g_{0,j_1} \right\|_{Z_k}$$

$$\leqslant C2^{j_1} \left\| \mathscr{F}^{-1}(g_{0,j_1}) \right\|_{L_x^1 L_t^2} \cdot \|f_{k_2}\|_{Z_{k_2}}. \tag{3.9.77}$$

应用 (3.7.47) 的分解, 容易得到

$$\left\| \mathscr{F}^{-1}(g_{0,j_1}) \right\|_{L_x^1 L_t^\infty} + \left\| \mathscr{F}^{-1}(g_{0,j_1}) \right\|_{L_x^2 L_t^\infty} \leqslant C2^{j_1/2} \left\| \mathscr{F}^{-1}(g_{0,j_1}) \right\|_{L_x^1 L_t^2}. \tag{3.9.78}$$

引理 3.6.1 ((b), (c)) 和引理 3.6.2 (c)

$$2^k \|\eta_k(\xi)\eta_{\leqslant k+C}(\tau-\omega(\xi))(\tau-\omega(\xi)+i)^{-1} f_{k_2} * g_{0,j_1}\|_{Z_k}$$

$$\leqslant C2^{k/2} \left\| \mathscr{F}^{-1}(f_{k_2} * g_{0,j_1}) \right\|_{L_x^1 L_t^2}$$

$$\leqslant C2^{k/2} \left\| \mathscr{F}^{-1}(f_{k_2}) \right\|_{L_x^\infty L_t^2} \left\| \mathscr{F}^{-1}(g_{0,j_1}) \right\|_{L_x^1 L_t^\infty}$$

$$\leqslant C2^{j_1/2} \left\| \mathscr{F}^{-1}(g_{0,j_1}) \right\|_{L_x^1 L_t^2} \cdot \|f_{k_2}\|_{Z_{k_2}}.$$

因此, 为证明 (3.9.77), 只需证明

$$2^k \sum_{j \geqslant k+C} 2^{-j/2}\beta_{k,j} \left\|\eta_k(\xi)\eta_j(\tau-\omega(\xi))f_{k_2}*g_{0,j_1}\right\|_{L^2}$$

$$\leqslant C2^{j_1}\left\|\mathscr{F}^{-1}(g_{0,j_1})\right\|_{L_x^1 L_t^2} \cdot \|f_{k_2}\|_{Z_{k_2}}.$$

再用引理 3.6.2 (c) 和 (3.9.78),

$$\left\|\eta_k(\xi)\eta_j(\tau-\omega(\xi))f_{k_2}*g_{0,j_1}\right\|_{L^2}$$

$$\leqslant C\left\|\mathscr{F}^{-1}(f_{k_2})\right\|_{L_x^\infty L_t^2}\left\|\mathscr{F}^{-1}(g_{0,j_1})\right\|_{L_x^2 L_t^\infty}$$

$$\leqslant C2^{j_1/2}\left\|\mathscr{F}^{-1}(g_{0,j_1})\right\|_{L_x^1 L_t^2}\cdot 2^{-k/2}\|f_{k_2}\|_{Z_{k_2}},$$

对于情形 $j \leqslant 2k+j_1+C$, 我们就证明了 (3.9.77). 对于情形 $j \geqslant 2k+j_1+C$, $2^{-j/2}\beta_{k,j} \approx 2^{-k}$, 为了证明 (3.9.77), 我们只需要证明

$$\sum_{j\geqslant 2k+j_1+C}\left\|\eta_k(\xi)\eta_j(\tau-\omega(\xi))f_{k_2}*g_{0,j_1}\right\|_{L^2}$$

$$\leqslant C2^{j_1}\left\|\mathscr{F}^{-1}(g_{0,j_1})\right\|_{L_x^1 L_t^2}\cdot \|f_{k_2}\|_{Z_{k_2}}. \tag{3.9.79}$$

考察函数的支集发现, 如果 $f_{k_2}\in Y_{k_2}$, $j \geqslant 2k+j_1+C$, 则

$$\eta_k(\xi)\eta_j(\tau-\omega(\xi))f_{k_2}*g_{0,j_1} \equiv 0.$$

因此在 (3.9.79) 中, 只需要假设 $f_{k_2}=f_{k_2,j_2}$ 支在 D_{k_2,j_2} 上, $j_2 \geqslant 2k+j_1+C$. (3.9.79) 中关于 j 的求和是在范围 $|j-j_2| \leqslant C$ 内. 应用引理 3.6.2 (c) 和 (3.9.78) 可得

$$\sum_{j\geqslant 2k+j_1+C}\left\|\eta_k(\xi)\eta_j(\tau-\omega(\xi))f_{k_2}*g_{0,j_1}\right\|_{L^2}$$

$$\leqslant C\left\|\mathscr{F}^{-1}(f_{k_2,j_2})\right\|_{L_x^\infty L_t^2}\left\|\mathscr{F}^{-1}(g_{0,j_1})\right\|_{L_x^2 L_t^\infty}$$

$$\leqslant C2^{j_1/2}\left\|\mathscr{F}^{-1}(g_{0,j_1})\right\|_{L_x^1 L_t^2}\cdot \|f_{k_2,j_2}\|_{Z_{k_2}}.$$

这就证明了 (3.9.77) 和 (3.9.79).

为了后续的应用, 我们还可以给出一个简化的结论, 即当 $k \geqslant 20, k_2 \in [k-2,k+2], f_{k_2}\in Z_{k_2}, f_0\in \bar{Z}_0$ 时, 有

$$\left\|\eta_k(\xi)\cdot(\tau-\omega(\xi)+i)^{-1}f_{k_2}*f_0\right\|_{Z_k} \leqslant C\|f_{k_2}\|_{Z_{k_2}}\|f_0\|_{\bar{Z}_0}. \tag{3.9.80}$$

为了证明 (3.9.80), 应用引理 3.6.1 (b) 来控制 $\|f_{k_2}\|_{Z_{k_2}} \geqslant C^{-1}k^{-1}\|f_{k_2}\|_{X_{k_2}}$. 然后, 将 f_0 写成 $f_0 = \sum_{j_1 \geqslant 0}\sum_{k_1 \leqslant 1} f_{k_1,j_1}$, f_{k_1,j_1} 支在 D_{k_1,j_1} 上并且

$$\|f_0\|_{\bar{Z}_0} \geqslant \sum_{j_1 \geqslant 0}\sum_{k_1 \leqslant 1} 2^{j_1}2^{k_1/4}\|f_{k_1,j_1}\|_{L^2}.$$

再由定义, 为了证明 (3.9.80), 只需要证明当 f_{k_2,j_2} 支在 D_{k_2,j_2} 上时, 有

$$\sum_j 2^{-j/2}\beta_{k,j}\left\|\mathbf{1}_{D_{k,j}}\cdot f_{k_2,j_2}*f_{k_1,j_1}\right\|_{L^2}$$

$$\leqslant Ck^{-1}2^{j_2/2}\beta_{k_2,j_2}\|f_{k_2,j_2}\|_{L^2}\cdot 2^{j_1}2^{k_1/4}\|f_{k_1,j_1}\|_{L^2}.$$

应用 (3.8.65), 我们有估计

$$\left\|\mathbf{1}_{D_{k,j}}\cdot f_{k_2,j_2}*f_{k_1,j_1}\right\|_{L^2} \leqslant C2^{k_1/2}2^{j_1/2}\|f_{k_2,j_2}\|_{L^2}\cdot\|f_{k_1,j_1}\|_{L^2}.$$

为了证明结论, 只需要证明

$$2^{k_1/4}k\sum_j 2^{-j/2}\beta_{k,j} \leqslant C2^{(j_1+j_2)/2},$$

这里的求和是关于 j 满足 (3.9.72) 的条件来取的. 为此, 只需要分成 $\max(j_1,j_2) \leqslant k+k_1-20$ 和 $\max(j_1,j_2) \geqslant k+k_1-20$ 两种情形讨论, 即可得到结论 (在后一种情形下, 估计 $2^{-j/2}\beta_{k,j} \leqslant C$ 即可). $\qquad\Box$

命题 3.9.2 的证明　证明与命题 3.9.1 的证明类似, 只是在处理 (3.9.71) 左端关于 k_1 的求和上, 多了一个技术上的困难. 我们的主要工具就是 (∗)($\gamma_{k,k_1} \approx 2^{-k_1/2}, k_1 \geqslant 1$) 和 (3.9.73)′. 对任意的 $k_1 \in [1, k-10]$, 我们采用分解

$$f_{k_1} = f_{k_1}^h + f_{k_1}^l$$

$$= f_{k_1}\cdot[1-\eta_{\leqslant k+k_1-20}(\tau-\omega(\xi))] + f_{k_1}\cdot\eta_{\leqslant k+k_1-20}(\tau-\omega(\xi)).$$

首先我们证明

$$2^k\left\|\eta_k(\xi)(\tau-\omega(\xi)+i)^{-1}f_{k_2}*f_{k_1}^h\right\|_{X_k} \leqslant C2^{-k_1/4}\|f_{k_2}\|_{Z_{k_2}}\|f_{k_1}^h\|_{Z_{k_1}} \qquad (3.9.81)$$

成立. 有了 (3.9.81), 我们就能使用因子 $2^{-k_1/4}$ 来使关于 k_1 的求和收敛, 即

$$2^k\left\|\eta_k(\xi)(\tau-\omega(\xi)+i)^{-1}f_{k_2}*\sum_{k_1=1}^{k-10}f_{k_1}^h\right\|_{X_k} \leqslant C\|f_{k_2}\|_{Z_{k_2}}\sup_{k_1\in[1,k-10]}\|f_{k_1}\|_{Z_{k_1}}.$$

$$(3.9.82)$$

为了证明 (3.9.81), 应用分解 (3.6.19) 和 (3.9.73)′. 假设 $f_{k_1}^h = f_{k_1,j_1}$ 支在 D_{k_1,j_1} 上, $j_1 \geqslant k + k_1 - 20$, $\|f_{k_1}^h\|_{Z_{k_1}} \approx 2^{j_1/2}\beta_{k_1,j_1}\|f_{k_1,j_1}\|_{L^2}$. 现在分成两种情形. 第一种, 当 $f_{k_2} = f_{k_2,j_2}$ 支在 D_{k_2,j_2} 上, $j_2 \geqslant 0$, $\|f_{k_2}\|_{Z_{k_2}} \approx 2^{j_2/2}\beta_{k_2,j_2}\|f_{k_2,j_2}\|_{L^2}$, 应用 (∗) 和定义, 得到 (3.9.81) 的左侧可以被

$$C\left[\sum_j \left(2^{k_1/2} + 2^{j/4}\right)^{-1}\right] \cdot 2^{j_1/2}\beta_{k_1,j_1}\|f_{k_1,j_1}\|_{L^2} \cdot 2^{j_2/2}\beta_{k_2,j_2}\|f_{k_2,j_2}\|_{L^2}$$

$$\leqslant C2^{-k_1/4} \cdot 2^{j_1/2}\beta_{k_1,j_1}\|f_{k_1,j_1}\|_{L^2} \cdot 2^{j_2/2}\beta_{k_2,j_2}\|f_{k_2,j_2}\|_{L^2}$$

控制. 第二种, 当 $f_{k_2} = g_{k_2}$ 支在 $\bigcup_{j_2 \leqslant k_2-1} D_{k_2,j_2}$ 上, $\|f_{k_2}\|_{Z_{k_2}} \approx \|g_{k_2}\|_{Y_{k_2}}$, 令 $g_{k_2,j_2}(\xi_2,\tau_2) = g_{k_2}(\xi_2,\tau_2)\eta_{j_2}(\tau_2 - \omega(\xi_2))$. 应用命题 3.6.1(b), (3.9.72) 和 (3.9.73)′, 得到 (3.9.81) 的左侧可以被

$$C\sum_{j,j_2 \leqslant j_1+C} 2^k 2^{j/2}\beta_{k,j}\left\|\eta_k(\xi)\eta_j(\tau - \omega(\xi))(\tau - \omega(\xi) + i)^{-1}(g_{k_2,j_2} * f_{k_1,j_1})\right\|_{L^2}$$

$$\leqslant C2^{j_1/2}\beta_{k_1,j_1}\|f_{k_1,j_1}\|_{L^2}\sum_{j,j_2 \leqslant j_1+C}\left(2^{k_1/2} + 2^{\max(j,j_2)/4}\right)^{-1}2^{j_2/2}\|g_{k_2,j_2}\|_{L^2}$$

$$\leqslant C2^{-k_1/4} \cdot 2^{j_1/2}\beta_{k_1,j_1}\|f_{k_1,j_1}\|_{L^2} \cdot \|g_{k_2}\|_{Y_{k_2}}$$

控制, 这就完成了 (3.9.81) 的证明.

再看 (3.9.82), 为了证明 (3.9.71), 只需要证明

$$2^k\left\|\eta_k(\xi)(\tau - \omega(\xi) + i)^{-1}f_{k_2} * \sum_{k_1=1}^{k-10} f_{k_1}^l\right\|_{Z_k}$$

$$\leqslant C\|f_{k_2}\|_{Z_{k_2}}\sup_{k_1 \in [1,k-10]}\left\|(I - \partial_\tau^2)f_{k_1}^l\right\|_{Z_{k_1}}, \qquad (3.9.83)$$

这里 $f_{k_1}^l$ 是支在 $\bigcup_{j_1 \leqslant k+k_1-19} D_{k_1,j_1}$ 上的函数. 应用 (3.6.19) 的分解, 我们分成两种情形.

情形 1: $f_{k_2} = f_{k_2,j_2}$ 支在 D_{k_2,j_2} 上, $\|f_{k_2}\|_{Z_{k_2}} \approx 2^{j_2/2}\beta_{k_2,j_2}\|f_{k_2,j_2}\|_{L^2}$, $j_2 \geqslant 0$. 要证的 (3.9.83) 变为证明下列式子

$$2^k\left\|\eta_k(\xi)(\tau - \omega(\xi) + i)^{-1}f_{k_2,j_2} * \sum_{k_1=1}^{k-10} f_{k_1}^l\right\|_{Z_k}$$

$$\leqslant C2^{j_2/2}\beta_{k_2,j_2}\|f_{k_2,j_2}\|_{L^2}\sup_{k_1 \in [1,k-10]}\left\|(I - \partial_\tau^2)f_{k_1}^l\right\|_{Z_{k_1}}, \qquad (3.9.83)'$$

这里 $f_{k_1}^l$ 为支在 $\bigcup_{j_1 \leqslant k+k_1-19} D_{k_1,j_1}$ 上的任意函数. 注意到在 (3.9.79) 中, j_2 是固定的, 我们把关于 k_1 的集合分成两部分

$$
\begin{cases}
A_{k,j_2} = \{k_1 \in [1, k-10] : |k + k_1 - j_2| \leqslant 15\}; \\
B_{k,j_2} = \{k_1 \in [1, k-10] : |k + k_1 - j_2| \geqslant 16\}.
\end{cases}
$$

集合 A_{k,j_2} 至多有 31 个元素, 因此要证 (3.9.83)′, 只需分别证明

$$
2^k \left\| \eta_k(\xi)(\tau - \omega(\xi) + i)^{-1} f_{k_2,j_2} * f_{k_1}^l \right\|_{Z_k}
$$
$$
\leqslant C 2^{j_2/2} \beta_{k_2,j_2} \| f_{k_2,j_2} \|_{L^2} \left\| (I - \partial_\tau^2) f_{k_1}^l \right\|_{Z_{k_1}}, \tag{3.9.84}
$$

这里 $k_1 \in A_{k,j_2}$,

$$
2^k \left\| \eta_k(\xi)(\tau - \omega(\xi) + i)^{-1} f_{k_2,j_2} * f_{k_1}^l \right\|_{X_k}
$$
$$
\leqslant C 2^{-k_1/4} \cdot 2^{j_2/2} \beta_{k_2,j_2} \| f_{k_2,j_2} \|_{L^2} \left\| f_{k_1}^l \right\|_{Z_{k_1}}, \tag{3.9.85}
$$

这里 $k_1 \in B_{k,j_2}$.

　　首先我们来证明 (3.9.84). 注意到函数 $f_{k_1}^l$ 支集的限制以及 $k_1 \in A_{k,j_2}$ 和 (3.9.72), 函数 $\eta_k(\xi)(\tau - \omega(\xi) + i)^{-1} f_{k_2,j_2} * f_{k_1}^l$ 支在 $\bigcup_{j \leqslant k+k_1+C} D_{k,j}$ 上, 根据 Z_k 的定义, 为了证明 (3.9.84), 只需证明

$$
2^k \left\| \eta_{\leqslant k-1}(\tau - \omega(\xi)) \eta_k(\xi)(\tau - \omega(\xi) + i)^{-1} f_{k_2,j_2} * f_{k_1}^l \right\|_{Y_k}
$$
$$
\leqslant C 2^{j_2/2} \beta_{k_2,j_2} \| f_{k_2,j_2} \|_{L^2} \left\| (I - \partial_\tau^2) f_{k_1}^l \right\|_{Z_{k_1}} \tag{3.9.86}
$$

和

$$
2^k \sum_{j=k}^{k+k_1+C} 2^{j/2} \beta_{k,j} \left\| \eta_j(\tau - \omega(\xi)) \eta_k(\xi)(\tau - \omega(\xi) + i)^{-1} f_{k_2,j_2} * f_{k_1}^l \right\|_{L^2}
$$
$$
\leqslant C 2^{j_2/2} \beta_{k_2,j_2} \| f_{k_2,j_2} \|_{L^2} \left\| f_{k_1}^l \right\|_{Z_{k_1}}.
$$

为证 (3.9.86), 应用引理 3.6.1 (a), (c) 和引理 3.6.2 (b), 因为 $|k + k_1 - j_2| \leqslant 10$, (3.9.86) 的左端可以由

$$
C 2^{k/2} \left\| \mathscr{F}^{-1} \left(f_{k_2,j_2} * f_{k_1}^l \right) \right\|_{L_x^1 L_t^2} \leqslant C 2^{k/2} \left\| \mathscr{F}^{-1} \left(f_{k_2,j_2} \right) \right\|_{L^2} \left\| \mathscr{F}^{-1} \left(f_{k_1}^l \right) \right\|_{L_x^2 L_t^\infty}
$$
$$
\leqslant C 2^{k/2} \| f_{k_2,j_2} \|_{L^2} \cdot 2^{k_1/2} \left\| (I - \partial_\tau^2) f_{k_1}^l \right\|_{Z_{k_1}}
$$

控制, 这就得到了 (3.9.86) 的证明.

为证 (3.9.87), 我们注意到 (3.9.87) 左端的求和至多有 $k_1 + C$ 项. 再应用引理 3.6.1 (b), $\|f_{k_1}^l\|_{Z_{k_1}} \geqslant C k_1^{-1} \|f_{k_1}^l\|_{X_{k_1}}$ 和 (∗), 则对任意的 $j \in [k, k + k_1 + C]$, 有估计

$$2^k 2^{j/2} \beta_{k,j} \|\eta_j(\tau - \omega(\xi))\eta_k(\xi)(\tau - \omega(\xi) + i)^{-1} f_{k_2,j_2} * f_{k_1}^l\|_{L^2}$$
$$\leqslant C 2^{-k_1/2} 2^{j_2/2} \beta_{k_2,j_2} \|f_{k_2,j_2}\|_{L^2} \cdot \|f_{k_1}^l\|_{X_{k_1}}.$$

这就完成了 (3.9.87) 和 (3.9.84) 的证明.

下面我们来证明 (3.9.85). 注意到函数 $f_{k_1}^l$ 的支集性质、条件 $|k + k_1 - j_2| \geqslant 16$ 和 (3.9.72), 可以发现

$$\eta_k(\xi)(\tau - \omega(\xi) + i)^{-1} f_{k_2,j_2} * f_{k_1}^l$$

支在有限个 $D_{k,j}$ 上 (假设 j_2, k_1 固定). 因此, 应用 (∗) 可以得到

$$2^k \left\| \eta_k(\xi)(\tau - \omega(\xi) + i)^{-1} f_{k_2,j_2} * f_{k_1}^l \right\|_{X_k}$$
$$\leqslant C \sup_j 2^k 2^{j/2} \beta_{k,j} \left\| \eta_j(\tau - \omega(\xi))\eta_k(\xi)(\tau - \omega(\xi) + i)^{-1} f_{k_2,j_2} * f_{k_1}^l \right\|_{L^2}$$
$$\leqslant C 2^{-k_1/2} 2^{j_2/2} \beta_{k_2,j_2} \|f_{k_2,j_2}\|_{L^2} \cdot \|f_{k_1}^l\|_{X_{k_1}},$$

又因为 $\|f_{k_1}^l\|_{Z_{k_1}} \geqslant C k_1^{-1} \|f_{k_1}^l\|_{X_{k_1}}$ (见引理 3.6.1 (b)), 我们就得到了 (3.9.85) 的证明.

情形 2: 因为 $f_{k_2} = g_{k_2}$ 支在 $\bigcup_{j_2 \leqslant k_2 - 20} D_{k_2,j_2}$ 上, $\|f_{k_2}\|_{Z_{k_2}} \approx \|g_{k_2}\|_{Y_{k_2}}$, (3.9.83) 的证明转化为

$$2^k \left\| \eta_k(\xi)(\tau - \omega(\xi) + i)^{-1} g_{k_2} * \sum_{k_1=1}^{k-10} f_{k_1}^l \right\|_{Z_k}$$
$$\leqslant C \|g_{k_2}\|_{Y_{k_2}} \sup_{k_1 \in [1, k-10]} \left\| (I - \partial_\tau^2) f_{k_1}^l \right\|_{Z_{k_1}},$$

这里 $f_{k_1}^l$ 是任意的支在 $\bigcup_{j_1 \leqslant k+k_1-19} D_{k_1,j_1}$ 上的函数. 再次应用引理 3.6.1 (b), 接下来仅需要证明

$$2^k \left\| \eta_k(\xi)(\tau - \omega(\xi) + i)^{-1} g_{k_2} * f_{k_1}^l \right\|_{X_k} \leqslant C 2^{-k_1/2} \|g_{k_2}\|_{Y_{k_2}} \|f_{k_1}^l\|_{X_{k_1}}. \qquad (3.9.87)$$

应用 (3.9.72) 及函数 g_{k_2}, $f_{k_1}^l$ 的支集性质, $f_{k_1}^l$, $\eta_k(\xi)(\tau - \omega(\xi) + i)^{-1} g_{k_2} * f_{k_1}^l$ 支在有限个区域 $D_{k,j}$ 上并且 $|k + k_1 - j| \leqslant C$, 为了证明 (3.9.87), 仅需证明当 f_{k_1,j_1}

支在 D_{k_1,j_1} 上, $j_1 \leqslant k + k_1 - 19$ 和 $|j - k - k_1| \leqslant C$ 成立时有

$$2^{k/2} \left\| \mathbf{1}_{D_{k,j}} \cdot (g_{k_2} * f_{k_1,j_1}) \right\|_{L^2} \leqslant C \left\| g_{k_2} \right\|_{Y_{k_2}} \cdot 2^{j_1/2} \left\| f_{k_1,j_1} \right\|_{L^2}. \tag{3.9.88}$$

为了证明 (3.9.88), 假设 $k_2 \geqslant 100$. 当 $j_2 \leqslant k_2$ 时, 令 $g_{k_2,j_2}(\xi,\tau) = \eta_{j_2}(\tau - \omega(\xi)) g_{k_2}(\xi,\tau)$. 由 (3.8.66) 和引理 3.6.1(b) 有

$$2^{k/2} \left\| \mathbf{1}_{D_{k,j}} \cdot (g_{k_2,j_2} * f_{k_1,j_1}) \right\|_{L^2} \leqslant C 2^{j_2/2} \left\| g_{k_2,j_2} \right\|_{L^2} \cdot 2^{j_1/2} \left\| f_{k_1,j_1} \right\|_{L^2}$$

$$\leqslant C \left\| g_{k_2} \right\|_{Y_{k_2}} \cdot 2^{j_1/2} \left\| f_{k_1,j_1} \right\|_{L^2}. \tag{3.9.89}$$

为了证明 (3.9.88), 我们需要避免在 (3.9.89) 中对 $j_2 \leqslant k_2$ 求和时发生的对数发散. 由 (3.6.24) 和 Minkowski 不等式 (参见 (3.6.35) 的注释), 我们假设

$$\begin{cases} g_{k_2}(\xi,\tau) = 2^{k_2/2} \chi_{[k_2-1,k_2+1]}(\xi)(\tau - \omega(\xi) + i)^{-1} \eta_{\leqslant k_2}(\tau - \omega(\xi)) h(\tau), \\ \left\| g_{k_2} \right\|_{Y_{k_2}} = C \| h \|_{L^2_\tau}. \end{cases} \tag{3.9.90}$$

再令 $h_+ = h \cdot \mathbf{1}_{[0,\infty)}, h_- = h \cdot \mathbf{1}_{(-\infty,0]}$, 定义相关的函数 $g_{k_2,+}$ 和 $g_{k_2,-}$. 由对称性, 只需要对 $g_{k_2,+}$ 证明 (3.9.88) 的估计, 这时 $g_{k_2,+}$ 支在集合

$$\left\{ (\xi,\tau) : \xi \in \left[-2^{k_2+2}, -2^{k_2-2} \right], \tau \in \left[2^{2k_2-10}, 2^{2k_2+10} \right] \right\} \text{ 上.}$$

再有此时, 在 $g_{k_2,+}$ 的支集上 $\tau - \omega(\xi) = \tau - \xi^2$, 同时只在 $|\sqrt{\tau} + \xi| \leqslant C$ 上有 $g_{k_2,+}(\xi,\tau) \neq 0$. 令

$$g'_{k_2,+}(\xi,\tau) = 2^{k_2/2} \chi_{[k_2-1,k_2+1]}(-\sqrt{\tau}) \left(\tau - \xi^2 + (\sqrt{\tau} + \xi)^2 + i\sqrt{\tau} 2^{-k_2} \right)^{-1}$$

$$\cdot \eta_0(\sqrt{\tau} + \xi) \cdot h_+(\tau),$$

应用引理 3.6.1(b), 容易看出

$$\left\| g_{k_2,+} - g'_{k_2,+} \right\|_{X_{k_2}} \leqslant C \| h_+ \|_{L^2}.$$

现在我们只需证明

$$2^{k/2} \left\| g'_{k_2,+} * f_{k_1,j_1} \right\|_{L^2} \leqslant C \| h_+ \|_{L^2} \cdot 2^{j_1/2} \left\| f_{k_1,j_1} \right\|_{L^2}. \tag{3.9.91}$$

将 $g'_{k_2,+}$ 代入, 并作变量替换 $\xi_2 = -\sqrt{\tau_2} + \mu_2$ 可以得到

$$2^{k/2} \left\| g'_{k_2,+} * f_{k_1,j_1} \right\|_{L^2}$$

$$\leqslant C \left\| \int_{\mathbb{R}^2} f_{k_1,j_1} \left(\xi + \sqrt{\tau_2} - \mu_2, \tau - \tau_2 \right) \cdot \eta_0(\mu_2) \frac{1}{\mu_2 + i/2^{k_2+1}} \cdot h'_+(\tau_2) \, d\mu_2 d\tau_2 \right\|_{L^2_{\xi,\tau}}.$$

这里 $h'_+(\tau_2) = h_+(\tau_2)\chi_{[k_2-1,k_2+1]}(-\sqrt{\tau_2})(2^k/\sqrt{\tau_2})$ 支在 $\left[2^{2k_2-4}, 2^{2k_2+4}\right]$ 上，$\|h'_+\|_{L^2} \approx \|h_+\|_{L^2}$. 由对偶性，为证明 (3.9.91)，只需要证明对任意的 $m \in L^2$，有

$$
\left| \int_{\mathbb{R}^4} f_{k_1,j_1}(\xi_1,\tau_1) h'_+(\tau_2) \cdot \eta_0(\mu_2) \frac{1}{\mu_2 + i/2^{k_2+1}} \right.
$$

$$
\times m\left(\xi_1 - \sqrt{\tau_2} + \mu_2, \tau_1 + \tau_2\right) \mathrm{d}\mu_2 \mathrm{d}\tau_2 \mathrm{d}\xi_1 \mathrm{d}\tau_1 \Bigg|
$$

$$
\leqslant C\|m\|_{L^2} \left\|h'_+\right\|_{L^2} 2^{j_1/2} \|f_{k_1,j_1}\|_{L^2}.
$$

再令

$$
\widetilde{m}(\xi,\tau) = \int_{\mathbb{R}} m\left(\xi + \mu_2, \tau\right) \eta_0(\mu_2) \left(\mu_2 + i/2^{k_2+1}\right)^{-1} \mathrm{d}\mu_2,
$$

这里 $\|\widetilde{m}\|_{L^2} \leqslant C\|m\|_{L^2}$，作变量替换

$$
\tau_1 = \mu_1 + \omega(\xi_1), \qquad f^{\#}_{k_1,j_1}(\xi_1,\mu_1) = f_{k_1,j_1}(\xi_1,\mu_1 + \omega(\xi_1)).
$$

需要证明的估计变为

$$
\left| \int_{\mathbb{R}^3} f^{\#}_{k_1,j_1}(\xi_1,\mu_1) h'_+(\tau_2) \cdot \widetilde{m}\left(\xi_1 - \sqrt{\tau_2}, \mu_1 + \omega(\xi_1) + \tau_2\right) \mathrm{d}\tau_2 \mathrm{d}\xi_1 \mathrm{d}\mu_1 \right|
$$

$$
\leqslant C\|\widetilde{m}\|_{L^2} \left\|h'_+\right\|_{L^2} \cdot 2^{j_1/2} \left\|f^{\#}_{k_1,j_1}\right\|_{L^2}.
$$

上式左端的积分是在区域

$$
(\xi_1,\mu_1,\tau_2) \in \widetilde{I}_{k_1} \times \widetilde{I}_{j_1} \times \left[2^{2k_2-4}, 2^{2k_2+4}\right]
$$

上做的，应用 Hölder 不等式，只需证明

$$
\sup_{\mu_1 \in \mathbb{R}} \int_{\widetilde{I}_{k_1} \times \left[2^{2k_2-4}, 2^{2k_2+4}\right]} \left|\widetilde{m}\left(\xi_1 - \sqrt{\tau_2}, \mu_1 + \omega(\xi_1) + \tau_2\right)\right|^2 \mathrm{d}\tau_2 \mathrm{d}\xi_1 \leqslant C\|\widetilde{m}\|_{L^2}^2.
$$

再由变量替换和 $k_1 \leqslant k_2 - 8$，即可得到 (3.9.88). $\qquad\qquad \square$

3.10　双线性估计 High × High → Low

在本节中，我们主要证明两个基于 High × High → Low 相互作用的双线性估计.

命题 3.10.1　假设 $k, k_1, k_2 \in \mathbb{Z}_+$ 满足 $\max(k, k_1, k_2) \leqslant \min(k, k_1, k_2) + 30, f_{k_1} \in Z_{k_1}, f_{k_2} \in Z_{k_2}$. 则有结论

$$2^k \left\| \eta_k(\xi) \cdot A_k(\xi, \tau)^{-1} f_{k_1} * f_{k_2} \right\|_{Z_k} \leqslant C \|f_{k_1}\|_{Z_{k_1}} \|f_{k_2}\|_{Z_{k_2}}. \tag{3.10.92}$$

这里, (3.10.92) 右端包含的 Z_0 可以替换成 $\bar{Z}_0$.

命题 3.10.2　假设 $k, k_1, k_2 \in \mathbb{Z}_+$ 满足 $k_1, k_2 \geqslant k + 10, |k_1 - k_2| \leqslant 2, f_{k_1} \in Z_{k_1}, f_{k_2} \in Z_{k_2}$. 则有结论

$$\left\| \xi \cdot \eta_k(\xi) \cdot A_k(\xi, \tau)^{-1} f_{k_1} * f_{k_2} \right\|_{X_k} \leqslant C 2^{-k/4} \|f_{k_1}\|_{Z_{k_1}} \|f_{k_2}\|_{Z_{k_2}}. \tag{3.10.93}$$

命题 3.10.1 和命题 3.10.2 的证明主要应用定义、(3.6.19) 和 (3.6.20) 的分解, 以及引理 3.6.1 和推论 3.8.2.

命题 3.10.1 的证明　我们分成两种情形.

情形 1: 假设 $\min(k, k_1, k_2) \geqslant 200$.

此时我们证明比 (3.10.92) 更强的结论, 我们把 (3.10.92) 左端的 Z_k 空间换成 X_k 空间即可. 首先, 如果 $j_1, j_2 \geqslant 0, f_{k_1,j_1}$ 是支在 D_{k_1,j_1} 中的 L^2 函数, f_{k_2,j_2} 是支在 D_{k_2,j_2} 中的 L^2 函数, 则有

$$2^k \sum_j 2^{j/2} \beta_{k,j} \left\| \eta_k(\xi)\eta_j(\tau - \omega(\xi))(\tau - \omega(\xi) + i)^{-1} (f_{k_1,j_1} * f_{k_2,j_2}) \right\|_{L^2}$$
$$\leqslant C\gamma(j_1, j_2, k) 2^{j_1/2} \beta_{k_1,j_1} \|f_{k_1,j_1}\|_{L^2} \cdot 2^{j_2/2} \beta_{k_2,j_2} \|f_{k_2,j_2}\|_{L^2}, \tag{3.10.94}$$

这里有

$$\gamma(j_1, j_2, k) = \begin{cases} 2^{-\max(j_1,j_2)/4}, & \max(j_1,j_2) \leqslant 2k - 80, \\ 2^{-\min(j_1,j_2)/8}, & \max(j_1,j_2) \geqslant 2k - 80. \end{cases}$$

为了证明 (3.10.94), 注意到 (3.8.69), 我们知道为了使得

$$\eta_k(\xi)\eta_j(\tau - \omega(\xi))(\tau - \omega(\xi) + i)^{-1} (f_{k_1,j_1} * f_{k_2,j_2}) \neq 0$$

需要满足

$$\begin{cases} \max(j, j_1, j_2) \in [2k - 70, 2k + 70] \quad \text{或者} \\ \max(j, j_1, j_2) \geqslant 2k + 70 \text{ 且 } \max(j, j_1, j_2) - \text{med}(j, j_1, j_2) \leqslant 10, \end{cases} \tag{3.10.95}$$

此时有 $\beta_{k,j} \leqslant C\beta_{k_1,j_1}\beta_{k_2,j_2}$. 再利用 (3.8.67),

$$\left\| \eta_k(\xi)\eta_j(\tau - \omega(\xi))(\tau - \omega(\xi) + i)^{-1} (f_{k_1,j_1} * f_{k_2,j_2}) \right\|_{L^2}$$

$$\leqslant C2^{-j}2^{(j+j_1+j_2)/2}2^{-\max(j,j_1,j_2)/2}2^{-\operatorname{med}(j,j_1,j_2)/4}\left\|f_{k_1,j_1}\right\|_{L^2}\left\|f_{k_2,j_2}\right\|_{L^2}.$$

从以上式子可以知道, 为了证明 (3.10.94), 只需要证明以下系数的求和有界

$$2^k\sum_j 2^{-\max(j,j_1,j_2)/2}2^{-\operatorname{med}(j,j_1,j_2)/4}\leqslant C\gamma\left(j_1,j_2,k\right), \qquad (3.10.96)$$

这里关于 j 的求和满足 (3.10.95) 的条件. 如果 $\max(j_1,j_2)\leqslant 2k-80$, 那么 $j\in[2k-70,2k+70]$, 由 (3.10.95) 直接就可以得到 (3.10.96). 如果 $j_1=\max(j_1,j_2)\geqslant 2k-80$, 则 (3.10.96) 中的求和是关于 $j\leqslant j_1+C$ 取的, 且有如下的不等式

$$C2^k\sum_{j\leqslant j_1+C}2^{-j_1/2}2^{-\max(j,j_2)/4}\leqslant C\left(j_2+1\right)2^{-j_2/4},$$

这就得到了 (3.10.96). $j_2=\max(j_1,j_2)\geqslant 2k-80$ 的情形是类似的. 这就完成了 (3.10.94) 的证明.

下面我们来证明 (3.10.92), 应用到 (3.6.19) 的分解. 如果 $f_{k_1}=f_{k_1,j_1}\in X_{k_1}$, $f_{k_2}=f_{k_2,j_2}\in X_{k_2}$, 则 (3.10.92) 直接由 (3.10.94) 和空间的定义得到. 下面假设 $f_{k_1}=g_{k_1}\in Y_{k_1}, f_{k_2}=g_{k_2}\in Y_{k_2}$, 那么 $\left\|f_{k_1}\right\|_{Z_{k_1}}\approx\left\|g_{k_1}\right\|_{Y_{k_1}}, \left\|f_{k_2}\right\|_{Z_{k_2}}\approx\left\|g_{k_2}\right\|_{Y_{k_2}}$. 对于 $j_1\in[0,k_1], j_2\in[0,k_2]$, 设

$$g_{k_1,j_1}(\xi,\tau)=\eta_{j_1}(\tau-\omega(\xi))g_{k_1}(\xi,\tau), \qquad g_{k_2,j_2}(\xi,\tau)=\eta_{j_2}(\tau-\omega(\xi))g_{k_2}(\xi,\tau),$$

应用 (3.10.94), 引理 3.6.1(b) 和 (3.10.95)中 $\gamma(j_1,j_2,k)$ 的定义, 在情形 $\max(j_1, j_2)\leqslant 2k-80$ 下, 我们有

$$2^k\left\|\eta_k(\xi)\cdot(\tau-\omega(\xi)+i)^{-1}g_{k_1}*g_{k_2}\right\|_{X_k}$$
$$\leqslant C\sum_{j_1,j_2\leqslant k+30}2^k\left\|\eta_k(\xi)\cdot(\tau-\omega(\xi)+i)^{-1}g_{k_1,j_1}*g_{k_2,j_2}\right\|_{X_k}$$
$$\leqslant C\sum_{j_1,j_2\leqslant k+30}\gamma\left(j_1,j_2,k\right)2^{j_1/2}\left\|g_{k_1,j_1}\right\|_{L^2}2^{j_2/2}\left\|g_{k_2,j_2}\right\|_{L^2}$$
$$\leqslant C\left\|g_{k_1}\right\|_{Y_{k_1}}\left\|g_{k_2}\right\|_{Y_{k_2}}.$$

最后, 我们假设 $f_{k_1}=f_{k_1,j_1}\in X_{k_1}, f_{k_2}=g_{k_2}\in Y_{k_2}$, 那么 $\left\|f_{k_2}\right\|_{Z_{k_2}}\approx\left\|g_{k_2}\right\|_{Y_{k_2}}$, $\left\|f_{k_1}\right\|_{Z_{k_1}}\approx 2^{j_1/2}\beta_{k_1,j_1}\left\|f_{k_1,j_1}\right\|_{L^2}$, 和前面一样, 令 $g_{k_2}=\sum_{j_2=0}^{k_2}g_{k_2,j_2}$. 如果 $j_1\leqslant 2k-80$, 计算过程如前所述. 如果 $j_1\geqslant 2k-80$, 则应用 (3.10.94)、引理 3.6.1(b), 有

$$2^k\left\|\eta_k(\xi)\cdot(\tau-\omega(\xi)+i)^{-1}f_{k_1,j_1}*g_{k_2}\right\|_{X_k}$$

$$\leqslant C \sum_{j_2 \leqslant k_2} 2^k \left\| \eta_k(\xi) \cdot (\tau - \omega(\xi) + i)^{-1} f_{k_1,j_1} * g_{k_2,j_2} \right\|_{X_k}$$

$$\leqslant C \sum_{j_2 \leqslant k_2} 2^{-j_2/8} 2^{j_1/2} \beta_{k_1,j_1} \left\| f_{k_1,j_1} \right\|_{L^2} 2^{j_2/2} \left\| g_{k_2,j_2} \right\|_{L^2}$$

$$\leqslant C 2^{j_1/2} \beta_{k_1,j_1} \left\| f_{k_1,j_1} \right\|_{L^2} \left\| g_{k_2} \right\|_{Y_{k_2}},$$

这就完成了 (3.10.92) 在情形 1 的证明.

情形 2: 假设 $\min(k, k_1, k_2) \leqslant 200$.

由定理的假设可知 $\max(k, k_1, k_2) \leqslant 230$. 如果 $k_1 = 0$ 或者 $k_2 = 0$, 由定义 (3.5.16) 我们就可以把 (3.10.92) 右端的 Z_0 替换成 $\bar{Z}_0$; 显然, 这就跟 $k_1 = 1$ 或者 $k_2 = 1$ 相应情况的证明一样. 为此我们不妨设 $k_1, k_2 \geqslant 1$. 再由引理 3.6.1 和 (3.6.19) 的分解, 假设 $f_{k_1} = f_{k_1,j_1}$ 支在 D_{k_1,j_1} 上, $f_{k_2} = f_{k_2,j_2}$ 支在 D_{k_2,j_2} 上,

$$\left\| f_{k_1} \right\|_{Z_{k_1}} \approx 2^{j_1/2} \beta_{k_1,j_1} \left\| f_{k_1,j_1} \right\|_{L^2} \approx 2^{j_1} \left\| f_{k_1,j_1} \right\|_{L^2},$$

$$\left\| f_{k_2} \right\|_{Z_{k_2}} \approx 2^{j_2/2} \beta_{k_2,j_2} \left\| f_{k_2,j_2} \right\|_{L^2} \approx 2^{j_2} \left\| f_{k_2,j_2} \right\|_{L^2}.$$

应用定义和 $k \leqslant 230$, 为证 (3.10.92), 只需证明

$$\sum_j 2^j \left\| \mathscr{F}^{-1} \left[\eta_j(\tau) \eta_k(\xi)(\tau + i)^{-1} f_{k_1,j_1} * f_{k_2,j_2} \right] \right\|_{L_x^1 L_t^2}$$

$$\leqslant C 2^{j_1} \left\| f_{k_1,j_1} \right\|_{L^2} \cdot 2^{j_2} \left\| f_{k_2,j_2} \right\|_{L^2}. \tag{3.10.97}$$

再考察函数的支集, 可以假设 (3.10.97) 的求和是在

$$j \leqslant \max(j_1, j_2) + C$$

上做的. 假设 $j_1 = \max(j_1, j_2)$ (情形 $j_2 = \max(j_1, j_2)$ 是类似的). 则

$$\sum_j 2^j \left\| \mathscr{F}^{-1} \left[\eta_j(\tau) \eta_k(\xi)(\tau + i)^{-1} f_{k_1,j_1} * f_{k_2,j_2} \right] \right\|_{L_x^1 L_t^2}$$

$$\leqslant C \sum_{j \leqslant j_1 + C} \left\| \mathscr{F}^{-1} \left(f_{k_1,j_1} * f_{k_2,j_2} \right) \right\|_{L_x^1 L_t^2}$$

$$\leqslant (j_1 + C) \left\| \mathscr{F}^{-1} \left(f_{k_1,j_1} \right) \right\|_{L^2} \left\| \mathscr{F}^{-1} \left(f_{k_2,j_2} \right) \right\|_{L_x^2 L_t^\infty}$$

$$\leqslant C 2^{j_1} \left\| f_{k_1,j_1} \right\|_{L^2} \cdot 2^{j_2/2} \left\| f_{k_2,j_2} \right\|_{L^2},$$

这就完成了 (3.10.97) 的证明. $\qquad\qquad\qquad\qquad\qquad\qquad\qquad\qquad\qquad$ □

在接下来的应用中, 我们把上面证明的不等式写成如下更强的形式: 如果 $k, k_1, k_2 \in \mathbb{Z}_+$ 满足 $\max(k, k_1, k_2) \leqslant \min(k, k_1, k_2) + 30 \leqslant 230$, $f_{k_1} \in \bar{Z}_{k_1}$, $f_{k_2} \in \bar{Z}_{k_2}$, 则有

$$2^k \left\| \eta_k(\xi) \cdot A_k(\xi, \tau)^{-1} f_{k_1} * f_{k_2} \right\|_{Z_k} \leqslant C \left\| f_{k_1} \right\|_{\bar{Z}_{k_1}} \left\| f_{k_2} \right\|_{\bar{Z}_{k_2}}, \tag{3.10.98}$$

这里 $\bar{Z}_k = Z_k$ ($k \geqslant 1$), 并且 $\bar{Z}_k = \bar{Z}_0$ ($k = 0$).

命题 3.10.2 的证明 我们还是分成两种情形.

情形 1: $k \geqslant 1$. 首先当 $j_1, j_2 \geqslant 0$ 时, f_{k_1, j_1} 是支在 D_{k_1, j_1} 上的 L^2 函数, f_{k_2, j_2} 是支在 D_{k_2, j_2} 上的 L^2 函数,

$$2^k \sum_j 2^{j/2} \beta_{k,j} \left\| \eta_k(\xi) \eta_j(\tau - \omega(\xi))(\tau - \omega(\xi) + i)^{-1} (f_{k_1, j_1} * f_{k_2, j_2}) \right\|_{L^2}$$

$$\leqslant C \gamma'(j_1, j_2, k) \, 2^{j_1/2} \beta_{k_1, j_1} \left\| f_{k_1, j_1} \right\|_{L^2} \cdot 2^{j_2/2} \beta_{k_2, j_2} \left\| f_{k_2, j_2} \right\|_{L^2}. \tag{3.10.99}$$

$$\gamma'(j_1, j_2, k) = \left(2^{k/2} + 2^{\max(j_1, j_2)/4} \right)^{-2/3}.$$

为证 (3.10.99), 首先确定求和的范围, 由 (3.8.69) 可知若使

$$\eta_k(\xi) \eta_j(\tau - \omega(\xi))(\tau - \omega(\xi) + i)^{-1} (f_{k_1, j_1} * f_{k_2, j_2}) \neq 0$$

需要满足

$$\begin{cases} \max(j, j_1, j_2) \in [k + k_1 - 10, k + k_1 + 10] & \text{或者} \\ \max(j, j_1, j_2) \geqslant k + k_1 + 10 \text{ 并且 } \max(j, j_1, j_2) - \mathrm{med}(j, j_1, j_2) \leqslant 10. \end{cases} \tag{3.10.100}$$

再由 (3.8.66), (3.8.67) 有

$$\left\| \eta_k(\xi) \eta_j(\tau - \omega(\xi))(\tau - \omega(\xi) + i)^{-1} (f_{k_1, j_1} * f_{k_2, j_2}) \right\|_{L^2}$$

$$\leqslant C 2^{-j} 2^{(j + j_1 + j_2)/2}$$

$$\cdot \left[2^{(j+k)/2} + 2^{(\max(j_1, j_2) + k_1)/2} + 2^{\max(j, j_1, j_2)/2} 2^{\mathrm{med}(j, j_1, j_2)/4} \right]^{-1}$$

$$\cdot \left\| f_{k_1, j_1} \right\|_{L^2} \left\| f_{k_2, j_2} \right\|_{L^2}.$$

因此, 为证 (3.10.99), 只需要证明

$$2^k \sum_j \beta_{k,j} \left[2^{(j+k)/2} + 2^{(\max(j_1, j_2) + k_1)/2} + 2^{\max(j, j_1, j_2)/2} 2^{\mathrm{med}(j, j_1, j_2)/4} \right]^{-1}$$

$$\leqslant C \gamma'(j_1, j_2, k) \beta_{k_1, j_1} \beta_{k_2, j_2}, \tag{3.10.101}$$

这里关于 j 的求和是对满足 (3.10.100) 的条件进行的. 如果 $\max(j_1, j_2) \leqslant k + k_1 - 20$, 则 $j \in [k + k_1 - 10, k + k_1 + 10]$; 忽视 $2^{(\max(j_1,j_2)+k_1)/2}$, (3.10.101) 的估计可以由定义得到. 如果 $j_1 = \max(j_1, j_2) \geqslant k + k_1 - 20$, 这时 (3.10.101) 的求和是对 $j \leqslant j_1 + C$ 进行的, 则

$$2^k \sum_j \beta_{k,j} \left[2^{(j+k)/2} + 2^{(\max(j_1,j_2)+k_1)/2} + 2^{\max(j,j_1,j_2)/2} 2^{\operatorname{med}(j,j_1,j_2)/4} \right]^{-1}$$

$$\leqslant C 2^k \sum_{j \leqslant j_1 + C} \beta_{k,j} 2^{-(\max(j_1,j_2)+k_1)/2}$$

$$\leqslant C k_1 2^{-k_1/2}$$

$$\leqslant C \gamma'(j_1, j_2, k) \beta_{k_1, j_1}.$$

$j_2 = \max(j_1, j_2) \geqslant k + k_1 - 20$ 的情形是一样的，这就完成了 (3.10.99) 的证明.

下面我们证明 (3.10.93). 应用 (3.6.19) 的分解, 如果 $f_{k_1} = f_{k_1,j_1} \in X_{k_1}$, $f_{k_2} = f_{k_2,j_2} \in X_{k_2}$, 由空间的定义从 (3.10.99) 立得 (3.10.93). 再假设 $f_{k_1} = g_{k_1} \in Y_{k_1}, f_{k_2} = g_{k_2} \in Y_{k_2}, \|f_{k_1}\|_{Z_{k_1}} \approx \|g_{k_1}\|_{Y_{k_1}}, \|f_{k_2}\|_{Z_{k_2}} \approx \|g_{k_2}\|_{Y_{k_2}}$. 当 $j_1 \in [0, k_1]$, $j_2 \in [0, k_2]$ 时, 令 $g_{k_1,j_1}(\xi, \tau) = \eta_{j_1}(\tau - \omega(\xi)) g_{k_1}(\xi, \tau)$, $g_{k_2,j_2}(\xi, \tau) = \eta_{j_2}(\tau - \omega(\xi)) g_{k_2}(\xi, \tau)$. 应用 (3.10.99) 和引理 3.6.19 (b) 可得

$$2^k \left\| \eta_k(\xi) \cdot (\tau - \omega(\xi) + i)^{-1} g_{k_1} * g_{k_2} \right\|_{X_k}$$

$$\leqslant C \sum_{j_1, j_2 \leqslant k_1 + 10} 2^k \left\| \eta_k(\xi) \cdot (\tau - \omega(\xi) + i)^{-1} g_{k_1,j_1} * g_{k_2,j_2} \right\|_{X_k}$$

$$\leqslant C \sum_{j_1, j_2 \leqslant k_1 + 10} \gamma'(j_1, j_2, k) 2^{j_1/2} \|g_{k_1,j_1}\|_{L^2} 2^{j_2/2} \|g_{k_2,j_2}\|_{L^2}$$

$$\leqslant C 2^{-k/4} \|g_{k_1}\|_{Y_{k_1}} \|g_{k_2}\|_{Y_{k_2}}.$$

最后, 如果 $f_{k_1} = f_{k_1,j_1} \in X_{k_1}, f_{k_2} = g_{k_2} \in Y_{k_2}, \|f_{k_2}\|_{Z_{k_2}} \approx \|g_{k_2}\|_{Y_{k_2}}, \|f_{k_1}\|_{Z_{k_1}} \approx 2^{j_1/2} \beta_{k_1,j_1} \|f_{k_1,j_1}\|_{L^2}$, 作分解 $g_{k_2} = \sum_{j_2=0}^{k_2} g_{k_2,j_2}$, 重复前面情形的证明, 只是不需要对 j_1 求和. 这就得到了 (3.10.93) 在情形 $k \geqslant 1$ 下的证明.

情形 2: $k = 0$. 这时是低频情形. 首先设 $j_1, j_2 \geqslant 0$, f_{k_1,j_1} 是支在 D_{k_1,j_1} 上的 L^2 函数, f_{k_2,j_2} 是支在 D_{k_2,j_2} 上的 L^2 函数, 则

$$\sum_{k'=-\infty}^{1} \sum_{j=0}^{\infty} 2^{j-k'} \left\| \chi_{k'}(\xi) \eta_j(\tau) \cdot \xi (\tau + i)^{-1} (f_{k_1,j_1} * f_{k_2,j_2}) \right\|_{L^2}$$

$$\leqslant C 2^{-\max(j_1,j_2)/4} \cdot 2^{j_1/2} \beta_{k_1,j_1} \|f_{k_1,j_1}\|_{L^2} \cdot 2^{j_2/2} \beta_{k_2,j_2} \|f_{k_2,j_2}\|_{L^2}. \tag{3.10.102}$$

为证 (3.10.102), 首先确定求和的范围, 由 (3.8.69) 可知若使

$$\chi_{k'}(\xi)\eta_j(\tau)\cdot\xi(\tau+i)^{-1}\left(f_{k_1,j_1}*f_{k_2,j_2}\right)\neq 0$$

只需满足

$$\begin{cases}\max(j,j_1,j_2)\in[k'+k_1-10,k'+k_1+10] & \text{或者}\\ \max(j,j_1,j_2)\geqslant k'+k_1+10 \ \text{并且}\ \max(j,j_1,j_2)-\text{med}(j,j_1,j_2)\leqslant 10.\end{cases}$$
$$(3.10.103)$$

再应用 (3.8.65) 有

$$\left\|\chi_{k'}(\xi)\eta_j(\tau)\cdot\xi(\tau+i)^{-1}\left(f_{k_1,j_1}*f_{k_2,j_2}\right)\right\|_{L^2}$$
$$\leqslant C2^{k'-j}2^{k'/2}2^{(j_1+j_2)/2}2^{-\max(j_1,j_2)/2}\|f_{k_1,j_1}\|_{L^2}\|f_{k_2,j_2}\|_{L^2},$$

因此, 为了证明 (3.10.102) 只需证明求和收敛

$$\sum_{k'=-\infty}^1\sum_j 2^{k'/2}\leqslant C2^{\max(j_1,j_2)/4},$$

这里的求和是关于满足 (3.10.103) 的 j 进行的. 如果 $\max(j_1,j_2)\leqslant k'+k_1-20$, 则 $j\in[k'+k_1-10,k'+k_1+10]$, 上面的求和显然成立. 如果 $\max(j_1,j_2)\geqslant k'+k_1-20$, 则上面的求和是在满足 $j\leqslant\max(j_1,j_2)+C$ 的条件下进行的, 求和显然收敛. 得到 (3.10.102) 后, (3.10.93) 的证明就与 $k\geqslant 1$ 的情形是一样的, 应用空间 X_0 的定义, 命题得证. □

事实上, 从 (3.10.102) 也可以推出

$$\left\|\eta_0(\xi)\cdot(\tau+i)^{-1}f_{k_1}*f_{k_2}\right\|_{\bar Z_0}\leqslant C\|f_{k_1}\|_{Z_{k_1}}\|f_{k_2}\|_{Z_{k_2}}.\qquad(3.10.104)$$

3.11 光滑有界函数的乘子估计

对于整数 $N\geqslant 100$, 定义带有容许因子的空间 S_N^∞:

$$S_N^\infty=\left\{m:\mathbb{R}^2\to\mathbb{C}:m \ \text{支在}\ \mathbb{R}\times[-2,2]\ \text{上并且}\right.$$

$$\left.\|m\|_{S_N^\infty}:=\sum_{\sigma_1=0}^N\|\partial_t^{\sigma_1}m\|_{L_{x,t}^\infty}+\sum_{\sigma_1=0}^N\sum_{\sigma_2=1}^N\|\partial_t^{\sigma_1}\partial_x^{\sigma_2}m\|_{L_{x,t}^2}<\infty\right\}.\quad(3.11.105)$$

在此说明 N 的精确值是不重要的, 因此我们常常设置为 $N = 100$ 或者 $N = 110$. 我们在本节中经常要处理的函数 $\psi(t)e^{iqU_0}, q \in \mathbb{R}, U_0$ 就属于 S_N^∞. 再定义带有容许因子的空间 S_N^2:

$$
S_N^2 = \left\{ m : \mathbb{R}^2 \to \mathbb{C} : m \text{ 支在 } \mathbb{R} \times [-2, 2] \text{ 上} \right.
$$

$$
\left. \text{并且 } \|m\|_{S_N^2} := \sum_{\sigma_1=0}^{N} \sum_{\sigma_2=0}^{N} \|\partial_t^{\sigma_1} \partial_x^{\sigma_2} m\|_{L_{x,t}^2} < \infty \right\}.
$$

应用 Sobolev 嵌入定理, 易证如下性质:

$$
\begin{cases}
S_N^2 \subseteq S_{N-10}^\infty, \\
S_N^\infty \cdot S_N^\infty \subseteq S_{N-10}^\infty, \\
S_N^2 \cdot S_N^\infty \subseteq S_{N-10}^2, \\
\partial_x S_N^\infty \subseteq S_{N-10}^2.
\end{cases}
\tag{3.11.106}
$$

对于 $k \in \mathbb{Z}_+$, 定义

$$
Z_k^{\text{high}} = \left\{ f_k \in Z_k : f_k \text{ 支在 } \left\{ \tau - \omega(\xi) \in \bigcup_{j \geqslant k-20} \widetilde{I}_j \right\} \text{ 上} \right\}.
\tag{3.11.107}
$$

显然, $Z_k^{\text{high}} = Z_k$, $k \leqslant 20$.

对于 $k \in \mathbb{Z}_+$, $\varepsilon \in \{-1, 0\}$, 令 $A_k^\varepsilon(\xi, \tau) = [A_k(\xi, \tau)]^\varepsilon$, 我们有如下引理.

引理 3.11.1　假设 $k_1, k_2 \in \mathbb{Z}_+, |k_1 - k_2| \leqslant 10, f_{k_1}^{\text{high}} \in Z_{k_1}^{\text{high}}$. 则对 $m \in S_{100}^\infty, \varepsilon \in \{-1, 0\}$ 有

$$
\left\| \eta_{k_2}(\xi_2) A_{k_2}^\varepsilon(\xi_2, \tau_2) \cdot \mathscr{F} \left[m \cdot \mathscr{F}^{-1} \left(f_{k_1}^{\text{high}} \right) \right] (\xi_2, \tau_2) \right\|_{Z_{k_2}}
$$

$$
\leqslant C \|m\|_{S_{100}^\infty} \cdot \left\| A_{k_1}^\varepsilon f_{k_1}^{\text{high}} \right\|_{Z_{k_1}}.
$$

引理 3.11.1 的证明　假设 $\|m\|_{S_{100}^\infty} = 1$. 对任意的 $j'' \in \mathbb{Z}_+, k'' \in \mathbb{Z}$, 令

$$
m_{k'', j''} = \mathscr{F}^{-1} \left[\eta_{j''}(\tau) \chi_{k''}(\xi) \mathscr{F}(m) \right],
$$

还有 $m_{\leqslant k'', j''} = \sum_{k''' \leqslant k''} m_{k''', j''}$. 应用 (3.11.105) 和 Sobolev 嵌入定理,

$$
\|\partial_t^{\sigma_1} \partial_x^{\sigma_2} m\|_{L_x^2 L_t^\infty} \leqslant C, \quad \text{任意 } \sigma_1 \in \mathbb{Z} \cap [0, 90], \sigma_2 \in \mathbb{Z} \cap [1, 90].
$$

因此, 对任意 $j'' \in \mathbb{Z}_+$, $k'' \in \mathbb{Z}$ 有

$$\begin{cases} \|m_{\leqslant k'',j''}\|_{L^\infty_{x,t}} \leqslant C 2^{-80j''}, \\ 2^{k''} \|m_{k'',j''}\|_{L^2_x L^\infty_t} + \|m_{k'',j''}\|_{L^\infty_{x,t}} \leqslant C\left(1 + 2^{k''}\right)^{-80} 2^{-80j''}. \end{cases} \tag{3.11.108}$$

现在证明引理结论. 首先假设 $k_1, k_2 \geqslant 1$. 由 Z_k^{high} 定义和引理 3.6.19 (b), 设 $f_{k_1}^{\mathrm{high}} = f_{k_1,j_1}$ 是支在 D_{k_1,j_1} 上的 L^2 函数, $j_1 \geqslant k_1 - 20$, $\left\|A_{k_1}^\varepsilon f_{k_1}^{\mathrm{high}}\right\|_{Z_{k_1}} \approx 2^{\varepsilon j_1} 2^{j_1/2} \beta_{k_1,j_1} \|f_{k_1,j_1}\|_{L^2}$, 再作分解

$$m = \sum_{j''=0}^\infty m_{\leqslant -100,j''} + \sum_{k''=-99}^\infty \sum_{j''=0}^\infty m_{k'',j''}. \tag{3.11.109}$$

为证引理 3.11.1, 只需证明当 $\varepsilon \in \{-1,0\}$ 时有

$$\sum_{j'' \geqslant 0} \left\|\eta_{k_2}\left(\xi_2\right) A^\varepsilon\left(\xi_2, \tau_2\right) \cdot \left[f_{k_1,j_1} * \mathscr{F}\left(m_{\leqslant -100,j''}\right)\right]\left(\xi_2, \tau_2\right)\right\|_{Z_{k_2}}$$

$$+ \sum_{k'' \geqslant -99} \sum_{j'' \geqslant 0} \left\|\eta_{k_2}\left(\xi_2\right) A^\varepsilon\left(\xi_2, \tau_2\right) \cdot \left[f_{k_1,j_1} * \mathscr{F}\left(m_{k'',j''}\right)\right]\left(\xi_2, \tau_2\right)\right\|_{Z_{k_2}}$$

$$\leqslant C 2^{\varepsilon j_1} \cdot 2^{j_1/2} \beta_{k_1,j_1} \|f_{k_1,j_1}\|_{L^2}.$$

现在估计上式左端第一项, 作变量替换 $\tau_2 = \mu_2 + \omega\left(\xi_2\right)$, $\tau_1 = \mu_1 + \omega\left(\xi_1\right)$,

$$f_{k_1,j_1} * \mathscr{F}\left(m_{\leqslant -100,j''}\right)\left(\xi_2, \mu_2 + \omega\left(\xi_2\right)\right)$$

$$= \int_{\mathbb{R}^2} f_{k_1,j_1}\left(\xi_1, \mu_1 + \omega\left(\xi_1\right)\right) \mathscr{F}\left(m_{\leqslant -100,j''}\right)$$

$$\times \left(\xi_2 - \xi_1, \mu_2 - \mu_1 + \omega\left(\xi_2\right) - \omega\left(\xi_1\right)\right) \mathrm{d}\xi_1 \mathrm{d}\tau_1.$$

考察函数支集的性质, 首先

$$\left|\omega\left(\xi_2\right) - \omega\left(\xi_1\right)\right| \leqslant 2^{k_1-50}, \quad \left|\xi_2 - \xi_1\right| \leqslant 2^{-99},$$

再由 $j_1 \geqslant k_1 - 20$, 可以得到

$$\eta_{j_2}\left(\tau_2 - \omega\left(\xi_2\right)\right)\left[f_{k_1,j_1} * \mathscr{F}\left(m_{\leqslant -100,j''}\right)\right]\left(\xi_2, \tau_2\right) \neq 0,$$

需要满足

$$\left|j_1 - j_2\right| \leqslant C \quad \text{或者} \quad j_1, j_2 \leqslant j'' + C.$$

应用 Plancherel 恒等式和 (3.11.108), 有

$$\|f_{k_1,j_1} * \mathscr{F}(m_{\leqslant -100,j''})\|_{L^2_{\xi_2,\tau_2}} \leqslant C2^{-80j''} \|f_{k_1,j_1}\|_{L^2}.$$

因此

$$\sum_{j''\geqslant 0} \|\eta_{k_2}(\xi_2) A^\varepsilon(\xi_2,\tau_2) \cdot [f_{k_1,j_1} * \mathscr{F}(m_{\leqslant -100,j''})](\xi_2,\tau_2)\|_{X_{k_2}}$$

$$\leqslant C \sum_{j''\geqslant 0} \sum_{j_2\geqslant 0} 2^{\varepsilon j_2} 2^{j_2/2} \beta_{k_2,j_2} 2^{-80j''} \|f_{k_1,j_1}\|_{L^2},$$

再结合求和指标 j_2, j'' 满足的条件, 我们完成了 (3.11.110) 的第一项的证明 (注意到此时 $|k_1 - k_2| \leqslant 10$).

为了证明 (3.11.110) 的第二项, 首先假设 $\varepsilon = 0$. 我们注意到, 如果

$$|\xi_2 - \xi_1| \in \left[2^{k''-1}, 2^{k''+1}\right], \quad 则有 \quad |\omega(\xi_2) - \omega(\xi_1)| \leqslant C2^{k_1+k''},$$

所以为了使得

$$\eta_{j_2}(\tau_2 - \omega(\xi_2)) \cdot [f_{k_1,j_1} * \mathscr{F}(m_{k'',j''})](\xi_2,\tau_2) \neq 0,$$

需要满足

$$|j_1 - j_2| \leqslant 4 \quad 或者 \quad j_1, j_2 \leqslant k_1 + k'' + j'' + C. \tag{3.11.110}$$

应用 Plancherel 恒等式和 (3.11.108), 有

$$\|f_{k_1,j_1} * \mathscr{F}(m_{k'',j''})\|_{L^2_{\xi_2,\tau_2}} \leqslant C2^{-80k''} 2^{-80j''} \|f_{k_1,j_1}\|_{L^2}. \tag{3.11.111}$$

再由 X_{k_2} 范数的定义和

$$\sum_{j_2\leqslant j_1+k''+j''+C} 2^{j_2/2} \beta_{k_2,j_2} \leqslant C2^{10k''} 2^{10j''} \cdot 2^{j_1/2} \beta_{k_1,j_1}$$

就得到了 (3.11.110) 的第二项.

下面证明 (3.11.110) 的第二项在假设 $\varepsilon = -1$ 下成立. 主要的困难是关于指数 $j_2 \ll j_1$ 的求和. 事实上, 如果指数满足 $j_2 \geqslant j_1 - 10$, 重复上面的证明过程即可, 在不等式左端乘以 2^{-j_2} 而在不等式右端乘以 2^{-j_1}. 故由 (3.11.110), 仅需证明求和指数满足 $j_1, j_2 \leqslant k_1 + k'' + j'' + C$ 的条件, 即下面式子成立

$$\sum_{k''+j''\geqslant j_1-k_1-C} \|\eta_{k_2}(\xi_2) \eta_{\leqslant k_2-1}(\tau_2 - \omega(\xi_2)) A_{k_2}^{-1}(\xi_2,\tau_2)$$

$$\cdot \left[f_{k_1,j_1} * \mathscr{F}\left(m_{k'',j''}\right)\right] \left(\xi_2, \tau_2\right) \|_{Y_{k_2}}$$

$$+ \sum_{k''+j'' \geqslant j_1-k_1-C} \sum_{j_2 \geqslant k_2}^{j_2 \leqslant j_1-10} 2^{-j_2/2} \beta_{k_2,j_2}$$

$$\cdot \left\| \eta_{k_2}\left(\xi_2\right) \eta_{j_2}\left(\tau_2 - \omega\left(\xi_2\right)\right) f_{k_1,j_1} * \mathscr{F}\left(m_{k'',j''}\right)\right\|_{L^2}$$

$$\leqslant C 2^{-j_1/2} \beta_{k_1,j_1} \left\| f_{k_1,j_1}\right\|_{L^2}.$$

应用引理 3.6.1(c) 和 (3.11.108), 估计上式左端第一个求和

$$\sum_{k''+j'' \geqslant j_1-k_1-C} \left\| \eta_{k_2}\left(\xi_2\right) \eta_{\leqslant k_2-1}\left(\tau_2 - \omega\left(\xi_2\right)\right) A_{k_2}^{-1}\left(\xi_2, \tau_2\right)\right.$$

$$\cdot \left[f_{k_1,j_1} * \mathscr{F}\left(m_{k'',j''}\right)\right]\left(\xi_2, \tau_2\right) \|_{Y_{k_2}}$$

$$\leqslant C \sum_{k''+j'' \geqslant j_1-k_1-C} 2^{-k_2/2} \left\| f_{k_1,j_1}\right\|_{L^2} \cdot \left\| m_{k'',j''}\right\|_{L_x^2 L_t^\infty}$$

$$\leqslant C 2^{-k_2/2} \left\| f_{k_1,j_1}\right\|_{L^2} \cdot 2^{-70(j_1-k_1)}.$$

再由 (3.11.111), 估计上式左端第二个求和

$$\sum_{k''+j'' \geqslant j_1-k_1-C} \sum_{j_2 \geqslant k_2}^{j_2 \leqslant j_1-10} 2^{-j_2/2} \beta_{k_2,j_2}$$

$$\cdot \left\| \eta_{k_2}\left(\xi_2\right) \eta_{j_2}\left(\tau_2 - \omega\left(\xi_2\right)\right) f_{k_1,j_1} * \mathscr{F}\left(m_{k'',j''}\right)\right\|_{L^2}$$

$$\leqslant C 2^{-70(j_1-k_1)} \left\| f_{k_1,j_1}\right\|_{L^2} \cdot \sup_{j_2 \in [k_2,j_1]} 2^{-j_2/2} \beta_{k_2,j_2}$$

$$\leqslant C 2^{-j_1/2} \left\| f_{k_1,j_1}\right\|_{L^2},$$

这就得到了 (3.11.112) 的证明.

下面我们来证明引理结论在情形 $k_1 = k_2 = 0$ 时成立. 应用 (3.6.20) 的分解. 首先假设 $f_0^{\mathrm{high}} = g_{0,j_1}$ 是支在 $\widetilde{I}_0 \times \widetilde{I}_{j_1}$ 上的 L^2 函数, $\left\| A_0^\varepsilon f_0^{\mathrm{high}}\right\|_{Z_0} \approx 2^{\varepsilon j_1} 2^{j_1} \left\| \mathscr{F}^{-1}\left(g_{0,j_1}\right)\right\|_{L_x^1 L_t^2}$. 对 m 作分解

$$m = \sum_{j''=0}^\infty m_{\leqslant 4,j''} + \sum_{k''=5}^\infty \sum_{j''=0}^\infty m_{k'',j''}.$$

注意到

$$\eta_0\left(\xi_2\right) \left(g_{0,j_1} * \mathscr{F}\left(m_{k'',j''}\right)\right)\left(\xi_2, \tau_2\right) \equiv 0, \quad \text{如果 } k'' \geqslant 5.$$

使用 Y_0 范数, 仅需证明当 $\varepsilon \in \{-1, 0\}$ 时下面式子成立

$$\sum_{j''=0}^{\infty} \sum_{j_2=0}^{\infty} 2^{\varepsilon j_2} 2^{j_2} \left\| \mathscr{F}^{-1} \left[\eta_{j_2}(\tau_2) \left(g_{0,j_1} * \mathscr{F}(m_{\leqslant 4,j''}) \right)(\xi_2, \tau_2) \right] \right\|_{L_x^1 L_t^2}$$

$$\leqslant C 2^{\varepsilon j_1} 2^{j_1} \left\| \mathscr{F}^{-1}(g_{0,j_1}) \right\|_{L_x^1 L_t^2}.$$

考察函数的支集,

$$\eta_{j_2}(\tau_2) \left(g_{0,j_1} * \mathscr{F}(m_{\leqslant 4,j''}) \right)(\xi_2, \tau_2) \neq 0,$$

只需要满足

$$|j_2 - j_1| \leqslant C \quad \text{或者} \quad j_1, j_2 \leqslant j'' + C. \tag{3.11.112}$$

另外,

$$\left\| \mathscr{F}^{-1} \left[\eta_{j_2}(\tau_2) \left(g_{0,j_1} * \mathscr{F}(m_{\leqslant 4,j''}) \right)(\xi_2, \tau_2) \right] \right\|_{L_x^1 L_t^2}$$

$$\leqslant C \left\| \mathscr{F}^{-1}(g_{0,j_1}) \right\|_{L_x^1 L_t^2} \left\| m_{\leqslant 4,j''} \right\|_{L_{x,t}^\infty},$$

由 (3.11.108) 和 (3.11.112) 可以得到结果. 再假设 $f_0^{\text{high}} = f_{0,j_1}^{k'}$ 是支在 $D_{k',j_1}, k' \leqslant 1$ 上的 L^2 函数, $\left\| A_0^{\varepsilon} f_0^{\text{high}} \right\|_{Z_0} \approx 2^{\varepsilon j_1} 2^{j_1 - k'} \left\| f_{0,j_1}^{k'} \right\|_{L^2}$. 对 m 作分解

$$m = \sum_{j''=0}^{\infty} m_{\leqslant k'-10,j''} + \sum_{k''=k'-9}^{\infty} \sum_{j''=0}^{\infty} m_{k'',j''}. \tag{3.11.113}$$

考察支集, $f_{0,j_1}^{k'} * \mathscr{F}(m_{\leqslant k'-10,j''})$ 支在集合 $\{(\xi_2, \tau_2) : |\xi_2| \in [2^{k'-2}, 2^{k'+2}]\}$ 上. 再有如果 (3.11.112) 不满足, 则 $\eta_{j_2}(\tau_2) \left(f_{0,j_1}^{k'} * \mathscr{F}(m_{\leqslant k'-3,j''}) \right)(\xi_2, \tau_2) \equiv 0$. 与上面的讨论方式相同, 应用 Plancherel 恒等式和 (3.11.108) 有

$$\left\| \eta_0(\xi_2) A_0^{\varepsilon}(\xi_2, \tau_2) \left[f_{0,j_1}^{k'} * \sum_{j''=0}^{\infty} \mathscr{F}(m_{\leqslant k'-10,j''}) \right](\xi_2, \tau_2) \right\|_{X_0}$$

$$\leqslant C 2^{\varepsilon j_1} 2^{j_1 - k'} \left\| f_{0,j_1}^{k'} \right\|_{L^2}.$$

这就控制了对应于 (3.11.113) 的前一部分, 对于后一部分我们用 Y_0 空间. 即证明下面式子

$$\sum_{k''=k'-9}^{5} \sum_{j''=0}^{\infty} \sum_{j_2=0}^{\infty} 2^{\varepsilon j_2} 2^{j_2} \left\| \mathscr{F}^{-1} \left[\eta_{j_2}(\tau_2) \left(f_{0,j_1}^{k'} * \mathscr{F}(m_{k'',j''}) \right)(\xi_2, \tau_2) \right] \right\|_{L_x^1 L_t^2}$$

$$\leqslant C 2^{\varepsilon j_1} 2^{j_1 - k'} \left\| f_{0,j_1}^{k'} \right\|_{L^2}.$$

和上述证明一样, 我们假设 j_2 满足 (3.11.112) 的条件, 且有估计

$$\left\| \mathscr{F}^{-1} \left[\eta_{j_2} (\tau_2) \left(f_{0,j_1}^{k'} * \mathscr{F} (m_{k'',j''}) \right) (\xi_2, \tau_2) \right] \right\|_{L_x^1 L_t^2}$$

$$\leqslant C \left\| \mathscr{F}^{-1} \left(f_{0,j_1}^{k'} \right) \right\|_{L_{x,t}^2} \| m_{k'',j''} \|_{L_x^2 L_t^\infty}$$

$$\leqslant C 2^{-80j''} 2^{-k''} \left\| f_{0,j_1}^{k'} \right\|_{L_{x,t}^2}$$

成立, 应用 Plancherel 恒等式和 (3.11.108) 就可以得到结论.

下面我们来证明引理 3.11.1在情形 $k_2 = 0$ 和 $k_1 \in [1, 10]$ 时成立. 与以前的证明一样, 假设 $f_{k_1}^{\mathrm{high}} = f_{k_1,j_1}$ 是支在 $D_{k_1,j_1}, j_1 \geqslant 0$ 上的 L^2 函数,

$$\left\| A_{k_1}^\varepsilon f_{k_1}^{\mathrm{high}} \right\|_{Z_{k_1}} \approx 2^{\varepsilon j_1} 2^{j_1/2} \beta_{k_1,j_1} \| f_{k_1,j} \|_{L^2} \approx 2^{\varepsilon j_1} 2^{j_1} \| f_{k_1,j} \|_{L^2}.$$

在情形 $k' = 1$ 时应用 (3.11.113) 的分解, 引理 3.11.1 的证明与前面 $k_1 = 0, f_0^{\mathrm{high}} = f_{0,j_1}^{k'}, k' = 1$ 的情形是一样的.

最后, 考虑情形 $k_1 = 0, k_2 \in [1, 10]$, 我们有如下更强的估计

$$\left\| \eta_{k_2} (\xi_2) A_{k_2}^\varepsilon (\xi_2, \tau_2) \mathscr{F} \left[m \cdot \mathscr{F}^{-1} \left(f_0^{\mathrm{high}} \right) \right] (\xi_2, \tau_2) \right\|_{Z_{k_2}} \leqslant C \left\| A_0^\varepsilon f_0^{\mathrm{high}} \right\|_{\bar{Z}_0},$$

$$\tag{3.11.114}$$

这个证明与前面 $k_1 = 1, k_2 \geqslant 1$ 的情形是一样的. $\qquad\square$

在有些估计中, 更为精细的空间 Z_k 并不是必要的. 对于 $\alpha \in [-20, 20], k \geqslant 1$, 定义空间

$$E_{k,\alpha} = \left\{ f \in L^2 : f \text{ 支在 } I_k \times \mathbb{R} \text{ 上并且} \right.$$

$$\left. \|f\|_{E_{k,\alpha}} := 2^{\alpha k} \sum_{j=0}^\infty 2^j \| \eta_j (\tau) f(\xi, \tau) \|_{L_{\xi,\tau}^2} < \infty \right\},$$

当 $k = 0$ 时, 定义 $E_{0,\alpha} = Z_0$. Z_k 与 $E_{k,\alpha}$ 有如下的嵌入关系

$$E_{k,4} \subseteq Z_k \subseteq E_{k,-4}, \quad \text{对任意的 } k \in \mathbb{Z}_+. \tag{3.11.115}$$

引理 3.11.2 (a) 假设 $k_1 \in \mathbb{Z}_+, k_2 \in [1, \infty) \cap \mathbb{Z}, I_1 \subseteq \widetilde{I}_{k_1}$ 和 $I_2 \subseteq \widetilde{I}_{k_2}$ 是两个区间, 则对 $m \in S_{100}^\infty, \alpha \in [-20, 20], \varepsilon \in \{-1, 0\}, f_{k_1} \in E_{k_1,\alpha}$, 有

$$\left\| \mathbf{1}_{I_2} (\xi_2) (\tau_2 + i)^\varepsilon \cdot \mathscr{F} \left[m \cdot \mathscr{F}^{-1} \left(\mathbf{1}_{I_1} (\xi_1) f_{k_1} \right) \right] \right\|_{E_{k_2,\alpha}}$$

$$\leqslant C \left[1 + d (I_1, I_2) \right]^{-50} \| m \|_{S_{100}^\infty} \cdot \| (\tau_1 + i)^\varepsilon f_{k_1} \|_{E_{k_1,\alpha}}, \tag{3.11.116}$$

这里 $d(I_1, I_2)$ 表示 I_1 和 I_2 的距离.

(b) 假设 $k_1 \in \mathbb{Z}_+$, 则对 $m \in S_{100}^{\infty}, \alpha \in [-20, 20], \varepsilon \in \{-1, 0\}, f_{k_1} \in E_{k_1, \alpha}$, 有

$$\|\eta_0(\xi_2)(\tau_2 + i)^{\varepsilon} \cdot \mathscr{F}[m \cdot \mathscr{F}^{-1}(f_{k_1})]\|_{E_{0,\alpha}}$$

$$\leqslant C 2^{-50k_1} \|m\|_{S_{100}^{\infty}} \cdot \|(\tau_1 + i)^{\varepsilon} f_{k_1}\|_{E_{k_1,\alpha}}. \tag{3.11.116}'$$

引理 3.11.2 的证明　假设 $\|m\|_{S_{100}^{\infty}} = 1$, 讨论的方法跟引理 3.11.1 类似. 先证明结论 (a). 设 $f_{k_1} = f_{k_1, j_1}$ 是支在 $\widetilde{I}_{k_1} \times \widetilde{I}_{j_1}$ 上的 L^2 函数,

$$\|(\tau_1 + i)^{\varepsilon} f_{k_1}\|_{E_{k_1,\alpha}} \geqslant C^{-1} 2^{\alpha k_1} 2^{\varepsilon j_1} 2^{j_1} \|f_{k_1, j_1}\|_{L^2}.$$

对 m 作如下分解:

$$m = \sum_{j''=0}^{\infty} m_{\leqslant 0, j''} + \sum_{k''=1}^{\infty} \sum_{j''=0}^{\infty} m_{k'', j''}. \tag{3.11.117}$$

为证 (3.11.116) 只需要证明

$$2^{\alpha k_2} \sum_{j_2, j'' \geqslant 0} 2^{\varepsilon j_2} 2^{j_2} \|\eta_{j_2}(\tau_2) \mathbf{1}_{I_2}(\xi_2) \cdot [(\mathbf{1}_{I_1}(\xi_1) f_{k_1, j_1}) * \mathscr{F}(m_{\leqslant 0, j''})]\|_{L^2}$$

$$+ 2^{\alpha k_2} \sum_{k'' \geqslant 1} \sum_{j_2, j'' \geqslant 0} 2^{\varepsilon j_2} 2^{j_2} \|\eta_{j_2}(\tau_2) \mathbf{1}_{I_2}(\xi_2) \cdot [(\mathbf{1}_{I_1}(\xi_1) f_{k_1, j_1}) * \mathscr{F}(m_{k'', j''})]\|_{L^2}$$

$$\leqslant C [1 + d(I_1, I_2)]^{-50} 2^{\alpha k_1} 2^{\varepsilon j_1} 2^{j_1} \|f_{k_1, j_1}\|_{L^2}. \tag{3.11.118}$$

考察函数的支集, (3.11.118) 左端第一项仅当 $d(I_1, I_2) \leqslant C$ (即 $|k_1 - k_2| \leqslant C$) 时不是平凡的, 同时 $\eta_{j_2}(\tau_2) \mathbf{1}_{I_2}(\xi_2) \cdot [(\mathbf{1}_{I_1}(\xi_1) f_{k_1, j_1}) * \mathscr{F}(m_{\leqslant 0, j''})] \neq 0$ 需要满足如下条件

$$|j_1 - j_2| \leqslant C \quad \text{或者} \quad j_1, j_2 \leqslant j'' + C.$$

应用 Plancherel 恒等式和 (3.11.108) 可得

$$\|(\mathbf{1}_{I_1}(\xi_1) f_{k_1, j_1}) * \mathscr{F}(m_{\leqslant 0, j''})\|_{L^2} \leqslant C 2^{-80j''} \|f_{k_1, j_1}\|_{L^2}.$$

这就估计出 (3.11.118) 左端的第一项. 对 (3.11.118) 左端的第二项, 假设 $2^{k''} \geqslant C^{-1} d(I_1, I_2) (\text{即} 2^{k''} \geqslant C^{-1} 2^{|k_1 - k_2|}), |j_1 - j_2| \leqslant C$ 或者 $j_1, j_2 \leqslant j'' + C$ 的条件仍需要满足. 应用 Plancherel 恒等式和 (3.11.108) 可得

$$\|(\mathbf{1}_{I_1}(\xi_1) f_{k_1, j_1}) * \mathscr{F}(m_{k'', j''})\|_{L^2} \leqslant C 2^{-80k''} 2^{-80j''} \|f_{k_1, j_1}\|_{L^2}.$$

这就估计出 (3.11.118) 左端的第二项. 至此完成了引理中结论 (a) 的证明.

下面证明引理的结论 (b). 与 (a) 的假设相同 $k_1 \geqslant 10$, $f_{k_1} = f_{k_1, j_1}$. 对 m 作 (3.11.117) 的分解. 为了证明 (3.11.116)′, 只需要证明

$$\sum_{|k''-k_1| \leqslant 2} \sum_{j_2, j'' \geqslant 0} 2^{\varepsilon j_2} 2^{j_2} \| \mathscr{F}^{-1} [\eta_{j_2}(\tau_2) \eta_0(\xi_2) \cdot (f_{k_1, j_1} * \mathscr{F}(m_{k'', j''}))] \|_{L_x^1 L_t^2}$$

$$\leqslant C 2^{-50 k_1} 2^{\alpha k_1} 2^{\varepsilon j_1} 2^{j_1} \| f_{k_1, j_1} \|_{L^2}.$$

(3.11.118) 下面的条件仍需要满足, 应用 Plancherel 恒等式和 (3.11.108) 可得

$$\| \mathscr{F}^{-1} [\eta_{j_2}(\tau_2) \eta_0(\xi_2) \cdot (f_{k_1, j_1} * \mathscr{F}(m_{k'', j''}))] \|_{L_x^1 L_t^2}$$

$$\leqslant C \| m_{k'', j''} \|_{L_x^2 L_t^\infty} \| \mathscr{F}^{-1}(f_{k_1, j_1}) \|_{L^2}$$

$$\leqslant C 2^{-80 k''} 2^{-80 j''} \| f_{k_1, j_1} \|_{L^2}.$$

于是我们完成了引理的结论 (b) 的证明. □

下面我们介绍一个引理 3.11.1 的加强结论.

推论 3.11.3 (a) 如果 $k_1, k_2 \in \mathbb{Z}_+, \varepsilon \in \{-1, 0\}, f_{k_1}^{\mathrm{high}} \in Z_{k_1}^{\mathrm{high}}, m \in S_{100}^\infty$, 则有结论

$$\left\| \eta_{k_2}(\xi_2) A_{k_2}^\varepsilon(\xi_2, \tau_2) \cdot \mathscr{F}\left[m \cdot \mathscr{F}^{-1}\left(f_{k_1}^{\mathrm{high}} \right) \right] \right\|_{Z_{k_2}}$$

$$\leqslant C 2^{-30|k_1-k_2|} \| m \|_{S_{100}^\infty}^\infty \| A_{k_1}^\varepsilon f_{k_1}^{\mathrm{high}} \|_{Z_{k_1}}; \tag{3.11.119}$$

(b) 如果 $k_2 \in \mathbb{Z}_+, \varepsilon \in \{-1, 0\}, f_0 \in \bar{Z}_0, m' \in S_{100}^2$, 则有结论

$$\| \eta_{k_2}(\xi_2) A_{k_2}^\varepsilon(\xi_2, \tau_2) \cdot \mathscr{F}[m' \cdot \mathscr{F}^{-1}(f_0)] \|_{Z_{k_2}}$$

$$\leqslant C 2^{-30 k_2} \| m' \|_{S_{100}^2} \| A_0^\varepsilon f_0 \|_{\bar{Z}_0}. \tag{3.11.120}$$

推论 3.11.3 的证明 结论 (a) 直接由引理 3.11.1、引理 3.11.2 和 (3.11.115) 得到. 对于结论 (b), 注意到

$$\| m'_{\leqslant k'', j''} \|_{L_x^2 L_t^\infty} \leqslant C 2^{-80 j''}, \quad \text{对任意的 } k'' \in \mathbb{Z}, j'' \in \mathbb{Z}_+,$$

则 (3.11.120) 可由 (3.11.112) 的证明、(3.11.114)、引理 3.11.2 (a) ($k_1 = 1$) 直接得到. □

3.12　定理 3.3.1 的证明

本节我们来证明定理 3.3.1. 主要应用我们前面已经证明的引理 3.4.1、引理 3.7.1、引理 3.7.2、命题 3.9.1、命题 3.9.2、命题 3.10.1、命题 3.10.2、引理 3.11.2 和推论 3.11.3.

首先明确, 3.4 节的初值数据 $e^{\pm iU_0(.,0)}P_{\pm\text{high}}\phi$ 属于空间 $\tilde{H}^\sigma$, $\sigma \geqslant 0$.

引理 3.12.1　假设 $U : \mathbb{R} \to \mathbb{R}$ 满足

$$\|\partial_x^{\sigma_2}U\|_{L_x^2} \leqslant 1, \quad \text{任意的 } \sigma_2 \in [1,110]\cap\mathbb{Z}. \tag{3.12.121}$$

则对任意的 $\sigma \in [0,20]$, $\phi \in H^\sigma$, 有

$$\left\|e^{\pm iU}P_{\pm\text{high}}\phi\right\|_{\widetilde{H}^\sigma} \leqslant C\|\phi\|_{H^\sigma}. \tag{3.12.122}$$

引理 3.12.1 的证明　我们总是假定 (3.12.122) 左端的符号为 +. 此时可以假设 $\widehat{\phi}$ 支在 $[2^{10},\infty)$ 上. 对任意的 $k'' \in \mathbb{Z}$, 令

$$V_{k''} = \mathscr{F}_1^{-1}\left[\chi_{k''}(\xi)\mathscr{F}_1\left[e^{iU(x)}\right]\right],$$
$$V_{\leqslant k''} = \sum_{k'''<k''} V_{k'''}. \tag{3.12.123}$$

由 (3.12.121) 和 Sobolev 嵌入定理有

$$\|V_{\leqslant 0}\|_{L_x^\infty} \leqslant C, \quad \|V_{k''}\|_{L_x^2} + \|V_{k''}\|_{L_x^\infty} \leqslant C2^{-80k''}, \quad k'' \geqslant 1. \tag{3.12.124}$$

为证明 (3.12.122), 对任意的 $k_1 \geqslant 10$, 令 $\phi_{k_1} = P_{k_1}\phi$. 由定义, 只需要证明

$$\begin{cases} \left\|P_{k_2}\left(e^{iU}\phi_{k_1}\right)\right\|_{L^2} \leqslant C2^{-40|k_1-k_2|}\|\phi_{k_1}\|_{L^2}, \quad k_2 \geqslant 1, \\ \left\|P_0\left(e^{iU}\phi_{k_1}\right)\right\|_{L^1} \leqslant C2^{-40k_1}\|\phi_{k_1}\|_{L^2}. \end{cases} \tag{3.12.125}$$

对 (3.12.125) 的第一个式子, 如果 $|k_1 - k_2| \leqslant 10$, 则 $\left\|P_{k_2}\left(e^{iU}\phi_{k_1}\right)\right\|_{L^2} \leqslant C\|\phi_{k_1}\|_{L^2}$ 即证. 如果 $|k_1 - k_2| \geqslant 10$, 则由 (3.12.124) 和

$$\left\|P_{k_2}\left(e^{iU}\phi_{k_1}\right)\right\|_{L^2} \leqslant \sum_{k''\geqslant|k_1-k_2|-C} \left\|P_{k_2}\left(V_{k''}\phi_{k_1}\right)\right\|_{L^2}$$
$$\leqslant C\sum_{k''\geqslant|k_1-k_2|-C} \|V_{k''}\|_{L^\infty}\|\phi_{k_1}\|_{L^2}$$

即得我们要证明的结论.

对 (3.12.125) 的第二个式子, 因为 $k_1 \geqslant 10$, 则有

$$\left\|P_0\left(e^{iU}\phi_{k_1}\right)\right\|_{L^1} \leqslant \sum_{|k''-k_1|\leqslant 2}\left\|P_0\left(V_{k''}\phi_{k_1}\right)\right\|_{L^1} \leqslant C\sum_{|k''-k_1|\leqslant 2}\left\|V_{k''}\right\|_{L^2}\left\|\phi_{k_1}\right\|_{L^2}. \quad \Box$$

接下来我们证明非线性项在空间 F^σ 中的双线性估计.

命题 3.12.2 如果 $m \in S_{110}^\infty, m' \in S_{110}^2, \sigma \in [0,20], u,v \in F^\sigma$, 则有结论

$$\left\|\partial_x(m\cdot uv)\right\|_{N^\sigma} + \left\|m'\cdot(uv)\right\|_{N^\sigma}$$

$$\leqslant C\left(\|m\|_{S_{110}^\infty} + \|m'\|_{S_{110}^2}\right)\left(\|u\|_{F^\sigma}\|v\|_{F^0} + \|u\|_{F^0}\|v\|_{F^\sigma}\right).$$

命题 3.12.2 的证明 首先证明下面的 (3.12.126)

$$\left\|\partial_x(uv)\right\|_{N^\sigma} \leqslant C\left(\|u\|_{F^\sigma}\|v\|_{F^0} + \|u\|_{F^0}\|v\|_{F^\sigma}\right). \quad (3.12.126)$$

令 $k \in \mathbb{Z}_+$, $F_k(\xi,\tau) = \eta_k(\xi)\mathscr{F}(u)(\xi,\tau)$, $G_k(\xi,\tau) = \eta_k(\xi)\mathscr{F}(v)(\xi,\tau)$, 则

$$\begin{cases} \|u\|_{F^\sigma}^2 = \sum_{k_1=0}^\infty 2^{2\sigma k_1}\left\|\left(I-\partial_\tau^2\right)F_{k_1}\right\|_{Z_{k_1}}^2, \\ \|v\|_{F^\sigma}^2 = \sum_{k_2=0}^\infty 2^{2\sigma k_2}\left\|\left(I-\partial_\tau^2\right)G_{k_2}\right\|_{Z_{k_2}}^2 \end{cases}$$

且

$$\eta_k(\xi)\mathscr{F}\left[\partial_x(u\cdot v)\right](\xi,\tau) = C\xi\sum_{k_1,k_2\in\mathbb{Z}}\eta_k(\xi)\left[F_{k_1}*G_{k_2}\right](\xi,\tau).$$

考察支集的性质, 为了使得 $\eta_k(\xi)\left[F_{k_1}*G_{k_2}\right](\xi,\tau) \neq 0$ 需要满足条件

$$\begin{cases} k_1 \leqslant k-10 \quad 且 \quad k_2 \in [k-2,k+2] \quad 或者 \\ k_1 \in [k-2,k+2] \quad 且 \quad k_1 \leqslant k-10 \quad 或者 \\ k_1,k_2 \in [k-10,k+20] \quad 或者 \\ k_1,k_2 \geqslant k+10 \quad 且 \quad |k_1-k_2| \leqslant 2. \end{cases}$$

再令

$$H_{k,k_1,k_2}(\xi,\tau) = \eta_k(\xi)A_k(\xi,\tau)^{-1}\xi\cdot\left(F_{k_1}*G_{k_2}\right)(\xi,\tau),$$

$k,k_1,k_2 \in \mathbb{Z}$. 由 N^σ 的定义

$$\left\|\partial_x(u\cdot v)\right\|_{N^\sigma}^2 = C\sum_{k\geqslant 0}2^{2\sigma k}\left\|\sum_{k_1,k_2}H_{k,k_1,k_2}\right\|_{Z_k}^2,$$

对固定的 $k \in \mathbb{Z}_+$, 由命题 3.9.1、命题 3.9.2、命题 3.10.1、命题 3.10.2, 有如下估计

$$\left\| \sum_{k_1,k_2} H_{k,k_1,k_2} \right\|_{Z_k}$$

$$\leqslant \sum_{|k_2-k|\leqslant 2} \left\| \sum_{k_1\leqslant k-10} H_{k,k_1,k_2} \right\|_{Z_k} + \sum_{|k_1-k|\leqslant 2} \left\| \sum_{k_2\leqslant k-10} H_{k,k_1,k_2} \right\|_{Z_k}$$

$$+ \sum_{k_1,k_2\in[k-10,k+20]} \|H_{k,k_1,k_2}\|_{Z_k} + \sum_{k_1,k_2\geqslant k+10,|k_1-k_2|\leqslant 2} \|H_{k,k_1,k_2}\|_{Z_k}$$

$$\leqslant C\left[\sum_{|k_2-k|\leqslant 2} \|G_{k_2}\|_{Z_{k_2}} \right] \cdot \|u\|_{F^0} + C\left[\sum_{|k_1-k|\leqslant 2} \|F_{k_1}\|_{Z_{k_1}} \right] \cdot \|v\|_{F^0}$$

$$+ C\left[\sum_{|k_1-k|\leqslant 20} \|F_{k_1}\|_{Z_{k_1}} \right]\left[\sum_{|k_2-k|\leqslant 20} \|G_{k_2}\|_{Z_{k_2}} \right]$$

$$+ C2^{-k/4}\left[\sum_{k_1\geqslant k} \|F_{k_1}\|_{Z_{k_1}}^2 \right]^{1/2}\left[\sum_{k_1\geqslant k} \|G_{k_2}\|_{Z_{k_2}}^2 \right]^{1/2}.$$

这就得到了 (3.12.126). 类似地, 应用命题 3.10.1 和 (3.10.104) 可得

$$\left\| \eta_0(\xi)A_0(\xi,\tau)^{-1}\mathscr{F}(uv) \right\|_{\bar{Z}_0} + \left[\sum_{k\geqslant 1} 2^{2\sigma k}\left\| \eta_k(\xi)A_k(\xi,\tau)^{-1}\mathscr{F}(uv) \right\|_{Z_k}^2 \right]^{1/2}$$

$$\leqslant C\left(\|u\|_{F^\sigma}\|v\|_{F^0} + \|u\|_{F^0}\|v\|_{F^\sigma} \right).$$

接下来, 我们应用 (3.11.119) 来考虑包含 m 的情形. 假设 $\|m\|_{S_{10}^\infty}=1$. 对任意的 $u\in C(\mathbb{R};H^{-2})$, 按模将 u 分成高频和低频两个部分 $u = u^{\text{low}} + u^{\text{high}}$,

$$\begin{cases} u^{\text{low}} = \sum_{k\geqslant 0}\mathscr{F}^{-1}\left[\eta_k(\xi)\mathscr{F}(u)(\xi,\tau)\cdot\eta_{\leqslant k-15}(\tau-\omega(\xi)) \right] \\ \qquad = \sum_{k\geqslant 0}\mathscr{F}^{-1}\left(f_k^{\text{low}} \right), \\ u^{\text{high}} = \sum_{k\geqslant 0}\mathscr{F}^{-1}\left[\eta_k(\xi)\mathscr{F}(u)(\xi,\tau)\cdot(1-\eta_{\leqslant k-15}(\tau-\omega(\xi))) \right] \\ \qquad = \sum_{k\geqslant 0}\mathscr{F}^{-1}\left(f_k^{\text{high}} \right). \end{cases}$$

应用 (3.11.119), 令 $\varepsilon = 0$, 对任意的 $u \in F^\sigma$ 有

$$\left\| m \cdot u^{\text{high}} \right\|_{F^\sigma}^2$$

$$= \sum_{k \geqslant 0} 2^{2\sigma k} \left\| \eta_k(\xi) \mathscr{F} \left[(t^2 + 1) \, m u^{\text{high}} \right] \right\|_{Z_k}^2$$

$$\leqslant C \sum_{k \geqslant 0} 2^{2\sigma k} \left[\sum_{k' \geqslant 0} \left\| \eta_k(\xi) \mathscr{F} \left[(t^2 + 1) \, m \cdot \mathscr{F}^{-1} \left(f_{k'}^{\text{high}} \right) \right] \right\|_{Z_k} \right]^2$$

$$\leqslant C \sum_{k \geqslant 0} 2^{2\sigma k} \left[\sum_{k' \geqslant 0} 2^{-30|k - k'|} \left\| f_{k'}^{\text{high}} \right\|_{Z_{k'}} \right]^2$$

$$\leqslant C \|u\|_{F^\sigma}^2.$$

类似地, 应用 (3.11.119), 令 $\varepsilon = -1$, 对任意的 $w \in N^\sigma$ 可得

$$\left\| m \cdot w^{\text{high}} \right\|_{N^\sigma} \leqslant C \|w\|_{N^\sigma}. \tag{3.12.127}$$

我们来估计命题 3.12.2 左端第一项. 作分解 $m \cdot uv = m u^{\text{high}} v + m u^{\text{low}} v = m u^{\text{high}} v + m u^{\text{low}} v^{\text{low}} + m u^{\text{low}} v^{\text{high}}$, 则有

$$\|\partial_x (m \cdot uv)\|_{N^\sigma}$$

$$\leqslant C \left\| \partial_x \left[(m u^{\text{high}}) \, v \right] \right\|_{N^\sigma} + \left\| \partial_x \left[u^{\text{low}} \left(m v^{\text{high}} \right) \right] \right\|_{N^\sigma}$$

$$+ \left\| m \cdot \partial_x \left(u^{\text{low}} v^{\text{low}} \right) \right\|_{N^\sigma} + \left\| \partial_x m \cdot \left(u^{\text{low}} v^{\text{low}} \right) \right\|_{N^\sigma}. \tag{3.12.128}$$

由 (3.12.126) 和 (3.12.127),

$$\left\| \partial_x \left[(m u^{\text{high}}) \, v \right] \right\|_{N^\sigma} + \left\| \partial_x \left[u^{\text{low}} \left(m v^{\text{high}} \right) \right] \right\|_{N^\sigma}$$

$$\leqslant C \left(\|u\|_{F^\sigma} \|v\|_{F^0} + \|u\|_{F^0} \|v\|_{F^\sigma} \right),$$

这就控制了 (3.12.128) 右端前两项. 对于 (3.12.128) 右端第三项, 注意到两个低模函数的乘积是高模, 即

$$\left(u^{\text{low}} v^{\text{low}} \right)^{\text{low}} \equiv 0. \tag{3.12.128$'$}$$

将 $u^{\text{low}}, v^{\text{low}}$ 作如下分解

$$u^{\text{low}} = \sum_{k \geqslant 15} \mathscr{F}^{-1} \left(f_k^{\text{low}} \right), \qquad v^{\text{low}} = \sum_{k \geqslant 15} \mathscr{F}^{-1} \left(g_k^{\text{low}} \right),$$

这里 f_k^{low} 和 g_k^{low} 支在 $\bigcup_{j \leqslant k - 15} D_{k,j}$ 上. 为证 (3.12.128$'$) 只需要证明

$$\eta_k(\xi) \eta_{\leqslant k-15}(\tau - \omega(\xi)) \left(f_{k_1}^{\text{low}} * g_{k_2}^{\text{low}} \right) \equiv 0, \quad \text{对} \, k, k_1, k_2 \geqslant 15 \, \text{成立}.$$

再应用 (3.8.68), (3.8.69) 即可证明结论. 应用 (3.12.128)′ 可直接得到估计

$$\left\| m \cdot \partial_x \left(u^{\text{low}} v^{\text{low}} \right) \right\|_{N^\sigma} \leqslant C \left(\|u\|_{F^\sigma} \|v\|_{F^0} + \|u\|_{F^0} \|v\|_{F^\sigma} \right). \tag{3.12.129}$$

再由 (3.11.112), 为证命题 13.12.2, 只需要证明如果 $\|m'\|_{S_{100}^2} = 1$, 则

$$\left\| m' \cdot (uv) \right\|_{N^\sigma} \leqslant C \left(\|u\|_{F^\sigma} \|v\|_{F^0} + \|u\|_{F^0} \|v\|_{F^\sigma} \right) \tag{3.12.130}$$

成立. 将 u, v 对模作分解, $u = u^{\text{high}} + u^{\text{low}}, v = v^{\text{high}} + v^{\text{low}}$. 由 (3.11.120)($k_2 = 0$), 引理 3.11.2(b) 可得

$$\left\| P_0 \left(m' \cdot uv \right) \right\|_{N^\sigma} \leqslant C \left(\|u\|_{F^\sigma} \|v\|_{F^0} + \|u\|_{F^0} \|v\|_{F^\sigma} \right).$$

和前面部分的证明一样,

$$\left\| (I - P_0) \left(m' \cdot u^{\text{high}} v \right) \right\|_{N^\sigma} + \left\| (I - P_0) \left(m' \cdot u^{\text{low}} v^{\text{high}} \right) \right\|_{N^\sigma}$$

$$\leqslant C \left(\|u\|_{F^\sigma} \|v\|_{F^0} + \|u\|_{F^0} \|v\|_{F^\sigma} \right).$$

最后, 应用 (3.12.127), (3.11.120) 和 (3.12.128)′,

$$\left\| (I - P_0) \left(m' \cdot u^{\text{low}} v^{\text{low}} \right) \right\|_{N^\sigma} \leqslant C \left(\|u\|_{F^\sigma} \|v\|_{F^0} + \|u\|_{F^0} \|v\|_{F^\sigma} \right),$$

这就得到了 (3.12.130) 的证明. □

为了估计 $E_+ = (\omega_+, \omega_-, \omega_0)$ 和 $E_- = (\omega_+, \omega_-, \omega_0)$ 的尾端项, 我们将使用 $E_{k,\alpha}$ 空间 $(k \geqslant 1)$

$$E_{k,\alpha} = \left\{ f \in L^2 : f \text{ 支在 } I_k \times \mathbb{R} \text{ 上且} \right.$$

$$\left. \|f\|_{E_{k,\alpha}} := 2^{\alpha k} \sum_{j=0}^\infty 2^j \|\eta_j(\tau) f(\xi, \tau)\|_{L^2_{\xi,\tau}} < \infty \right\}.$$

对于 $\sigma \geqslant 0, \alpha \in [-20, 20]$, 定义

$$F_\alpha^\sigma = \left\{ u \in \mathcal{S}'(\mathbb{R} \times \mathbb{R}) : \|u\|_{F_\alpha^\sigma}^2 := \sum_{k=0}^\infty 2^{2\sigma k} \left\| \eta_k(\xi) \left(I - \partial_\tau^2 \right) \mathscr{F}(u) \right\|_{E_{k,\alpha}}^2 < \infty \right\},$$

$$N_\alpha^\sigma = \left\{ u \in \mathcal{S}'(\mathbb{R} \times \mathbb{R}) : \|u\|_{N_\alpha^\sigma}^2 := \sum_{k=0}^\infty 2^{2\sigma k} \left\| \eta_k(\xi)(\tau + i)^{-1} \mathscr{F}(u) \right\|_{E_{k,\alpha}}^2 < \infty \right\}.$$

由 (3.11.115) 的嵌入关系有

$$F_6^\sigma \subseteq F^\sigma \subseteq F_{-6}^\sigma, \qquad N_6^\sigma \subseteq N^\sigma \subseteq N_{-6}^\sigma. \tag{3.12.131}$$

我们可以证明下面的结论:

引理 3.12.3 如果 $m \in S_{110}^{\infty}, \sigma \in [0, 20], \alpha \in [-20, 20], u \in F_{\alpha}^{\sigma}$, 则

$$\begin{cases} \|m \cdot u\|_{F_{\alpha}^{\sigma}} \leqslant C \|m\|_{S_{110}^{\infty}} \|u\|_{F_{\alpha}^{\sigma}}, \\ \|m \cdot u\|_{N_{\alpha}^{\sigma}} \leqslant C \|m\|_{S_{110}^{\infty}} \|u\|_{N_{\alpha}^{\sigma}}. \end{cases} \tag{3.12.132}$$

引理 3.12.3 的证明 假设 $\|m\|_{S_{10}^{\infty}} = 1$.

$$f_{k'} = \eta_{k'}(\xi) \mathscr{F}(u), \quad k' \in \mathbb{Z}_{+}.$$

应用引理 3.11.2($\varepsilon = 0$), 我们有

$$\|m \cdot u\|_{F_{\alpha}^{\sigma}}^2 = \sum_{k \geqslant 0} 2^{2\sigma k} \left\| \eta_k(\xi) \mathscr{F} \left[\left(t^2 + 1 \right) m \cdot u \right] \right\|_{E_{k,\alpha}}^2$$

$$\leqslant C \sum_{k \geqslant 0} 2^{2\sigma k} \left[\sum_{k' \geqslant 0} \left\| \eta_k(\xi) \mathscr{F} \left[\left(t^2 + 1 \right) m \cdot \mathscr{F}^{-1} \left(f_{k'} \right) \right] \right\|_{E_{k,\alpha}} \right]^2$$

$$\leqslant C \sum_{k \geqslant 0} 2^{2\sigma k} \left[\sum_{k' \geqslant 0} 2^{-50|k-k'|} \| f_{k'} \|_{E_{k',\alpha}} \right]^2$$

$$\leqslant C \|u\|_{F_{\alpha}^{\sigma}}^2.$$

(3.12.132) 的第二个式子可以类似地由引理 3.11.2 ($\varepsilon = -1$) 证得. □

引理 3.12.4 (a) 如果 $I \neq I' \in \{[-2^{10}, 2^{10}], [2^{10}, \infty), (-\infty, -2^{10}]\}$, 并且 $m \in S_{110}^{\infty}$, 则对任意的 $\sigma \in [0, 20], u \in F_{-10}^{\sigma}$, 有

$$\begin{cases} \|P_I [m \cdot P_{I'}(u)]\|_{F_{10}^{\sigma}} \leqslant C \|m\|_{S_{110}^{\infty}} \|u\|_{F_{-10}^{\sigma}}, \\ \|P_I [m \cdot P_{I'}(u)]\|_{N_{10}^{\sigma}} \leqslant C \|m\|_{S_{110}^{\infty}} \|u\|_{N_{-10}^{\sigma}}, \end{cases} \tag{3.12.133}$$

P_I 表示由乘子 $(\xi, \tau) \to \mathbf{1}_I(\xi)$ 定义的算子.

(b) 对任意的 $\sigma \in [0, 20], u \in F_{-10}^{\sigma}$, 有

$$\left\| \partial_x^2 P_{-} \left(m \cdot P_{+ \text{high}}(u) \right) \right\|_{F_{10}^{\sigma}} + \left\| \partial_x^2 P_{+} \left(m \cdot P_{- \text{high}}(u) \right) \right\|_{F_{10}^{\sigma}}$$

$$\leqslant C \|m\|_{S_{110}^{\infty}} \|u\|_{F_{-10}^{\sigma}}. \tag{3.12.134}$$

该引理可用来估计 E_{+} 和 E_{-} 中的

$$P_{-} \left[\partial_x^2 \left(e^{iU_0} P_{+ \text{high}} \left(e^{-iU_0} w_{+} \right) \right) \right] \quad \text{和} \quad P_{+} \left[\partial_x^2 \left(e^{-iU_0} P_{- \text{high}} \left(e^{iU_0} w_{-} \right) \right) \right].$$

引理 3.12.4 的证明 假设 $\|m\|_{S_{110}^{\infty}} = 1$, 该证明主要应用引理 3.11.2 和定义. 注意到 $k, k' \in \mathbb{Z}_{+}$, 有下面式子成立

$$d \left(I \cap \widetilde{I}_k, I' \cap \widetilde{I}_{k'} \right) \geqslant C^{-1} \left(2^k + 2^{k'} \right).$$

令 $f_{k'} = \eta_{k'}(\xi) \cdot \mathscr{F}(u)(\xi, \tau)$, 应用引理 3.11.2 $(\varepsilon = 0)$ 有

$$\left\| P_I \left[m \cdot P_{I'}(u) \right] \right\|_{F_{10}^\sigma}^2$$

$$= \sum_{k \geqslant 0} 2^{2\sigma k} \left\| \eta_k(\xi) \mathbf{1}_I(\xi) \cdot \mathscr{F} \left[(t^2 + 1)\, m \cdot P_{I'}(u) \right] \right\|_{E_{k,10}}^2$$

$$\leqslant C \sum_{k \geqslant 0} 2^{2\sigma k} \left[\sum_{k' \geqslant 0} \left\| \eta_k(\xi) \mathbf{1}_I(\xi) \cdot \mathscr{F} \left[(t^2 + 1)\, m \cdot \mathscr{F}^{-1} \left(\mathbf{1}_{I'} f_{k'} \right) \right] \right\|_{E_{k,10}} \right]^2$$

$$\leqslant C \sum_{k \geqslant 0} 2^{2\sigma k} \left[\sum_{k' \geqslant 0} \left(2^k + 2^{k'} \right)^{-50} 2^{20 k'} 2^{-\sigma k} 2^{\sigma k'} \left\| f_{k'} \right\|_{E_{k',-10}} \right]^2$$

$$\leqslant C \| u \|_{F_{-10}^\sigma}^2.$$

(3.12.133) 的第二个式子可以类似地由引理 3.11.2 得到, 此时 $\varepsilon = -1$.

(b) 的证明跟前面的讨论是类似的, 只是在对应于二进制分解 $k = 0$ 时有一点不同, 为了处理频率为 $k = 0$ 时的情形我们还要应用

$$\left\| \xi^2 \mathbf{1}_\pm(\xi) \eta_0(\xi) f \right\|_{Z_0} \leqslant \left\| \xi^2 \eta_0(\xi) f \right\|_{X_0} \leqslant C \left\| \eta_0(\xi) f \right\|_{\bar{Z}_0} \leqslant C \left\| \eta_0(\xi) f \right\|_{Z_0},$$

这里 $\mathbf{1}_\pm$ 表示区间 $\{ \xi : \pm \xi \in [0, \infty) \}$ 上的试验函数. 这就完成了引理 3.12.4 的证明.

下面我们来考虑非线性项中的 E_+, E_- 和 E_0 的估计. 假设函数 $u_0, U_0 : \mathbb{R} \times [-2, 2] \to \mathbb{R}$ 满足下面的界 (对应于 (3.4.4) 和 (3.4.12))

$$\begin{cases} \left\| \partial_t^{\sigma_1} \partial_x^{\sigma_2} u_0 \right\|_{L_{x,t}^2} \leqslant \delta, & \text{对任意的 } \sigma_1, \sigma_2 \in [0, 120] \cap \mathbb{Z}, \\ \left\| \partial_t^{\sigma_1} \partial_x^{\sigma_2} U_0 \right\|_{L_{x,t}^2} \leqslant \delta, & \text{对任意的 } \sigma_1 \in [0, 120] \cap \mathbb{Z}, \sigma_2 \in [1, 120] \cap \mathbb{Z}, \end{cases}$$

$$\tag{3.12.135}$$

这里 $\delta \ll 1$ 足够小. 为了简单起见, 令 $\boldsymbol{w} = (w_+, w_-, w_0)$,

$$\boldsymbol{E}(\boldsymbol{w}) = \left(E_+ \left(w_+, w_-, w_0 \right), E_- \left(w_+, w_-, w_0 \right), E_0 \left(w_+, w_-, w_0 \right) \right).$$

对任意的 Banach 空间 B, 令

$$\| \boldsymbol{w} \|_B = \| w_+ \|_B + \| w_- \|_B + \| w_0 \|_B,$$

$$\| \boldsymbol{E}(\boldsymbol{w}) \|_B = \left\| E_+ \left(w_+, w_-, w_0 \right) \right\|_B + \left\| E_- \left(w_+, w_-, w_0 \right) \right\|_B$$

$$+ \left\| E_0 \left(w_+, w_-, w_0 \right) \right\|_B.$$

命题 3.12.5 假设 $\sigma \in [0, 20]$, u_0, U_0 满足 (3.12.135), $\boldsymbol{w}, \boldsymbol{w}' \in F^\sigma$ $\psi : \mathbb{R} \to [0, 1]$ 是前面章节定义的光滑函数, 则有

$$\|\psi(t) \left[\boldsymbol{E}(\boldsymbol{w}) - \boldsymbol{E}(\boldsymbol{w}')\right]\|_{N^\sigma} \leqslant C \|\boldsymbol{w} - \boldsymbol{w}'\|_{F^\sigma} \left(\delta + \|\boldsymbol{w}\|_{F^0} + \|\boldsymbol{w}'\|_{F^0}\right)$$
$$+ C \|\boldsymbol{w} - \boldsymbol{w}'\|_{F^0} \left(\|\boldsymbol{w}\|_{F^\sigma} + \|\boldsymbol{w}'\|_{F^\sigma}\right).$$

命题 3.12.5 的证明 令 $T_{i,+}$, $T_{i,-}$, $i \in \{1, 2, 3, 4, 5\}$ 表示 (3.4.13) 中第 i 行上的项. 为了控制 $\|\psi(t) \left[T_{1,+}(\boldsymbol{w}) - T_{1,+}(\boldsymbol{w}')\right]\|_{N^\sigma}$, 仅需证明

$$\|m \cdot P_{+\text{high}} \left(\partial_x (m'uv)\right)\|_{N^\sigma} \leqslant C \left(\|u\|_{F^\sigma} \|v\|_{F^0} + \|u\|_{F^0} \|v\|_{F^\sigma}\right) \qquad (3.12.136)$$

对任意的函数 $u, v \in F^\sigma$ 成立, 这里 $\|m\|_{S^\infty_{110}} = \|m'\|_{S^\infty_{110}} = 1$.

$$\|m \cdot P_{+\text{high}} \left(\partial_x (m'uv)\right)\|_{N^\sigma}$$
$$\leqslant C \|(P_{-\text{high}} + P_{\text{low}}) \left[m \cdot P_{+\text{high}} \left(\partial_x (m'uv)\right)\right]\|_{N^\sigma}$$
$$+ \|P_{+\text{high}} \left[m \cdot (P_{-\text{high}} + P_{\text{low}}) \left(\partial_x (m'uv)\right)\right]\|_{N^\sigma}$$
$$+ \|P_{+\text{high}} \left[m \cdot \left(\partial_x (m'uv)\right)\right]\|_{N^\sigma}.$$

对于上式的前两项, 我们使用引理 3.12.4 (a)、命题 3.12.2 和 (3.12.131). 对于上式的第三项, 我们使用命题 3.12.2 和 (3.11.106), 这就得到了 (3.12.136).

为了控制 $\|\psi(t) \left[T_{2,+}(\boldsymbol{w}) - T_{2,+}(\boldsymbol{w}')\right]\|_{N^\sigma}$, 需要证明

$$\|m \cdot P_{+\text{high}} \left[\partial_x (u_0 \cdot P_{-\text{high}} (m'u))\right]\|_{N^\sigma} + \|m \cdot P_{+\text{high}} \left[\partial_x (u_0 \cdot P_{\text{low}} (m'u))\right]\|_{N^\sigma}$$
$$\leqslant C\delta \|u\|_{F^\sigma},$$

这里 $u \in F^\sigma$, $\|m\|_{S^\infty_{110}} = \|m'\|_{S^\infty_{110}} = 1$. 我们应用引理 3.12.3、引理 3.12.4(a) 和 (3.12.131) 可以得到

$$\|m \cdot P_{+\text{high}} \left[\partial_x (u_0 \cdot P_{-\text{high}} (m'u))\right]\|_{N^\sigma_6} \leqslant C \|P_{+\text{high}} \left[u_0 \cdot P_{-\text{high}} (m'u)\right]\|_{F^\sigma_7}$$
$$\leqslant C\delta \|m'u\|^\sigma_{F_{-10}}$$
$$\leqslant C\delta \|u\|_{F^\sigma}.$$

$\|m \cdot P_{+\text{high}} \left[\partial_x (u_0 \cdot P_{\text{low}} (m'u))\right]\|_{N^\sigma_6}$ 的估计是类似的. 再有, 关于

$$\|\psi(t) \left[T_{3,+}(\boldsymbol{w}) - T_{3,+}(\boldsymbol{w}')\right]\|_{N^\sigma}$$

的估计也是类似的.

为了估计 $\|\psi(t)\left[T_{4,+}(\boldsymbol{w}) - T_{4,+}(\boldsymbol{w}')\right]\|_{N^\sigma}$, 需要证明

$$\left\|\partial_x^2 P_-\left[\left((I - P_0)\, e^{iU_0}\right) \cdot P_{+\,\mathrm{high}}(mu)\right]\right\|_{N^\sigma} \leqslant C\delta\|u\|_{F^\sigma}. \tag{3.12.137}$$

对任意的 $u \in F^\sigma$, 这里 $\|m\|_{S_{110}^\infty} = 1$. 再应用

$$\left\|(I - P_0)\, e^{iU_0}\right\|_{S_{110}^\infty} \leqslant C\delta,$$

引理 3.12.3, 引理 3.12.4(b), (3.12.137) 即得.

为了估计 $\|\psi(t)\left[T_{5,+}(\boldsymbol{w}) - T_{5,+}(\boldsymbol{w}')\right]\|_{N^\sigma}$, 只需证明

$$\|P_+\partial_x u_0 \cdot u\|_{N^\sigma} \leqslant C\delta\|u\|_{F^\sigma}, \tag{3.12.138}$$

这里 $u \in F^\sigma$.

$$\begin{aligned}\|P_+\partial_x u_0 \cdot u\|_{N^\sigma} &\leqslant \|(I - P_0)\left[(I - P_0)\left(P_+\partial_x u_0\right) u\right]\|_{N^\sigma} \\ &\quad + \|(I - P_0)\left[(P_0 P_+\partial_x u_0) u\right]\|_{N^\sigma} \\ &\quad + \|P_0\left[P_+\partial_x u_0 \cdot u\right]\|_{N^\sigma}.\end{aligned}$$

对于上式第一项, 我们应用命题 3.12.2 ($m \equiv 1, m' \equiv 0$). 对于第二项, 我们应用 (3.9.80). 对于第三项, 我们应用引理 3.12.3, 得

$$\|P_0\left[P_+\partial_x u_0 \cdot u\right]\|_{N^\sigma} \leqslant C\|P_+\partial_x u_0 \cdot u\|_{F_{-10}^\sigma} \leqslant C\delta\|u\|_{F_{-10}^\sigma}.$$

$T_{i,-}$ 的证明是类似的. 下面我们考虑 $\|\psi(t)\left[E_0(\boldsymbol{w}) - E_0(\boldsymbol{w}')\right]\|_{N^\sigma}$ 的估计, 此时需要证明

$$\begin{cases}\|P_{\mathrm{low}}\,\partial_x(muv)\|_{N^\sigma} \leqslant C\left(\|u\|_{F^\sigma}\|v\|_{F^0} + \|u\|_{F^0}\|v\|_{F^\sigma}\right), \\ \|P_{\mathrm{low}}\,\partial_x(mu_0 u)\|_{N^\sigma} \leqslant C\delta\|u\|_{F^\sigma},\end{cases} \tag{3.12.139}$$

这里 $u, v \in F^\sigma$, $\|m\|_{S_{15}^\infty} = 1$. 对于上式的第一个不等式, 我们应用命题 3.12.2. 对于第二个不等式, 我们应用引理 3.12.3 和 $\|mu_0\|_{S_{110}^\infty} \leqslant C\delta$. 这就完成了命题 3.12.5 的证明. □

定理 3.3.1 的证明　对任意的 $I \subseteq \mathbb{R}, \sigma \geqslant 0$, 定义 Banach 空间

$$\begin{cases}F^\sigma(I) = \left\{u \in \mathcal{S}'(\mathbb{R} \times I) : \|u\|_{F^\sigma(I)} := \inf_{\widetilde{u} \equiv u \,\text{在}\mathbb{R}\times I} \|\widetilde{u}\|_{F^\sigma} < \infty\right\}, \\ N^\sigma(I) = \left\{u \in \mathcal{S}'(\mathbb{R} \times I) : \|u\|_{N^\sigma(I)} := \inf_{\widetilde{u} \equiv u \,\text{在}\mathbb{R}\times I} \|\widetilde{u}\|_{N^\sigma} < \infty\right\}.\end{cases}$$

在这个记号下, 引理 3.7.1 和引理 3.7.2 可以写为

$$\|W(t-t_0)\phi\|_{F^\sigma([t_0-a,t_0+a])} \leqslant C\|\phi\|_{\widetilde{H}^\sigma} \tag{3.12.140}$$

和

$$\left\|\int_{t_0}^{t} W(t-s)(u(s))\mathrm{d}s\right\|_{F^\sigma([t_0-a,t_0+a])} \leqslant C\|u\|_{N^\sigma([t_0-a,t_0+a])}, \tag{3.12.141}$$

这里 $\sigma \in [0,20], t_0 \in \mathbb{R}, a \in [0,5/4]$. 命题 3.12.5 可以写为

$$\|\boldsymbol{E}(\boldsymbol{w}) - \boldsymbol{E}(\boldsymbol{w}')\|_{N^\sigma(I)} \leqslant C\|\boldsymbol{w}-\boldsymbol{w}'\|_{F^\sigma(I)}\left(\delta + \|\boldsymbol{w}\|_{F^0(I)} + \|\boldsymbol{w}'\|_{F^0(I)}\right)$$
$$+ C\|\boldsymbol{w}-\boldsymbol{w}'\|_{F^0(I)}\left(\|\boldsymbol{w}\|_{F^\sigma(I)} + \|\boldsymbol{w}'\|_{F^\sigma(I)}\right),$$

这里 $\sigma \in [0,20], I \subseteq [-5/4,5/4]$ 保证了 (3.12.135) 成立.

假设 u_0, U_0 给定并且满足 (3.12.135) 的条件. 对于初值数据

$$\Phi = (\phi_+, \phi_-, \phi_0) \in \widetilde{H}^{20}, \qquad \|\Phi\|_{\widetilde{H}^0} \leqslant \delta, \tag{3.12.142}$$

我们考虑如下向量值的初值问题

$$\begin{cases} \left(\partial_t + \mathcal{H}\partial_x^2\right)\boldsymbol{v} = \boldsymbol{E}(\boldsymbol{v}), & (x,t) \in \mathbb{R} \times [-5/4,5/4], \\ \boldsymbol{v}(0) = \Phi. \end{cases} \tag{3.12.143}$$

写成积分方程, 用迭代法构造 (3.12.143) 的解: 从 $\boldsymbol{v}^0 = (0,0,0)$ 开始,

$$\boldsymbol{v}^{k+1} = W(t)\Phi + \int_0^t W(t-s)\left(\boldsymbol{E}(\boldsymbol{v}^k)(s)\right)\mathrm{d}s, \quad k = 0,1,\cdots. \tag{3.12.144}$$

由 (3.12.140)—(3.12.142) 可知

$$\|\boldsymbol{v}^k\|_{F^0([-5/4,5/4])} \leqslant C\delta, \quad \text{对任意 } k \geqslant 0.$$

类似地, 再由 (3.12.140)—(3.12.142) 可知

$$\|\boldsymbol{v}^{k+1} - \boldsymbol{v}^k\|_{F^0([-5/4,5/4])} \leqslant (C\delta)^{k+1}, \quad \text{对任意 } k = 0,1,\cdots. \tag{3.12.145}$$

由 (3.12.140)—(3.12.142), (3.12.145) 可得

$$\|\boldsymbol{v}^k\|_{F^\sigma([-5/4,5/4])} \leqslant C\|\Phi\|_{\widetilde{H}^\sigma}, \quad \sigma \in [0,20],$$

$$\left\| \boldsymbol{v}^{k+1} - \boldsymbol{v}^k \right\|_{F^\sigma([-5/4,5/4])} \leqslant (C\delta)^k \|\Phi\|_{\widetilde{H}^\sigma}, \quad \text{对任意 } k = 0, 1, \cdots.$$

由压缩映射原理, $\boldsymbol{v}^k$ 是 $F^{20}([-5/4, 5/4])$ 空间中的收敛序列, 其收敛到函数 $\boldsymbol{v} = \boldsymbol{v}(\Phi)$. 并且, 对任意的 $\sigma \in [0, 20]$ 有

$$\|\boldsymbol{v}(\Phi)\|_{F^\sigma([-5/4,5/4])} \leqslant C\|\Phi\|_{\widetilde{H}^\sigma}. \tag{3.12.146}$$

即 $\boldsymbol{v}(\Phi) \in C\left([-5/4, 5/4] : \widetilde{H}^{20}\right)$, $\boldsymbol{v}(\Phi)$ 满足初值问题 (3.12.143), 并且如果 $\|\Phi\|_{\widetilde{H}^0}$, $\|\Phi'\|_{\widetilde{H}^0} \leqslant \delta$, 则

$$\|\boldsymbol{v}(\Phi) - \boldsymbol{v}(\Phi')\|_{F^\sigma([-5/4,5/4])}$$

$$\leqslant C\|\Phi - \Phi'\|_{\widetilde{H}^\delta} + C(\|\Phi\|_{\widetilde{H}^\delta} + \|\Phi'\|_{\widetilde{H}^\delta}) \|\boldsymbol{v}(\Phi) - \boldsymbol{v}(\Phi')\|_{F^0([-5/4,5/4])}.$$

特别地, 当 $\sigma = 0$ 时,

$$\|\boldsymbol{v}(\Phi) - \boldsymbol{v}(\Phi')\|_{F^0([-5/4,5/4])} \leqslant C \|\Phi - \Phi'\|_{\widetilde{H}^0}.$$

再假设 $\phi \in H_r^\infty$,

$$\|\phi\|_{L^2} \leqslant \delta_0 = \delta/C, \quad \text{这里 } C \text{ 充分大}.$$

构造函数 $u_0, \tilde{u}, U_0, \boldsymbol{w} = (w_+, w_-, w_0)$,

$$\Phi = (\phi_+, \phi_-, \phi_0) = \left(e^{iU_0(\cdot,0)} P_{+\,\text{high}} \phi, e^{-iU_0(\cdot,0)} P_{-\,\text{high}} \phi, 0 \right).$$

显然, 由引理 3.12.1 可知 Φ 满足 (3.12.142), $\Phi \in \widetilde{H}^{20}$. 下面我们来证明

$$\boldsymbol{w} \equiv \boldsymbol{v}(\Phi) \text{ 在 } \mathbb{R} \times [-1, 1] \text{ 上}. \tag{3.12.147}$$

这里 $\boldsymbol{v}(\Phi)$ 是前面得到的解. 目前还不知道如何用代数的方式证明

$$e^{-iU_0} v_+ + e^{iU_0} v_- + v_0 + u_0$$

为原初值问题的一个解.

为了证明 (3.12.147), 首先证明

$$\|\boldsymbol{w}(t)\|_{\widetilde{H}^0} \leqslant C\delta_0, \quad \text{对任意的 } t \in [-5/4, 5/4]. \tag{3.12.148}$$

对于 w_+ 和 w_- 两项, 由 BO 方程的守恒律

$$\|\tilde{u}\|_{L_t^\infty L_x^2} + \|u_0\|_{L_t^\infty L_x^2} \leqslant 3\delta_0, \quad \text{对任意的 } t \in [-5/4, 5/4]. \tag{3.12.149}$$

再由定义 (3.4.8)、引理 3.12.1 可得 $(\|w_+\|_{\widetilde{H}^0} + \|w_-\|_{\widetilde{H}^0}) \leqslant C\delta_0$. 为了处理 w_0 这一项, 我们使用定义 (3.4.8) 和 (3.12.149), 所以只需要证明

$$\|\eta_0(\xi)\mathscr{F}_1\left(w_0(t)\right)(\xi)\|_{B_0} \leqslant C\delta_0, \quad t \in [-5/4, 5/4]. \tag{3.12.150}$$

应用方程 (3.4.7) (注意这里 $w_0(0) \equiv 0$). 接下来需要证明

$$\left\|\eta_0(\xi)\xi^2 \operatorname{sgn}(\xi)\mathscr{F}_1(\widetilde{u}(t))(\xi)\right\|_{B_0} + \left\|\eta_0(\xi)\xi\mathscr{F}_1\left(\widetilde{u}(t)\left(\widetilde{u}(t)/2 + u_0(t)\right)\right)(\xi)\right\|_{B_0} \leqslant C\delta_0. \tag{3.12.151}$$

这里 $t \in [-5/4, 5/4]$.

$$\left\|\eta_0(\xi)\xi^2 \operatorname{sgn}(\xi)\mathscr{F}_1(\widetilde{u}(t))(\xi)\right\|_{B_0}$$
$$\leqslant C \sum_{k' \leqslant 1} 2^{-k'} \left\|\chi_{k'}(\xi)\xi^2\mathscr{F}_1(\widetilde{u}(t))(\xi)\right\|_{L^2_\xi}$$
$$\leqslant C\|\widetilde{u}(t)\|_{L^2_x} \leqslant C\delta_0,$$
$$\left\|\eta_0(\xi)\xi\mathscr{F}_1\left(\widetilde{u}(t)\left(\widetilde{u}(t)/2 + u_0(t)\right)\right)(\xi)\right\|_{B_0}$$
$$\leqslant C \left\|\mathscr{F}_1^{-1}\left[\eta_0(\xi)\xi\mathscr{F}_1\left(\widetilde{u}(t)\left(\widetilde{u}(t)/2 + u_0(t)\right)\right)(\xi)\right]\right\|_{L^1_x}$$
$$\leqslant C\|\widetilde{u}(t)\|_{L^2_x} \|\widetilde{u}(t)/2 + u_0(t)\|_{L^2_x},$$

这就得到了 (3.12.148).

接下来, 我们证明存在 $\varepsilon = \varepsilon\left(\|\phi\|_{H^{100}}\right)$ 满足

$$\|w\|_{F^0([t_0-\varepsilon, t_0+\varepsilon])} \leqslant C\delta_0, \quad 对任意的 t_0 \in [-1, 1]. \tag{3.12.152}$$

令 $g(t) = \psi(t)\left(\partial_t + \mathcal{H}\partial_x^2\right)w$. 再由 (3.12.140), (3.12.141), (3.12.148), (3.12.131), 为证 (3.12.152) 仅需证明

$$\|\psi\left((t - t_0)/\varepsilon\right) \cdot g(t)\|_{N^0_6} \leqslant C\left(\|\phi\|_{H^{100}}\right)\varepsilon^{1/4}. \tag{3.12.153}$$

首先证明对任意的 $t \in [-5/4, 5/4]$,

$$\left\|\left(I - \partial_t^2\right)g(t)\right\|_{\widetilde{H}^{20}} \leqslant C\left(\|\phi\|_{H^{100}}\right) \tag{3.12.154}$$

成立. 为证 (3.12.154), 注意到 $\mathcal{H}\partial_x^2 : \widetilde{H}^\sigma \to \widetilde{H}^{\sigma-2}$ 是一个有界算子, 再由 g 的定义, 只需证明

$$\|\partial_t^\sigma w\|_{\widetilde{H}^{50}} \leqslant C\left(\|\phi\|_{H^{100}}\right), \quad \sigma = 0, 1, 2, 3.$$

应用定义 $w_\pm = e^{\pm iU_0} P_{\pm\,\mathrm{high}} \widetilde{u}$ 和引理 3.12.1, 对于 w_+ 和 w_-, (3.12.154) 是显然的. 对于 w_0, 应用恒等式

$$\partial_t w_0 = -\mathcal{H}\partial_x^2 w_0 - P_{\mathrm{low}}\partial_x\left((u_0 + \widetilde{u}/2)\cdot\widetilde{u}\right),$$

(3.12.148) 和 (3.12.150) 及其证明, 就可以证得 (3.12.154). 从 (3.12.154) 过渡到 (3.12.153), 不妨设 $t_0 = 0$, $\boldsymbol{g} = g$ 是单值函数, 现在仅需要证明

$$\|\psi(t/\varepsilon)\cdot g\|_{N_6^0} \leqslant C\varepsilon^{1/4}\left\|(I - \partial_t^2)\,g\right\|_{L_t^1 \widetilde{H}^{20}} \tag{3.12.155}$$

成立. 注意到 (3.12.155) 右端的 L_t^1 范数, 我们假设 $g(x,t) = h(x)K(t - t_0)$, 这里

$$K(t) = \int_{\mathbb{R}} \left(\tau^2 + 1\right)^{-1} e^{it\tau}\mathrm{d}\tau,$$

$$\left\|(I - \partial_t^2)\,g\right\|_{L_t^1 \widetilde{H}^{20}} \approx \|h\|_{\widetilde{H}^{20}}.$$

由空间的定义即可得到 (3.12.155).

现在就可以来证明 (3.12.147). 假设对某个 $t_0 \in [-1, 1]$, $\boldsymbol{w}(t_0) = \boldsymbol{v}(t_0) = \Psi$. 对 $t \in [t_0 - \varepsilon, t_0 + \varepsilon]$, 有

$$\begin{cases} \boldsymbol{w}(t) = W(t - t_0)\Psi + \displaystyle\int_{t_0}^t W(t - s)(\boldsymbol{E}(\boldsymbol{w})(s))\mathrm{d}s, \\ \boldsymbol{v}(t) = W(t - t_0)\Psi + \displaystyle\int_{t_0}^t W(t - s)(\boldsymbol{E}(\boldsymbol{v})(s))\mathrm{d}s. \end{cases}$$

将 $\boldsymbol{w}, \boldsymbol{v}$ 相减, 应用 (3.12.141), (3.12.142), (3.12.146), (3.12.152) 得到

$$\|\boldsymbol{v} - \boldsymbol{w}\|_{F^0([t_0 - \varepsilon, t_0 + \varepsilon])} \leqslant C\|\boldsymbol{E}(\boldsymbol{v}) - \boldsymbol{E}(\boldsymbol{w})\|_{N^0([t_0 - \varepsilon, t_0 + \varepsilon])}$$

$$\leqslant C\delta\|\boldsymbol{v} - \boldsymbol{w}\|_{F^0([t_0 - \varepsilon, t_0 + \varepsilon])}.$$

由此得在 $\mathbb{R} \times [t_0 - \varepsilon, t_0 + \varepsilon]$ 中, $\boldsymbol{v} \equiv \boldsymbol{w}$. 又因为 $\boldsymbol{w}(0) = \boldsymbol{v}(0) = \Phi$, 这就证明出 (3.12.147).

下面证明定理的 (a) 部分. 假设

$$\phi_n \in H_r^\infty, \qquad \lim_{n\to\infty} \phi_n = \phi \text{ 在 } L^2 \text{ 上}.$$

考虑到光滑流有如下的尺度变换

$$S^\infty(\phi_\lambda) = [S^\infty(\phi)]_\lambda,$$

这里 $\phi_\lambda(x) = \lambda\phi(\lambda x)$, $u_\lambda(x,t) = \lambda u(\lambda x, \lambda^2 t)$. 因为 (3.3.3) 的守恒律, 不妨设 $T = 1$. 现在仅需证明对任意的 $\varepsilon > 0$,

$$\left\| S_1^\infty(\phi_n) - S_1^\infty(\phi_m) \right\|_{L_t^\infty L_x^2} \leqslant \varepsilon, \quad m, n \text{ 充分大}. \tag{3.12.156}$$

固定充分大的 $M = M(\phi, \varepsilon)$, 定义

$$\widehat{\phi^M}(\xi) = \mathbf{1}_{[-M,M]}(\xi)\widehat{\phi}(\xi), \quad \widehat{\phi_n^M}(\xi) = \mathbf{1}_{[-M,M]}(\xi)\widehat{\phi_n}(\xi).$$

目前已知流映射 S_1^∞ 在空间 H_r^2 中可以连续的延拓 (见 [17]). 因为在 H_r^2 中, $\lim_{n\to\infty}\phi_n^M = \phi^M$,

$$\lim_{n,m\to\infty}\left\| S_1^\infty(\phi_n^M) - S_1^\infty(\phi_m^M) \right\|_{L_t^\infty H_x^2} = 0.$$

我们现在来估计 $\left\| S_1^\infty(\phi_n) - S_1^\infty(\phi_n^M) \right\|_{L_t^\infty L_x^2}$, 首先我们来构造下面定义的 Φ_n 和 Φ_n^M:

$$\Phi_n = \left(e^{iU_{0,n}} P_{+\,\mathrm{high}}\phi_n, e^{-iU_{0,n}} P_{-\,\mathrm{high}}\phi_n, 0 \right),$$
$$\Phi_n^M = \left(e^{iU_{0,n}} P_{+\,\mathrm{high}}\phi_n^M, e^{-iU_{0,n}} P_{-\,\mathrm{high}}\phi_n^M, 0 \right).$$

应用引理 3.4.1, (3.12.147)$(\sigma = 0)$ 和引理 3.12.1 可得

$$\left\| S_1^\infty(\phi_n) - S_1^\infty(\phi_n^M) \right\|_{L_t^\infty L_x^2} \leqslant C \left\| \boldsymbol{v}(\Phi_n) - \boldsymbol{v}(\Phi_n^M) \right\|_{L_{t\in[-1,1]}^\infty L_x^2}$$
$$\leqslant C \left\| \Phi_n - \Phi_n^M \right\|_{\widetilde{H}^0}$$
$$\leqslant C \left\| \phi_n - \phi_n^M \right\|_{L^2}$$
$$\leqslant C \left(\left\| \phi - \phi^M \right\|_{L^2} + \left\| \phi - \phi_n \right\|_{L^2} \right).$$

令 $M = M(\phi, \varepsilon)$ 和 n 趋近于无穷, 我们就得到了 (3.12.156).

下面证明定理的 (b) 部分. 不妨设 $\sigma \leqslant 2$. 与前面的讨论类似, 应用 (3.12.147) 可得

$$\left\| \boldsymbol{v}(\Phi_n) - \boldsymbol{v}(\Phi_n^M) \right\|_{F^\sigma([-5/4,5/4])}$$
$$\leqslant C \left\| \Phi_n - \Phi_n^M \right\|_{\widetilde{H}^\sigma} \left(1 + \left\| \Phi_n \right\|_{\widetilde{H}^\sigma} + \left\| \Phi_n^M \right\|_{\widetilde{H}^\sigma} \right). \qquad \Box$$

第 4 章 KdV-BO-Hirota 方程的 H^s 解

4.1 简　　介

本章主要研究下面非线性反散射方程初值问题解的存在性和唯一性:

$$\partial_t u + \alpha \mathcal{H}(\partial_x^2 u) + \beta \partial_x^3 u + \partial_x(u^2) = 0, \tag{4.1.1}$$

$$\partial_t u + i\alpha \partial_x^2 u + \beta \partial_x^3 u + \gamma \partial_x(|u|^2 u) = 0, \tag{4.1.2}$$

初值条件为

$$u(x,0) = \varphi(x) \in H^s(\mathbb{R}), \tag{4.1.3}$$

其中 $x \in \mathbb{R}, t \in \mathbb{R}, \alpha, \beta, \gamma$ 是实数, P.V. 代表 Cauchy 主值, $\mathcal{H}$ 代表 Hilbert 变换,

$$\mathcal{H}f(x) = \text{P.V.} \frac{1}{\pi} \int \frac{f(x-y)}{y} \mathrm{d}y.$$

一些文章研究了 (4.1.1)—(4.1.3) 的孤立波解的存在性、稳定性和渐近性质, 例如 [24, 25]. Linares [26] 证明若初值属于 L^2, $\alpha\beta < 0$ 且 $l = 2$, 则问题 (4.1.1)—(4.1.3) 存在局部解和整体解.

本章我们主要研究带有低正则性的问题 (4.1.1)—(4.1.3) 的适定性结果. 我们证明问题 (4.1.1)—(4.1.3) 存在 $H^s(\mathbb{R})$ $\left(s \geqslant -\dfrac{1}{8}\right)$ 的局部适定性, 利用 Fourier 限制范数法和压缩映射原理, 我们证明问题 (4.1.1)—(4.1.3) 存在 $L^2(\mathbb{R})$ 的整体适定性解且不满足 $\alpha\beta > 0$. Fourier 限制范数法是 Bourgain 在研究 KdV 方程和非线性 Schrödinger 方程周期问题时提出来的. 之后由 Kenig, Ponce 和 Vega 简化, 具体可参考 [28, 29].

Hirota 方程是数学物理的经典模型, 它包含了非线性 Schrödinger 方程和修正 KdV 方程, 特别地, 它包含了可导的非线性 Schrödinger 方程 [30-32]. 在 [49] 中, 得出了 (4.1.2)—(4.1.3) 初值问题的整体光滑解. 在 [34] 中, Laurey 得出了初值问题 (4.1.2)—(4.1.3) 的 H^s $\left(s > \dfrac{3}{4}\right)$ 中的局部适定性结论和 $H^s(s \geqslant 2, s = 1)$ 的全局适定性结论, 因此我们在这里只考虑 $1 \leqslant s \leqslant 2$ 的情况.

本章我们将利用 Fourier 限制范数法考虑初值问题 (4.1.2)—(4.1.3) 在 $H^s\left(s \geqslant \dfrac{1}{4}\right)$ 中的局部适定性结论, 若初值 $\varphi \in H^1$, 我们将证明初值问题 (4.1.2)—(4.1.3) 存在唯一局部解以及给出了先验估计, 故将局部解进一步推广为 H^1 上的整体解. 对于初值 $\varphi \in H^s(1 < s \leqslant 2) \subset H^1$, 首先我们得出存在唯一局部解 $u \in C([0, T_0]; H^1)$ 且由能量不等式可知解满足 $\|u\|_{H^1} \leqslant C$, 利用解的性质和三线性估计可得 $u \in C([0, T_0]; H^s)(1 < s \leqslant 2)$. 为了将初值问题 (4.1.2)—(4.1.3) 的解延拓到 H^s 的整体解, 我们利用如下迭代法: 将 $u(T_0)$ 作为初值, 得到局部解 $u \in C([T_0, T_1]; H^1)$, 类似于上述方法可得 $u \in C([T_0, T_1]; H^s)(1 < s \leqslant 2)$. 由先验估计 $\|u\|_{H^1} \leqslant C$, 连续使用上述过程可得结果.

这两个方程有相似的性质, 因为 KdV-BO 方程和 Hirota 方程都有反散射项 $\partial_x^3 u$, 故可使用相同方法.

为了研究上述方程, 我们使用等价的积分形式

$$u = S(t)\varphi + \int_0^t S(t - t')(\partial_x F(t')) \mathrm{d}t',$$

其中

$$S(t) = \mathscr{F}_x^{-1} e^{it(-\alpha\xi|\xi| + \beta\xi^3)} \mathscr{F}_x$$

或者

$$S(t) = \mathscr{F}_x^{-1} e^{it(\alpha\xi^2 + \beta\xi^3)} \mathscr{F}_x$$

是线性方程和相函数的单位分解. $F(x) = \partial_x(u^2)$ 或者 $\partial_x(|u|^2 u)$. 为了简单起见, $\phi(\xi) = -\alpha\xi|\xi| + \beta\xi^3$ 或者 $\phi(\xi) = \alpha\xi^2 + \beta\xi^3$.

下面我们介绍 Bourgain 空间的记号. 对 $s, b \in \mathbb{R}$, 我们定义 $X_{s,b}$ 为 $\mathbb{R}^2$ 上 Schwarz 函数在下列范数下的完备化

$$\|u\|_{X_{s,b}} = \|S(-t)u\|_{H_x^s H_t^b}$$

$$= \|\langle\xi\rangle^s \langle\tau - \phi(\xi)\rangle^b \mathscr{F}u\|_{L_\xi^2 L_\tau^2}$$

$$= \|\langle\xi\rangle^s \langle\tau + \alpha\xi|\xi| + \beta\xi^3\rangle^b \mathscr{F}u\|_{L_\xi^2 L_\tau^2},$$

其中 $\langle\cdot\rangle = (1 + |\cdot|)$, $\mathscr{F}u = \hat{u}(\tau, \xi)$ 表示 u 关于 t, x 的 Fourier 变换, $\mathscr{F}_{(\cdot)}u$ 表示 u 关于变量 $(\cdot)$ 的 Fourier 变换. $\psi \in C_0^\infty(\mathbb{R})$, 当 $x \in \left[-\dfrac{1}{2}, \dfrac{1}{2}\right]$ 时, $\psi(x) = 1$, 且 supp $\psi \subset [-1, 1]$. 若 $\delta \in \mathbb{R}$, 记 $\psi_\delta(\cdot) = \psi(\delta^{-1}(\cdot))$.

对于 KdV-BO 方程, 有如下定理.

定理 4.1.1　若 $s \geqslant -\dfrac{1}{8}, \dfrac{1}{2} < b < \dfrac{5}{8}$, 则存在常数 $T > 0$, 问题 (4.1.1)—(4.1.3) 存在唯一局部解 $u(x, t) \in C([0, T]; H^s) \cap X_{s,b}$ 且 $\varphi \in H^s$. 进一步, 给定 $t \in (0, T)$, 则映射 $\varphi \to u$ 是 $H^s \to C([0, T]; H^s)$ 上的 Lipschitz 连续.

问题 (4.1.1)—(4.1.3) 的光滑解满足 L_2 守恒律, 故而是 $H^s (s \geqslant 0)$ 上的解, 则我们可以得出 L_2 上的整体适定性.

定理 4.1.2　若 $s = 0$, 则定理 4.1.1 的解可以被延拓为任意的 $T > 0$.

定理 4.1.3　若 $s \geqslant \dfrac{1}{4}, \dfrac{1}{2} < b < \dfrac{5}{8}$, 则存在 $T > 0$, 问题 (4.1.2)—(4.1.3) 存在唯一局部解 $u(x, t) \in C([0, T]; H^s) \cap X_{s,b}$ 且 $\varphi \in H^s$. 进一步, 给定 $t \in (0, T)$, 则映射 $\varphi \to u$ 是 $H^s \to C([0, T]; H^s)$ 上的 Lipschitz 连续.

定理 4.1.4　若 $s \geqslant 1$, $\varphi \in H^s$, 则问题 (4.1.2)—(4.1.3) 在 H^s 上存在整体解. 若存在 $b > 1/2$ 满足

$$\|\partial_x(u_1 u_2)\|_{X_{s,b-1}} \leqslant C\|u_1\|_{X_{s,b}}\|u_2\|_{X_{s,b}}, \tag{4.1.4}$$

$$\|\partial_x(u_1 u_2 \bar{u}_3)\|_{X_{s,b-1}} \leqslant C\|u_1\|_{X_{s,b}}\|u_2\|_{X_{s,b}}\|u_3\|_{X_{s,b}}, \tag{4.1.5}$$

由 Picard 迭代法我们可以得到问题 (4.1.1)—(4.1.3) 和 (4.1.2)—(4.1.3) 的局部适定性结果.

我们只需要估计 (4.1.4)—(4.1.5) 来获得 Cauchy 问题的局部适定性结果. 因此我们需要下面估计.

4.2　预备知识

在这部分内容, 我们将给出一些估计. 记

$$P^N f = \int_{|\xi| \geqslant N} e^{ix\xi} \hat{f}(\xi) \mathrm{d}\xi,$$

$$P_N f = \int_{|\xi| < N} e^{ix\xi} \hat{f}(\xi) \mathrm{d}\xi,$$

$$\|f\|_{L_x^p L_t^q} = \left(\int_{-\infty}^{+\infty} \left(\int_{-\infty}^{+\infty} |f(x, t)|^q \mathrm{d}t \right)^{\frac{p}{q}} \mathrm{d}x \right)^{\frac{1}{p}},$$

$$\|f\|_{L_t^\infty H_x^s} = \|\|f\|_{H_x^s}\|_{L_t^\infty},$$

$$\mathscr{F} F_\rho(\xi, \tau) = \frac{f(\xi, \tau)}{(1 + |\tau - \phi(\xi)|)^\rho}.$$

引理 4.2.1 半群 $\{S(t)\}_{-\infty}^{+\infty}$ 满足

$$\|S(t)\varphi\|_{L_x^8 L_t^8} \leqslant \|\varphi\|_{L^2}. \tag{4.2.6}$$

引理 4.2.2

$$\|D_x S(t) P^{2a} \varphi\|_{L_x^\infty L_t^2} \leqslant \|\varphi\|_{L^2}. \tag{4.2.7}$$

$$\|D_x^{-\frac{1}{4}} S(t) P^a \varphi\|_{L_x^4 L_t^\infty} \leqslant \|\varphi\|_{L^2}. \tag{4.2.8}$$

$$\|D_x^{\frac{1}{6}} P^{2a} S(t) \varphi\|_{L_x^6 L_t^6} \leqslant \|\varphi\|_{L^2}. \tag{4.2.9}$$

注: 在引理 4.2.2 的证明中, 我们引入算子 P^N 来消去 $\phi(\xi)$ 的非零奇点. 可参考 [36].

引理 4.2.3 若 $\rho > \dfrac{1}{2}$, 则对 $\forall N > 0$, 有

$$\|P_N F_\rho\|_{L_x^2 L_t^\infty} \leqslant C\|f\|_{L_\xi^2 L_\tau^2}.$$

引理 4.2.4 (i) 若 $\rho > \dfrac{1}{3}$, 则

$$\|F_\rho\|_{L_x^4 L_t^4} \leqslant C\|f\|_{L_\xi^2 L_\tau^2}.$$

(ii) 若 $\rho > \dfrac{2}{9}$, 则

$$\|F_\rho\|_{L_x^3 L_t^3} \leqslant C\|f\|_{L_\xi^2 L_\tau^2}.$$

引理 4.2.5 (i) 若 $\rho > \dfrac{\theta}{2}$, $\theta \in [0,1]$, 则

$$\|D_x^\theta P^{2a} F_\rho\|_{L_x^{\frac{2}{1-\theta}} L_t^2} \leqslant C\|f\|_{L_\xi^2 L_\tau^2}.$$

(ii) 若 $\rho > \dfrac{1}{2}$, 则

$$\|D_x^{-\frac{1}{4}} P^{2a} F_\rho\|_{L_x^4 L_t^\infty} \leqslant C\|f\|_{L_\xi^2 L_\tau^2}.$$

(iii) 若 $\rho > \dfrac{3}{8}$, 则

$$\|D_x^{\frac{1}{8}} P^{2a} F_\rho\|_{L_x^4 L_t^4} \leqslant C\|f\|_{L_\xi^2 L_\tau^2}.$$

注记 4.2.6　我们可由引理 4.2.1、引理 4.2.2 推出引理 4.2.3—引理 4.2.5.

引理 4.2.7　假设函数 $\bar{f}$, $\hat{f}_1$, $\hat{f}_2$, $\hat{f}_3$ 属于 $\mathbb{R}^2$ 上的 Schwarz 空间,

$$\int_{\xi=\xi_1+\xi_2+\xi_3;\tau=\tau_1+\tau_2+\tau_3} \bar{\hat{f}}(\xi,\tau)\hat{f}_1(\xi_1,\tau_1) \cdot \hat{f}_2(\xi_2,\tau_2)\hat{f}_3(\xi_3,\tau_3)\mathrm{d}\delta$$

$$= \int f f_1 f_2 f_3 \mathrm{d}x\mathrm{d}t,$$

$$\int_{\xi=\xi_1+\xi_2;\tau=\tau_1+\tau_2} \bar{\hat{f}}(\xi,\tau)\hat{f}_1(\xi_1,\tau_1)\hat{f}_2(\xi_2,\tau_2)\mathrm{d}\delta = \int f f_1 f_2 \mathrm{d}x\mathrm{d}t.$$

引理 4.2.8　若 $s \in \mathbb{R}$, $\dfrac{1}{2} < b < b' < 1$, $0 < \delta < 1$, 则

$$\|\psi_\delta(t)S(t)\varphi\|_{X_{s,b}} \leqslant C\delta^{\frac{1}{2}-b}\|\varphi\|_{H^s},$$

$$\left\|\psi_\delta(t)\int_0^t S(t-\tau)F(\tau)\mathrm{d}\tau\right\|_{X_{s,b}} \leqslant C\delta^{\frac{1}{2}-b}\|F\|_{X_{s,b-1}},$$

$$\left\|\psi_\delta(t)\int_0^t S(t-\tau)F(\tau)\mathrm{d}\tau\right\|_{L_t^\infty H_x^s} \leqslant C\delta^{\frac{1}{2}-b}\|F\|_{X_{s,b-1}},$$

$$\|\psi_\delta(t)F\|_{X_{s,b-1}} \leqslant C\delta^{b'-b}\|F\|_{X_{s,b'-1}}.$$

4.3　局部结果

在该部分, 我们将得到 (4.1.4)—(4.1.5), 并且有下面定理.

定理 4.3.1　若 $b > \dfrac{1}{2}$ 且无限接近 $\dfrac{1}{2}$, $b' > \dfrac{1}{2}$ 且 $s \geqslant -\dfrac{1}{8}$, 则我们有

$$\|\partial_x(u_1u_2)\|_{X_{s,b-1}} \leqslant C\|u_1\|_{X_{s,b'}}\|u_2\|_{X_{s,b'}}.$$

定理 4.3.2　若 $s \geqslant \dfrac{1}{4}$, $\dfrac{5}{8} > b > \dfrac{1}{2}$, $b' > \dfrac{1}{2}$, 则

$$\|\partial_x(u_1u_2\bar{u}_3)\|_{X_{s,b-1}} \leqslant C\|u_1\|_{X_{s,b'}}\|u_2\|_{X_{s,b'}}\|u_3\|_{X_{s,b'}}.$$

注记 4.3.3　在定理 4.3.1 和定理 4.3.2 的证明中, 我们引入算子 P^N, 选取合适的 N, 我们有

$$\|D_x S(t)P^N\varphi\|_{L_x^\infty L_t^2} \leqslant C\|\varphi\|_{L^2},$$

$$\|S(t)P^N\varphi\|_{L_x^4 L_t^\infty} \leqslant C\|\varphi\|_{H^{\frac{1}{4}}}.$$

上面两不等式分别称为反散射方程的整体光滑性和局部光滑性. 因此, 我们将把 Bourgain 空间分为两部分 $|\xi| < N, |\xi| \geqslant N$. 我们将使用上面的整体光滑性和局部光滑性证明 $|\xi| \geqslant N$ 部分, 使用 Strichartz 估计证明 $|\xi| \leqslant N$ 部分.

接下来, 我们将给出定理 4.1.1 和定理 4.1.3 证明的框架. 对于 $\varphi \in H^s$, 我们定义算子

$$\Phi(u) = \psi_1(t)S(t)\varphi - \psi_1(t) \int_0^t S(t-t')\psi_\delta(t')F(t')\mathrm{d}t',$$

$$\mathcal{B} = \{u \in X_{s,b} : \|u\|_{X_{s,b}} \leqslant C\|\varphi\|_{H^s}\}.$$

为了证明 Φ 在 $\mathcal{B}$ 上是压缩映射, 我们将证明

$$\Phi(\mathcal{B}) \subset \mathcal{B}.$$

首先考虑线性估计

$$\|\psi_\delta(t)S(t)\varphi\|_{X_{s,b}} \leqslant C\delta^{\frac{1}{2}-b}\|\varphi\|_{H^s},$$

$$\left\|\psi_\delta(t) \int_0^t S(t-t')F(t')\mathrm{d}t'\right\|_{X_{s,b}} \leqslant C\delta^{\frac{1}{2}-b}\|F\|_{X_{s,b-1}},$$

$$\left\|\psi_\delta(t) \int_0^t S(t-t')F(t')\mathrm{d}t'\right\|_{L_t^\infty H_x^s} \leqslant C\delta^{\frac{1}{2}-b}\|F\|_{X_{s,b-1}}.$$

接下来考虑非线性估计 (定理 4.3.1 和定理 4.3.2).

对于 KdV-BO 方程, 我们有

$$\|\Phi(u)\|_{X_{s,b}} \leqslant C\|\varphi\|_{H^s} + C\delta^{b'-b}\|u\|_{X_{s,b}}^2$$
$$\leqslant C\|\varphi\|_{H^s} + C\delta^{b'-b}\|\varphi\|_{H^s}\|u\|_{X_{s,b}}.$$

因此, 若 $C\delta^{b'-b}\|\varphi\|_{H^s} \leqslant \dfrac{1}{2}$, 则有

$$\Phi(\mathcal{B}) \subset \mathcal{B}.$$

令 $u, v \in \mathcal{B}$, 利用相似的证明方法, 我们有

$$\|\Phi(u) - \Phi(v)\|_{X_{s,b}} \leqslant \frac{1}{2}\|u - v\|_{X_{s,b}}.$$

因此, Φ 在 $\mathcal{B}$ 上是压缩映射.

对于 Hirota 方程, 我们有

$$\|\Phi(u)\|_{X_{s,b}} \leqslant C\|\varphi\|_{H^s} + C\delta^{b'-b}\|u\|_{X_{s,b}}^3$$
$$\leqslant C\|\varphi\|_{H^s} + C\delta^{b'-b}\|\varphi\|_{H^s}^2\|u\|_{X_{s,b}}.$$

因此, 若 $C\delta^{b'-b}\|\varphi\|_{H^s}^2 \leqslant \dfrac{1}{2}$, 则有

$$\Phi(\mathcal{B}) \subset \mathcal{B}.$$

4.4　Hirota 方程在 $H^s(1 \leqslant s \leqslant 2)$ 上的整体解

在该部分, 我们有 Hirota 方程的三线性估计.

引理 4.4.1　取 $s \geqslant 0, \dfrac{1}{2} < b \leqslant \dfrac{2}{3}, b' > \dfrac{1}{2}$. 则

$$\|u_1 u_2 \partial_x(\bar{u}_3)\|_{X_{s,b-1}} \leqslant C\|u_1\|_{X_{s_1,b'}}\|u_2\|_{X_{s_2,b'}}\|u_3\|_{X_{s_3,b'}}, \tag{4.4.10}$$

$$\|u_1 \bar{u}_2 \partial_x(u_3)\|_{X_{s,b-1}} \leqslant C\|u_1\|_{X_{s_1,b'}}\|u_2\|_{X_{s_2,b'}}\|u_3\|_{X_{s_3,b'}}. \tag{4.4.11}$$

证明　这里选取不同的非负数 (s_1, s_2, s_3) 满足下面条件

$$s_1 + s_3 \geqslant 2b - 1, \quad s_2 + s_3 \geqslant 2b - 1, \tag{4.4.12}$$

$$s_1 - s_2 \leqslant 1, \quad s - s_1 \leqslant 1, \tag{4.4.13}$$

$$1 + s_1 \geqslant s, \quad 1 + s_2 \geqslant s, \tag{4.4.14}$$

$$s_1 + s_3 \geqslant \frac{2}{3}, \quad s_2 + s_3 \geqslant \frac{2}{3}, \tag{4.4.15}$$

$$s = s_3, \tag{4.4.16}$$

$$s - \min(1 - b, s_2) \leqslant s_1 + s_3 + 1 - 2b, \tag{4.4.17}$$

$$1 - \min(1 - b, s_2) \leqslant s_1 - s + 2(1 - b). \tag{4.4.18}$$

事实上, 我们选取 $1 \leqslant s = s_3 \leqslant 2, 1 \leqslant s_1, s_2 \leqslant 2$, 则 (4.4.10) 和 (4.4.11) 成立. □

　　引理 4.4.2　若初值 $\varphi \in H^1$, 则 Cauchy 问题 (4.1.2)—(4.1.3) 是局部适定的, 并且 u 满足 $\|u\|_{H^1} \leqslant C$.

　　注记 4.4.3　我们使用推广的三线性估计使得 Cauchy 问题 (4.1.2)—(4.1.3) 的局部解 u 在 $H^s(1 < s \leqslant 2)$ 上整体化. 因此对于初值 $\varphi \in H^s$ 我们可以得到 $u \in C((0, \infty); H^s)$.

第 5 章　BO 长短波方程的 H^s 解

5.1　引　　言

长、短波相互作用的物理现象出现的许多问题中, 短波一般由 Schrödinger 型方程来描述, 而长波方程有水波方程的特征. 这一章, 我们要讨论长波方程是深水的 Benjamin-Ono 方程.

我们考虑如下的 Cauchy 问题

$$
\begin{cases}
i\partial_t u + \partial_x^2 u = uv + |u|^2 u, & (t,x) \in \mathbb{R}, \\
\partial_t v + \nu \partial_x \mathcal{H} \partial_x v = \partial_x |u|^2, \\
u(0,x) = u_0(x), \quad v(0,x) = v_0(x),
\end{cases}
\tag{5.1.1}
$$

其中参数 $\nu = 1$. $\mathcal{H}$ 表示 Hilbert 变换

$$
\mathcal{H}f(x) = \frac{1}{\pi} \mathrm{P.V.} \int_{\mathbb{R}} \frac{f(x-y)}{y} \mathrm{d}y,
$$

可将方程 (5.1.1) 写成积分方程形式

$$
u(t) = S(t)\varphi - i \int_0^t S(t-\tau)(uv + |u|u)(\tau)\mathrm{d}\tau,
$$

$$
v(t) = W(t)\varphi + i \int_0^t W(t-\tau)\partial_x |u|^2(\tau)\mathrm{d}\tau,
$$

其中

$$
S(t) = \mathscr{F}_x^{-1} e^{-it|\xi|^2} \mathscr{F}_x, \quad W(t) = \mathscr{F}_x^{-1} e^{-it\xi|\xi|} \mathscr{F}_x.
$$

定义 5.1.1　设 $s,b \in \mathbb{R}$, 以 $X_{s,b}, Y_{s,b}$ 分别表示 Bourgain 函数空间, 其模如下:

$$
\|u\|_{X_{s,b}} = \left\| \langle \xi \rangle^s \langle \tau + |\xi|^2 \rangle^b \mathscr{F}u \right\|_{L_\xi^2 L_\tau^2},
$$

$$
\|v\|_{Y_{s,b}} = \left\| \langle \xi \rangle^s \langle \tau + \xi|\xi| \rangle^b \mathscr{F}v \right\|_{L_\xi^2 L_\tau^2}.
$$

守恒律:

(i) $\|u(t)\|_{L^2} = \|u_0\|_{L^2}$;

(ii) $\|\partial_x u(t)\|_{L^2} + \int v(t)|v(t)|^2 \mathrm{d}x - \dfrac{1}{2}\|D^{\frac{1}{2}}_x u(t)\|_{L^2}^2 = \|\partial_x u_0\|_{L^2} + \int v_0|v_0|^2 \mathrm{d}x - \dfrac{1}{2}\|D^{\frac{1}{2}}_x u_0\|_{L^2}^2$, 其中 $\langle\cdot\rangle = 1 + |\cdot|$.

显然有 $\|u\|_{X_{s_1,b_1}} \leqslant \|u\|_{X_{s_2,b_2}}$, $\|v\|_{Y_{s_1,b_1}} \leqslant \|v\|_{Y_{s_2,b_2}}$, 其中 $s_1 \leqslant s_2, b_1 \leqslant b_2$. 记 $\hat{u}(\tau,\xi) = \mathscr{F}u$,

$$\sigma = \tau + \xi^2, \quad \sigma_j = \tau_j + \xi_j^2, \quad \bar\sigma_j = \tau_j - \xi_j^2, \quad j=1,2,3$$
$$\lambda = \tau + \xi|\xi|, \quad \lambda_j = \tau_j + \xi_j|\xi_j|, \quad j=1,2$$

以 $\displaystyle\int_\star$ 表示卷积分

$$\int_{\xi=\xi_1+\xi_2;\tau=\tau_1+\tau_2} \mathrm{d}\tau_1\mathrm{d}\tau_2\mathrm{d}\xi_1\mathrm{d}\xi_2, \quad \int_{\xi=\xi_1+\xi_2+\xi_3;\tau=\tau_1+\tau_2+\tau_3} \mathrm{d}\tau_1\mathrm{d}\tau_2\mathrm{d}\tau_3\mathrm{d}\xi_1\mathrm{d}\xi_2\mathrm{d}\xi_3.$$

设 $\psi \in C_0^\infty(\mathbb{R})$, $\psi(x) = 1$, $x \in \left[-\dfrac{1}{2},\dfrac{1}{2}\right]$, $\operatorname{supp}\psi \subset [-1,1]$. 对某 $\delta \in \mathbb{R}$, $\psi_\delta(\cdot) = \psi(\delta^{-1}(\cdot))$.

我们要证 Cauchy 问题 (5.1.1) 有如下局部存在定理.

定理 5.1.2　设 $\dfrac{1}{4} \leqslant s, \dfrac{1}{2} < b < \dfrac{5}{8}$, 则存在常数 $T > 0$, 使得 Cauchy 问题 (5.1.1) 有唯一局部解

$$(u(x,t), v(x,t)) \in C\left([-T,T];H^s\right) \times C\left([-T,T];H^{s-\frac{1}{2}}\right).$$

对于 $(u_0,v_0) \in H^s(\mathbb{R}) \times H^{s-1}(\mathbb{R})$, 有 $(u_0,v_0) \to (u(x,t),v(x,t))$, 从 $H^s(\mathbb{R}) \times H^{s-1}(\mathbb{R})$ 到 $C\left([-T,T];H^s\right) \times C\left([-T,T];H^{s-\frac{1}{2}}\right)$ 是 Lipschitz 连续的.

5.2　某些估计的引理

首先引入符号

$$P_N f = \int_{|\xi|\leqslant N} e^{ix\xi}\hat{f}(\xi)\mathrm{d}\xi,$$

$$\|f\|_{L_x^p L_t^q} = \left(\int_{-\infty}^\infty \left(\int_{-\infty}^\infty |f(x,t)|^q\mathrm{d}t\right)^{\frac{p}{q}}\mathrm{d}x\right)^{\frac{1}{p}}, \quad \|f\|_{L_t^\infty H_x^s} = \|\|f\|_{H_x^s}\|_{L_t^\infty},$$

$$\mathscr{F}F_\rho(\xi,\tau) = \frac{f(\xi,\tau)}{(1+|\tau+|\xi|^2|)^\rho} \quad \left(\text{或}\ \frac{f(\xi,\tau)}{(1+|\tau-|\xi|^2|)^\rho}\right),$$

$$\mathscr{F}G_\rho(\xi,\tau) = \frac{g(\xi,\tau)}{(1+|\tau+\xi|\xi||)^\rho}.$$

引理 5.2.1 群 $\{S(t)\}_{-\infty}^{+\infty}$, $\{W(t)\}_{-\infty}^{+\infty}$ 分别满足

$$\|S(t)u_0\|_{L_x^6 L_t^6} \leqslant C\|u_0\|_{L^2}, \tag{5.2.2}$$

$$\left\|D_x^{\frac{1}{2}}S(t)u_0\right\|_{L_x^\infty L_t^2} \leqslant C\|u_0\|_{L_\xi^2}, \tag{5.2.3}$$

$$\|S(t)u_0\|_{L_x^4 L_t^\infty} \leqslant C\left\|D_x^{\frac{1}{2}}u_0\right\|_{L_\xi^2}, \tag{5.2.4}$$

$$\|W(t)v_0\|_{L_x^6 L_t^6} \leqslant C\|v_0\|_{L^2}, \tag{5.2.5}$$

$$\left\|D_x^{\frac{1}{2}}W(t)v_0\right\|_{L_x^\infty L_t^2} \leqslant C\|v_0\|_{L_\xi^2}, \tag{5.2.6}$$

$$\|W(t)v_0\|_{L_x^4 L_t^\infty} \leqslant C\left\|D_x^{\frac{1}{2}}v_0\right\|_{L_\xi^2}. \tag{5.2.7}$$

引理 5.2.2 任取 $\rho>0$, $N>0$, 有

$$\|P_N F_\rho\|_{L_x^2 L_t^\infty} \leqslant C\|f\|_{L_\xi^2 L_\tau^2}. \tag{5.2.8}$$

引理 5.2.3 若 $\rho>\dfrac{3}{8}$, 则

$$\|F_\rho\|_{L_x^4 L_t^4} \leqslant C\|f\|_{L_\xi^2 L_\tau^2}, \tag{5.2.9}$$

作变元变换 $\tau=\eta-\xi^2$, 有

$$F_\rho(x,t) = \int_{-\infty}^\infty \int_{-\infty}^\infty e^{i(x\xi+t\tau)}\frac{f(\xi,\tau)}{(1+(\tau+\xi^2))^\rho}\mathrm{d}\xi\mathrm{d}\tau$$

$$= \int_{-\infty}^\infty e^{it\eta}\left(\int_{-\infty}^\infty e^{i(x\xi+t\xi^2)}f(\xi,\eta-\xi^2)\mathrm{d}\xi\right)\frac{\mathrm{d}\eta}{(1+|\eta|)^\rho}.$$

利用不等式 (5.2.2) 和 Minkowski 不等式, 取 $\rho>\dfrac{1}{2}$, 则

$$\|F_\rho\|_{L_x^6 L_t^6} \leqslant C\int_{-\infty}^\infty \left\|f\left(\xi,\eta-\xi^2\right)\right\|_{L_\xi^2}\frac{\mathrm{d}\eta}{(1+|\eta|)^\rho} \leqslant C\|f\|_{L_\xi^2 L_\tau^2}, \tag{5.2.10}$$

$$\|F_\rho\|_{L_x^2 L_t^2} \leqslant C\|f\|_{L_\xi^2 L_\tau^2}, \tag{5.2.11}$$

对 (5.2.10) (5.2.11) 进行插值, 对 $\rho > \dfrac{3}{8}$ 有

$$\|F_\rho\|_{L_x^4 L_t^4} \leqslant C\|f\|_{L_\xi^2 L_\tau^2}. \tag{5.2.12}$$

引理 5.2.4   (i) 若 $\rho > \dfrac{\theta}{2}$, 则有

$$\left\| D_x^{\frac{\theta}{2}} F_\rho \right\|_{L_x^{\frac{2}{1-\theta}} L_t^2} \leqslant C\|f\|_{L_\xi^2 L_\tau^2}; \tag{5.2.13}$$

(ii) 若 $\rho > \dfrac{1}{2}$, 则有

$$\left\| D_x^{-\frac{1}{4}} F_\rho \right\|_{L_x^4 L_t^\infty} \leqslant C\|f\|_{L_\xi^2 L_\tau^2}. \tag{5.2.14}$$

注记 5.2.5   引理 5.2.2—引理 5.2.4, 若换成 G_ρ 也成立.

引理 5.2.6   设 f, f_1, f_2 和 f_3 在 $\mathbb{R}^2$ 中的 Schwarz 空间上, 则

(i) $\displaystyle\int_* \bar{\hat{f}}(\xi, \tau) \hat{f}_1(\xi_1, \tau_1) \hat{f}_2(\xi_2, \tau_2) \hat{f}_3(\xi_3, \tau_3) \,\mathrm{d}\delta = \int \bar{f} f_1 f_2 f_3(x, t)\mathrm{d}x\mathrm{d}t,$

(ii) $\displaystyle\int_* \bar{\hat{f}}(\xi, \tau) \hat{f}_1(\xi_1, \tau_1) \hat{f}_2(\xi_2, \tau_2) \,\mathrm{d}\delta = \int \bar{f} f_1 f_2(x, t)\mathrm{d}x\mathrm{d}t.$

证明   (ii) 的证明类似于 (i) 的证明, 仅证 (i). 考虑变量变换

$$\int_{\xi=\xi_1+\xi_2+\xi_3} \bar{\hat{f}}(\xi) \hat{f}_1(\xi_1) \hat{f}_2(\xi_2) \hat{f}_3(\xi_3) \mathrm{d}\delta$$

$$= \int_{\xi=\xi_1+\xi_2+\xi_3} \bar{\hat{f}}(-\xi) \hat{f}_1(\xi_1) \hat{f}_2(\xi_2) \hat{f}_3(\xi_3) \mathrm{d}\delta$$

$$= \int_{\xi_1} \int_{\xi_2'} \int_{\xi_3'} \bar{\hat{f}}(-\xi_3') \hat{f}_1(\xi_1) \hat{f}_2(\xi_2' - \xi_1) \hat{f}_3(\xi_3' - \xi_2') \mathrm{d}\xi \mathrm{d}\xi_2' \mathrm{d}\xi_3'$$

$$= \bar{\hat{f}} * \hat{f}_1 * \hat{f}_2 * \hat{f}_3(0) = \mathscr{F} \bar{f} f_1 f_2 f_3(0)$$

$$= \int \bar{f} f_1 f_2 f_3(x) \mathrm{d}x. \qquad \square$$

引理 5.2.7   若 $s \in \mathbb{R}, \dfrac{1}{2} < b < b' < 1, 0 < \delta \leqslant 1$, 则

$$\|\psi_\delta(t) S(t)\varphi\|_{X_{s,b}} \leqslant C\delta^{\frac{1}{2}-b} \|\varphi\|_{H^s},$$

$$\left\| \psi_\delta(t) \int_0^t S(t-\tau) F(\tau) \mathrm{d}\tau \right\|_{X_{s,b}} \leqslant C\delta^{\frac{1}{2}-b}\|F\|_{X_{s,b-1}},$$

$$\left\| \psi_\delta(t) \int_0^t S(t-\tau) F(\tau) \, \mathrm{d}\tau \right\|_{L_t^\infty H^s} \leqslant C \|F\|_{X_{s,b-1}},$$

$$\|\psi_\delta(t) F\|_{X_{s,b-1}} \leqslant C \delta^{b'-b} \|f\|_{X_{s,b'-1}}.$$

若将 $S(t)$ 换成 $W(t)$, 本引理仍成立.

5.3 非线性估计

引理 5.3.1 对 $s \geqslant 0, b, b' \in \left(\dfrac{1}{2}, 1 \right)$, 则有

$$\left\| |u|^2 u \right\|_{X_{s,b-1}} \leqslant C \left\| u \right\|_{X_{s,b}}^3.$$

证明 由对偶和 Plancherel 等式, 只要证明

$$\gamma = \int_\star \langle \xi \rangle^s \frac{\bar{f}(\tau, \xi)}{\langle \sigma \rangle^{1-b}} \mathscr{F} u(\tau_1, \xi_1) \mathscr{F} u(\tau_2, \xi_2) \mathscr{F} \bar{u}_3(\tau_3, \xi_3) \, \mathrm{d}\delta$$

$$= \int_\star \frac{\langle \xi \rangle^s}{\langle \sigma \rangle^{1-b} \prod\limits_{j=1}^3 \langle \xi_j \rangle^s \langle \sigma_1 \rangle^{b'} \langle \bar{\sigma}_2 \rangle^{b'} \langle \sigma_3 \rangle^{b'}} \bar{f}(\tau, \xi) f_1(\tau_1, \xi_1) f_2(\tau_2, \xi_2) f_3(\tau_3, \xi_3) \, \mathrm{d}\delta$$

$$\leqslant C \|f\|_{L^2} \prod_{j=1}^3 \|f_j\|_{L^2}, \quad \bar{f} \in L^2, \bar{f} > 0,$$

其中 $f_j = \langle \xi_j \rangle^s \langle \sigma_j \rangle^{b'}$, $j = 1, 2, f_3 = \langle \xi_3 \rangle^s \langle \bar{\sigma}_3 \rangle^{b'} \hat{\bar{u}}$, $\xi = \xi_1 + \xi_2 + \xi_3$, $\tau = \tau_1 + \tau_2 + \tau_3$. 这里

$$\|f_j\|_{L^2} = \|u\|_{X_{s,b}}, \quad j = 1, 2, 3.$$

令

$$\mathscr{F} F_\rho^j(\xi, \tau) = \frac{f_j(\xi, \tau)}{(1 + |\tau + |\xi|^2|)^\rho}, \quad j = 1, 2,$$

$$\mathscr{F} F_\rho^3(\xi, \tau) = \frac{f_3(\xi, \tau)}{(1 + |\tau - |\xi|^2|)^\rho},$$

$$K(\xi, \xi_1, \xi_2, \xi_3) = \frac{\langle \xi \rangle^s}{\langle \xi_1 \rangle^s \langle \xi_2 \rangle^s \langle \xi_3 \rangle^s}.$$

我们分几个区域讨论积分的有界性.

(I) $|\xi| \leqslant 2$. 我们有

$$K(\xi,\xi_1,\xi_2,\xi_3) \leqslant C,$$

推之, 积分 γ 在此区域有界

$$\int_\star \frac{\bar{f}(\tau,\xi) f_1(\tau_1,\xi_1) f_2(\tau_2,\xi_2) f_3(\tau_3,\xi_3)\,\mathrm{d}\delta}{\langle\sigma\rangle^{1-b}\langle\sigma_1\rangle^{b'}\langle\bar{\sigma}_2\rangle^{b'}\langle\sigma_3\rangle^{b'}}$$

$$= C\int \overline{F_{1-b}}\cdot F_{b'}^1\cdot F_{b'}^2\cdot F_{b'}^3(x,t)\mathrm{d}x\mathrm{d}t$$

$$\leqslant C\|F_{1-b}\|_{L_x^3 L_t^3}\|F_{b'}^1\|_{L_x^6 L_t^6}\|F_{b'}^2\|_{L_x^4 L_t^4}\|F_{b'}^3\|_{L_x^4 L_t^4}$$

$$\leqslant C\|f\|_{L_\xi^2 L_\tau^2}\|f_1\|_{L_\xi^2 L_\tau^2}\|f_2\|_{L_\xi^2 L_\tau^2}\|f_3\|_{L_\xi^2 L_\tau^2}$$

$$\leqslant C\|f\|_{L_\xi^2 L_\tau^2}\|u\|_{X_{s,b}}^3,$$

其中我们用到了引理 5.2.2 和引理 5.2.6.

(II) $|\xi| \geqslant 2$. 我们有 $|\xi| \leqslant 3\max(|\xi_1|,|\xi_2||\xi_3|)$, 不失一般性, 假设 $|\xi| \leqslant 3|\xi_1|$, 可推得

$$K(\xi,\xi_1,\xi_2,\xi_3) \leqslant C\frac{1}{\langle\xi_2\rangle^s\langle\xi_3\rangle^s} \leqslant C,$$

可得类似于 (I) 的结果. 引理 5.3.1 证毕. □

引理 5.3.2　设 $u \in X_{s,b'}, s\geqslant 0, \frac{1}{2}<b<\frac{5}{8}, b'\in\left(\frac{1}{2},1\right)$, 则有

$$\||\partial_x|u|^2\|_{Y_{s-\frac{1}{2},b-1}} \leqslant C\|u\|_{X_{s,b}^2}.$$

证明　类似于引理 5.3.1 的证明, 由对偶和 Plancherel 等式, 只需证明

$$\Lambda = \int_\star \langle\xi\rangle^{s-\frac{1}{2}}\frac{\bar{g}(\tau,\xi)}{\langle\lambda\rangle^{1-b}}\mathscr{F}u(\tau_1,\xi_1)\mathscr{F}\bar{u}(\tau_2,\xi_2)\,\mathrm{d}\delta$$

$$= \int_\star \frac{\langle\xi\rangle^{s-\frac{1}{2}}|\xi|}{\langle\lambda\rangle^{1-b}\langle\xi_1\rangle^s\langle\sigma_1\rangle^{b'}\langle\xi_2\rangle^s\langle\bar{\sigma}_2\rangle^{b'}}\bar{g}(\tau,\xi)f_1(\tau_1,\xi_1)f_2(\tau_2,\xi_2)\,\mathrm{d}\delta$$

$$\leqslant C\|g\|_{L^2}\prod_{j=1}^2\|f_j\|_{L^2},\quad \bar{g}\in L^2, \bar{g}>0,$$

其中 $f_1 = \langle\xi_1\rangle^s\langle\sigma_1\rangle^{b'}\hat{u}, f_2 = \langle\xi_2\rangle^s\langle\bar{\sigma}_2\rangle^{b'}\hat{u},\ \xi=\xi_1+\xi_2, \tau=\tau_1+\tau_2$.

注意到 $\|f_j\|_{L^2} = \|u\|_{X_{s,b}}, j=1,2$, 且令

$$\mathscr{F}F_\rho^1(\xi,\tau) = \frac{f_1(\xi,\tau)}{(1+|\tau+|\xi|^2|)^\rho},\quad \mathscr{F}F_\rho^2(\xi,\tau) = \frac{f_2(\xi,\tau)}{(1+|\tau-|\xi|^2|)^\rho},$$

$$\mathscr{F}G_\rho(\xi,\tau) = \frac{g(\xi,\tau)}{(1+|\tau+\xi|\xi||)^\rho}, \quad K(\xi,\xi_1,\xi_2) = \frac{\langle\xi\rangle^{s-\frac{1}{2}}|\xi|}{\langle\xi_1\rangle^s\langle\xi_2\rangle^s}.$$

为了证明积分 Λ 的有界性, 分几个积分区域证明. 由对称性, 充分估计区域

$$|\xi_1| \leqslant |\xi_2|.$$

(I) $|\xi| \leqslant 2$. 我们有

$$K(\xi,\xi_1,\xi_2) \leqslant C,$$

推之, 积分 Λ 在这个区域有界于

$$\int_\star \frac{\bar{g}(\tau,\xi)f_1(\tau_1,\xi_1)f_2(\tau_2,\xi_2)\,\mathrm{d}\delta}{\langle\lambda\rangle^{1-b}\langle\sigma_1\rangle^{b'}\langle\bar{\sigma}_2\rangle^{b'}}$$

$$= C\int \overline{G_{1-b}}\cdot F_{b'}^1\cdot F_{b'}^2(x,t)\mathrm{d}x\mathrm{d}t$$

$$\leqslant C\|G_{1-b}\|_{L_x^2 L_t^2}\|F_{b'}^1\|_{L_x^4 L_t^4}\|F_{b'}^2\|_{L_x^4 L_t^4}$$

$$\leqslant C\|g\|_{L_\xi^2 L_\tau^2}\|f_1\|_{L_\xi^2 L_\tau^2}\|f_2\|_{L_\xi^2 L_\tau^2}$$

$$\leqslant C\|g\|_{L_\xi^2 L_\tau^2}\|u\|_{X_{s,b}}^2,$$

这里, 用到了引理 5.2.2 和引理 5.2.6.

(II) $|\xi| \geqslant 2$.

(i) 若 $|\xi| \leqslant 1$ 或 $|\xi_2| \leqslant 2$, 不失一般性, 设 $|\xi| \leqslant 1$, 因此 $|\xi| \leqslant C|\xi_2|$, 则

$$K(\xi,\xi_1,\xi_2) \leqslant C\frac{\langle\xi_2\rangle^{\frac{1}{2}}}{\langle\xi_1\rangle^s},$$

在这个区域, 积分 Λ 有界于

$$\int_\star \frac{\bar{g}(\tau,\xi)f_1(\tau_1,\xi_1)|\xi_2|^{\frac{1}{2}}f_2(\tau_2,\xi_2)\,\mathrm{d}\delta}{\langle\lambda\rangle^{1-b}\langle\sigma_1\rangle^{b'}\langle\xi_1\rangle^s\langle\sigma_2\rangle^{b'}}$$

$$= C\int \overline{G_{1-b}}\cdot P_1 F_{b'}^1\cdot D_x^{\frac{1}{2}}F_{b'}^2(x,t)\mathrm{d}x\mathrm{d}t$$

$$\leqslant C\|g\|_{L_\xi^2 L_\tau^2}\|f_1\|_{L_\xi^2 L_\tau^2}\|f_2\|_{L_\xi^2 L_\tau^2}$$

$$\leqslant C\|g\|_{L_\xi^2 L_\tau^2}\|u\|_{X_{s,b}}^2.$$

这里, 用到了引理 5.2.2、引理 5.2.4 和引理 5.2.6.

(ii) 若 $|\xi| \geqslant 1$, $|\xi_2| \geqslant 2$, 可用等式 $\lambda - \sigma_1 - \bar{\sigma}_2 = 2\xi\xi_2$, 或 $\lambda - \sigma_1 - \bar{\sigma}_2 = -2\xi\xi_1$. 由对称性, 充分考虑等式 $\lambda - \sigma_1 - \bar{\sigma}_2 = 2\xi\xi_2$, 推出如下情况发生:

(a) $|\lambda| \geqslant 2|\xi||\xi_2|$;

(b) $|\sigma_1| \geqslant 2|\xi||\xi_2|$;

(c) $|\bar{\sigma}_2| \geqslant 2|\xi||\xi_2|$.

若 (a) 成立, 有

$$\frac{K(\xi, \xi_1, \xi_2)}{(|\xi||\xi_2|)^{1-b}} \leqslant C \frac{|\xi|^{\frac{1}{2}+s}}{\langle \xi_2 \rangle^{s+1-b} \langle \xi_1 \rangle^s |\xi|^{1-b}}.$$

若 $|\xi| \leqslant 2|\xi_1|$, 可有

$$\frac{K(\xi, \xi_1, \xi_2)}{(|\xi||\xi_2|)^{1-b}} \leqslant C \frac{|\xi_1|^{\frac{1}{2}-(1-b)}}{\langle \xi_2 \rangle^{s+1-b}} \leqslant C \frac{|\xi_1|^{\frac{1}{4}}}{\langle \xi_2 \rangle^{\frac{1}{4}}}.$$

因 $s \geqslant 0, 1-b \geqslant \frac{1}{4}$, 积分 Λ 有界于

$$\Lambda \leqslant \int_\star \frac{\bar{g}(\tau, \xi)|\xi_1|^{\frac{1}{4}} f_1(\tau_1, \xi_1) f_2(\tau_2, \xi_2) \, \mathrm{d}\delta}{\langle \sigma_1 \rangle^{b'} \langle \bar{\sigma}_2 \rangle^{b'} \langle \xi_2 \rangle^{\frac{1}{4}}}$$

$$= C \int \overline{G_0} \cdot D_x^{\frac{1}{4}} F_b^1 \cdot D_x^{-\frac{1}{2}} F_{b'}^2(x, t) \, \mathrm{d}x \mathrm{d}t$$

$$\leqslant C \|G_0\|_{L_x^2 L_t^2} \|D_x^{\frac{1}{4}} F_{b'}^1\|_{L_x^4 L_t^2} \|D_x^{-\frac{1}{4}} F_{b'}^2\|_{L_x^4 L_t^\infty}$$

$$\leqslant C \|g\|_{L_\xi^2 L_\tau^2} \|f_1\|_{L_\xi^2 L_\tau^2} \|f_2\|_{L_\xi^2 L_\tau^2}$$

$$\leqslant C \|g\|_{L_\xi^2 L_\tau^2} \|u\|_{X_{s,b'}}^2,$$

其中我们用到了引理 5.2.2 和引理 5.2.6.

若 $|\xi| \leqslant 2|\xi_2|$, 对于 $1 - b \geqslant \frac{1}{4}$, 有

$$\frac{K(\xi, \xi_1, \xi_2)}{(|\xi||\xi_2|)^{1-b}} \leqslant C,$$

则有

$$\Lambda \leqslant C \int_\star \frac{\bar{g}(\tau, \xi) f_1(\tau_1, \xi_1) f_2(\tau_2, \xi_2) \, \mathrm{d}\delta}{\langle \sigma_1 \rangle^{b'} \langle \bar{\sigma}_2 \rangle^{b'}}$$

$$= C \int \overline{G_0} \cdot F_{b'}^1 \cdot F_{b'}^2(x,t)\mathrm{d}x\mathrm{d}t$$

$$\leqslant C \|G_0\|_{L_x^2 L_t^2} \|F_{b'}^1\|_{L_x^4 L_t^4} \|F_{b'}^2\|_{L_x^4 L_t^4}$$

$$\leqslant C\|g\|_{L_\xi^2 L_\tau^2} \|f_1\|_{L_\xi^2 L_\tau^2} \|f_2\|_{L_\xi^2 L_\tau^2}$$

$$\leqslant C\|g\|_{L_\xi^2 L_\tau^2} \|u\|_{X_{s,b'}}^2,$$

其中我们用到了引理 5.2.2 和引理 5.2.6.

若 (b) 成立, 我们有

$$\frac{K(\xi,\xi_1,\xi_2)}{(|\xi||\xi_2|)^{b'}} \leqslant C \frac{\langle\xi\rangle^{s+\frac{1}{2}}}{|\xi|^{b'}|\xi_1|^s|\xi_2|^{s+b'}} \leqslant C.$$

因此, 利用 $1 - b > \dfrac{3}{8}$, 可得

$$\Lambda \leqslant C \int_\star \frac{\bar{g}(\tau,\xi)f_1(\tau_1,\xi_1)f_2(\tau_2,\xi_2)\,\mathrm{d}\delta}{\langle\lambda\rangle^{1-b}\langle\bar{\sigma}_2\rangle^{b'}}$$

$$= C \int \overline{G_{1-b}} \cdot F_0^1 \cdot F_{b'}^2(x,t)\mathrm{d}x\mathrm{d}t$$

$$\leqslant C \|G_{1-b}\|_{L_x^4 L_t^4} \|F_0^1\|_{L_x^2 L_t^2} \|F_{b'}^2\|_{L_x^4 L_t^4}$$

$$\leqslant C\|g\|_{L_\xi^2 L_\tau^2} \|f_1\|_{L_\xi^2 L_\tau^2} \|f_2\|_{L_\xi^2 L_\tau^2}$$

$$\leqslant C\|g\|_{L_\xi^2 L_\tau^2} \|u\|_{X_{s,b'}}^2,$$

其中我们用到了引理 5.2.2 和引理 5.2.6. 若 (c) 成立, 我们能类似 (b) 证明之. □

引理 5.3.3 设 $s \geqslant \dfrac{1}{4}$, $\dfrac{1}{2} < b < \dfrac{5}{8}$, $b' \in \left(\dfrac{1}{2}, 1\right)$, 且 $u \in X_{s,b'}, v \in Y_{s-\frac{1}{2},b'}$, 则有

$$\|uv\|_{X_{s,b-1}} \leqslant C\|u\|_{X_{s,b'}}\|v\|_{Y_{s-\frac{1}{2},b'}}.$$

证明 由对偶和 Plancherel 等式, 只需证明

$$\Gamma = \int_\star \langle\xi\rangle^s \frac{\bar{f}(\tau,\xi)}{\langle\sigma\rangle^{1-b}} \mathscr{F}u(\tau_1,\xi_1) \mathscr{F}v(\tau_2,\xi_2)\,\mathrm{d}\delta$$

$$= \int_\star \frac{\langle\xi\rangle^s}{\langle\sigma\rangle^{1-b}\langle\xi_1\rangle^s\langle\sigma_1\rangle^{b'}\langle\xi_2\rangle^{s-\frac{1}{2}}\langle\lambda_2\rangle^{b'}} \bar{f}(\tau,\xi)f_1(\tau_1,\xi_1)g_2(\tau_2,\xi_2)\,\mathrm{d}\delta$$

$$\leqslant C\|f\|_{L^2}\|g\|_{L^2}\|f_1\|_{L^2}, \quad \bar{f}\in L^2, \bar{f}>0,$$

对于 $\bar{f}\in L^2, \bar{f}>0, f_1 = \langle\xi_1\rangle^s\langle\sigma_1\rangle^{b'}, g = \langle\xi_2\rangle^{s-\frac{1}{2}}\langle\bar{\sigma}_2\rangle^{b'}\hat{\bar{v}}, \xi=\xi_1+\xi_2, \tau=\tau_1+\tau_2.$
注意到

$$\|f_1\|_{L^2} = \|u\|_{X_{s,b'}}, \quad \|g\|_{L^2} = \|v\|_{Y_{s-\frac{1}{2},b'}}.$$

以下分几个区域证明积分 Λ 的有界性. 令

$$K(\xi,\xi_1,\xi_2) = \frac{\langle\xi\rangle^s}{\langle\xi_1\rangle^s\langle\xi_2\rangle^{s-\frac{1}{2}}},$$

由对称性, 充分估计积分在此区域 $|\xi_1|\leqslant|\xi_2|$ 成立.

(I) 设 $|\xi|\leqslant 2$.

(i) 若 $|\xi|\leqslant 1$ 或 $|\xi_2|\leqslant 1$, 我们有

$$K(\xi,\xi_1,\xi_2)\leqslant C.$$

则

$$\begin{aligned}
\Gamma &\leqslant C\int_{\star}\frac{\bar{f}(\tau,\xi)f_1(\tau_1,\xi_1)g_2(\tau_2,\xi_2)\,\mathrm{d}\delta}{\langle\sigma\rangle^{1-b}\langle\sigma_1\rangle^{b'}\langle\lambda_2\rangle^{b'}}\\
&= C\int\overline{F_{1-b}}\cdot F_{b'}^1\cdot G_{b'}(x,t)\mathrm{d}x\mathrm{d}t\\
&\leqslant C\|F_{1-b}\|_{L_x^2L_t^2}\|F_{b'}^1\|_{L_x^4L_t^4}\|g\|_{L_x^4L_t^4}\\
&\leqslant C\|f\|_{L_\xi^2L_\tau^2}\|f_1\|_{L_\xi^2L_\tau^2}\|g\|_{L_\xi^2L_\tau^2}\\
&\leqslant C\|f\|_{L_\xi^2L_\tau^2}\|u\|_{X_{s,b'}}\|v\|_{Y_{s,b'}},
\end{aligned}$$

其中我们用到了引理 5.2.3 和引理 5.2.6.

(ii) 若 $|\xi|\geqslant 1$ 和 $|\xi_2|\geqslant 1$, 则

(a) 若 $s\geqslant\dfrac{1}{2}$, 有

$$K(\xi,\xi_1,\xi_2)\leqslant C,$$

此时可类似于 (i) 的情况证明.

(b) 若 $\dfrac{1}{4}\leqslant s\leqslant\dfrac{1}{2}$, 有

$$K(\xi,\xi_1,\xi_2)\leqslant C\frac{\langle\xi_2\rangle^{\frac{1}{4}}}{\langle\xi_1\rangle^{\frac{1}{4}}},$$

此时

$$\Gamma \leqslant C \int_{\star} \frac{\bar{f}(\tau,\xi) f_1(\tau_1,\xi_1)\, |\xi|^{\frac{1}{4}} g_2(\tau_2,\xi_2)\, \mathrm{d}\delta}{\langle\sigma\rangle^{1-b} |\xi_1|^{\frac{1}{2}} \langle\sigma_1\rangle^{b'} \langle\lambda_2\rangle^{b'}}$$

$$= C \int \overline{F_{1-b}} \cdot D_x^{\frac{1}{4}} F_{b'}^1 \cdot D_x^{\frac{1}{4}} G_{b'}(x,t)\mathrm{d}x\mathrm{d}t$$

$$\leqslant C \|F_{1-b}\|_{L_x^2 L_t^2} \left\| D_x^{-\frac{1}{4}} F_{b'}^1 \right\|_{L_x^4 L_t^\infty} \left\| D_x^{\frac{1}{4}} G_{b'} \right\|_{L_x^4 L_t^4}$$

$$\leqslant C\|f\|_{L_\xi^2 L_\tau^2} \|f_1\|_{L_\xi^2 L_\tau^2} \|g\|_{L_\xi^2 L_\tau^2}$$

$$\leqslant C\|f\|_{L_\xi^2 L_\tau^2} \|u\|_{X_{s,b'}} \|v\|_{Y_{s,b'}},$$

其中我们用到了引理 5.2.4 和引理 5.2.6.

(II) $|\xi| \geqslant 2$.

(i) 若 $|\xi_1| \leqslant 1$ 或 $|\xi_2| \leqslant 1$, 由对称性, 可设 $|\xi_1| \leqslant 1$, $|\xi| \leqslant C|\xi_2|$, 则

$$K(\xi,\xi_1,\xi_2) \leqslant C\langle\xi_2\rangle^{\frac{1}{2}}.$$

则在这个区域

$$\Gamma \leqslant C \int_{\star} \frac{\bar{f}(\tau,\xi) f_1(\tau_1,\xi_1)\, |\xi|^{\frac{1}{2}} g_2(\tau_2,\xi_2)\, \mathrm{d}\delta}{\langle\sigma\rangle^{1-b} \langle\sigma_1\rangle^{b'} \langle\lambda_2\rangle^{b'}}$$

$$= C \int \overline{F_{1-b}} \cdot P_1 F_{b'}^1 \cdot D_x^{\frac{1}{2}} G_{b'}(x,t)\mathrm{d}x\mathrm{d}t$$

$$\leqslant C \|F_{1-b}\|_{L_x^2 L_t^2} \left\| P_1 F_{b'}^1 \right\|_{L_x^2 L_t^\infty} \left\| D_x^{\frac{1}{2}} G_{b'} \right\|_{L_x^4 L_t^4}$$

$$\leqslant C\|f\|_{L_\xi^2 L_\tau^2} \|f_1\|_{L_\xi^2 L_\tau^2} \|g\|_{L_\xi^2 L_\tau^2}$$

$$\leqslant C\|f\|_{L_\xi^2 L_\tau^2} \|u\|_{X_{s,b'}} \|v\|_{Y_{s,b'}}, \tag{5.3.15}$$

其中我们用到了引理 5.2.2、引理 5.2.4 和引理 5.2.6.

(ii) 若 $|\xi_1| \geqslant 1$, $|\xi_2| \geqslant 1$, 有等式 $\lambda - \sigma_1 - \bar{\sigma}_2 = 2\xi\xi_2$, 或 $2\xi_1\xi_2$. 推出如下三种情况之一发生:

(a) $|\sigma| \geqslant 2|\xi_1||\xi_2|$;

(b) $|\sigma_1| \geqslant 2|\xi_1||\xi_2|$;

(c) $|\lambda| \geqslant 2|\xi_1||\xi_2|$.

若 (a) 成立, $\dfrac{1}{2} < b < \dfrac{3}{4}$, 有

$$\frac{K(\xi,\xi_1,\xi_2)}{(|\xi_1||\xi_2|)^{1-b}} \leqslant C\frac{|\xi_2|^{\frac{1}{2}-(1-b)}}{|\xi_1|^{1-b}} \leqslant C\frac{|\xi_2|^{\frac{1}{4}}}{|\xi_1|^{\frac{1}{4}}}.$$

则有

$$\Gamma \leqslant C\int_\star \frac{\bar{f}(\tau,\xi)f_1(\tau_1,\xi_1)\,|\xi|^{\frac{1}{2}}g_2(\tau_2,\xi_2)\,\mathrm{d}\delta}{|\xi_1|^{\frac{1}{4}}\langle\sigma_1\rangle^{b'}\langle\lambda_2\rangle^{b'}}$$

$$= C\int \overline{F_0}\cdot D_x^{-\frac{1}{4}}F_{b'}^1\cdot D_x^{\frac{1}{4}}G_{b'}(x,t)\mathrm{d}x\mathrm{d}t$$

$$\leqslant C\,\|F_0\|_{L_x^2L_t^2}\left\|D_x^{-\frac{1}{4}}F_{b'}^1\right\|_{L_x^4L_t^\infty}\left\|D_x^{\frac{1}{4}}G_{b'}\right\|_{L_x^4L_t^4}$$

$$\leqslant C\|f\|_{L_\xi^2L_\tau^2}\|f_1\|_{L_\xi^2L_\tau^2}\|g\|_{L_\xi^2L_\tau^2}$$

$$\leqslant C\|f\|_{L_\xi^2L_\tau^2}\|u\|_{X_{s,b'}}\|v\|_{Y_{s,b'}},$$

其中我们用到了引理 5.2.4 和引理 5.2.6.

若 (b) 成立, 我们有

$$\frac{K(\xi,\xi_1,\xi_2)}{(|\xi_1||\xi_2|)^{b'}} \leqslant C.$$

对于 $\dfrac{1}{2} < b < \dfrac{5}{8}$, 则有

$$\Gamma \leqslant C\int_\star \frac{\bar{f}(\tau,\xi)f_1(\tau_1,\xi_1)\,g_2(\tau_2,\xi_2)\,\mathrm{d}\delta}{\langle\sigma\rangle^{1-b}\langle\lambda_2\rangle^{b'}}$$

$$= C\int \overline{F_{1-b}}\cdot F_0^1\cdot G_{b'}(x,t)\mathrm{d}x\mathrm{d}t$$

$$\leqslant C\,\|F_{1-b}\|_{L_x^4L_t^4}\|F_0^1\|_{L_x^2L_t^2}\|G_{b'}\|_{L_x^4L_t^4}$$

$$\leqslant C\|f\|_{L_\xi^2L_\tau^2}\|f_1\|_{L_\xi^2L_\tau^2}\|g\|_{L_\xi^2L_\tau^2}$$

$$\leqslant C\|f\|_{L_\xi^2L_\tau^2}\|u\|_{X_{s,b'}}\|v\|_{Y_{s,b'}},$$

其中我们用到了引理 5.2.3 和引理 5.2.6. 若 (c) 成立, 我们能类似 (b) 的情况证明之. 这就完成了引理 5.3.3 的证明.   □

以下是引理 5.3.3 的推论.

推论 5.3.4 对于 $s \geqslant \dfrac{1}{4}, \dfrac{1}{2} < b < \dfrac{5}{8}$, $b' \in \left(\dfrac{1}{2}, 1\right)$, 设 $u, u' \in X_{s,b'}, v, v' \in Y_{s-\frac{1}{2},b'}$, 则有

$$\|uv - u'v'\|_{X_{s,b-1}} \leqslant C \left(\|u - u'\|_{X_{s,b'}} \|v\|_{Y_{s-\frac{1}{2},b'}} + \|u'\|_{X_{s,b'}} \|v - v'\|_{Y_{s-\frac{1}{2},b'}} \right),$$

$$\left\| \partial_x |u|^2 - \partial_x |u'|^2 \right\|_{Y_{s-\frac{1}{2},b-\frac{1}{2}}} \leqslant C \left(\|u\|_{X_{s,b'}} + \|u'\|_{X_{s,b'}} \right) \|u - u'\|_{X_{s,b'}},$$

$$\left\| |u|^2 u - |u'|^2 u' \right\|_{X_{s,b'}} \leqslant C \left(\|u\|_{X_{s,b'}}^2 + \|u'\|_{X_{s,b'}}^2 \right) \|u - u'\|_{X_{s,b'}}.$$

现给出定理 5.1.2 的证明.

我们利用压缩映射原理证明, 对于 $(u_0, v_0) \in H^s(\mathbb{R}) \times H^{s-1}(\mathbb{R})$, $\dfrac{1}{4} \leqslant s, \dfrac{1}{2} < b < \dfrac{5}{8}$, 定义算子

$$\Phi(u, v) = \psi(t)S(t)u_0 - \psi(t)i \int_0^t S(t - \tau) \psi_\delta(\tau) \left(uv + |u|^2 u \right)(\tau) \, \mathrm{d}\tau,$$

$$\Psi(u, v) = \psi(t)W(t)u_0 - \psi(t)i \int_0^t W(t - \tau) \psi_\delta(\tau) \partial_x \left(|u|^2 \right)(\tau) \, \mathrm{d}\tau$$

和集合

$$\mathcal{B} = \left\{ (u, v) : u \in X_{s,b}, v \in Y_{s-\frac{1}{2},b} : \|u\|_{X_{s,b}} \leqslant M, \|v\|_{Y_{s-\frac{1}{2},b}} \leqslant N \right\},$$

其中 $M = 2C \|u_0\|_{H^s}$, $N = 2C \|v_0\|_{H^{s-\frac{1}{2}}}$. 则 $\mathcal{B}$ 是完备距离空间, 其模为

$$\|(u, v)\|_{\mathcal{B}} = \|u\|_{X_{s,b}} + \|v\|_{Y_{s-\frac{1}{2},b}}.$$

为证 $\Phi \times \Psi : (u, v) \to (\Phi(u, v), \Psi(u, v))$ 在 $\mathcal{B}$ 上是压缩映射, 我们先证

$$\Phi \times \Psi(\mathcal{B}) \subset \mathcal{B}.$$

不失一般性, 设 $M > 1, N > 1$, 运用引理 5.2.1和引理 5.2.7, 有

$$\|\Phi(u, v)\|_{X_{s,b}} \leqslant C \|u_0\|_{H^s} + C \left\| \psi_\delta(uv + |u|^2 u) \right\|_{X_{s,b-1}}$$

$$\leqslant C \|u_0\|_{H^s} + C\delta^{b'-b} \|uv + |u|^2 u\|_{X_{s,b'-1}}$$

$$\leqslant C \|u_0\|_{H^s} + C\delta^{b'-b} (MN + M^3),$$

$$\|\Psi(u,v)\|_{Y_{s-\frac{1}{2},b}} \leqslant C \|v_0\|_{H^{s-\frac{1}{2}}} + C \|\psi_\delta \partial_x |u|^2\|_{Y_{s-\frac{1}{2},b-1}}$$

$$\leqslant C \|v_0\|_{H^{s-\frac{1}{2}}} + C\delta^{b'-b} \|u\|_{X_{s,b}}^2$$

$$\leqslant C \|v_0\|_{H^{s-\frac{1}{2}}} + C\delta^{b'-b} M^2.$$

令 $C\delta^{b'-b}(M^2+N) < \dfrac{1}{2}$, 则有 $\Phi \times \Psi(\mathcal{B}) \subset \mathcal{B}$.

由推论 5.3.4, 类似于上面, 有

$$\|\Phi(u,v) - \Phi(u',v')\|_{X_{s,b}} \leqslant \frac{1}{2} \left(\|u-u'\|_{X_{s,b}} + \|v-v'\|_{Y_{s-\frac{1}{2},b}} \right),$$

$$\|\Psi(u,v) - \Psi(u',v')\|_{Y_{s-\frac{1}{2},b}} \leqslant \frac{1}{2} \left(\|u-u'\|_{X_{s,b}} + \|v-v'\|_{Y_{s-\frac{1}{2},b}} \right).$$

则 $\Phi \times \Psi : (u,v)$ 在 $\mathcal{B}$ 上是映射到自己的压缩映射, 其在 $\mathcal{B}$ 上存在不动点, 其即为方程的解. 解的唯一性也可类似得证.　　　　　　　　　　　　　　　□

第 6 章 中等深度水波方程的广义解

6.1 引　言

Joseph[40] 和 Kubota, Dobbs 等在 1978 年提出来一类中等深度流体力学方程

$$u_t + 2uu_x - G(u_{xx}) = 0, \tag{6.1.1}$$

其中

$$G(u) = \text{P} \cdot \text{V} \int_{-\infty}^{\infty} \frac{1}{2\delta} \left(\coth \frac{\pi(x-g)}{2\delta} - \text{sgn}(x-y) \right) u(y) \mathrm{d}y. \tag{6.1.2}$$

P.V. 表示 Cauchy 主值, $\delta > 0$, 当深度 $\delta \to 0$ 时, 方程 (6.1.1) 趋于浅水波 KdV 方程, 当深度 $\delta \to \infty$ 时, 方程 (6.1.1) 趋于 Benjamin-Ono 方程 (6.1.4), KdV 方程为

$$u_t + 2uu_x + u_{xxx} = 0, \tag{6.1.3}$$

Benjamin-Ono 方程为

$$u_t + 2uu_x + H(u_{xx}) = 0, \tag{6.1.4}$$

其中

$$H(u) = P \int_{-\infty}^{\infty} \frac{u(y)}{\pi(y-x)} \mathrm{d}y. \tag{6.1.5}$$

方程 (6.1.1) 出现于海洋和大气中描写长的海洋内波和小振幅稳定层流的传播过程, 关于 KdV 方程 (6.1.3) 和 BO 方程 (6.1.4) 的孤立子和 $t \to \infty$ 时的渐近形态已有许多研究, 本章采用黏性消去法, 即考虑下列对带有小扩散项的广义中等深度方程

$$u_t = \alpha u_{xx} + \beta G(u_{xx}) + \varphi_x(u), \tag{6.1.6}$$

其中 α, β 为常数且 $\alpha \geqslant 0$, $\varphi(u)$ 为适当光滑的函数, 使得 $\varphi(u)$ 满足

$$|\varphi^{(j)}u| \leqslant c(1 + |u|^{3-j}), \quad j = 0, 1, \quad u \in \mathbb{R}. \tag{A}$$

6.2　奇性积分算子 $G(u)$ 的某些性质

引入以下符号, 对通常的 Sobolev 空间: $L^p(\mathbb{R}), H^s(\mathbb{R})$ 和 $W_p^s(\mathbb{R})$, 它们的模分别记为 $\|\cdot\|_p, \|\cdot\|_{H^s}, \|\cdot\|_{W_p^s}$, 其中 $p > 1$ 为实数, $s \geqslant 0$ 为整数, $W_p^{s,[\frac{s}{2}]}(Q_T)$ 表示函数 $f(x,t)$ 的导数 $D_t^r D_x^k f(x,t) \in L^p(Q_T)$, 其中 $2r + k \leqslant s$, $Q_T = \mathbb{R} \times [0,T]$, $W_\infty^{s,[\frac{s}{2}]}(Q_T)$ 表示函数 $f(x,t)$ 的导数 $D_t^r D_x^k f(x,t) \in L^\infty([0,T];L^2(\mathbb{R}))$, $2r + k \leqslant s$.

$f(x,t)$ 的 Fourier 变换为 $F[f]$, $f(x)$ 的 Fourier 逆变换为 $F^{-1}[f]$.

$$F(f(x)) = \int_{-\infty}^{\infty} f(x)e^{-2\pi i\xi x}\mathrm{d}x, \quad F^{-1}[f] = \int_{-\infty}^{\infty} f(\xi)e^{2\pi ix\xi}\mathrm{d}\xi.$$

引理 6.2.1　对于函数 $f(x) \in L^2(\mathbb{R})$, 有

(1) $F[G(f)] = -i\left(\coth(2\delta\pi\xi) - \dfrac{1}{2\delta\pi\xi}\right)F[f];$

(2) $\|G(f)\|_2 \leqslant \|f\|_2.$

证明　$F[G(f)] = \displaystyle\int_{-\infty}^{\infty} G(f)e^{-2\pi i\xi x}\mathrm{d}x$

$$= -\frac{1}{2\delta}\int_{-\infty}^{\infty} e^{-2\pi i\xi x}\int_{-\infty}^{\infty}\left(\mathrm{sgn}(x-y) - \coth\frac{\pi(x-y)}{2\delta}\right)f(y)\mathrm{d}y\mathrm{d}x$$

$$= -\frac{1}{2\delta}\lim_{\varepsilon\to 0}\left(\int_{-\infty}^{\infty}\int_{y+\varepsilon}^{\infty} e^{-2\pi i\xi x}\left(\coth\frac{\pi(y-x)}{2\delta}+1\right)f(y)\mathrm{d}x\mathrm{d}y\right.$$

$$\left.+\int_{-\infty}^{\infty}\int_{-\infty}^{y-\varepsilon} e^{-2\pi i\xi x}\left(\coth\frac{\pi(y-x)}{2\delta}-1\right)f(y)\mathrm{d}x\mathrm{d}y\right)$$

$$= -\frac{1}{2\delta}\lim_{\varepsilon\to 0}\left(\int_{-\infty}^{\infty}\int_{\varepsilon}^{\infty} e^{-2\pi i\xi(z+w)}\left(\coth\frac{-2\pi z}{2\delta}+1\right)f(w)\mathrm{d}z\mathrm{d}\omega\right.$$

$$\left.+\int_{-\infty}^{\infty}\int_{-\infty}^{-\varepsilon} e^{-2\pi i\xi(z+w)}\left(\coth\frac{-\pi z}{2\delta}-1\right)f(w)\mathrm{d}z\mathrm{d}w\right)$$

$$= -\frac{1}{2\delta}F[f]\lim_{\varepsilon\to 0}\left(\int_{\varepsilon}^{\infty}(e^{2\pi i\xi x}-e^{-2\pi i\xi x})\left(\coth\frac{\pi z}{2\delta}-1\right)\mathrm{d}z\right)$$

$$= -\frac{2i}{\delta}F[f]\lim_{\varepsilon\to 0}\left(\int_{\varepsilon}^{\infty}\frac{\sin(2\pi\xi z)}{e^{\pi\lambda z}-1}\mathrm{d}z\right)\quad\left(\lambda = \frac{1}{\sigma}\right)$$

$$= -i\left(\coth(2\delta\pi\xi) - \frac{1}{2\delta n\xi}\right)F[f].$$

由此得到 (1). 由 (1) 和 Parseval 不等式, 有

$$\int_{-\infty}^{\infty}(G(f))^2\mathrm{d}x = \int_{-\infty}^{\infty}F[G(f)]\overline{F[G(f)]}\mathrm{d}\xi$$

$$= \int_{-\infty}^{\infty}\left(\coth 2\delta\pi\xi - \frac{1}{2\delta\pi - \xi}\right)^2|F[f]|^2\mathrm{d}\xi$$

$$\leqslant \int_{-\infty}^{\infty}|F[f]|^2\mathrm{d}\xi = \int_{-\infty}^{\infty}|f(x)|^2\mathrm{d}x.$$

引理得证. □

引理表明变换 G 是 Hilbert 空间的线性有界算子, 且映射到自身, $s \geqslant 0$.

引理 6.2.2 设 $f(x), g(x)$ 在 $H^1(\mathbb{R})$ 中给定, 则

(I) $G(f_x) = (G(f))_x$;

(II) $\int_{-\infty}^{\infty}fG(g)\mathrm{d}x = -\int_{-\infty}^{\infty}gG(f)\mathrm{d}x$;

(III) $(G(f_x))^2 - (f_x)^2 - 2G(f_xG(f_x)) = \frac{2}{\delta}\left[G(ff_x) - fG(f_x) + \int_{-\infty}^{\infty}f_xG(f_x)\mathrm{d}x\right]$.

证明 用 Fourier 和 Parseval 等式, 易证 (I)(II). 现证等式 (III). 事实上,
令 $G(f) = T(f) - L(f), L(f) = \frac{1}{2\delta}\int_{-\infty}^{\infty}\mathrm{sgn}(x-y)f(y)\mathrm{d}y$, 易见

$$F[T(f)] = -i\coth\left(2\delta\pi\frac{J}{3}\right)F(f), \quad F(L(f)) = \frac{-i}{2\delta\pi\xi}F[f],$$

$$L(f_x) = (L(f))_x = \frac{1}{\delta}f(x). \tag{6.2.7}$$

为证 (III), 首先验证如下变换等式

$$T(f_x)T(g_x) - f_xg_x = Tf_xT(g_x) + g_xT(f_x). \tag{6.2.8}$$

事实上, 令 $\varphi(\xi) = i\coth(2\pi\xi), \xi \neq 0$, 有

$$F[T(f_x)T(g_x) - f_xg_x]$$

$$= F[T(f_x)] * F[T(g_x)] - F[f_x] * F[g_x]$$

$$= (\varphi(\xi)F(f_x)) * \varphi(\xi)F(g_x) - F[f_x] * F[g_x]$$

$$= 4\pi^2 \int_{-\infty}^{\infty} (F[f](x))(F[g](\xi - x))(\xi - x)(1 - \varphi(x)\varphi(\xi - x))\mathrm{d}x.$$

另一方面

$$F[T(f_x)T(g_x) + g_x T(f_x)] = \varphi(\xi)F[f_x T(g_x) + g_x T(f_x)]$$

$$= \varphi(\xi)(F[f_x] * F[T(g_x)] + F[g_x] * F[T(f_x)])$$

$$= 4\pi^2 \int_{-\infty}^{\infty} ((F[f](x))(F[g](\xi - x))x(\xi - x)(-\varphi(\xi)\varphi(\xi - x)) - \varphi(x)\varphi(\xi))\mathrm{d}x.$$

定义 $\varphi^*(x) = x\varphi(x)(x \neq 0), \varphi^*(x) = \dfrac{1}{2\delta\pi}(x = 0)$, 易知 $\varphi^*(x)$ 在 $\mathbb{R}$ 上是连续的, 计算可得

$$\chi(\xi - x) - \varphi^*(x)\varphi^*(\xi - x) = -x\varphi(\xi)\varphi^*(\xi - x) - (\xi - x)\varphi(\xi)\varphi^*(x), \quad \forall x \in \mathbb{R}.$$

因此, 由上面等式可得

$$F[T(f_x)T(g_x) - f_x g_x] = F[T(f_x T(g_x) + g_x T(f_x))].$$

于是等式 (6.2.8) 成立. 特别地, 取 $f(x) = g(x)$ 可得

$$(T(f_x))^2 - (f_x)^2 = 2T(f_x T(f_x)).$$

利用以上等式, 可证明等式 (III). 事实上, 由 $G(f) = T(f) - L(f)$ 有

$$(G(f_x) + L(f_x))^2 - (f_x)^2 = 2G(f_x(G + L)(f_x)) + 2L(f_x(G + L)(f_x)). \quad (6.2.9)$$

由于交换 L 的性质 (6.2.7) 有

$$(G(f_x))^2 - f_x^2 + \frac{1}{\delta^2}f^2 + \frac{2}{\delta}f(x)G(f_x)$$

$$= 2G(f_x G(f_x)) + \frac{2}{\delta}G(f f_x) + 2L(f_x G(f_x)) + \frac{2}{\delta}L(f f_x). \quad (6.2.10)$$

因

$$L(f f_x) = \frac{1}{2\delta}f^2,$$

$$L_x(f_x G(f_x)) = \frac{1}{\delta}\int_{-\infty}^{x} f_x G(f_x)\mathrm{d}x,$$

利用上面两个等式, 可得 (III), 引理证毕. $\qquad\qquad\qquad\qquad\qquad\qquad\qquad\square$

推论 6.2.3 设 $f(x)$ 在 $W_3^1(\mathbb{R}) \cap H^1(\mathbb{R})$ 中给定, 则

$$\int_{-\infty}^{\infty} f_x(G(f_x))^2 \mathrm{d}x + \frac{2}{\delta} \int_{-\infty}^{\infty} f f_x G(f_x) \mathrm{d}x = \frac{1}{3} \int_{-\infty}^{\infty} (f_x)^3 \mathrm{d}x. \tag{6.2.11}$$

证明 以 $f_x(x)$ 乘引理 6.2.2 中的等式 (III), 对 $x \in \mathbb{R}$ 积分, 利用分部积分可得等式 (6.2.11). $\qquad\square$

引理 6.2.4 (Sobolev 不等式) 设 $f(x) \in L^q(\mathbb{R}) \cap W_{r,q}^m$, 则对 $r \in [1, \infty)$, 有

$$\|D_x^j f\|_p \leqslant C \|D_x^m f\|_r^a \|f\|_q^{1-a}, \tag{6.2.12}$$

其中常数 C 与 $f(x)$ 无关, j, m 为非负数, 满足

$$j/m \leqslant a, \quad \frac{1}{p} = j + a\left(\frac{1}{r} - m\right) + (1-a)q.$$

引理 6.2.5 设 $f(x) \in H^s(\mathbb{R}), g \in H^{s-1}(\mathbb{R}), h \in C^s(\mathbb{R}), s$ 为正整数, $s \geqslant 2$, 则

$$\|D_x^s(fg) - f D_x^s g\|_2 \leqslant C_s(\|D_x f\|_\infty \|D_x^{s-1} g\|_2 + \|g\|_\infty \|D_x^s f\|_2),$$

$$|D_x^s h(f)\|_2 \leqslant C_s \sum_{n=1}^{s} (\|h^{(n)}(f)\|_\infty \|f\|_\infty^{n-1}) \|D_x f\|_2,$$

其中常数 C_s 仅依赖于 s.

证明 第二个不等式, Klainman 已在 1980 年证过, 我们仅需证明第一个. 因

$$\|D_x^s(fg) - f D_x^s g\|_2 = \left\| \sum_{j=1}^{s-1} \frac{s!}{\hat{J}!(s-j)!} D_x^{s-j} f D_x^j g \right\|_2$$

$$\leqslant C_s \sum_{j=2}^{s-1} \|D_x^{s-j} f\|_{\frac{2(s-1)}{s-1-j}} \|D_x^j g\|_{\frac{2(s-1)}{2}},$$

利用如下 Sobolev 不等式

$$\|D_x^{s-\overline{y}} f\|_{\frac{2(s-1)}{s-1-j}} \leqslant C \|D_x^s f\|_2^{1-a} \|D_x f\|_\infty^a, \quad \|D_x^j g\|_{\frac{2(s-1)}{j}} \leqslant C \|D_x^{(s-1)} g\|_2^a \|g\|_\infty^{1-a},$$

其中 $a = j/(s-1), 0 \leqslant j \leqslant s-1$, 可得

$$\|D^a(fg) - f D_x^s g\|_2^2 \leqslant C_s \sum_{j=1} \|D_x^s f\|_2^{1-a} \|D_x f\|_\infty^a \|D_x^{s-1} g\|_2^a \|g\|_\infty^{1-a}$$

$$\leqslant C_s(\|D_x f\|_\infty \|g\|_2 + \|g\|_\infty \|D_x^s f\|_2). \qquad\square$$

6.3 方程 (6.1.6) 对 $\alpha > 0$ 的可解性

考虑如下 Cauchy 问题

$$u_t - \alpha u_{xx} - \beta G(u_{xx}) - \varphi_x(u) = 0, \tag{6.3.13}$$

$$u(x,0) = u_0(x) \tag{6.3.14}$$

的光滑解的存在唯一性, 其中 α, β 为常数.

引理 6.3.1 设 $T > 0, f(t)$ 为非负函数, $t \in [0, T]$, 使得

$$\int_0^t f(z)\mathrm{d}z \leqslant C_0, \quad f(t) \leqslant C_1 + C_2 \int_0^t f^2(\tau)\mathrm{d}\tau, \quad t \in [0, T],$$

则

$$\sup_{0 \leqslant t \leqslant T} f(t) \leqslant C_1 \exp(C_0 C_2 T).$$

证明 易从 Gronwall 不等式推出. □

引理 6.3.2 设 $b(x,t) \in W_\infty^{k,[\frac{k}{2}]}(Q_T), f(x,t) \in W_2^{k,[\frac{k}{2}]}(Q_T), u_0(x) \in H^{k+1}(\mathbb{R})$, α, β 为实数, 且 $\alpha > 0$, 则如下 Cauchy 问题

$$u_t - \alpha u_{xx} - \beta G(u_{xx}) + b(x,t)u_x = f(x,t) \tag{6.3.15}$$

具有唯一整体解 $u(x,t) \in W_2^{k+2,[\frac{k+2}{2}]}(Q_T)$, 其中 $D_t^s D_x^{k+1-2s} u(x,t) \in L^\infty([0,T]; L^2(\mathbb{R}))$, k, s 为整数, $0 \leqslant s \leqslant \left[\dfrac{k+1}{2}\right]$.

证明 利用参数延拓法, 类似于上一章所证的. 我们现要用 Leray-Schauder 不动点原理和归纳法证明非线性方程 (6.3.13) 具初值 (6.3.14) Cauchy 问题解的存在性, 其中 $\varphi(u)$ 满足条件 (A). 设 α, β 为常数, $\alpha > 0, u_0(x) \in H'(\mathbb{R})$, $\varphi(u)$ 满足条件 (A). 利用 $B_0 = L^\infty(Q_T)$ 为基本空间, 利用引理 6.3.2 可定义映射 T_λ: $B_0 \to B_0, \lambda \in [0,1]$ 如下: 对于任何 $V \in B_0, U = T_\lambda V \in W_2^{2,1}(Q_T)$ 为如下线性方程

$$u_t - \alpha u_x - \beta G(u_{xx}) - \varphi'(u)u_x = 0$$

具有初值

$$u(x,0) = \lambda u_0(x) \tag{6.3.16}$$

的解, 因 $W_2^{2,1}(Q_T) \to B_0$ 是紧的, 易见 T_λ 是完全连续的, 且 $T_0(B) = 0$, 因此为了证明问题 (6.3.13) (6.3.14) 广义整体解的存在性, 只要得到一切 T_λ 不动点在 B_0

空间的一致有界性, 为此要建立初值问题 (6.3.13) (6.3.15) 关于 $u_\lambda(x,t)$ 的先验估计. 作方程 (6.3.13) 和 $u = u_\lambda(x,t)$ 的内积, 分部积分可得

$$\|u(x,t)\|_2^2 + 2\alpha \int_0^t \|u_x(0,t)\|_2^2 \mathrm{d}t = \|u_0\|_2^2, \quad t \in \mathbb{R}, \qquad (6.3.17)$$

再作方程 (6.3.13) 和 u_x 的内积可得

$$\frac{\mathrm{d}}{\mathrm{d}t} \int u_x^2 \mathrm{d}x + 2\alpha \int u_x^2 \mathrm{d}x = 2 \int \varphi_x(u) u_x \mathrm{d}x \leqslant \alpha \int u_{xx}^2 \mathrm{d}x + \frac{1}{\alpha} \int u_x^2 |\varphi'(u)|^2 \mathrm{d}x,$$

可得

$$\frac{1}{\alpha} \int u_x^2 |\varphi'(u)|^2 \mathrm{d}x \leqslant c(\alpha) \|\varphi'(u)\|_\alpha^2 \|u_x\|_2^2 \leqslant C(\alpha)(1 + \|u\|_\infty^4) \|u_x\|_2^2$$

$$\leqslant C(\alpha)(1 + \|u\|_2^2 \|u_x\|_2^2) \|u_x\|_2^2 \leqslant c(\alpha, \|u_0\|_2)(1 + \|u_x\|_2^4).$$

于此用到 Sobolev 不等式和等式 (6.3.16). 我们得到

$$\frac{\mathrm{d}}{\mathrm{d}t} \|u_x(x,t)\|_2^2 + \alpha \|u_{xx}(x,t)\|_2^2 \leqslant C(\alpha, \|u_0\|_2)(1 + \|u_x\|_2^4).$$

应用引理 6.3.1 和等式 (6.3.15) 得

$$\|u_x(x,t)\|_2^2 + \alpha \int_0^t \|u_{xx}(x,t)\|_2^2 \mathrm{d}t \leqslant C([\alpha, T]; \|u_{0x}\|_2), \quad t \in [0, T], \quad (6.3.18)$$

连同不等式 (6.3.16)(6.3.17) 和 Sobolev 嵌入定理: $H^1(\mathbb{R}) \hookrightarrow L^\infty(Q_T)$, 可得估计

$$\|u\|_{B_0} \leqslant C([\alpha, T]; \|u_{0x}\|_2). \qquad \square$$

定理 6.3.3　设 $u_0(x) \in H^1(\mathbb{R}), \alpha, \beta$ 为实数, $\alpha > 0, \varphi(x)$ 满足条件 (A), 则初值问题 (6.3.13) (6.3.14) 具有唯一广义解

$$u(x,t) \in W_2^{2,1}(Q_T) \cap L^\infty([0,T]; H^1(\mathbb{R})).$$

证明　只需证明广义解 $u(x,t)$ 的唯一性. 的确, 设 $u_1(x,t), u_2(x,t)$ 为问题 (6.3.13) (6.3.14) 的两个解, 令 $w = u_1 - u_2$, 使得

$$w_t - \alpha w_{xx} - \beta G(w_{xx}) - (\varphi(u_1) - \varphi(u_2))_x = 0, \quad w(x,0) = 0,$$

其中

$$(\varphi(u_1) - \varphi(u_2))_x = \frac{1}{2}(\varphi'(u_1) + \varphi'(u_2)) w_x + \frac{1}{2}(u_{1x} + u_{2x}) \int_0^1 \varphi''(su_1 + (1-s)u_2) \mathrm{d}s.$$

由一般的 L^2 模估计, 易得 $\omega = u_1 - u_2 = 0, (x,t) \in Q_\tau$. $\qquad \square$

定理 6.3.4　设 $u_0(x) \in H^{s+1}(\mathbb{R}), \varphi(x) \in C^{k+2}$ 满足条件 (A), $\alpha > 0$, 则 Cauchy 问题 (6.3.13) (6.3.14) 的整体广义解

$$u(x,t) \in W_2^{k+2,[\frac{k+1}{2}]}(Q_T) \cap W_{\infty,2}^{k+1,[\frac{k+1}{2}]}(Q_T), \quad k \geqslant 0.$$

证明　用归纳法证明, 对 $k=1$, $u_0(x) \in H^2(\mathbb{R}) \subset H^1(\mathbb{R})$, $\varphi(x) \subset C^3(\mathbb{R}) \subset C^2(\mathbb{R})$. 由定理 6.3.3, 推出问题 (6.3.13) (6.3.14) 的解 $u(x,t) \in W_2^{2,1}(Q_T) \cap L^\infty([0,T]; H^1(\mathbb{R}))$, 因此, Cauchy 问题 (6.3.13) (6.3.14) 以 $u_x(x,t)$ 替换 $V(x,t)$ 有

$$V_t - \alpha V_{xx} - \beta G(V_{xx}) = \varphi_{xx}(u),$$

$$V(x,0) = u_0(x) \in H^1(\mathbb{R}).$$

因 $u(x,t) \in W_2^{2,1}(Q_T) \cap L^\infty([0,T]; H^1(\mathbb{R}))$ 连同 Sobolev 不等式

$$\|u_x\|_4 \leqslant C\|u_{xx}\|_2^{\frac{1}{4}}\|u_x\|_2^{\frac{3}{4}},$$

易证 $\varphi_{xx}(u) \in L^2(Q_T)$. 由引理 6.3.2, 有 $V \in W_2^{2,1}(Q_T) \cap L^\infty([0,T]; H^1(\mathbb{R}))$, 这意味着 $u(x,t) \in W_2^{3,1}(Q_T) \cap L^\infty([0,T]; H^2(\mathbb{R}))$. 进一步, 设定理成立, $k = n \geqslant 1$. 我们必须证明问题 (6.3.13)(6.3.14) 的解 $u(x,t) \in W_2^{n+3,[\frac{n+3}{2}]}(Q_T) \cap W_{\infty,2}^{n+2,[\frac{n+2}{2}]}(Q_T), k = n+1$. 事实上, 因 $u_0(x) \in H^{n+2}(\mathbb{R}) \subset H^{n+1}(\mathbb{R})$, $\varphi(x) \in C^{n+3} \subset C^{n+2}$. 所以对微分方程关于 x 求 $n+1$ 次导, 可得 $D_x^{n+1}(u(x,t)) = V$.

$$V_t - \alpha V_{xx} - \beta G(V_{xx}) = D_x^{n+2}\varphi(a),$$

$$V(x,0) = D_x^{n+1}u_0(x) \in H^1(\mathbb{R}).$$

注意 $u(x,t) \in W_2^{n+2,[\frac{n+2}{2}]}(Q_T)$ 和引理 6.2.5 的断言, 易知 $u_x(x,t) \in L^\infty(Q_T)$, $D_x^{n+1}\varphi(u) \in L^2(Q_T)$. 再利用引理 6.2.5 推得

$$V = D_x^{n+1}u(x,t) \in W_2^{2,1}(Q_T) \cap L^\infty([0,T]; H^1(\mathbb{R})).$$

连同方程 (6.3.13) 推得

$$u(x,t) \in W_2^{n+3,[\frac{n+3}{2}]}(Q_T) \cap W_{\infty,2}^{n+2,[\frac{n+1}{2}]}(Q_T). \qquad \square$$

6.4　方程 (6.3.13) 局部解的存在性, $\alpha = 0$

我们对问题 (6.3.13)(6.3.14) 的解 $\alpha > 0$ 作与 α 无关的先验估计, 再令 $\alpha \to 0$.

定理 6.4.1 设 $u(x) \in H^s(\mathbb{R}), s \geqslant 2$, $\varphi(x) \in C^{s+1}(\mathbb{R})$ 满足条件 (A) 和 $|\varphi^3(u)| \leqslant C_0(|v|^s + |u|^{s_0})$, 这里 s_0 和 s 为正整数, C_0 为正常数, 则 Cauchy 问题 (6.3.13) (6.3.14), $\alpha = 0$ 具有唯一光滑解

$$u(x,t) \in W_{\infty,2}^{s,[\frac{s}{2}]}(Q_{T_0}),$$

其中 T_0 为正数, 依赖于 $s_0, s, C_0, \|u_{0xx}\|_2$.

证明 用标准办法, 能在有限时间 $[0, T_0]$ 内首先建立某些先验估计, 可得 Cauchy 问题 (6.3.13)(6.3.14) 光滑解的局部存在性 ($\alpha = 0$). 以 $u = u_\alpha(x,t)$ 乘方程 (6.3.13)($\alpha > 0$), 在 $\mathbb{R}$ 上积分, 易得

$$\sup_{t \in [0,T]} \|u_\alpha(x,t)\|_2 \leqslant \|u_0\|_2. \tag{6.4.19}$$

类似地, 以 $D_x^{2s}u$ 乘方程 (6.3.13), 分部积分得

$$\frac{1}{2}\frac{\mathrm{d}}{\mathrm{d}t}\int |D_x^s u|^2 \mathrm{d}x + \alpha\int|D_x^{s+1}u|^2\mathrm{d}x = (-1)^s\int D_x\varphi(u)D_x^{2s}u\mathrm{d}x$$

$$= \int D_x^s u D_x^s(\varphi'(u)D_x(u))\mathrm{d}x$$

$$= \int D_x^s u [D_x^s(\varphi'(u)D_x u) - \varphi'(u)D_x^{s+1}u]\mathrm{d}x + \int \varphi'(u)D_x^s u D_x^{s+1}u\mathrm{d}x$$

$$\leqslant \|D_x^s u\|_2\|D_x^s(\varphi'(u)u_x) - \varphi'(u)D_x^{s+1}u\|_2 - \frac{1}{2}\int\varphi''(u)D_x u(D_x^s u)^2\mathrm{d}x$$

$$\leqslant c\|D_x^s u\|_2(\|D_x\varphi'(u)\|_\infty\|D^s u\|_2 + \|D_x u\|_\infty\|D_x^s\varphi'(u)\|_2)$$

$$+\|\varphi''(u)\|_\infty\|D_x u\|_\infty\|D_x^s u\|_2^2$$

$$\leqslant C(\|\varphi''(u)\|_\infty + \sum_{i=2}^{s+1}\|\varphi^{(i)}(u)\|_\infty)\|D_x u\|_\infty\|D_x^s u\|_2^2,$$

其中, 我们用到引理和 Hölder 不等式. 利用假设, 有如下不等式 ($s = 2$):

$$\frac{\mathrm{d}}{\mathrm{d}t}\|D_x^2 u\|_2^2 + 2\alpha\|D_\alpha^3 u\|_2^2 \leqslant c(| + \|u\|_\infty^{s'})\|D_x u\|_\infty\|D_x^2 u\|_2^2,$$

这里 $S' = \max(S_0, 3)$. 由 Sobolev 不等式

$$\|u\|_\infty \leqslant C\|D_x^2 u\|_2^{\frac{1}{4}}\|u\|_2^{\frac{3}{4}}, \quad \|D_x u\|_\infty \leqslant C\|D_x^2 u\|_2^{\frac{3}{4}}\|u\|_2^{\frac{1}{4}}$$

和简单计算可得

$$\frac{\mathrm{d}}{\mathrm{d}t}\|D_x^2 u\|_2^2 \leqslant C(1 + \|D^2 u\|_2^{2l}),$$

其中 $l = \dfrac{11 + s'}{8}$, 常数 C 与 α 无关. 利用 Gronwall 不等式, 易见存在一个常数 $T_0 > 0$, 仅依赖于 t 和 $\|D^2 u_0\|_2$ 使得

$$\sup_{t \in [0, T_0]} \|D^2 u\|_2 \leqslant C(T_0, s, \|D_x^2 u_0\|_2).$$

由 Sobolev 嵌入定理, 可知 $u \in L^\infty(Q_{T_0}), D_x u \in L^\infty(Q_{T_0})$, 可知当 $\alpha > 0$ 时,

$$\frac{\mathrm{d}}{\mathrm{d}t} \|D_x^s u\|_2^2 \leqslant C(\|u\|_\infty, \|Du\|_\infty) \|D^s u\|_2^2, \quad t \leqslant T_0, s \geqslant 2,$$

推出如下估计

$$\sup_{t \in [0, T]} \|D_x^s u\|_2 \leqslant C(T_0, \|D_x^s u_0\|_2).$$

回到方程 (6.3.13), 最后可得估计

$$\|u(x, t)\|_B \leqslant C(T_0, s, \|u_0\|_{H^s}),$$

其中 $B = W_{\infty, 2}^{s, [\frac{s}{2}]}(Q_{T_0})$. 这就证明了 Cauchy 问题 (6.3.13) (6.3.14) 局部光滑解的存在性, 为了证明定理, 下面仅需证明解的唯一性.

设 u', u'' 为属于 $L^\infty([0, T]; H^2(\mathbb{R}))$ 的两个解, 令 $w = u' - u''$ 可得

$$w_t - \beta G(w_{xx}) - (\varphi_x(u') - \varphi_x(u'')) = 0, \quad w(x, 0) = 0.$$

作 L^2 内积, 计算可得

$$\|\omega(x, t)\|_2^2 \leqslant C(\|u'\|_{\omega_\infty^1}, \|u''\|_{W_\infty^1}) \int_0^t \|\omega(x, t)\|_2^2 \mathrm{d}t.$$

由此推出 $\omega(x, t) = 0, (x, t) \in Q_T$. □

6.5　方程 (6.3.13) 的整体可解性

我们考虑如下 Cauchy 问题

$$u_t - G(u_{xx}) + 2uu_x = 0, \tag{6.5.20}$$

$$u(x, 0) = u_0(x) \tag{6.5.21}$$

整体解的存在性. 为此, 首先要作某些与 $\alpha(\alpha \to 0)$ 无关的先验估计, 对于 Cauchy 问题 (6.3.13) (6.3.14) 的解, $\alpha > 0$, $\beta = 1$, $\varphi(u) = u^2$ 满足

$$u_t - \alpha u_{xx} - G(u_{xx}) + 2uu_x = 0, \quad u(x, 0) = u_0(x). \tag{6.5.22}$$

引理 6.5.1 设 $u(x,t) = u_\alpha(x,t)$ 为 Cauchy 问题 (6.5.20) (6.5.21) 的光滑解, $\alpha > 0$, 则

$$\|u_\alpha(x,t)\|_2 \leqslant \|u_0\|_2, \quad t \in [0,\infty). \tag{6.5.23}$$

引理 6.5.2 设 $u(x,t) = u_\alpha(x,t)$ 为 Cauchy 问题 (6.5.20)(6.5.21) 的光滑解, $\alpha > 0$, 则

$$\|u_x(x,t)\|_2 \leqslant C, \quad t \in [0,\infty),$$

常数 C 仅依赖于 $\|u_0\|_{H^1}$.

证明 由引理 6.2.2 和分部积分, 有

(I_1) $\quad \dfrac{\mathrm{d}}{\mathrm{d}t} \displaystyle\int u_x^2 \mathrm{d}x = 2 \int u_x u_{xt} \mathrm{d}x = -2 \int u_{xx}(\alpha u_{xx} + G(u_{xx}) - 2uu_x)\mathrm{d}x$

$$= -2\alpha \int u_{xx}^2 \mathrm{d}x - 2 \int u_x^3 \mathrm{d}x,$$

(I_2) $\quad \dfrac{\mathrm{d}}{\mathrm{d}t} \displaystyle\int (G(u_x))^2 \mathrm{d}x = 2 \int G(u_x)G(u_{xx})\mathrm{d}x$

$$= -2 \int G(u_{xx})G(\alpha u_{xx} + G_1(u_{xx}) - 2uu_x)\mathrm{d}x$$

$$= -2\alpha \int (G(ux))^2 \mathrm{d}x + 4 \int G(u_{xx})G(uu_x)\mathrm{d}x$$

$$= -2\alpha \int (G(u_{xx}))^2 \mathrm{d}x - 4 \int uu_x G(G(u_{xx}))\mathrm{d}x,$$

(I_3) $\quad \dfrac{\mathrm{d}}{\mathrm{d}t} \displaystyle\int u^4 \mathrm{d}x = 4 \int u^3 u_t \mathrm{d}x = 4 \int u^3 (\alpha u_{xx} + G(u_{xx}) - 2uu_x)\mathrm{d}x$

$$= 4\alpha \int u^3 u_x \mathrm{d}x - 12 \int u^2 u_x G(u_x)\mathrm{d}x.$$

联合以上三个等式可得

$$\frac{\mathrm{d}}{\mathrm{d}t} \int \left(\frac{1}{2}u_x^2 + \frac{3}{2}(G(u_x))^2 + u^4 \right) \mathrm{d}x + \alpha \int u_{xx}^2 \mathrm{d}x + 3\alpha \int (G(u_x))^2 \mathrm{d}x$$

$$= 4\alpha \int u^3 u_{xx} \mathrm{d}x - \int u_x^2 \mathrm{d}x - 6 \int uu_x G(G(u_{xx}))\mathrm{d}x - 12 \int u^2 u_x G(u_x)\mathrm{d}x.$$

还有

(I_4) $\quad \dfrac{\mathrm{d}}{\mathrm{d}t} \displaystyle\int u^2 G(u_x)\mathrm{d}x = \int u^2 G(u_{xt})\mathrm{d}x + 2 \int uu_t G(u_x)\mathrm{d}x$

$$
\begin{aligned}
=&-2\int uu_x G(\alpha u_{xx}+G(u_{xx})-2uu_x)\mathrm{d}x\\
&+2\int uG(u_x)(\alpha u_{xx}+G(u_{xx})-2uu_x)\mathrm{d}x\\
=&-2\alpha\int uu_x G(u_{xx})\mathrm{d}x+2\alpha\int uu_{xx}G(u_x)\mathrm{d}x-2\int uu_x G(G(u_{xx}))\mathrm{d}x\\
&-\int u_x(G(u_x))^2\mathrm{d}x-4\int u^2u_x G(u_x)\mathrm{d}x,
\end{aligned}\tag{6.5.24}
$$

$$
(\mathrm{I}_5)\quad \frac{\mathrm{d}}{\mathrm{d}t}\int uG(u_x)\mathrm{d}x=2\int G(u_x)u_t\mathrm{d}x=2\int G(u_x)(\alpha u_{xx}+G(u_{xx})-2uu_x)\mathrm{d}x
$$

$$
=2\alpha\int u_{xx}G(u_x)\mathrm{d}x-4\int uu_x G(u_x)\mathrm{d}x.
$$

从以上两个等式可得

$$
\begin{aligned}
\frac{\mathrm{d}}{\mathrm{d}t}\int\left(3u^2G(u_x)+\frac{3}{2\delta}uG(u_x)\right)\mathrm{d}x=&-\delta\alpha\int uu_x G(u_{xx})\mathrm{d}x+\delta\alpha\int uu_{xx}G(u_x)\mathrm{d}x\\
&+\frac{3\alpha}{\delta}\int u_{xx}G(u_x)\mathrm{d}x-6\int uu_x G(G(u_{xx}))\mathrm{d}x\\
&-3\int u_x(G(u_x))^2\mathrm{d}x-12\int u^2u_x G(u_x)\mathrm{d}x\\
&-\frac{6}{8}\int uu_x G(u_x)\mathrm{d}x.
\end{aligned}\tag{6.5.25}
$$

最后, 基于方程 (6.5.22) 和 (6.5.23) 可得

$$
\begin{aligned}
&\frac{\mathrm{d}}{\mathrm{d}t}\int\left[\frac{1}{2}u_x^2+\frac{3}{2}(G(u_x))^2+u^4-3u^2G(u_x)-\frac{3}{28}uG(u_x)\right]\mathrm{d}x\\
&+\alpha\int u_{xx}^2\mathrm{d}x+3\alpha\int(G(u_{xx}))^2\mathrm{d}x\\
=&\alpha\left[4\int u^3u_{xx}\mathrm{d}x+6\int uu_x G(u_{xx})\mathrm{d}x-6\int uu_{xx}G(u_x)\mathrm{d}x-\frac{3}{\delta}\int u_{xx}G(u_x)\mathrm{d}x\right]\\
&+3\left[\int u_x(G(u_x))^2\mathrm{d}x+\frac{2}{\delta}\int uu_x G(u_x)\mathrm{d}x-\frac{1}{3}\int u_x^3\mathrm{d}x\right]\\
=&\alpha\left[4\int u^3u_{xx}\mathrm{d}x+6\int uu_x G(uu_{xx})\mathrm{d}x-6\int uu_{xx}G(u_x)\mathrm{d}x-\frac{3}{\delta}\int u_{xx}G(u_x)\mathrm{d}x\right].
\end{aligned}\tag{6.5.26}
$$

最后等式我们用到推论 6.2.3, 由 Hölder 不等式和 Sobolev 不等式,

$$\|u\|_6 \leqslant C\|u_{xx}\|_2^{\frac{1}{6}}\|u\|_2^{\frac{5}{6}}, \quad \|u\|_\infty \leqslant C\|u_{xx}\|_2^{\frac{1}{4}}\|u\|_2^{\frac{3}{4}},$$

$$\|u_x\|_2 \leqslant \|u_{xx}\|_2^{\frac{1}{2}}\|u\|_2^{\frac{1}{2}}, \quad \|u_x\|_3 \leqslant c\|u_{xx}\|_2^{\frac{7}{12}}\|u\|_2^{\frac{5}{12}}.$$

积分等式 (6.5.25) 右端得

$$4\alpha \int u^3 u_{xx} \mathrm{d}x + 6 \int uu_x G(u_{xx}) \mathrm{d}x - 6 \int uu_{xx} G(u_x) \mathrm{d}x - \frac{3}{\delta} \int u_{xx} G(u_x) \mathrm{d}x$$

$$\leqslant C(\delta)\alpha[\|u_{xx}\|_2\|u\|_6^2 + \|u_x\|_3\|G(u_x)\|_2\|u\|_6$$

$$+ \|G(u_x)\|_2\|u\|_\infty\|u_{xx}\|_2 + \|u_{xx}\|_2\|u_x\|_2]$$

$$\leqslant C(\delta)\alpha[\|u_{xx}\|_2^{\frac{3}{2}}\|u\|_2^{\frac{5}{2}} + \|u_{xx}\|_2^{\frac{7}{2}}\|u\|_2^{\frac{5}{4}} + \|u_{xx}\|_2^{\frac{3}{2}}\|u\|_2^{\frac{1}{2}}]$$

$$\leqslant \frac{\alpha}{2}\|u_{xx}\|_2^2 + C(\delta, \|u_0\|_2).$$

以上用到了 Young 不等式和引理 6.2.1. 利用上面不等式, 对 (6.5.25) 关于 t 积分, 简单计算可得

$$\frac{1}{2}\|u_x(x,t)\|_2^2 + \frac{3}{2}\|G(u_x(x,t))\|_2^2 + \|u(x,t)\|_4^4$$

$$\leqslant C(\delta, \|u_0\|_{H^1}) + 3 \int u^2 G(u_x) \mathrm{d}x + \frac{3}{2\delta} \int uG(u_x) \mathrm{d}x$$

$$\leqslant C(\delta, \|u_0\|_{H^1}) + 3\|G(u_x)\|_2\|u\|_4^3 + \frac{3}{2\delta}\|G(u_x)\|_2\|u\|_2$$

$$\leqslant \|G(u_x)\|_2^2 + C(\delta, \|u_0\|_{H^1})(1 + \|u_x\|_2)$$

$$\leqslant \|G(u_x)\|_2^2 + \frac{1}{4}\|u_x\|_2^2 + C(\delta, \|u_0\|_{H^1}).$$

以上用到 Young 不等式和 $\|u\|_4 \leqslant 2^{\frac{1}{4}}\|u_x\|_2^{\frac{1}{4}}\|u\|_2^{\frac{3}{4}}$. $\qquad\square$

引理 6.5.3 设 $u = u_\alpha(x,t)$ 为初值问题 (6.5.20) (6.5.21) 的光滑解, $\alpha > 0$, 则

$$\|u_t(x,t)\|_{H^{-1}} \leqslant c, \quad t \in [0, \infty), \tag{6.5.27}$$

其中常数 C 仅依赖于 $\|u_0\|_{H^1}$.

证明 对一切 $\psi(x,t) \in C_0^\infty(\mathbb{R})$, 因 $u(x,t) \in L^\infty([0,T]; H^1)$, 有

$$\int u_t \psi = \int \psi(\alpha u_{xx} + G(u_{xx}) - 2uu_x)$$

$$= -\alpha \int \psi_x u_x - \int \psi_x G(u_x) - 2\int \psi u u_x$$

$$\leqslant C(\|u_0\|_{H^1})\|\psi\|_{H^1}.$$

其中常数 C 与 $\alpha > 0$, $\alpha \to 0$ 无关, 这就证明了引理. □

利用上面的三个引理, 表面对 $\alpha > 0$ 的 Cauchy 问题 (6.5.20) (6.5.21) 具初值 $u_0(x) \in H'(\mathbb{R})$ 的解 $u = u_\alpha(x,t)$ 存在 $u_\alpha(x,t)$ 的子序列, 使得 $u_{\alpha_i}(x,t)$ 按照模 $L^\infty([0,\infty); H^1(\mathbb{R}))$ 弱收敛于函数 $u(x,t) \in L^\infty([0,\infty); H^1(\mathbb{R}))$, 且其极限为 (6.5.20) 具初值 u_0 的弱解. 我们有

定理 6.5.4　设初值 $u_0(x) \in H'(\mathbb{R})$, 则对有限深度流体方程的初值问题 (6.5.20) (6.5.21) 至少具有一个整体弱解 $u = u(x,t)$, 即

(I) $u(x,t) \in L^\infty([0,\infty); H^1(\mathbb{R}))$;

(II) $-\displaystyle\int_0^T \int u\psi_t \mathrm{d}x\mathrm{d}t + \int_0^T \int \psi_x G(u_x)\mathrm{d}x\mathrm{d}t - \int_0^T \int u^2 \psi_x \mathrm{d}x\mathrm{d}t$

$$= \int u_0(x)\psi(x,0)\mathrm{d}x$$

对任何 $T > 0$ 成立, 其中试验函数 $\psi(x,t) \in L^2([0,T]; H_0^1(\mathbb{R}))$, $\psi_t \in L^2([0,T]; L^2(\mathbb{R}))$, $f(x,T) = 0$.

证明　设 $u_\alpha = u_\alpha(x,t)$ 为初值问题 (6.5.20) (6.5.21) 的光滑解, $\alpha > 0$, 由引理 6.5.1 和引理 6.5.2 的一致估计, 有界可逆 Banach 空间的弱紧性, 可取子序列 $u_\alpha \to u$ 在 $L^\infty([0,T]; H^1(\mathbb{R}))$, 由引理 6.5.3 估计, 连同引理 6.5.2 和 Aubin 引理, 可得 $u_\alpha(x,t) \to u(x,t)$ 在 $L^2([0,T]; L^2(\mathbb{R}))$ 中强收敛, 可检验 $u_x u_{xx} \to u u_x$ 在 $L^2([0,T]; L^2(\mathbb{R}))$ 中弱收敛, 推之, 极限函数 $u = u(x,t) \in L^\infty([0,\infty); H^1(\mathbb{R}))$ 为 Cauchy 问题 (6.5.20)(6.5.21) 依分布意义的弱解. □

推论 6.5.5　设 $u = u(x,t) \in L^\infty([0,\infty); H^1(\mathbb{R}))$ 为 Cauchy 问题 (6.5.20) (6.5.21) 的解, 则

$$\|u(x,t)\|_{C^{(\frac{1}{2},\frac{1}{4})}(Q_\infty)} \leqslant C,$$

其中常数 C 仅依赖于 $\|u_0\|_{H^1}$, $Q_\infty = \mathbb{R}^+ \times \mathbb{R}$.

证明　因 $u(x,t) \in L^\infty([0,\infty); H^1(\mathbb{R}))$, 由 Hölder 不等式, 有

$$|u(x_1,t) - u(x_2,t)| = \left|\int_{x_1}^{x_2} u_x(x,t)\mathrm{d}x\right|$$

$$\leqslant |x_1 - x_2|^{\frac{1}{2}}\left(\int |u_x|^2 \mathrm{d}x\right)^{\frac{1}{2}} \leqslant C|x_1 - x_2|^{\frac{1}{2}},$$

$$\sup_{t\in[0,\infty)} |u(x,,t) - u(x_2,t)| \leqslant c|x_1 - x_2|^{\frac{1}{2}},$$

$x_1, x_2 \in \mathbb{R}$. 另一方面, 因 $U_t \in L^\infty([0, \infty); H^{-1})$, 则对一切 $\psi(x) \in L^2(\mathbb{R}), \psi^* = \int_0^x \psi(x)\mathrm{d}x, V = \int_\infty^x u\mathrm{d}x$, 有

$$\int \psi V_t \mathrm{d}x = \int \psi_x * V_t \mathrm{d}x = -\int \psi * V_{xt} \mathrm{d}x = -\int \psi^* u_t \mathrm{d}x$$

$$= -\int \psi^* [G(u_{xx}) - 2uu_x]\mathrm{d}x = \int \psi[G(u_x) - u^2]\mathrm{d}x$$

$$\leqslant C\|\psi\|_{L^2(\mathbb{R})}.$$

因此 $V_t \in L^\infty([0, \infty); L^2(\mathbb{R}))$, 由 Sobolev 不等式

$$\sup_{x \in \mathbb{R}} |u(x, t) - u(x, t_2)| = \|v_x(x, t_1) - v_x(x, t_2)\|_\infty$$

$$\leqslant c\|v(x, t_1) - v(x, t_2)\|_2^{\frac{1}{4}} \|v_{xx}(x, t_1) - v_{xx}(x, t_2)\|_2^{\frac{3}{4}}$$

$$\leqslant c|t_1 - t_2|^{\frac{1}{4}} \sup_t (\|N_t(x, t)\|_2^{\frac{1}{4}} \|u_x(x, t)\|_2^{\frac{3}{4}})$$

$$\leqslant c|t_1 - t_2|^{\frac{1}{4}}. \tag{6.5.28}$$

联合 (6.5.25) (6.5.27), 定理得证. $\qquad\qquad\qquad\qquad\qquad\qquad\qquad\qquad\square$

第 7 章　中等深度水波方程解的渐近性

7.1　引　　言

这一章我们考虑中等深度水波方程

$$\partial_t u - G(\partial_x^2 u) + \partial_x \left(\frac{u^p}{p} \right) = 0, \tag{7.1.1}$$

这里 p 为大于 1 的整数.

$$G(f) = \lim_{\varepsilon \to 0} \int_{|y| \geqslant \varepsilon > 0} f(x-y) k(y) \mathrm{d}y,$$

其中

$$k(y) = \frac{1}{2\delta} \left(\coth \frac{\pi y}{2\delta} - \operatorname{sgn} y \right)$$

是奇性积分. $\delta > 0$ 表示流体的水深度, 方程 (7.1.1) 描述在有限深度水流中内波的传播. 当 $\delta \to 0$ 和 $\delta \to \infty$ 时分别趋于 KdV 方程

$$\partial_t u - \partial_x^3 u + \partial_x \left(\frac{u^p}{p} \right) = 0$$

和 Benjamin-Ono 方程

$$\partial_t u - H(\partial_x^3 u) + \partial_x \left(\frac{u^p}{p} \right) = 0, \quad p = 2,$$

其中 $H(\cdot)$ 表示 Hilbert 变换. 如果用 $U(\cdot)$ 和 $V(\cdot)$ 分别表示线性 KdV 方程 $\partial_t u - \partial_x^3 u = 0$ 和线性 BO 方程 $\partial_t u - H(\partial_x^3 u) = 0$ 的生成群方程, 则有

$$\|U(t)f\|_p \leqslant C t^{-\frac{1}{3}(1-\frac{2}{p})} \|f\|_{p'}, \tag{7.1.2}$$

$$\|V(t)f\|_p \leqslant C t^{-\frac{1}{2}(1-\frac{2}{p})} \|f\|_{p'}. \tag{7.1.3}$$

对 $t \geqslant 1$, $p \geqslant 2$, $p' = p(p-1)$, 我们将得到对于线性问题

$$\partial_t u - G(\partial_x^2 u) = 0, \quad u(x,0) = f(x) \tag{7.1.4}$$

基本解的类似衰减估计

$$\|u\|_p \leqslant C\big(t^{-\frac{1}{2}(1-\frac{2}{p})} + (\delta t)^{-\frac{1}{3}(1-\frac{2}{p})}\big)\|f\|_p, \tag{7.1.5}$$

对 $t \geqslant 1$, 利用衰减估计, 由于方程 (7.1.1) 色散象征 $p(\xi) = (2\pi\xi)^2\big(\coth(2\pi\delta\xi) - \frac{1}{2\pi\delta\xi}\big)$, 复杂于 KdV 方程的象征 ξ^3 和 BO 方程的 $|\xi|\xi$, 我们需要估计 $p(\xi)$.

7.2 一些引理

以下以 $\hat{f}, \check{f}$ 表示函数 $f(x)$ 的 Fourier 变换和它的逆变换

$$\hat{f}(\xi) = \int_{\mathbb{R}} f(x)e^{-2\pi i\xi x}\mathrm{d}x, \quad \check{f}(x) = \int_{\mathbb{R}} f(x)e^{2\pi i\xi x}\mathrm{d}\xi.$$

对于奇性积分 $G(\cdot)$, 有如下性质.

引理 7.2.1 对任何函数 $f(x), g(x) \in C_0^\infty(\mathbb{R})$, 有

(i) $\widehat{[G(f)]} = -i\left[\coth(2\pi\delta\xi) - \dfrac{1}{2\pi\delta\xi}\right]\hat{f}$;

(ii) $G(\partial_x f) = \partial_x G(f)$;

(iii) $\displaystyle\int_{\mathbb{R}} fG(g)\mathrm{d}x = -\int_{\mathbb{R}} gG(f)\mathrm{d}x$,

(iv) $\displaystyle\int_{\mathbb{R}} f_x(G(f_x))^2\mathrm{d}x + \frac{2}{\delta}\int_{\mathbb{R}} ff_xG(f_x)\mathrm{d}x = \frac{1}{3}\int_{\mathbb{R}}(f_x)^3\mathrm{d}x$;

(v) $\|G(f)\|_2 \leqslant \|f\|_2$.

证明 对于不等式可推广到 Sobolev 空间 $L^p(\mathbb{R})$, $1 < p < \infty$. □

引理 7.2.2 对任何函数 $f(x) \in L^p(\mathbb{R})$, $1 < p < \infty$, 有

$$\|G(f)\|_p \leqslant c(p)\|f\|_p,$$

这里正常数 c 与 f 无关.

引理 7.2.3 设核 $K(x)$ 满足如下条件:

$$|K(x)| \leqslant B|x|^{-1}, \quad |x| > 0, \tag{7.2.6}$$

$$\int_{R_1<|x|<R_2} K(x)\mathrm{d}x = 0, \quad 0 < R_1 < R_2 < \infty, \tag{7.2.7}$$

$$\int_{|x| \geqslant 2|y|} |K(x-y) - K(x)| \mathrm{d}x \leqslant B, \quad |Y| > 0, \tag{7.2.8}$$

其中 B 为正常数. 则对 $f \in L^p(\mathbb{R}), 1 < p < \infty$, 有

$$\|T(f)\|_p \leqslant c(p)\|f\|_p,$$

这里

$$T(f)(x) = \lim_{\varepsilon \to 0} \int_{|y| \geqslant \varepsilon > 0} f(x-y)K(y)\mathrm{d}y.$$

证明　参考 E. Stein 的书 [151]. □

引理 7.2.4　对 $|y| \neq 0$, 有

$$y^2 \coth y = y + \frac{1}{3}y^3 - 2y^3 \sum_{k=1}^{\infty} \frac{y^2}{k^2\pi^2(k^2\pi^2 + y^2)}, \tag{7.2.9}$$

$$y^2 \coth y = y|y|\left(1 + 2\sum_{k=1}^{\infty} e^{-2k|y|}\right). \tag{7.2.10}$$

证明　(7.2.9) 展开式已在文献 [37] 中提到. 现在证明 (7.2.10). 事实上, 对 $y > 0$,

$$y^2 \coth y = y^2 \frac{e^y + e^{-y}}{e^y - e^{-y}} = y^2\left(1 + \frac{2e^{-2y}}{1 - e^{-2y}}\right)$$

$$= y^2\left(1 + 2e^{-2y}\sum_{k=0}^{\infty} e^{-2ky}\right)$$

$$= y^2\left(1 + 2\sum_{k=1}^{\infty} e^{-2ky}\right).$$

对 $y < 0$,

$$y^2 \coth y = -y^2\left(1 + 2\sum_{k=1}^{\infty} e^{2ky}\right),$$

由此得到 (7.2.10). □

论证引理 7.2.2　先取 $K(x) = \dfrac{1}{2\delta}\left(\coth\dfrac{\pi y}{2\delta} - \mathrm{sgn}\, y\right)$ 使之满足条件 (7.2.6)—(7.2.8).

引理 7.2.2的证明 首先对 $x \neq 0$, 由引理 7.2.4 有

$$K(x) = \delta^{-1}\mathrm{sgn}\, x \sum_{k=1}^{\infty} e^{\delta^{-1}\pi k|x|},$$

这就给出了

$$|xK(x)| = \delta^{-1}|x| \sum_{k=1}^{\infty} e^{\delta^{-1}\pi k|x|} = \frac{\delta^{-1}|x|}{e^{\delta^{-1}\pi|x|}-1} \leqslant \frac{1}{\pi}.$$

其次, 对 $0 < R_1 < R_2 < R$, 展开 (7.2.10) 可得 (7.2.7) 成立.

现在证明 (7.2.8) 成立, 对 $|y| \neq 0$, 有

$$\int_{|x|>2y} |K(x-y) - K(x)|\mathrm{d}x$$

$$= \delta^{-1} \int_{|x|>2y} \left(\left| \mathrm{sgn}(x-y) \sum_{k=1}^{\infty} e^{-k\delta^{-1}\pi|x-y|} - \mathrm{sgn}\, x \sum_{k=1}^{\infty} e^{-k\delta^{-1}\pi|x|} \right| \right) \mathrm{d}x$$

$$= \delta^{-1} \sum_{k=1}^{\infty} \left[\int_{2|y|}^{\infty} |e^{-k\delta^{-1}\pi(x-y)} - e^{-k\delta^{-1}\pi x}|\mathrm{d}x + \int_{2|y|}^{\infty} |e^{-k\delta^{-1}\pi x} - e^{-k\delta^{-1}\pi(x+y)}|\mathrm{d}x \right]$$

$$= I(y).$$

现在分两种情况讨论. 首先, 对 $y > 0$, 有

$$I(y) = \delta^{-1} \sum_{k=1}^{\infty} \int_{2y}^{\infty} e^{-k\delta^{-1}\pi x}\mathrm{d}x (e^{k\delta^{-1}\pi y} - e^{-k\delta^{-1}\pi y})$$

$$= \frac{1}{\pi} \sum_{k=1}^{\infty} \frac{1}{k} (e^{-k\delta^{-1}\pi y} - e^{-3k\delta^{-1}\pi y})$$

$$= \frac{1}{\pi} \ln \frac{(e^{3\delta^{-1}\pi y}-1)e^{\delta^{-1}\pi y}}{e^{3\delta^{-1}\pi y}(e^{\delta^{-1}\pi y}-1)} \leqslant \frac{3}{\pi}. \tag{7.2.11}$$

类似地, 不等式 (7.2.11) 对 $y < 0$ 成立. □

引理 7.2.5 设 $\phi(y) = xy + y^2 \coth y$, 则对 $|y| \neq 0$, 有

$$\phi'(y) = \phi'(-y), \quad |\phi''(y)| = \phi''(|y|).$$

当 $|y| > 2$ 时, 有 $|\phi''(y)| > 2$.

证明　由引理 7.2.4 易得

$$\phi'(y) = x + 2|y| + 4\sum_{k=1}^{\infty}(|y| - ky^2)e^{-2k|y|}, \tag{7.2.12}$$

$$\phi''(y) = \operatorname{sgn} y\left[2 + 8\sum_{k=1}^{\infty}\left(y^2k^2 - 2|y|k + \frac{1}{2}\right)e^{-2k|y|}\right], \tag{7.2.13}$$

$$\phi''(y) = 2y - 2y\sum_{k=1}^{\infty}\frac{20k^4\pi^4y^2 + 18k^2\pi^2y^4 + 6y^6}{k^2\pi^2(k^2\pi^2 + y^2)^3}. \tag{7.2.14}$$

如果 $h(y) = \dfrac{20a^2y + 18ay^2 + cy^3}{(a+y)^3}$, 对 $a > 0$ $(y > 0)$, 有

$$h'(y) = \frac{4a^2(5a - y)}{(a+y)^4}. \tag{7.2.15}$$

引理的结果由 (7.2.12)—(7.2.15) 得到.　　　　　　　　　　　　　　　　　　$\Box$

引理 7.2.6　对任何函数 $f \in C_0^{\infty}(\mathbb{R})$, 有

$$\int fG(\partial_x f)\mathrm{d}x \geqslant A\|f\|_{H^{\frac{1}{2}}(\mathbb{R})} - B\|f\|_2,$$

其中正常数 A 和 B 与 f 无关.

证明　由引理 7.2.1 和 Parseval 等式

$$\begin{aligned}
\int_{\mathbb{R}} fG(f)\mathrm{d}x &= \int_{\mathbb{R}} 2\pi\xi\left(\coth(2\pi\delta\xi) - \frac{1}{2\pi\delta\xi}\right)|\hat{f}|^2\mathrm{d}\xi \\
&= 2\pi\left(\int_{|\xi|>k_0}\xi\left(\coth(2\pi\delta\xi) - \frac{1}{2\pi\delta\xi}\right)|\hat{f}|^2\mathrm{d}\xi \right. \\
&\quad \left. + \int_{|\xi|\leqslant k_0}\xi\left(\coth(2\pi\delta\xi) - \frac{1}{2\pi\delta\xi}\right)|\hat{f}|^2\mathrm{d}\xi\right),
\end{aligned} \tag{7.2.16}$$

正常数 k_0 待定.

因为 $\lim_{|\xi|\to\infty}\left(\coth(2\pi\delta\xi) - \dfrac{1}{2\pi\delta\xi}\right) = \operatorname{sgn}(\xi)$, 它存在充分大的 $k_0 > 0$ 使对所有 $|\xi| > k_0$, (7.2.16) 的第一个积分满足

$$2\pi\int_{|\xi|>k_0}\xi\left(\coth(2\pi\delta\xi) - \frac{1}{2\pi\delta\xi}\right)|\hat{f}|^2\mathrm{d}\xi \geqslant \pi\int_{|\xi|>k_0}\xi|\hat{f}|^2\mathrm{d}\xi. \tag{7.2.17}$$

为了处理 (7.2.16) 的第二个积分, 应用引理 7.2.4,

$$2\pi \int_{|\xi|\leqslant k_0} \xi \left(\coth(2\pi\delta\xi) - \frac{1}{2\pi\delta\xi}\right)|\hat{f}|^2 \mathrm{d}\xi \geqslant \pi \int_{|\xi|>k_0} \xi|\hat{f}|^2 \mathrm{d}\xi$$

$$= \int_{|\xi|\leqslant k_0} \left(\xi^2\frac{4\pi^2\delta}{3} - 8\delta\sum_{n=1}^{\infty}\frac{4\delta^2\xi^2}{n^2(n^2+4\delta^2\xi^2)}|\hat{f}|^2\right)\mathrm{d}\xi$$

$$\geqslant \int_{|\xi|\leqslant k_0} \left(\xi^2\frac{4\pi^2\delta}{3} - 8\delta\sum_{n=1}^{\infty}\frac{4k_0^2\delta^2}{n^2(n^2+4\delta^2k_0^2)}|\hat{f}|^2\right)\mathrm{d}\xi$$

$$= \frac{4\pi^2\delta}{3}\varepsilon_0 \int_{|\xi|\leqslant k_0} \xi^2|\hat{f}|^2\mathrm{d}\xi. \tag{7.2.18}$$

这里用到了 $\sum_{n=1}^{\infty}\frac{1}{n^2}=\frac{\pi^2}{6}$, ε_0 是一个正常数, 不依赖于 δ, k_0. 由 (7.2.17) (7.2.18) 可得

$$\int fG(\partial_x f)\mathrm{d}x$$

$$\geqslant \pi \int_{|\xi|>k_0} |\xi||\hat{f}|^2\mathrm{d}\xi + \frac{4\pi^2\delta\varepsilon_0}{3} \int_{|\xi|\leqslant k_0} |\xi|^2|\hat{f}|^2\mathrm{d}\xi$$

$$= \pi \int_{|\xi|>k_0} |\xi||\hat{f}|^2\mathrm{d}\xi + \frac{4\pi^2\delta\varepsilon_0}{3} \int_{|\xi|\leqslant k_0} (1+|\xi|^2)|\hat{f}|^2\mathrm{d}\xi - \frac{4\pi^2\delta\varepsilon_0}{3} \int_{|\xi|\leqslant k_0} |\hat{f}|^2\mathrm{d}\xi$$

$$\geqslant AA\|f\|_{H^{\frac{1}{2}}(\mathbb{R})} - B\|f\|_2,$$

其中

$$A = \min\left\{\pi, \frac{\delta\varepsilon_0}{3}\right\}, \quad B = A + \frac{4\pi^2\delta\varepsilon_0}{3}. \qquad \square$$

7.3 线 性 估 计

考虑线性问题

$$\partial_t u - G(\partial_x^2 u) = f, \tag{7.3.19}$$

$$u(x,0) = u_0(x) \tag{7.3.20}$$

基本解的估计. 定义 U 群 $W(t)u_0 = g_t(x) * u_0$, 其中

$$g_t(x) = \int_{\mathbb{R}} \left[e^{i(2\pi\xi)^2}\left(\coth(2\pi\delta\xi) - \frac{1}{2\pi\delta\xi}\right)t + 2\pi i\xi x\right]\mathrm{d}\xi. \tag{7.3.21}$$

问题 (7.3.19) (7.3.20) 的解可以写为

$$u(x,t) = W(t)u_0(x) + \int_0^t W(t-s)f(x,s)\mathrm{d}s. \tag{7.3.22}$$

我们估计振荡积分 $g_t(x)$, $\forall t \geqslant 0$.

引理 7.3.1　令 $\delta > 0$, 则

$$\|g_t(x)\|_\infty \leqslant c(t^{-\frac{1}{2}} + (\delta t)^{-\frac{1}{3}}), \quad \forall t \geqslant 1,$$

其中常数 c 与 t, δ 无关.

令 $\eta = 2\pi\delta\xi$, $\tau = \xi^{-2}t$, $y = \dfrac{x}{2\delta} - 1$, $g_t(x)$ 可写为

$$S_\tau(y) = 2\pi\delta g_t(x) = \int_{\mathbb{R}} e^{i\tau(\eta^2\coth\eta + y^3)}\mathrm{d}\eta. \tag{7.3.23}$$

为了估计 $S_\tau(y)$ 的界, 我们需要如下古典的 Van der Corput 引理.

引理 7.3.2　设 $\psi \in C_0^1(\mathbb{R})$, $\phi \in C^2(\mathbb{R})$, $|\phi''(\xi)| \geqslant 1$ 在 ϕ 的定义集合上, 则

$$\int_{\mathbb{R}} e^{it\phi(\xi)}\psi(\xi)\mathrm{d}\xi \leqslant c\lambda^{-y_2}(\|\psi\|_\infty + \|\psi'\|_1),$$

常数 c 与 λ, ϕ, ψ 无关.

引理 7.3.1 的证明　写 $S_t(x)$ 为

$$S_t(x) = \int_{|\eta|\leqslant 3} e^{it\phi(\eta)}\mathrm{d}\eta + \int_{|\eta|>3} e^{it\phi(\eta)}\mathrm{d}\eta = S_t^1(x) + S_t^2(x), \tag{7.3.24}$$

其中 $\phi(\eta) = x\eta + \eta^2\coth\eta$.

我们分两部分, 估计 $S_t^1(x)$ 和 $S_t^2(x)$ 的界.

(I) 取变元变换 $\xi = t^{\frac{1}{3}}\eta$, $y = t^{\frac{2}{3}}(1+x)$, 利用引理 7.2.4, 有

$$S_t^1(x) = t^{\frac{1}{3}} \int_{|\xi|\leqslant 2t^{\frac{1}{3}}} e^{\bar\phi(\xi)}\mathrm{d}\xi, \tag{7.3.25}$$

其中

$$\bar\phi(\xi) = y\xi + \frac{1}{3}\xi^3 - 2\xi^3\sum_{k=1}^\infty \frac{(t^{-\frac{1}{3}}\xi)^2}{\pi^2k^2(\pi^2k^2 + (t^{-\frac{1}{3}}\xi)^2)}.$$

下面证明

$$\int_{|\xi|\geqslant 2t^{\frac{1}{3}}} e^{\bar\phi(\xi)}\mathrm{d}\xi \tag{7.3.26}$$

对 $t > 0$, $y \in \mathbb{R}$ 是一致有界的.

事实上, 容易看到 (7.3.26) 的有界性等价于如下积分对 $t \geqslant 1$, $y \in \mathbb{R}$ 的有界性

$$\int_{\mathbb{R}} e^{i\bar{\phi}(\xi)} \bar{\phi}(\xi) \mathrm{d}\xi, \tag{7.3.27}$$

其中截断函数 $\bar{\phi}(\xi) \in C^{\infty}(\mathbb{R})$, 满足 $0 \leqslant \bar{\phi} \leqslant 1$, $\bar{\phi} \equiv 1$, $2 \leqslant |\xi| \leqslant 3t^{\frac{1}{3}}$, $\bar{\phi} \equiv 0$, $|\xi| < 1$ 和 $|\xi| > 3t^{\frac{1}{3}} + 1$, $|\bar{\phi}'(\xi)| \leqslant c$. 基于引理 7.3.2, 证明 (7.3.27) 的有界性可考虑 $\bar{\phi}''(\xi)$ 在 $\bar{\phi}(\xi)$ 的支集上的正上界, 即证明 $|\bar{\phi}''(\xi)| \geqslant \lambda_0$, λ_0 是正常数. 利用引理 7.2.5,

$$|\phi''(\xi)| = t^{\frac{2}{3}} |\phi''(\eta)|$$

$$\geqslant 2|\xi| \left| 1 - \sum_{k=1}^{\infty} \frac{20k^4(t^{-\frac{1}{3}}\xi)^2 + 18k^2\pi^2(t^{-\frac{1}{3}}\xi)^4 + 6(t^{-\frac{1}{3}}\xi)^6}{k^2\pi^2(k^2\pi^2 + (t^{-\frac{1}{3}}\xi)^2)^3} \right|$$

$$= \lambda_0 > 2 \left(1 - \sum_{k=1}^{\infty} \frac{6}{k^2\pi^2} \right) = 0.$$

于是有

$$|S_t^1(x)| \leqslant ct^{-\frac{1}{3}}, \quad t > 0, \quad x \in \mathbb{R}. \tag{7.3.28}$$

(II) 为了估计积分

$$S_t^2(x) = \int_{|\eta|>3} e^{i\phi(\eta)} \mathrm{d}\eta \quad (\phi(\eta) = x\eta + \eta^2 \coth \eta)$$

的有界性, 我们选取截断函数 $\phi_0(\eta) \in C^{\infty}(\mathbb{R})$, 满足 $0 \leqslant \phi_0(\eta) \leqslant 1$, $\phi_0(\eta) \equiv 1$, $|\eta| > 3$, $\phi_0(\eta) \equiv 0$, $|\eta| < 3 - \varepsilon$, 并且

$$|\partial_\eta^k \phi_0(\eta)| \leqslant c(k)^{-k}, \quad k = 1, 2,$$

$\varepsilon \in (0, 1)$ 待定, 则

$$|S_t^2(x)| = \left| \int_{\mathbb{R}} e^{i\phi(\eta)} \phi_0(\eta) \mathrm{d}\eta - \int_{|\eta| \leqslant 1} e^{i\phi(\eta)} \phi_0(\eta) \mathrm{d}\eta \right|$$

$$\leqslant \left| \int_{\mathbb{R}} e^{i\phi(\eta)} \phi_0(\eta) \mathrm{d}\eta \right| + 2\varepsilon. \tag{7.3.29}$$

情况 1. 设 $x > -(3 - 8\sum_{k=1}^{\infty}(2k-1)e^{-4k})$, 从引理 7.2.5 可得

$$|\phi''(\eta)| = \phi''(\eta) > 2, \quad \phi'(\eta) = \phi'(|\eta|) > \phi'(2) > 1, \quad |\eta| > 2,$$

因此

$$\left|\int_{\mathbb{R}} e^{it\phi(\eta)}\phi_0(\eta)\mathrm{d}\eta\right| = \frac{1}{t}\left|\int_{\mathbb{R}} e^{it\phi(\eta)}\frac{\phi_0'(\eta)}{\phi'(\eta)}\mathrm{d}\eta\right| + \frac{1}{t}\left|\int_{\mathbb{R}}\frac{\phi_0(\eta)\phi''(\eta)}{(\phi'(\eta))^2}\mathrm{d}\eta\right|$$

$$\leqslant ct^{-\frac{3}{2}}\left(\left\|\frac{\phi_0'(\eta)}{\phi'(\eta)}\right\|_\infty + \left\|\frac{\phi_0'(\eta)}{\phi'(\eta)}\right\|_1\right) + t^{-1}\left\|\frac{\phi_0(\eta)\phi''(\eta)}{(\phi'(\eta))^2}\right\|_1$$

$$\leqslant ct^{-\frac{3}{2}}(\|\phi_0'(\eta)\|_\infty + \|\phi_0''(\eta)\|_\infty)\mathrm{mes}\{3-\varepsilon < |\eta| < 3\}$$

$$+ \|\phi_0'(\eta)\|_\infty \int_{3-\varepsilon < |\eta|}\frac{\phi''(\eta)}{(\phi'(\eta))^2}\mathrm{d}\eta + t^{-1}\int_{3-\varepsilon < |\eta|}\frac{\phi''(\eta)}{(\phi'(\eta))^2}\mathrm{d}\eta$$

$$\leqslant c(t^{-1} + \varepsilon^{-1}t^{-\frac{3}{2}}),$$

$$\tag{7.3.30}$$

其中利用了分部积分和引理 7.2.5.

情况 2. 设 $x \leqslant -(3 - 8\sum_{k=1}^{\infty}(2k-1)e^{-4k})$, 注意到

$$-\left(3 - 8\sum_{k=1}^{\infty}(2k-1)e^{-4k}\right) = -\left(3 - \frac{8(e^4+1)}{(e^4-1)^2}\right) = -x_0 < -2.$$

为了得到积分 $S_t^2(x)$ 的有界性, 考虑两个区域

$$\Omega_1 = \{\eta : |\phi'(\eta)| \leqslant |x|/2\}, \quad \Omega_2 = \{\eta : |\phi'(\eta)| \leqslant |x|/3\},$$

其中

$$\phi'(\eta) = (x\eta + \eta^2 \coth\eta)' = x + 2|\eta| + 4\sum_{k=1}^{\infty}(|\eta| - k^2)e^{-2k|\eta|}. \qquad \square$$

证明基于如下三个引理关于区域 Ω_1 和 Ω_2.

引理 7.3.3　设 $x \leqslant -x_0$, 则存在一常数 $\delta_0 > 0$ 使得 $\{\eta : |\eta| < \delta_0\} \subset (\bar{\Omega}_1)^c$.

证明　因

$$\phi'(\eta) = (x\eta + \eta^2 \coth\eta)' = x + 2\eta + \frac{4\eta}{e^{2\eta}-1} - \frac{4\eta^2 e^{2\eta}}{(e^{2\eta}-1)^2},$$

$$\lim_{|\eta|\to 0}\left(2\eta + \frac{4\eta}{e^{2\eta}-1} - \frac{4\eta^2 e^{2\eta}}{(e^{2\eta}-1)^2}\right) = 1,$$

故存在一常数 $\delta_0 > 0$ 使得对一切 $|\eta| < \delta_0$, 有

$$|\phi'(\eta)| = |x| - |2\eta + \frac{4\eta}{e^{2\eta}-1} - \frac{4\eta^2 e^{2\eta}}{(e^{2\eta}-1)^2}| > |x| - x_0/2,$$

这就推出了引理的结果.　　　　　　　　　　　　　　　　　　　　　　　　　　　$\square$

引理 7.3.4 *存在常数 $c_0 > 0$ 使得*

$$\mathrm{mes}\{\Omega_1 \cap (|\eta| > 2)\} \leqslant |x| + c_0, \quad x \leqslant -x_0.$$

证明

$$\Omega_1 \cap (|\eta| > 2) = \left\{ \eta : \frac{|x|}{4} - 2\sum_{k=1}^{\infty}(k\eta^2 - |\eta|)e^{-2k|\eta|} \leqslant |\eta| \right.$$

$$\left. \leqslant \frac{3|x|}{4} + 2\sum_{k=1}^{\infty}(k\eta^2 - |\eta|)e^{-2k|\eta|}, \quad |\eta| > 2 \right\}$$

给出了

$$\mathrm{mes}\{\Omega_1 \cap (|\eta| > 2)\} \leqslant 2 \sup_{|\eta|>2} \left\{ \frac{|x|}{2} + \sum_{k=1}^{\infty}(k\eta^2 - |\eta|)e^{-2k|\eta|} \right\}$$

$$= 2\left\{ \frac{|x|}{2} + \sum_{k=1}^{\infty}(k\eta^2 - |\eta|)e^{-2k|\eta|} \right\}$$

$$= |x| + c_0. \hspace{4cm} \square$$

引理 7.3.5 设 $r_0 = \mathrm{dist}\{\Omega_1, (\bar{\Omega}_1)^c\}$, 则存在一个正常数 $c_1 = c_1(\delta_0)$ 使得 $r_0 > c_1|x|$, $x \leqslant -x_0$.

证明 对任何 $\xi_1 \in (\bar{\Omega}_1 \cup |\eta| < \delta_0)^c$, $\xi_2 \in \Omega_2$, 我们有

$$|\phi'(\xi)| > |x|/2, \quad |\phi'(\xi)| \leqslant |x|/3$$

和

$$|\phi'(\xi_1) - \phi'(\xi_2)| > |x|/6, \quad r = |\xi_1 - \xi_2| > |x|/6|\phi''(\xi_0)|^{-1},$$

其中 ξ_0 在 ξ_1 和 ξ_2 的连线上. 因此

$$r_0 = \inf \xi_1 \in (\bar{\Omega}_1)^c, \quad \xi_2 \in \Omega_2, \quad |\xi_1 - \xi_2| \geqslant |x|/6 \frac{1}{\sup_{|\xi|>\delta_0} \phi''(\xi)},$$

其中

$$\sup_{|\xi|>\delta_0} \phi''(\xi) \leqslant \sup_{|\xi|>\delta_0} \left(2 + 8\sum_{k=1}^{\infty}(\xi^2 k^2 + 2|\xi|k + 1/2)e^{-2k|\xi|} \right) = c(\delta_0) > 0.$$

先考虑情况 2. 基于以上三个引理, 我们构造一个 U 分解, 即有三个函数, 使得 $\phi_1(\eta), \phi_2(\eta) \in C^\infty(\mathbb{R})$, $0 \leqslant \phi_1(\eta) \leqslant 1$, $0 \leqslant \phi_2(\eta) \leqslant 1$, $\phi_1(\eta) + \phi_2(\eta) \equiv 1$, $\forall \eta \in \mathbb{R}$, $\mathrm{supp}\{\phi_1(\eta)\}$ 被包含在 Ω_1 内. $\phi_2(\eta) \equiv 0$, $\forall \eta \in \Omega_2$, 且

$$|\partial_\eta^k \phi_0(\eta)| \leqslant c(k) r_0^{-k}, \quad k = 1, 2.$$

在 (7.3.29) 中的积分可写为

$$\left| \int_\mathbb{R} e^{it\phi(\eta)} \phi_0(\eta) \mathrm{d}\eta \right| \leqslant \left| \int_\mathbb{R} e^{it\phi(\eta)} \phi_0(\eta) \phi_1(\eta) \mathrm{d}\eta \right| + \left| \int_\mathbb{R} e^{it\phi(\eta)} \phi_0(\eta) \phi_2(\eta) \mathrm{d}\eta \right|,$$

$$(7.3.31)$$

如果 $\phi_2(\eta) \neq 0$, 即 $\eta \notin \Omega_2$, 则有 $|\phi'(\eta)| > \dfrac{|x|}{3}$. 注意到

$$|x| + 4 \sum_{k=1}^{\infty} (-k\eta^2 + |\eta|) e^{-2k|\eta|} > 0, \quad \forall |\eta| > 2,$$

可得

$$|\phi'(\eta)| \geqslant c'\left(x + 2\eta + \frac{4\eta}{e^{2\eta} - 1} - \frac{4\eta^2 e^{2\eta}}{(e^{2\eta} - 1)^2} \right) \geqslant 4c', \quad |\eta| > 0, \quad \eta \in \Omega_2,$$

其中 c' 是正常数.

因此, 由分部积分和引理 7.3.2 有

$$\left| \int_\mathbb{R} e^{it\phi(\eta)} \phi_0(\eta) \phi_2(\eta) \mathrm{d}\eta \right|$$

$$= t^{-1} \left| \int_\mathbb{R} e^{it\phi(\eta)} \left(\frac{\phi_0(\eta) \phi_2(\eta)}{\phi'(\eta)} \right)' \mathrm{d}\eta \right|$$

$$\leqslant ct^{-\frac{3}{2}} \left(\left\| \frac{\phi_0'(\eta) \phi_2(\eta)}{\phi'(\eta)} \right\|_\infty + \left\| \left(\frac{\phi_0'(\eta) \phi_2(\eta)}{\phi'(\eta)} \right)' \right\|_1 + t^{-\frac{1}{2}} \left\| \frac{\phi_0(\eta) \phi_2'(\eta)}{\phi'(\eta)} \right\|_\infty \right.$$

$$\left. + \left\| \left(\frac{\phi_0(\eta) \phi_2'(\eta)}{\phi'(\eta)} \right)' \right\|_1 + \left\| \frac{\phi_0(\eta) \phi_2(\eta) \phi''(\eta)}{(\phi'(\eta))^2} \right\|_1 \right)$$

$$\leqslant ct^{-\frac{3}{2}} (\|\phi_0'(\eta)\|_\infty + \|\phi_2'(\eta)\|_\infty + \|\phi_0''(\eta)\|_\infty) \mathrm{mes}\{3 - \varepsilon < |\eta| < 3\}$$

$$+ \|\phi_0'(\eta)\|_\infty \|\phi_2'(\eta)\|_\infty \mathrm{mes}\{3 - \varepsilon < |\eta| < 3\} + \|\phi_2'(\eta)\|_\infty \mathrm{mes}\{\Omega_1 \cap |\eta| > 2\}$$

$$+ \|\phi_0'(\eta)\|_\infty \left\| \frac{\phi''(\eta)}{(\phi'(\eta))^2} \right\|_1 \mathrm{mes}\{3 - \varepsilon < |\eta| < 3 + \|\phi_2'(\eta)\|_\infty\} \mathrm{mes}\{\Omega_1 \cap |\eta| > 2\}$$

$$+ \|\phi_0'(\eta)\|_\infty \left\|\frac{\phi''(\eta)}{(\phi'(\eta))^2}\right\|_1 + \|\phi_2'(\eta)\|_\infty \left\|\frac{\phi''(\eta)}{(\phi'(\eta))^2}\right\|_1 + ct^{-\frac{1}{2}}\left\|\frac{\phi''(\eta)}{(\phi'(\eta))^2}\right\|_1$$

$$\leqslant ct^{-\frac{3}{2}}(^{-1}+c) + ct^{-1}. \tag{7.3.32}$$

如果 $\eta \in \Omega_1$, 则有

$$\left|\int_{\mathbb{R}} e^{it\phi(\eta)}\phi_0(\eta)\phi_1(\eta)\mathrm{d}\eta\right|$$

$$\leqslant ct^{-\frac{1}{2}}(\|\phi_0(\eta)\phi_1(\eta)\|_\infty + \|(\phi_0(\eta)\phi_1(\eta))'\|_1)$$

$$\leqslant ct^{-\frac{1}{2}}(1 + \|\phi_0'(\eta)\|_\infty \mathrm{mes}\{3-\varepsilon < |\eta| < 3\} + \|\phi_0'(\eta)\|_\infty \mathrm{mes}\{\Omega_1 \cap |\eta| > 2\})$$

$$\leqslant ct^{-\frac{1}{2}}. \tag{7.3.33}$$

最后, 联合 (7.3.32), (7.3.33) 和 (7.3.31), 取 $\varepsilon = t^{-\frac{1}{2}}$ 可得

$$|S_t^2(x)| \leqslant ct^{-\frac{1}{2}}. \tag{7.3.34}$$

于是由变换 (7.3.23), (7.3.24)(7.3.28) 和 (7.3.34) 得定理 7.3.6. □

定理 7.3.6 设 $g_t(x)$ 为 U 群由方程 (7.1.1) 形成的. 令 $u(x,t) = g_t(x)*u_0(x)$, 则对 $p \in (2,8)$,

$$\|u(x,t)\|_p \leqslant c(t^{\frac{1}{2}(1-\frac{2}{q})} + (8t)^{-\frac{1}{3}(1-\frac{2}{q})})\|u_0\|_q.$$

对一切 $t \geqslant 1$, $p^{-1}+q^{-1}=1$, 常数 c 不依赖于 t 和 δ.

证明 由引理 7.3.1、线性局部 (7.1.3) 的守恒律, 从 Riesz Thorin 定理可得定理的结果. □

注记 7.3.7 定理 7.3.6 中的常数 c 是与 δ 无关的, 可知估计 (7.1.3) 对线性 BO 方程, 定理 7.3.6 的结论也是对的.

7.4 非线性问题的衰减估计

考虑如下非线性问题

$$\partial_t u - G(\partial_x^2 u) = \frac{\partial x}{\partial}(u^p/p), \tag{7.4.35}$$

$$u(x,0) = u_0(x), \tag{7.4.36}$$

这里 $p \geqslant 1$ 是整数. 对任何函数 $v_0(x) \in H^s(\mathbb{R})(s \geqslant 2)$, 存在非线性问题 (7.4.35) (7.4.36) 的局部唯一性.

引理 7.4.1　对任何 $u_0(x) \in H^k(\mathbb{R})$, 问题 (7.4.35)(7.4.36) 的解有估计

$$\|u\|_{H^3} \leqslant \|u_0\|_{H^3} \exp\left(c \int_0^t \|u(\tau)\|_{W^{2,s}(\mathbb{R})}^{p-1} \mathrm{d}\tau \right), \quad p \geqslant 2. \tag{7.4.37}$$

证明　对于 $k \geqslant 2$,

$$\frac{\mathrm{d}}{\mathrm{d}t} \int_{\mathbb{R}} |\partial_x^k u|^2 \mathrm{d}x = 2 \int_{\mathbb{R}} \partial_x^k u [\partial_x^k (u^{p-1}\partial_x u) - u^{p-1}\partial_x^{k+1} u]\mathrm{d}x$$

$$+ 2 \int_{\mathbb{R}} \partial_x^k u \partial_x^{k+1} u u^{p-1} \mathrm{d}x$$

$$\leqslant c\|\partial_x^k u\|_2 (\|\partial_x^{k-1}u\|_\infty \|\partial_x^k u\|_2 + \|\partial_x u\|_\infty \|\partial_x^k u^{p-1}\|_2)$$

$$+ (p-1)\|\partial_x u\|_\infty \|u\|_\infty^{p-2} \|\partial_x^k u\|_2^2$$

$$\leqslant c\|u\|_\infty^{p-2}\|\partial_x u\|_\infty \|\partial_x^k u\|_2^2$$

$$\leqslant c\|u\|_{W^{2,q}(\mathbb{R})}^{p-1} \|\partial_x^k u\|_2^2, \quad q \geqslant 2p.$$

上式利用 Gronwall 不等式即得引理.　　　　□

定理 7.4.2　设 $\delta \in (0,\infty)$, $q = 2p$, $p > 5/2 + \sqrt{21}/2$, 设初值 $u_0(x)$ 在 $H^3(\mathbb{R}) \cap W^{2p,2p/(2p-1)}(\mathbb{R})$ 中充分小, 则非线性初值 (7.4.35) (7.4.36) 的解有估计

$$\|u\|_{W^{2,q}(\mathbb{R})} \leqslant C(1+t)^{-1/3(1-2/q)},$$

正常数 C 与 u 和 t 无关.

证明　非线性问题 (7.4.35)(7.4.36) 的解可写成

$$u(t) = g_t * u_0 + \int_0^t g_{t-s} * \partial_x \left(\frac{u^p}{p} \right) \mathrm{d}s,$$

利用定理 7.3.6 和 Hölder 不等式可得

$$\|u(t)\|_{W^{2,q}(\mathbb{R})}$$

$$\leqslant \|g_t * u_0\|_{w^{2,q}(\mathbb{R})} + \int_0^t \|g_{t-r} * \partial_x (u^p/p)\|_{w^{2,q}(\mathbb{R})} \mathrm{d}s$$

$$\leqslant C(1+t)^{-\frac{1}{3}\left(1-\frac{2}{q}\right)} \|u_0\|_{w^{2,q'}}(\mathbb{R}) + c\int_0^t (t-s)^{-\frac{1}{3}\left(1-\frac{2}{q}\right)} \|u\|_{w^{2,q}}^{p-1} \|u\|_{H^3(\mathbb{R})} \mathrm{d}s$$

$$\leqslant c(1+t)^{-\frac{1}{3}\left(1-\frac{2}{q}\right)} \|u_0\|_{w^{2,q'}}$$

$$+ c\|u_0\|_{H^3} \int_0^t (t-s)^{-\frac{1}{3}\left(1-\frac{2}{q}\right)} \|u\|_{w^{2,q}}^{p-1} \exp\left(c \int_0^t \|u\|_{w^{2,q}}^{p-1} d\tau \right) ds.$$

令

$$M(t) = \sup_{0 \leqslant s \leqslant t} (1+s)^{\frac{1}{3}\left(1-\frac{2}{q}\right)} \|u\|_{w^{2,q}}, \quad \overline{\delta} = \|u_0\|_{H^3(\mathbb{R})} + \|u_0\|_{w^{2,2p/(2p-1)}}.$$

由上面不等式得

$$M(t) \leqslant c\overline{\delta} + c\overline{\delta} f(t) M^{p-1}(t) \exp\left(ch(\tau) M^{p-1}(t) \right), \tag{7.4.38}$$

其中

$$f(t) = (1+t)^{\frac{1}{3}\left(1-\frac{1}{p}\right)} \cdot \int_0^t (t-s)^{-\frac{1}{3}\left(1-\frac{1}{p}\right)} (1+s)^{-\frac{p-1}{3}\left(1-\frac{1}{p}\right)} ds,$$

$$h(t) = \int_0^t (1+s)^{-\frac{p-1}{3}\left(1-\frac{1}{p}\right)} ds.$$

注意到当 $p > 5/2 + \sqrt{21}/2$ 时, 则存在常数 C 使得

$$f(t) \leqslant C, \quad h(t) \leqslant C, \quad \forall t \geqslant 0.$$

由 (7.4.38) 可推出

$$M(t) \leqslant c\overline{\delta} + c\overline{\delta} M^{p-1}(t) \exp\left(cM^{p-1}(t) \right). \tag{7.4.39}$$

令 $K(m) = c\overline{\delta}(1 + m^{p-1}(t)\exp(cm^{p-1}(t))) - m$, 因 $K(0) = c\overline{\delta}$, $K''(m) > 0$. 对 $-km > 0$, 取 $\overline{\delta} > 0$ 充分小, 使得 $K(m) = 0$ 有正零点 m_1, 则 $C\delta_1 < m_1$, 当 $K(M(t)) \geqslant 0, \forall t > 0$ 时, $M(0) = c\overline{\delta} < m$, 由于 $K(M(t))$ 的连续性, 最后可得, $M(t) \leqslant m, \forall t \geqslant 0$, 即

$$\|u(t)\|_{w^{2,q}} \leqslant m_1(1+t)^{-\frac{1}{3}\left(1-\frac{2}{q}\right)}, \quad \forall t \geqslant 0, \quad q = 2p > 5 + \sqrt{21}. \qquad \square$$

定理 7.4.3 在定理 7.4.2 条件下, 非线性问题 (7.4.35) (7.4.36) 是渐近于线性问题 (7.3.19)(7.3.20) 的解.

证明 令 $u(t) \in L^\infty(\mathbb{R}^+; H^3(\mathbb{R}))$, 为求证问题 (7.4.35) (7.4.36) 的解, 我们将证明存在函数 $u_+(t) \in L^\infty(\mathbb{R}^+; H^2(\mathbb{R}))$ 满足

$$\partial_t u_+(t) - G(\partial_x^2 u_+(t)) = 0 \tag{7.4.40}$$

且

$$\|u(t) - u_+(t)\|_{H^2(\mathbb{R})} \to 0, \quad t \to \infty.$$

事实上, 由引理 7.2.2 和定理 7.3.6, 有

$$\|u(t)\|_{H^3(\mathbb{R})} \leqslant \|u_0\|_{H^3(\mathbb{R})} \exp\left(c \int_0^t \|u(\tau)\|_{w^{2,q}}^{p-1} \mathrm{d}\tau \right) \leqslant c,$$

因此定义

$$u_+(t) = u(t) - \int_t^{+\infty} g_{t\tau} * \partial_x(u^p/p) \mathrm{d}s,$$

易证 $u_+(t)$ 满足线性方程 (7.4.40), 且使得

$$
\begin{aligned}
\|u(t) - u_+(t)\|_{H^2(\mathbb{R})} &\leqslant c \int_t^{+\infty} \|u(s)\|_{w^{2,q}}^{p-1} \|u(s)\|_{H^3} \mathrm{d}s \\
&\leqslant c \int_t^{+\infty} (1+s)^{-\frac{p-1}{3}\left(1-\frac{2}{q}\right)} \mathrm{d}s \\
&= c \int_t^{+\infty} (1+s)^{-\frac{(p-1)^2}{3p}} \mathrm{d}s \to 0,
\end{aligned}
$$

当 $t \to \infty$ 时, $p > 5/2 + \sqrt{21}/2$, 定理证毕.　　　　　　　　□

第 8 章　中等深度水波方程的极限性质

8.1　引　　言

在本章中, 我们将介绍有限深度水波方程 (FDF 方程) 的 Cauchy 问题

$$\partial_t u - \mathcal{G}(\partial_x^2 u) + \partial_x\left(\frac{u^{k+1}}{k+1}\right) = 0,$$

$$u(0,x) = u_0(x).$$

有限深度水波方程也叫中水波方程, 就像我们称 Benjamin-Ono (BO) 方程为深水波方程, KdV 方程为浅水波方程一样. 有限深度水波方程最初是 Joseph 等在文献 [40], [44], [47] 中提出来的, 用来描述分层的海底潜波的传播, 该方程的色散关系 $\mathcal{G}$ 中包含一个描述流体深度的正参数 δ.

$$\mathcal{G}(f) = -i\mathscr{F}^{-1}\left(\coth(2\pi\delta\xi) - \frac{1}{2\pi\delta\xi}\right)\mathscr{F}f.$$

从物理的角度看, 当描述流体深度的参数 δ 趋近于正无穷时, FDF 方程的解应该趋近于相应的 BO 方程, 反之, 当描述流体深度的参数 δ 趋近于 0 时, FDF 方程的解应该趋近于相应的 Korteweg-de Vries (KdV) 方程. 因此, 研究有限深度水波方程的适定性, 特别是当参数 δ 分别趋近于正无穷和 0 时, 有限深度水波方程的解对 BO 方程和 KdV 方程的极限行为有重要的意义.

8.2　广义有限深度水波方程的整体适定性

在本章中, 我们将详细介绍广义的有限深度水波方程的 Cauchy 问题及解的极限行为. 广义情形, 是指 $k \geqslant 4$ 的情形. 在广义的有限深度水波方程

$$\partial_t u - \mathcal{G}(\partial_x^2 u) + \partial_x\left(\frac{u^{k+1}}{k+1}\right) = 0,$$

$$u(0,x) = u_0(x) \tag{8.2.1}$$

中, $u(t,x)$ 是复值的 (或实值的) 函数, $(t,x) \in \mathbb{R}^{1+1}$,

$$\mathcal{G}(f) = -i\mathscr{F}^{-1}\left(\coth(2\pi\delta\xi) - \frac{1}{2\pi\delta\xi}\right)\mathscr{F}f, \tag{8.2.2}$$

δ 是一个描述流体深度的正实数. 如果对 $u(t,x)$ 作尺度变换

$$u(t,x) \to \sqrt[k]{\frac{3}{2\pi\delta}}\, u\left(\frac{3}{2\pi\delta}t,\ x\right),$$

则方程 (8.2.1) 就转化为如下的方程 (8.2.3).

$$\partial_t u - \frac{3}{2\pi\delta}\mathcal{G}(\partial_x^2 u) + \partial_x\left(\frac{u^{k+1}}{k+1}\right) = 0,$$

$$u(0,x) = u_0(x). \tag{8.2.3}$$

一方面, 当描述流体深度的参数趋近于 ∞ 时, 方程 (8.2.1) 的解应该趋近于广义的 Benjamin-Ono (BO) 方程

$$\partial_t v - \mathcal{H}(\partial_x^2 v) + \partial_x\left(\frac{v^{k+1}}{k+1}\right) = 0. \tag{8.2.4}$$

另一方面, 当描述流体深度的参数 δ 趋近于 0 时, 方程 (8.2.3) 的解应该趋近于广义的 KdV 方程

$$\partial_t v + \partial_x^3 v + \partial_x\left(\frac{v^{k+1}}{k+1}\right) = 0. \tag{8.2.5}$$

方程 (8.2.1) 是一个色散型方程, 可以写成如下积分方程的形式:

$$u = W(t)u_0 - \frac{1}{k+1}\int_0^t W(t-s)\partial_x(u^{k+1}(s))\mathrm{d}s, \tag{8.2.6}$$

其色散半群为

$$W(t) = \mathscr{F}^{-1}e^{it\varphi(\xi)}\mathscr{F}, \quad \varphi(\xi) = \left(\coth(2\pi\delta\xi) - \frac{1}{2\pi\delta\xi}\right)\xi^2. \tag{8.2.7}$$

应用能量方法, Abdelouhab, Bona, Felland 和 Saut [37] 研究了方程 (8.2.1) 在 $k = 1$ 时的情形, 他们得到了初值在 Sobolev 空间 $H^s(s > 3/2)$ 中解的整体适定性, 同时还得到了当 δ 分别趋近于无穷和 0 时, 方程 (8.2.1) 和 (8.2.3) 分别在空间 $C^k([0,T];H^{s-2k})$ $(s > 3/2)$ 和 $C([0,T];H^s)$ $(s \geqslant 2)$ 中的极限行为. 在此之后, Guo 和 Tan[39] 研究了广义有限深度流方程 (8.2.1) 解的长时间行为, 此时 $k > 3/2 + \sqrt{21}/2 > 3.79$, [39] 得到当 $\delta > 0$, $u_0 \in H^3 \cap W^{2,\frac{2(k+1)}{(2k+1)}}$ 并且充分小时, 方程 (8.2.1) 的解满足下面的衰减估计:

$$\|u(t)\|_{W^{2,2(k+1)}} \lesssim (1+|t|)^{-\frac{k}{3(k+1)}}.$$

Han 和 Wang[50] 通过细致的频率空间分解和光滑效应估计, 对 (8.2.6) 应用压缩方法, 证明了当初始值属于 Besov 空间

$$\dot{B}_{2,\infty}^{s_k} \cap \dot{B}_{2,1}^{\tilde{s}_k}, \quad s_k = \frac{1}{2} - \frac{2}{k}, \quad \tilde{s}_k = \frac{1}{2} - \frac{1}{k},$$

并且充分小时, 方程 (8.2.1) 和 (8.2.3) 是整体适定的; 在此基础上, [50] 还证明了当参数 $\delta \to \infty$ 和 $\delta \to 0$ 时, 方程 (8.2.1) 和 (8.2.3) 的解分别逼近于广义 Benjamin-Ono 方程和广义 KdV 方程. Guo 和 Wang[49] 应用 Bourgain 空间方法研究了方程 (8.2.1) 当 $k = 2$ 时的情形, 得到了当 $\delta \geqslant 1$ 时, 方程 (8.2.1) 在初值空间属于 $H^s(s \geqslant 1/2)$ 时的小初值整体适定性, 并得到了解对改进的 Benjamin-Ono 方程的逼近. 然而, (8.2.3) 对 KdV 方程的逼近更为困难, 据作者所知, 目前 $k = 2,3$ 时还没有其他结果.

总体来说, 有限深度水波方程的色散关系更为复杂, 像 Benjamin-Ono 方程那样应用 Gauge 变换也很难, 因此研究有限深度水波方程比 Benjamin-Ono 方程更为困难.

近年来, 关于广义的 BO 方程和广义的 KdV 方程解的适定性问题有许多新结果, 可以参看 [42], [43], [45], [46]. 这里重点关注的是, 应用二进制分解方法和光滑效应估计, Molinet 和 Ribaud 在 [45], [46] 中得到, 当 $k \geqslant 4$, 初值分别在 Besov 空间 $\dot{B}_{2,\infty}^{1/2-2/k}$ 和 $\dot{B}_{2,1}^{1/2-1/k}$ 中, 并且充分小时, 广义 KdV 方程 (8.2.5) 和广义 BO 方程 (8.2.4) 是整体适定的. 这里

$$s_k := 1/2 - 2/k, \quad \tilde{s}_k := 1/2 - 1/k$$

分别是关于广义 KdV (BO) 方程的临界正则化指标. 之所以称它们为临界正则化指标, 是因为对广义 KdV (BO) 方程, 当初值数据属于 H^s, $s < s_k(s < \tilde{s}_k)$ 时是不适定的, 而属于 $s \geqslant s_k(s \geqslant \tilde{s}_k)$ 时是适定的. 可以参看 Birnir, Kenig, Ponce, Svanstedt 和 Vega 的文章 [38], Molinet 和 Ribaud 的文章 [46].

关于 Benjamin-Ono 方程 (8.2.4) 和 KdV 方程 (8.2.5) 的光滑效应估计分别为[41-43,45,46]

$$\|B(t)f(x)\|_{L_x^\infty L_t^2} \leqslant C\|f\|_{\dot{H}^{-1/2}}$$

和

$$\|K(t)f(x)\|_{L_x^\infty L_t^2} \leqslant C\|f\|_{\dot{H}^{-1}}.$$

既然当参数 δ 趋近于 0 和无穷时, FDF 方程的极限分别是 KdV 方程和 BO 方程, 我们很自然地猜测, FDF 方程在低频部分与 KdV 方程相似, 而在高频部分, 它应该与 BO 方程相似. [50] 得到了有限深度流方程 (8.2.1) 的光滑效应估计和极大函数估计:

命题 8.2.1 设 $W(t) = \mathscr{F}^{-1} e^{it\varphi(\xi)} F$, $\varphi(\xi) = \left[\coth(2\pi\delta\xi) - \dfrac{1}{2\pi\delta\xi}\right] \xi^2$, 则存在不依赖于 $\delta > 0$ 的常数 $C > 0, M \gg 1$, 使得下面的式子成立

$$\|W(t)f(x)\|_{L_x^\infty L_t^2} \leqslant C\|P_{>M/2\pi\delta}f\|_{\dot{H}^{-1/2}} + \frac{C}{\sqrt{\delta}}\|P_{\leqslant M/2\pi\delta}f\|_{\dot{H}^{-1}}. \tag{8.2.8}$$

命题 8.2.2 设 $W(t) = \mathscr{F}^{-1} e^{it\varphi(\xi)} \mathscr{F}$, $\varphi(\xi) = \left[\coth(2\pi\delta\xi) - \dfrac{1}{2\pi\delta\xi}\right] \xi^2$, 则我们有

$$\|W(t)f(x)\|_{L_x^4 L_t^\infty} \leqslant C\|f\|_{\dot{H}^{1/4}}. \tag{8.2.9}$$

注记 8.2.3 在命题 8.2.1 和命题 8.2.2 中, C 是一个与 δ 无关的常数. 这对研究有限深度流方程对 BO 方程和 KdV 方程的逼近, 是至关重要的.

对于方程 (8.2.1), 我们考虑的是它对 BO 方程的极限, 因此主要关心的是 δ 较大的情形, 所以估计 (8.2.8) 是好的.

注记 8.2.4 Benjamin-Ono 方程 (8.2.4) 和 KdV 方程 (8.2.5) 的极大函数估计[45,46] 与有限深度流方程是相同的.

命题 8.2.1 和命题 8.2.2 是解决问题的根本出发点. (8.2.8) 表明 FDF 方程的 Kato 光滑效应估计在低频部分与 KdV 方程类似, 而在高频部分与 BO 方程类似. 极大函数不等式估计 (8.2.9) 则与 KdV 方程和 BO 方程完全一样. 以 (8.2.8) 和 (8.2.9) 为基础, 再结合对偶估计的方法和振荡积分的技巧, 就能证明积分算子 $\mathscr{L}$ 在低频部分有与 KdV 方程类似的估计, 而在高频部分有与 BO 方程类似的估计, 我们会在 8.3 节中详细证明. 有了合适的线性估计以后, 另一个核心问题就是如何选择合适的工作空间去处理非线性项, 这里借鉴了文章 [45], [46] 中的想法. 但是, 从 (8.2.8) 和 (8.2.9) 中可以看出, 半群 $W(t)$ 的估计比 KdV 方程和 BO 方程都差, 所以单纯地直接采用 KdV 方程 (或 BO 方程) 适用的工作空间来解决 FDF 方程的问题是行不通的. 因此需要构造一个更加复杂的工作空间, 使得解的高频和低频都能得到控制. 这里的一个关键想法就是对频率空间分成不同的情况分别考虑, 对高频部分, 应用 BO 型的估计, 而对低频部分, 应用 KdV 型的估计. 详细请看 8.4.1 节. 下面是本章将要介绍的小初值整体适定性结果:

定理 8.2.5[50] 设整数 $k \geqslant 4$, $s_k = 1/2 - 2/k$, $\tilde{s}_k = 1/2 - 1/k$, $\delta \in [\delta_0, \infty)$ 是可以变化的参数, $\delta_0 > 0$. 假设 $u_0 \in \dot{B}_{2,\infty}^{s_k} \cap \dot{B}_{2,1}^{\tilde{s}_k}$, 并存在一个比较小的常数 $\rho > 0$ 使得

$$\|u_0\|_{\dot{B}_{2,\infty}^{s_k} \cap \dot{B}_{2,1}^{\tilde{s}_k}} \leqslant \rho.$$

则方程 (8.2.1) 在空间 $L^\infty(\mathbb{R}, \dot{B}_{2,\infty}^{s_k} \cap \dot{B}_{2,1}^{\tilde{s}_k}) \cap E$ 中有唯一的整体解, 且满足

$$\|u\|_{L^\infty(\mathbb{R}, \dot{B}_{2,\infty}^{s_k} \cap \dot{B}_{2,1}^{\tilde{s}_k})} \leqslant C\rho,$$

这里常数 C 关于参数 $\delta \geqslant \delta_0$ 是一致的, 即与 δ 无关, E 的定义在后面 (8.4.69).

定理 8.2.6[50] 设整数 $k \geqslant 4$, $s_k = 1/2 - 2/k$, $\tilde{s}_k = 1/2 - 1/k$, $\delta \in (0, \delta_0]$ 是可以变化的参数, $\delta_0 > 0$. 假设 $u_0 \in \dot{B}_{2,\infty}^{s_k} \cap \dot{B}_{2,1}^{\tilde{s}_k}$, 并存在一个比较小的常数 $\rho > 0$ 使得

$$\|u_0\|_{\dot{B}_{2,\infty}^{s_k} \cap \dot{B}_{2,1}^{\tilde{s}_k}} \leqslant \rho.$$

则方程 (8.2.3) 在空间 $L^\infty(\mathbb{R}, \dot{B}_{2,\infty}^{s_k} \cap \dot{B}_{2,1}^{\tilde{s}_k}) \cap E$ 中有唯一整体解, 且满足

$$\|u\|_{L^\infty(\mathbb{R}, \dot{B}_{2,\infty}^{s_k} \cap \dot{B}_{2,1}^{\tilde{s}_k})} \leqslant C\rho,$$

这里常数 C 关于参数 $\delta < \delta_0$ 是一致的, E 的定义在后面 (8.4.56).

注记 8.2.7 易见 $u_0 \in \dot{B}_{2,\infty}^{s_k} \cap \dot{B}_{2,1}^{\tilde{s}_k}$ 等价于

$$P_{\leqslant 1} u_0 \in \dot{B}_{2,\infty}^{s_k} \quad \text{且} \quad P_{>1} u_0 \in \dot{B}_{2,1}^{\tilde{s}_k},$$

这里 $P_{>a} = \mathscr{F}^{-1} \chi_{(|\xi|>a)} \mathscr{F}$, $P_{\leqslant a} = I - P_{>a}$, χ 是截断函数.

这与 [45], [46] 中, BO 方程的初值在空间 $\dot{B}_{2,1}^{1/2-1/k}$ 中, KdV 方程的初值在空间 $\dot{B}_{2,\infty}^{1/2-2/k}$ 中的结果也是一致的.

在定理 8.2.5 和定理 8.2.6 中, 得到了不依赖于参数 δ 的整体适定性结果, 接下来就可以考虑有限深度流方程的极限行为. 首先通过添项减项, 将 FDF 方程写成 BO 方程的形式, 把剩余项看成非线性项. 将 (8.2.1) 改写成

$$\partial_t u - \mathcal{H}(\partial_x^2 u) + \partial_x\left(\frac{u^{k+1}}{k+1}\right) + \mathcal{H}(\partial_x^2 u) - \mathcal{G}(\partial_x^2 u) = 0. \tag{8.2.10}$$

把方程 (8.2.10) 与 (8.2.4) 相减, 则 $w = u - v$ 满足下面的式子:

$$\partial_t w - \mathcal{H}(\partial_x^2 w) + \frac{1}{k+1} \partial_x(u^{k+1} - v^{k+1}) + \mathcal{H}(\partial_x^2 u) - \mathcal{G}(\partial_x^2 u) = 0. \tag{8.2.11}$$

这时, 将 (8.2.11) 看成一个 BO 方程, 将 $\mathcal{H}(\partial_x^2 u) - \mathcal{G}(\partial_x^2 u)$ 看作非线性项的一部分. 再把 (8.2.11) 写成一个关于 ω 的积分方程, 然后按照证明定理 8.2.5 的方法去估计该积分方程. 这里会遇到的一个问题就是, 由于 $\mathcal{H}(\partial_x^2 u) - \mathcal{G}(\partial_x^2 u)$ 里面的导数, 我们发现为了控制 $\mathcal{H}(\partial_x^2 u) - \mathcal{G}(\partial_x^2 u)$ 这项, 必须用到 u 的正则性估计, 这是解决解的极限行为的关键所在, 详细见 8.5.1 节. 这也是本章假设初值数

据属于 $\dot{B}_{2,1}^{\tilde{s}_k-1/2} \cap \dot{B}_{2,1}^{s_k+1}$ 的原因. 之后按照证明定理 8.2.5 的思路估计 $\partial_x(u^{k+1} - v^{k+1})$ 这一项, 这需要用到一些仿积分解的技巧. 证明定理 8.2.9 的基本想法与定理 8.2.8 是一致的.

下面是本章将要介绍的对 Benjamin-Ono 方程和 KdV 方程的极限行为结果:

定理 8.2.8[50]　设初值满足 $u_0 \in \dot{B}_{2,1}^{\tilde{s}_k-1/2} \cap \dot{B}_{2,1}^{\tilde{s}_k+1}$ 并且充分小. 假设 u_δ 是方程 (8.2.1) 的解, 而 v 是 BO 方程 (8.2.4)对于相同初值的解. 则对任意的 $T > 0$, 我们得到

$$\|u_\delta - v\|_Y \lesssim \frac{T}{\delta} \to 0, \quad \delta \to \infty. \tag{8.2.12}$$

这里

$$\|u\|_Y = \sum_{j \in \mathbb{Z}} \left(2^{j\tilde{s}_k} \|\Delta_j u\|_{L_{t\in[0,T]}^\infty L_x^2} + 2^{\frac{j}{2}} 2^{j\tilde{s}_k} \|\Delta_j u\|_{L_x^\infty L_{t\in[0,T]}^2} + \|\Delta_j u\|_{L_x^k L_{t\in[0,T]}^\infty} \right). \tag{8.2.13}$$

定理 8.2.9[50]　设 u_δ 是方程 (8.2.3) 的解, 初值 u_0 满足 $u_0 \in \dot{B}_{2,1}^{s_k} \cap \dot{B}_{2,1}^{s_k+3}$ 且充分小, w 是 KdV 方程 (8.2.5) 在相同初值下的解. 则对任意的 $T > 0$, 我们得到

$$\|u_\delta - w\|_X \to 0, \quad \text{当} \quad \delta \to 0, \tag{8.2.14}$$

这里 $(p_1, q_1) = (6k/5, 3k)$, $(p_2, q_2) = (12, 3)$,

$$\|u\|_X = \sum_{j \in \mathbb{Z}} \left(\sum_{i=1}^2 2^{js_k} \cdot 2^{j(\frac{1}{p_i} + \frac{3}{q_i} - \frac{1}{2})} \|\Delta_j u\|_{L_x^{p_i} L_{t\in[0,T]}^{q_i}} + 2^{js_k} \|\Delta_j u\|_{L_{t\in[0,T]}^\infty L_x^2} \right). \tag{8.2.15}$$

8.3 节介绍有限深度流方程的关于线性半群的线性估计, 以及关于积分算子的线性估计. 8.4 节详细介绍证明小初值整体适定性构造的工作空间与定理 8.2.5 和定理 8.2.6 的证明过程, 8.5 节详细介绍解的正则性与定理 8.2.8 和定理 8.2.9 的证明过程. 主要参考文献为 [50], [51].

8.3　线 性 估 计

本节主要给出有关半群 $W(t)$ 的 Kato 光滑效应估计 (8.3.17) 和极大函数不等式估计 (8.3.21), 以及积分算子 $\mathscr{L}$ 的 $L_t^q L_x^p$, $L_x^p L_t^q$ 估计, 见命题 8.3.8—命题 8.3.12, 由 FDF 方程的性质, 在证明中我们对低频部分和高频部分采用不同的处理方法. 首先介绍下面的引理, 见 [36].

引理 8.3.1　设 Ω 是 $\mathbb{R}$ 中的开集, φ 是 $C^1(\Omega)$ 函数, 且满足 $\varphi'(\xi) \neq 0$ 对任意 $\xi \in \Omega$ 成立. 定义

$$W(t)f(x) = \int_\Omega e^{i(t\varphi(\xi)+x\xi)}\hat{f}(\xi)\mathrm{d}\xi, \tag{8.3.16}$$

则有

$$\|W(t)f\|_{L_x^\infty L_t^2} \leqslant C \left(\int_\Omega \frac{|\hat{f}(\xi)|^2}{|\varphi'(\xi)|}\mathrm{d}\xi \right)^{1/2}.$$

注记 8.3.2 对于方程 (8.2.1), 考虑的是 $\delta \to \infty$ 时解的极限行为.

命题 8.3.3 设 $W(t) = \mathscr{F}^{-1}e^{it\varphi(\xi)}F$, $\varphi(\xi) = \left[\coth(2\pi\delta\xi) - \dfrac{1}{2\pi\delta\xi} \right]\xi^2$. 则存在不依赖于 $\delta > 0$ 的常数 $C > 0, M \gg 1$, 使得下面的式子成立

$$\|W(t)f(x)\|_{L_x^\infty L_t^2} \leqslant C\|P_{>M/2\pi\delta}f\|_{\dot{H}^{-1/2}} + \frac{C}{\sqrt{\delta}}\|P_{\leqslant M/2\pi\delta}f\|_{\dot{H}^{-1}}. \tag{8.3.17}$$

证明 证明的基本想法就是应用引理 8.3.1. 因此, 需要估计 $\varphi(\cdot)$ 的导数. 令 $x = 2\pi\delta\xi$, 则 $\varphi(\xi) = \dfrac{x^2}{4\pi^2\delta^2}\left(\coth x - \dfrac{1}{x} \right)$. 易见

$$\begin{aligned}
\varphi'(\xi) &= \frac{1}{2\pi\delta}\left[2x\left(\coth x - \frac{1}{x} \right) + x^2\left(\frac{1}{x^2} - \frac{1}{\sinh^2 x} \right) \right] \\
&:= \frac{1}{2\pi\delta}(A(x) + B(x)).
\end{aligned}$$

应用 Taylor 展式 $e^x = \sum_{n=0}^\infty x^n/n!$, 就能估计出 $A(x), B(x) > 0$, 这里 $x \neq 0$. 我们先考虑 x 较大的情形. 因为 $\lim_{x\to\infty}\left| \coth x - \dfrac{1}{x} \right| = 1$, 所以当 $|x| \gg 1$ 时, $A(x) = O(x)$; 又由于 $\lim_{x\to\infty}B(x) = 1$, 所以有 $B(x) = O(1)$, 当 $|x| \gg 1$ 时. 因此存在常数 $M \gg 1$ (注意到 M 与 $\delta > 0$ 无关) 使得下式成立

$$|\varphi'(\xi)| = O(|\xi|), \quad |\xi| > \frac{M}{2\pi\delta}. \tag{8.3.18}$$

对于 $|x| \leqslant M$ 的情形, 对 e^x 应用 Taylor 展式, 可以得到

$$A(x) = 2\left(\frac{x\sum\limits_{n=0}^\infty \dfrac{x^{2n}}{(2n)!}}{\sum\limits_{n=0}^\infty \dfrac{x^{2n+1}}{(2n+1)!}} - 1 \right)$$

$$= 2x^2 \left(\frac{\sum\limits_{n=0}^{\infty} \left(\dfrac{1}{(2n+2)!} - \dfrac{1}{(2n+3)!} \right) x^{2n}}{1 + \sum\limits_{n=1}^{\infty} \dfrac{x^{2n}}{(2n+1)!}} \right)$$

$$= O(x^2). \tag{8.3.19}$$

$$B(x) = x^2 \cdot \frac{e^{2x} + e^{-2x} - 2 - 4x^2}{x^2(e^{2x} + e^{-2x} - 2)}$$

$$= \frac{\sum\limits_{n=1}^{\infty} \dfrac{(2x)^{2n+2}}{(2n+2)!}}{\sum\limits_{n=1}^{\infty} \dfrac{(2x)^{2n}}{(2n)!}} = (2x)^2 \cdot \frac{\sum\limits_{n=1}^{\infty} \dfrac{(2x)^{2n-2}}{(2n+2)!}}{\dfrac{1}{2} + \sum\limits_{n=2}^{\infty} \dfrac{(2x)^{2n-2}}{(2n)!}}$$

$$= O(x^2).$$

综合 (8.3.18)—(8.3.20), 得到

$$\left| \frac{1}{\varphi'(\xi)} \right| \sim \frac{1}{|\xi|} |\xi| > \frac{M}{2\pi\delta} \frac{1}{\delta|\xi|^2} |\xi| \leqslant \frac{M}{2\pi\delta}. \tag{8.3.20}$$

再由引理 8.3.1 即得结论. □

下面证明命题 8.3.6, 证明要用到引理 8.3.5, 为此还要先给出下面的定义[36]:

定义 8.3.4 [36]　对于某个开集 $\Omega \subset \mathbb{R}$, 如果 φ 满足下面的五条, 我们就说 $\varphi \in \mathscr{A}$:

(1) $\varphi : \Omega \to \mathbb{R}$, $\varphi \in C^3(\Omega)$, Ω 是有限个区间的并;

(2) $S_\varphi = \{\xi \in \bar{\Omega} \cup \{\pm\infty\} : \varphi''(\xi) = 0$ 或者 $\lim_{\bar{\xi} \to \xi} \varphi''(\bar{\xi}) = \varphi''(\xi) = \pm\infty\}$ 是有限的;

(3) 如果 $\xi_0 \in S_\varphi$ 并且 $\xi_0 \neq \pm\infty$, 则存在 $\varepsilon, c_1, c_2 > 0$, $\alpha \neq 0$ 使得下式成立

$$c_1|\xi - \xi_0|^{\alpha-2} \leqslant |\varphi''(\xi)| \leqslant c_2|\xi - \xi_0|^{\alpha-2}, \quad \text{如果 } |\xi - \xi_0| < \varepsilon;$$

(4) 如果 $\xi_0 = \pm\infty \in S_\varphi$, 则存在 $\varepsilon, c_1, c_2 > 0$, $\alpha \neq 0$ 使得对于 $|\xi| > 1/\varepsilon$, 下式成立

$$c_1|\xi|^{\alpha-2} \leqslant |\varphi''(\xi)| \leqslant c_2|\xi|^{\alpha-2};$$

(5) φ'' 的单调性变换有限次.

引理 8.3.5[36] 设 $\varphi \in \mathscr{A}$, $W(t)$ 同 (8.3.16), 则下式成立

$$\|W(t)f\|_{L_x^4 L_t^\infty} \leqslant C_\varphi \left(\int_\Omega |\hat{f}(\xi)|^2 \left| \frac{\varphi'(\xi)}{\varphi''(\xi)} \right|^{1/2} \mathrm{d}\xi \right)^{1/2}.$$

命题 8.3.6 设 $W(t) = \mathscr{F}^{-1} e^{it\varphi(\xi)} \mathscr{F}$, $\varphi(\xi) = \left[\coth(2\pi\delta\xi) - \dfrac{1}{2\pi\delta\xi} \right] \xi^2$. 则我们有

$$\|W(t)f(x)\|_{L_x^4 L_t^\infty} \leqslant C \|f\|_{\dot{H}^{1/4}}. \tag{8.3.21}$$

这里 C 是一个与 δ 无关的常数.

证明 首先把 δ 当作一个固定的常数, 这样就可以应用引理 8.3.5. 然后在注记 8.3.7 中, 我们用尺度变换的方法证明定理的结论与 δ 无关.

结合命题 8.3.3 中的 (8.3.20) 式有

$$|\varphi'(\xi)| \leqslant C \begin{cases} |\xi|, & |\xi| > \dfrac{M}{2\pi\delta}, \\ \delta|\xi|^2, & |\xi| \leqslant \dfrac{M}{2\pi\delta}. \end{cases}$$

下面我们就来估计 $|\varphi''(\xi)|$. 对 $x = 2\pi\delta\xi$, 我们有

$$\begin{aligned} \varphi''(\xi) &\sim \frac{\sinh^2 x \cosh x - x \sinh x}{\sinh^3 x} + \frac{x(x \cosh x - \sinh x)}{\sinh^3 x} \\ &= \frac{C(x)}{\sinh^3 x} + \frac{D(x)}{\sinh^3 x}. \end{aligned} \tag{8.3.22}$$

经过计算, 当 $\xi \neq 0$ 时得到

$$C(x) = \frac{1}{2}(2x)^3 \sinh x \left(\frac{1}{3!} + \sum_{n=2}^\infty \frac{(2x)^{2n-2}}{(2n+1)!} \right) > 0,$$

$$D(x) = 2 \left[\sum_{n=1}^\infty \left(\frac{1}{(2n)!} - \frac{1}{(2n+1)!} \right) x^{2n+2} \right] > 0.$$

仍旧分两种情形, 当 $|x| \geqslant M$ 时, 易见 (8.3.22) 的右端当 $x \to \infty$ 时趋近于 1, 所以有 $|\varphi''(x)| \sim 1$, $|x| \geqslant M$.

当 $|x| \leqslant M$ 时, 应用 Taylor 展开, 可以得到

$$\frac{1}{|\varphi''(\xi)|} \leqslant \frac{2\left(\displaystyle\sum_{n=1}^{\infty} \frac{(2x)^{2n}}{(2n)!}\right)}{2\left[\displaystyle\sum_{n=1}^{\infty} \frac{(2x)^{2n-1}}{(2n-1)!} - 2x\right]}$$

$$= \frac{(2x)^2\left(\displaystyle\sum_{n=1}^{\infty} \frac{(2x)^{2n-2}}{(2n)!}\right)}{(2x)^3\left[\dfrac{1}{3!} + \displaystyle\sum_{n=2}^{\infty} \frac{(2x)^{2n-2}}{(2n+1)!}\right]}$$

$$\sim \frac{1}{|x|} \cdot \frac{e^{2x}}{1/3!} \sim C_M \frac{1}{|x|},$$

$$\frac{1}{|\varphi''(\xi)|} \leqslant \begin{cases} C, & |\xi| > \dfrac{M}{2\pi\delta}, \\ \dfrac{C}{\delta|\xi|}, & |\xi| \leqslant \dfrac{M}{2\pi\delta}. \end{cases}$$

综上

$$\frac{|\varphi'(\xi)|}{|\varphi''(\xi)|} \leqslant C_M|\xi| \qquad \xi \neq 0.$$

应用命题 8.3.6 即得 δ 为固定常数时命题成立, 此时尚不能确定 (8.3.21) 中的常数 C 与 δ 无关. 　　　　　　　　□

　　注记 8.3.7　下面重点说明 (8.3.21) 中的常数 C 与 $\delta > 0$ 无关. 为了简单起见, 不妨记

$$W_{2\pi\delta}(t) = \mathscr{F}^{-1} e^{it\varphi_{2\pi\delta}(\xi)} \mathscr{F}, \qquad \varphi_{2\pi\delta}(\xi) = \left[\coth(2\pi\delta\xi) - \frac{1}{2\pi\delta\xi}\right]\xi^2,$$

应用尺度变换的观点, 我们有

$$W_{2\pi\delta}(t)f = \left[\mathscr{F}^{-1} e^{i\frac{t}{(2\pi\delta)^2}\varphi_1(\xi)} \widehat{f(2\pi\delta \cdot)}\right]\left(\frac{x}{2\pi\delta}\right)$$

$$= \left[W_1\left(\frac{t}{(2\pi\delta)^2}\right)(f(2\pi\delta \cdot))\right]\left(\frac{x}{2\pi\delta}\right),$$

然后关于 $W_1(t)$ 应用极大函数不等式 (8.3.21), 就得到

$$\|W_{2\pi\delta}(t)f\|_{L_x^4 L_t^\infty} \lesssim C_{\varphi_1}\|f\|_{\dot{H}^{1/4}},$$

这里 C_{φ_1} 是一个只与 φ_1 有关的常数, 它与 δ 显然是无关的.

命题 8.3.8 设 $W(t) = \mathscr{F}^{-1} e^{it\varphi(\xi)} \mathscr{F}$, $\varphi(\xi) = \left[\coth(2\pi\delta\xi) - \dfrac{1}{2\pi\delta\xi}\right]\xi^2$.

$\mathscr{L}f := \displaystyle\int_0^t W(t-s)f(s,\cdot)\mathrm{d}s$, 并且 $g \in \mathscr{S}(\mathbb{R})$, $f \in \mathscr{S}(\mathbb{R}^2)$. 此处 (p_1,q_1), $(p_2,q_2) \in [2,\infty]^2$ 满足下式

$$\frac{2}{p_i} + \frac{1}{q_i} \leqslant \frac{1}{2}, \quad 4 \leqslant p_i < +\infty, \ 2 \leqslant q_i \leqslant \infty; \quad \text{或者}$$

$$\frac{2}{p_i} + \frac{1}{q_i} \leqslant \frac{1}{2}, \quad 4 \leqslant p_1 < +\infty, \ (p_2,q_2) = (+\infty, 2).$$

令 $2^{j_0} = M/2\pi\delta$.[①] 则当 $j \leqslant j_0$ 时, 我们有

$$2^{-j(\frac{1}{2} - \frac{1}{p_i} - \frac{3}{q_i})}\|W(t)\Delta_j g\|_{L_x^{p_i} L_t^{q_i}} \leqslant C\delta^{-\frac{1}{q_i}}\|\Delta_j g\|_{L^2},$$
$$2^{-j(\frac{1}{2} - \frac{1}{p_1} - \frac{3}{q_1})}\|\Delta_j \mathscr{L}(\partial_x f)\|_{L_x^{p_1} L_t^{q_1}} \leqslant C\delta^{-\frac{1}{q_1}}\delta^{-\frac{1}{q_2}} 2^{j(\frac{3}{2} - \frac{1}{p_2} - \frac{3}{q_2})}\|\Delta_j f\|_{L_x^{\bar{p}_2} L_t^{\bar{q}_2}}.$$
$$\tag{8.3.23}$$

当 $j > j_0$ 时, 我们有

$$2^{-j(\frac{1}{2} - \frac{1}{p_i} - \frac{2}{q_i})}\|W(t)\Delta_j g\|_{L_x^{p_i} L_t^{q_i}} \leqslant C\|\Delta_j g\|_{L^2},$$
$$2^{-j(\frac{1}{2} - \frac{1}{p_1} - \frac{2}{q_1})}\|\Delta_j \mathscr{L}(\partial_x f)\|_{L_x^{p_1} L_t^{q_1}} \leqslant C2^{j(\frac{3}{2} - \frac{1}{p_2} - \frac{2}{q_2})}\|\Delta_j f\|_{L_x^{\bar{p}_2} L_t^{\bar{q}_2}}.$$
$$\tag{8.3.24}$$

在 (8.3.23)—(8.3.24) 中的常数 C 均与 $\delta > 0$ 和 j 无关.

证明 该命题的证明与 [45], [46] 中的方法是一样的. 因为这里要强调常数 C 与 $\delta > 0$ 无关, 所以此处简单地给出证明. 对 $j \leqslant j_0$ 的情形, 由 (8.3.17) 和 Bernstein 不等式易得

$$\|W(t)\tilde{\Delta}_j g\|_{L_x^\infty L_t^2} \lesssim \|P_{>M/2\pi\delta}\tilde{\Delta}_j g\|_{\dot{H}^{-1/2}} + \frac{1}{\sqrt{\delta}}\|P_{\leqslant M/2\pi\delta}\tilde{\Delta}_j g\|_{\dot{H}^{-1}}$$
$$\lesssim \frac{1}{\sqrt{\delta}} 2^{-j}\|g\|_{L^2}.$$

同样, 由 (8.3.21) 可以得到

$$\|W(t)\tilde{\Delta}_j g(x)\|_{L_x^4 L_t^\infty} \lesssim 2^{j/4}\|g\|_{L^2}.$$
$$\tag{8.3.25}$$

应用 Riesz-Thorin 插值定理, 我们得到对任意的 $\theta \in [0,1]$ 有

$$\|W(t)\tilde{\Delta}_j g(x)\|_{L_x^{4/(1-\theta)} L_t^{2/\theta}} \lesssim \delta^{-\frac{\theta}{2}} 2^{j\frac{1-5\theta}{4}}\|g\|_{L^2}.$$

[①] 后面本章总是假设 M 是命题 8.3.3 中的常数.

注意到 $\tilde{\Delta}_j\Delta_j = \Delta_j$, 则有

$$\|W(t)\Delta_j g(x)\|_{L_x^{4/(1-\theta)}L_t^{2/\theta}} \lesssim \delta^{-\frac{\theta}{2}}2^{j\frac{1-5\theta}{4}}\|\Delta_j g\|_{L^2}. \tag{8.3.26}$$

取 $q = 2/\theta$, 令 p 满足 $2/p + 1/q \leqslant 1/2$, 沿着 [45] 中的证明方法即可得到结论 (8.3.23).

对于 $(p_2, q_2) = (\infty, 2)$ 的情形, 仍可参看文章 [46]. □

命题 8.3.9　设 $W(t)$ 与 $\mathscr{L}$ 同命题 8.3.8, $g \in \mathscr{S}(\mathbb{R})$, $f \in \mathscr{S}(\mathbb{R}^2)$, 这里 (p, q) 满足

$$\frac{2}{p} + \frac{1}{q} \leqslant \frac{1}{2}, \quad p < +\infty, \quad 或者 \quad (p, q) = (\infty, 2).$$

则对任意的 $j \leqslant j_0$, 我们有

$$\begin{aligned}
\|W(t)\Delta_j g\|_{L_t^\infty L_x^2} &\leqslant C\|\Delta_j g\|_{L^2}, \\
\|\Delta_j \mathscr{L}(\partial_x f)\|_{L_t^\infty L_x^2} &\leqslant C\delta^{-\frac{1}{q}}2^{j(\frac{3}{2}-\frac{1}{p}-\frac{3}{q})}\|\Delta_j f\|_{L_x^p L_t^q}.
\end{aligned} \tag{8.3.27}$$

对 $j > j_0$, 我们有

$$\begin{aligned}
\|W(t)\Delta_j g\|_{L_t^\infty L_x^2} &\leqslant C\|\Delta_j g\|_{L^2}, \\
\|\Delta_j \mathscr{L}(\partial_x f)\|_{L_t^\infty L_x^2} &\leqslant C2^{j(\frac{3}{2}-\frac{1}{p}-\frac{2}{q})}\|\Delta_j f\|_{L_x^p L_t^q}.
\end{aligned} \tag{8.3.28}$$

(8.3.27)—(8.3.28) 中的常数 C 与 $\delta > 0$ 和 j 无关.

证明　应用命题 8.3.8 和 [45], [46] 的方法, 就可以得到结论, 我们不在这里叙述了. □

命题 8.3.10　设 $W(t)$ 和 $\mathscr{L}$ 同命题 8.3.8, $g \in \mathscr{S}(\mathbb{R})$, $f \in \mathscr{S}(\mathbb{R}^2)$. 当 $j > j_0$ 时, 我们有

$$\begin{aligned}
\|W(t)\Delta_j g\|_{L_x^\infty L_t^2} &\leqslant C2^{-j/2}\|\Delta_j g\|_{L^2}, \\
\|\Delta_j \mathscr{L}(\partial_x f)\|_{L_x^\infty L_t^2} &\leqslant C\|\Delta_j f\|_{L_x^1 L_t^2}.
\end{aligned} \tag{8.3.29}$$

(8.3.29) 中的常数 C 与 $\delta > 0$ 和 j 无关.

证明　第一步: 先假设 $\delta = (2\pi)^{-1}$, 证明下面的声明 1.

由 $\delta = (2\pi)^{-1}$ 可以得到

$$\varphi(\xi) = \xi^2\left(\coth\xi - \frac{1}{\xi}\right). \tag{8.3.30}$$

为简单起见, 这里用 $\mathscr{F}_{t,x}$, $\mathscr{F}_t$, $\mathscr{F}$ 分别表示对变量 (t,x), t, x 的 Fourier 变换. 设 u 是下面初值为 0 的 Cauchy 问题的解:

$$\partial_t u - \mathcal{G}(\partial_x^2 u) = f(t,x), \quad u(0) = 0. \tag{8.3.31}$$

方程 (8.3.31) 两边同时关于变量 t 和 x 作 Fourier 变换得到

$$u = -i\mathscr{F}_{\tau,\xi}^{-1} \frac{1}{\tau - \varphi(\xi)} \mathscr{F}_{t,x} f.$$

对于高频的情形, 我们把算子 $P_{>M}$ 的象征简记为 $\psi_{>M}(\xi)$.

$$P_{>M} D_x u = \mathscr{F}_{\tau,\xi}^{-1} \frac{|\xi|\psi_{>M}(\xi)}{\tau - \varphi(\xi)} \mathscr{F}_{t,x} f. \tag{8.3.32}$$

声明 1 设 $M \gg 1$, φ 的定义见 (8.3.30) 式, 设 u 是方程 (8.3.31)的解. 我们有

$$\|P_{>M} D_x u\|_{L_x^\infty L_t^2} \leqslant C\|f\|_{L_x^1 L_t^2}. \tag{8.3.33}$$

下面就来证明声明 1. 由 (8.3.32) 和 Plancherel 恒等式, 可得

$$\|P_{>M} D_x u\|_{L_t^2} = \left\| \mathscr{F}^{-1} \frac{|\xi|\psi_{>M}(\xi)}{\tau - \varphi(\xi)} \mathscr{F}_{t,x} f \right\|_{L_\tau^2}$$

$$= \left\| \int_{\mathbb{R}} \int_{\mathbb{R}} e^{i(x-y)\xi} \frac{|\xi|\psi_{>M}(\xi)}{\tau - \varphi(\xi)} (\mathscr{F}_t f)(\tau,y)\mathrm{d}\xi\mathrm{d}y \right\|_{L_\tau^2}$$

$$:= \left\| \int_{\mathbb{R}} K(\tau, x-y)(\mathscr{F}_t f)(\tau,y)\mathrm{d}y \right\|_{L_\tau^2},$$

这里积分算子

$$K(\tau,z) = \int_{\mathbb{R}} e^{iz\xi} \frac{|\xi|\psi_{>M}(\xi)}{\varphi(\xi) - \tau} \mathrm{d}\xi \tag{8.3.34}$$

是在主值意义下定义的. 为了证明 (8.3.33)只需要证出

$$\|K(\tau,z)\|_{L_{\tau,z}^\infty} \lesssim 1, \tag{8.3.35}$$

这样由 Minkowski 不等式、(8.3.34) 立得 (8.3.33) 成立. 现在就来估计 $K(\tau,z)$, 这是该定理最重要的部分. 注意到当 $\tau \leqslant 1$, $M \gg 1$ 时, 有 $|\varphi(\xi) - \tau| \gtrsim 1$, 这意味

着 $K(\tau,z)$ 是有界的. 所以只需证明 $\tau>1$ 的情形即可. 作变量替换

$$K(\tau,z)=\int_{\mathbb{R}}e^{i\sqrt{\tau}z\eta}\frac{|\eta|\psi_{>M}(\sqrt{\tau}\eta)}{\eta^2\left(\coth(\sqrt{\tau}\eta)-\dfrac{1}{\sqrt{\tau}\eta}\right)-1}\mathrm{d}\eta$$

$$:=\int_{\mathbb{R}}e^{i\sqrt{\tau}z\eta}\Gamma(\tau,\eta)\mathrm{d}\eta.$$

易见 $1-\eta^2\left(\coth(\sqrt{\tau}\eta)-\dfrac{1}{\sqrt{\tau}\eta}\right)=0$ 只有两个在 1 附近的根 $\eta_{\pm}$, 我们记为 $\eta_{\pm}=\pm1+\varepsilon$, 这里 $0<\varepsilon\ll1$, $\sqrt{\tau}\eta\geqslant M\gg1$. 因为 $\Gamma(\tau,\eta)$ 在 $\eta_{\pm}$ 附近有奇性, 所以需要把 (8.3.36) 中的积分区域 $\mathbb{R}$ 分成下面五个不同的区域来处理. 设 χ_{λ}, $\lambda=0,1,-1,\infty,-\infty$ 是光滑的截断函数且满足

$$\mathrm{supp}\chi_1\subset\{\eta:\eta\in(1/4,7/4)\},\quad \mathrm{supp}\chi_{-1}=-\mathrm{supp}\chi_1,$$
$$\mathrm{supp}\chi_{\infty}\subset\{\eta:\eta\in(3/2,\infty)\},\quad \mathrm{supp}\chi_{-\infty}=-\mathrm{supp}\chi_{\infty},$$
$$\mathrm{supp}\chi_0\subset\{\eta:\eta\in(-1/2,1/2)\},\quad \sum_{\lambda=0,\pm1,\pm\infty}\chi_{\lambda}=1.$$

下面记

$$K_{\lambda}(\tau,z):=\int_{\mathbb{R}}e^{i\sqrt{\tau}z\eta}\Gamma(\tau,\eta)\chi_{\lambda}(\eta)\mathrm{d}\eta. \tag{8.3.36}$$

由于 K_{-1} 和 $K_{-\infty}$ 与 K_1, K_{∞} 的估计方法是类似的, 所以这里只需估计 K_0, K_1, K_{∞} 的界. 因为 $M\gg1$, 所以可以进一步假设 $\eta_+\in\left(\dfrac{99}{100},\dfrac{101}{100}\right)$. 首先, 我们来估计 K_{∞}. 为方便起见记

$$\sigma(\tau,\eta)=\eta\left(\coth(\sqrt{\tau}\eta)-\frac{1}{\sqrt{\tau}\eta}\right). \tag{8.3.37}$$

则有

$$K_{\infty}(\tau,z)=\int_{\mathbb{R}}e^{i\sqrt{\tau}z\eta}\frac{\mathrm{sgn}(\eta)\psi_{>M}(\sqrt{\tau}\eta)\chi_{\infty}(\eta)}{\sigma(\tau,\eta)-\dfrac{1}{\eta}}\mathrm{d}\eta$$

$$=\int_{\mathbb{R}}e^{i\sqrt{\tau}z\eta}\left(\frac{\mathrm{sgn}(\eta)\psi_{>M}(\sqrt{\tau}\eta)\chi_{\infty}(\eta)}{\sigma(\tau,\eta)}+\frac{\mathrm{sgn}(\eta)\psi_{>M}(\sqrt{\tau}\eta)\chi_{\infty}(\eta)}{\eta\sigma(\tau,\eta)\left(\sigma(\tau,\eta)-\dfrac{1}{\eta}\right)}\right)\mathrm{d}\eta$$

$$:= I + II.$$

由于 $\operatorname{supp}\chi_\infty \subset [3/2, \infty) \cup (-\infty, -3/2]$ 并且 $M \gg 1$, 容易得到

$$|II| \lesssim \int_{3/2}^\infty \frac{1}{\eta^3} \mathrm{d}\eta \lesssim 1. \tag{8.3.38}$$

对于第 I 项, 我们可以如下估计

$$
\begin{aligned}
|I| &= \left| \int_{\mathbb{R}} e^{i\sqrt{\tau}z\eta} \frac{\psi_{>M}(\sqrt{\tau}\eta)\chi_\infty(\eta)\operatorname{sgn}(\eta)}{\sigma(\tau,\eta)} \mathrm{d}\eta \right| \\
&= \left| \int_{\mathbb{R}} e^{i\sqrt{\tau}z\eta} \left(\frac{1}{\eta} - \frac{\coth(\sqrt{\tau}\eta) - \dfrac{1}{\sqrt{\tau}\eta} - \operatorname{sgn}(\eta)}{\eta\left(\coth(\sqrt{\tau}\eta) - \dfrac{1}{\sqrt{\tau}\eta}\right)} \right) \psi_{>M}(\sqrt{\tau}\eta)\chi_\infty(\eta)\mathrm{d}\eta \right| \\
&\lesssim 1 + \int_{\mathbb{R}} \frac{\left| \coth(\sqrt{\tau}\eta) - \dfrac{1}{\sqrt{\tau}\eta} - \operatorname{sgn}(\eta) \right|}{\eta\left(\coth(\sqrt{\tau}\eta) - \dfrac{1}{\sqrt{\tau}\eta}\right)} \psi_{>M}(\sqrt{\tau}\eta)\chi_\infty(\eta)\mathrm{d}\eta \\
&= 1 + \int_{\mathbb{R}} \frac{\left| \coth s - \operatorname{sgn}(s) - \dfrac{1}{s} \right|}{s\left(\coth s - \dfrac{1}{s}\right)} \psi_{>M}(s)\chi_\infty(s/\sqrt{\tau})\mathrm{d}s \\
&\lesssim 1 + \int_{M/2}^\infty \left(\frac{1}{s(e^{2s}-1)} + \frac{1}{s^2} \right) \mathrm{d}s \lesssim 1. \tag{8.3.39}
\end{aligned}
$$

综合 (8.3.37)—(8.3.39) 就有

$$|K_\infty(\tau, z)| \lesssim 1.$$

接下来, 我们估计 $K_0(\tau, z)$. 注意到 $\operatorname{supp}\chi_0 \subset [-1/2, 1/2]$, 所以易得

$$
\begin{aligned}
|K_0(\tau, z)| &\lesssim \int_{\mathbb{R}} \frac{|\eta|\chi_0(\eta)}{|\eta^2(1+\varepsilon) - 1|} \mathrm{d}\eta \\
&\lesssim \int_{-1/2}^{1/2} \frac{|\eta|}{|\eta^2(1+\varepsilon) - 1|} \mathrm{d}\eta \lesssim 1.
\end{aligned}
$$

最后, 我们来估计 $K_1(\tau, z)$. 记

$$\Phi(\tau, \eta) = \eta^2 \left(\coth(\sqrt{\tau}\eta) - \frac{1}{\sqrt{\tau}\eta} \right) - 1. \tag{8.3.40}$$

由 Bernstein 不等式和 Young 不等式,

$$
|K_1(\tau, z)| = \left| \int_{\mathbb{R}} \frac{e^{i\sqrt{\tau} z\eta}}{\eta - \eta_+} \cdot \frac{\eta(\eta - \eta_+)\psi_{>M}(\sqrt{\tau}\eta)\chi_1(\eta)}{\Phi(\tau, \eta)} \, \mathrm{d}\eta \right|
$$

$$
\sim \left| \left(\mathrm{sgn} * \mathscr{F}^{-1} \left[\frac{\eta(\eta - \eta_+)\psi_{>M}(\sqrt{\tau}\eta)\chi_1(\eta)}{\Phi(\tau, \eta)} \right] \right)(\sqrt{\tau}z) \right|
$$

$$
\leqslant \left\| \mathscr{F}^{-1} \left[\frac{\eta(\eta - \eta_+)\psi_{>M}(\sqrt{\tau}\eta)\chi_1(\eta)}{\Phi(\tau, \eta)} \right] \right\|_1
$$

$$
\lesssim \left\| \frac{\eta(\eta - \eta_+)\psi_{>M}(\sqrt{\tau}\eta)\chi_1(\eta)}{\Phi(\tau, \eta)} \right\|_{L_\eta^2}^{1/2}
$$

$$
\times \left\| \partial_\eta \left(\frac{\eta(\eta - \eta_+)\psi_{>M}(\sqrt{\tau}\eta)\chi_1(\eta)}{\Phi(\tau, \eta)} \right) \right\|_{L_\eta^2}^{1/2}.
$$

注意到

$$
\partial_\eta \Phi(\tau, \eta) = \eta \left(2\coth(\sqrt{\tau}\eta) - 1 - \frac{\sqrt{\tau}\eta}{\sinh^2\sqrt{\tau}\eta} \right) \sim \eta,
$$

$$
\partial_\eta^2 \Phi(\tau, \eta) \sim \frac{C(\sqrt{\tau}\eta)}{\sinh^3\sqrt{\tau}\eta} + \frac{D(\sqrt{\tau}\eta)}{\sinh^3\sqrt{\tau}\eta} \sim 1.
$$

这里 $\sqrt{\tau}\eta \geqslant M$, $C(\cdot)$ 和 $D(\cdot)$ 如 (8.3.22) 所示. 由 Taylor 展开, 可以得到

$$
\Phi(\tau, \eta) \sim \eta_+(\eta - \eta_+) + (\eta - \eta_+)^2, \quad \text{对于 } |\eta - \eta_+| \lesssim 1.
$$

又由于 $\sqrt{\tau}\eta \geqslant M$, 所以有

$$
\left\| \frac{\eta(\eta - \eta_+)\psi_{>M}(\sqrt{\tau}\eta)\chi_1(\eta)}{\Phi(\tau, \eta)} \right\|_2 \lesssim 1. \tag{8.3.41}
$$

直接计算可知, 当 $\eta \in \mathrm{supp}\chi_1$ 并且 $\sqrt{\tau}\eta \geqslant M$ 时, 存在这样的 $\eta^* = \theta\eta + (1-\theta)\eta_+$, $\theta \in (0, 1)$, 使得下式成立

$$
\left| \partial_\eta \left(\frac{\eta(\eta - \eta_+)}{\Phi(\tau, \eta)} \right) \right| \lesssim \frac{\eta(\eta - \eta_+)^2|\Phi_{\eta\eta}(\tau, \eta^*)|}{\Phi(\tau, \eta)^2} + \frac{|\eta - \eta_+|}{|\Phi(\tau, \eta)|} \lesssim 1,
$$

这样就得到了

$$
\left\| \partial_\eta \left(\frac{\eta(\eta - \eta_+)\psi_{>M}(\sqrt{\tau}\eta)\chi_1(\eta)}{\Phi(\tau, \eta)} \right) \right\|_2 \lesssim 1. \tag{8.3.42}
$$

综合 (8.3.41)—(8.3.42), 可以得到

$$|K_1(\tau, z)| \lesssim 1. \tag{8.3.43}$$

综合 (8.3.39), (8.3.40) 和 (8.3.43), 立得 (8.3.35).

第二步: 对于任意的 $\delta > 0$, 利用声明 1 和尺度变换, 证明下面的声明 2 成立:

声明 2 设 $M \gg 1$, $\varphi(\xi) = \left[\coth(2\pi\delta\xi) - \dfrac{1}{2\pi\delta\xi}\right]\xi^2$. 设 u 是方程 (8.3.31) 的解. 我们有

$$\|P_{>M/2\pi\delta}\partial_x u\|_{L_x^\infty L_t^2} \leqslant C\|f\|_{L_x^1 L_t^2}. \tag{8.3.44}$$

为证明 (8.3.44), 利用下面的恒等式

$$P_{>M/2\pi\delta}\partial_x u = \mathscr{F}_{\tau,\xi}^{-1}\frac{\xi\psi_{>M/2\pi\delta}(\xi)}{\tau - \xi^2\left(\coth(2\pi\delta\xi) - \dfrac{1}{2\pi\delta\xi}\right)}\mathscr{F}_{t,x}f$$

$$= 2\pi\delta\left(\mathscr{F}_{\tau,\xi}^{-1}\frac{\xi\psi_{>M}(\xi)}{\tau - \xi^2\left(\coth\xi - \dfrac{1}{\xi}\right)}\left(\mathscr{F}_{t,x}\left[f\left(4\pi^2\delta^2\cdot, 2\pi\delta\cdot\right)\right]\right)(\tau,\xi)\right)$$

$$\times\left(\frac{\cdot}{(2\pi\delta)^2}, \frac{\cdot}{2\pi\delta}\right).$$

最后, 利用声明 1, 我们就能得到声明 2. 注意到 $j_0 \sim M/2\pi\delta$, 则由声明 2, 就得到结论 (8.3.29). □

注记 8.3.11 如果要问当 $j \leqslant j_0$ 时, 命题 8.3.10 是否正确呢?

对于 $j \leqslant j_0$ 的情形, 我们有

$$\begin{aligned}\|W(t)\Delta_j g\|_{L_x^\infty L_t^2} &\leqslant C2^{-j}\|\Delta_j g\|_{L^2},\\ \|\Delta_j\mathscr{L}(\partial_x^2 f)\|_{L_x^\infty L_t^2} &\leqslant C\|\Delta_j f\|_{L_x^1 L_t^2}.\end{aligned} \tag{8.3.45}$$

(8.3.45) 中的常数 C 与 $\delta > 0$ 和 j 无关.

当然, 很容易看出 (8.3.45) 当 $j \leqslant 0$ 时是不好的估计, 所以我们在定理的证明中不利用这两个估计. (8.3.45) 的证明和上面的证明类似, 这里就不赘述了.

命题 8.3.12 设 $W(t)$ 和 $\mathscr{L}$ 同命题 8.3.8, $g \in \mathscr{S}(\mathbb{R})$, $f \in \mathscr{S}(\mathbb{R}^2)$, 这里 (p,q) 满足

$$\frac{2}{p} + \frac{1}{q} \leqslant \frac{1}{2}, \quad \text{并且 } p < +\infty.$$

对于 $j \leqslant j_0$, 我们有

$$\|\Delta_j \mathscr{L}(\partial_x f)\|_{L_x^\infty L_t^2} \leqslant C\delta^{-\frac{1}{q}} 2^{j(\frac{1}{2} - \frac{1}{p} - \frac{3}{q})} \|\Delta_j f\|_{L_x^{\bar{p}} L_t^{\bar{q}}}. \tag{8.3.46}$$

对于 $j_0 < j$, 我们有

$$\|\Delta_j \mathscr{L}(\partial_x f)\|_{L_x^\infty L_t^2} \leqslant c2^{j(\frac{1}{2} - \frac{1}{p} - \frac{2}{q})} 2^{j/2} \|\Delta_j f\|_{L_x^{\bar{p}} L_t^{\bar{q}}}.$$

证明　采用对偶方法. 当 $j \leqslant j_0$ 时, 由命题 8.3.3 有

$$\|W(t)\Delta_j f(x)\|_{L_x^\infty L_t^2} \lesssim 2^{-j} \|\Delta_j f\|_{L^2},$$

它的对偶估计是

$$\left\| \int_{-\infty}^{+\infty} W(-t)\Delta_j f(t)\mathrm{d}t \right\|_{L_t^\infty L_x^2} \leqslant 2^{-j} \|\Delta_j f\|_{L_x^1 L_t^2}.$$

因此可以得到

$$\left\| D_x^{1/2} \int_{-\infty}^{+\infty} W(-t)\Delta_j f(t)\mathrm{d}t \right\|_{L_x^2} \leqslant 2^{-j/2} \|\Delta_j f\|_{L_x^1 L_t^2}.$$

再由 [45] 中命题 1 的证明可知

$$\left\| \int_{-\infty}^{+\infty} D_x^{1/2} W(-t)\Delta_j f(t,x)\mathrm{d}t \right\|_{L_x^2} \leqslant 2^{j(\frac{1}{2} - \frac{1}{p} - \frac{3}{q})} 2^{j/2} \|\Delta_j f\|_{L_x^{\bar{p}} L_t^{\bar{q}}}.$$

设 $g \in \mathscr{S}$, 且 $\|g\|_{L_x^1 L_t^2} \leqslant 1$. 应用标准的 TT^* 对偶方法,

$$\left| \left\langle \int_{\mathbb{R}} \partial_x W(t-\tau)\Delta_j f(\tau)\mathrm{d}\tau, \, g \right\rangle \right|$$

$$= \left| \int_{\mathbb{R}} \left(\int_{\mathbb{R}} D_x^{1/2} W(-\tau)\Delta_j f(\tau,x)\mathrm{d}\tau \right) \left(\int_{\mathbb{R}} \overline{D_x^{1/2} W(-t)\tilde{\Delta}_j g(t,x)}\mathrm{d}t \right) \mathrm{d}x \right|$$

$$\leqslant \left\| \int_{\mathbb{R}} D_x^{1/2} W(-\tau)\Delta_j f(\tau)\mathrm{d}\tau \right\|_{L_x^2} \left\| \int_{\mathbb{R}} D_x^{1/2} W(-t)\tilde{\Delta}_j g(t)\mathrm{d}t \right\|_{L_x^2}$$

$$\leqslant 2^{j(\frac{1}{2} - \frac{1}{p} - \frac{3}{q})} 2^{j/2} \|\Delta_j f\|_{L_x^{\bar{p}} L_t^{\bar{q}}} \cdot 2^{-j/2} \|g\|_{L_x^1 L_t^2}.$$

由此得到

$$\left\| \int_{\mathbb{R}} \partial_x W(t-\tau)\Delta_j f(\tau)\mathrm{d}\tau \right\|_{L_x^\infty L_t^2} \leqslant C\delta^{-\frac{1}{q}} 2^{j(\frac{1}{2} - \frac{1}{p} - \frac{3}{q})} \|\Delta_j f\|_{L_x^{\bar{p}} L_t^{\bar{q}}}.$$

再利用下面的 Christ-Kiselev 引理 (引理 8.3.13) 即得我们要证明的 (8.3.46). 同样, 可以证明 $j_0 < j$ 的情形 (8.3.46).　　　　　　　　　　　　　　□

引理 8.3.13[46] 设 T 是定义在空时函数 $f(t,x)$ 上的线性算子, 它的定义如下:

$$Tf(t) = \int_{-\infty}^{\infty} K(t,t')f(t')\mathrm{d}t',$$

且满足

$$\|Tf\|_{L_x^{p_1}L_t^{q_1}} \leqslant C\|f\|_{L_x^{p_2}L_t^{q_2}}.$$

这里 $\min(p_1,q_1) > \max(p_2,q_2)$. 则有下式成立

$$\left\|\int_0^t K(t,t')f(t')dt'\right\|_{L_x^{p_1}L_t^{q_1}} \leqslant C\|f\|_{L_x^{p_2}L_t^{q_2}}.$$

下面我们给出方程 (8.2.1) 的半群 $\tilde{W}(t)$① 和积分算子

$$\tilde{\mathscr{L}}f := \int_0^t \tilde{W}(t-s)f(s,\cdot)\mathrm{d}s$$

的估计,

$$\tilde{W}(t) = \mathscr{F}^{-1}e^{it\tilde{\varphi}(\xi)}\mathscr{F}, \quad \tilde{\varphi}(\xi) = \frac{3}{2\pi\delta}\left(\coth(2\pi\delta\xi) - \frac{1}{2\pi\delta\xi}\right)\xi^2, \quad (8.3.47)$$

估计它们的方法与上面 $W(t)$ 和 $\mathscr{L}f$ 是完全相同的, 这里只列出命题结论, 不加以证明了.

注记 8.3.14 对于方程 (8.2.1), 要考虑的是 $\delta \to 0$ 时解的极限行为.

命题 8.3.15 设 $\tilde{W}(t) = \mathscr{F}^{-1}e^{it\tilde{\varphi}(\xi)}\mathscr{F}$, $\tilde{\varphi}(\xi) = \frac{3}{2\pi\delta}\left[\coth(2\pi\delta\xi) - \frac{1}{2\pi\delta\xi}\right]\xi^2$.

则存在不依赖于 $\delta > 0$ 的常数 $C > 0, M > 0$, 使得下式成立

$$\|\tilde{W}(t)f\|_{L_x^\infty L_t^2} \leqslant C\sqrt{\delta}\|P_{>M/2\pi\delta}f\|_{\dot{H}^{-1/2}} + C\|P_{\leqslant M/2\pi\delta}f\|_{\dot{H}^{-1}}$$

$$\|\tilde{W}(t)f\|_{L_x^4 L_t^\infty} \leqslant C\|f\|_{\dot{H}^{1/4}}. \quad (8.3.48)$$

命题 8.3.16 设 $\tilde{W}(t)$ 同命题 8.3.15, $\tilde{\mathscr{L}}f := \int_0^t \tilde{W}(t-s)f(s,\cdot)\mathrm{d}s$. 设 $g \in \mathscr{S}(\mathbb{R})$, $f \in \mathscr{S}(\mathbb{R}^2)$, 令 $(p_1,q_1), (p_2,q_2) \in [2,+\infty]^2$ 满足

$$\frac{2}{p_i} + \frac{1}{q_i} \leqslant \frac{1}{2}, \ 4 \leqslant p_i < +\infty, \ 2 \leqslant q_i \leqslant +\infty; \quad \text{或者}$$

---

① 易见 $\tilde{W}(t)u_0$ 是线性 FDF 方程 $u_t - \frac{3}{2\pi}\mathcal{G}(\partial_x^2 u) = 0$, $u(0) = u_0$ 的解.

$$\frac{2}{p_i}+\frac{1}{q_i}\leqslant\frac{1}{2},\quad 4\leqslant p_1<+\infty,\quad (p_2,q_2)=(+\infty,2).$$

设 $2^{j_0}=M/2\pi\delta$. 则对于 $j\leqslant j_0$, 我们有

$$2^{-j(\frac{1}{2}-\frac{1}{p_i}-\frac{3}{q_i})}\|\tilde{W}(t)\Delta_j g\|_{L_x^{p_i}L_t^{q_i}}\leqslant C\|\Delta_j g\|_{L^2},$$
$$2^{-j(\frac{1}{2}-\frac{1}{p_1}-\frac{3}{q_1})}\|\Delta_j\tilde{\mathscr{L}}(\partial_x f)\|_{L_x^{p_1}L_t^{q_1}}\leqslant C2^{j(\frac{3}{2}-\frac{1}{p_2}-\frac{3}{q_2})}\|\Delta_j f\|_{L_x^{\bar p_2}L_t^{\bar q_2}}. \tag{8.3.49}$$

对于 $j>j_0$, 我们有

$$2^{-j(\frac{1}{2}-\frac{1}{p_i}-\frac{2}{q_i})}\|\tilde{W}(t)\Delta_j g\|_{L_x^{p_i}L_t^{q_i}}\leqslant C\delta^{\frac{1}{q_i}}\|\Delta_j g\|_{L^2},$$
$$2^{-j(\frac{1}{2}-\frac{1}{p_1}-\frac{2}{q_1})}\|\Delta_j\tilde{\mathscr{L}}(\partial_x f)\|_{L_x^{p_1}L_t^{q_1}}\leqslant C\delta^{\frac{1}{q_1}}\delta^{\frac{1}{q_2}}2^{j(\frac{3}{2}-\frac{1}{p_2}-\frac{2}{q_2})}\|\Delta_j f\|_{L_x^{\bar p_2}L_t^{\bar q_2}}. \tag{8.3.50}$$

(8.3.49)—(8.3.50)中的常数 C 与 $\delta>0$ 和 j 无关.

命题 8.3.17　设 $\tilde{W}(t)$ 和 $\tilde{\mathscr{L}}$ 与命题 8.3.16 中相同. 设 $g\in\mathscr{S}(\mathbb{R})$, $f\in\mathscr{S}(\mathbb{R}^2)$, 再令 (p,q) 满足

$$\frac{2}{p}+\frac{1}{q}\leqslant\frac{1}{2},\quad p<+\infty,\quad \text{或者}\quad (p,q)=(\infty,2).$$

则对于 $j\leqslant j_0$, 我们有

$$\|\tilde{W}(t)\Delta_j g\|_{L_t^\infty L_x^2}\leqslant C\|\Delta_j g\|_{L^2}$$
$$\|\Delta_j\tilde{\mathscr{L}}(\partial_x f)\|_{L_t^\infty L_x^2}\leqslant C2^{j(\frac{3}{2}-\frac{1}{p}-\frac{3}{q})}\|\Delta_j f\|_{L_x^{\bar p}L_t^{\bar q}}. \tag{8.3.51}$$

对于 $j>j_0$, 我们有

$$\|\tilde{W}(t)\Delta_j g\|_{L_t^\infty L_x^2}\leqslant C\|\Delta_j g\|_{L^2},$$
$$\|\Delta_j\tilde{\mathscr{L}}(\partial_x f)\|_{L_t^\infty L_x^2}\leqslant C\delta^{\frac{1}{q}}2^{j(\frac{3}{2}-\frac{1}{p}-\frac{2}{q})}\|\Delta_j f\|_{L_x^{\bar p}L_t^{\bar q}}. \tag{8.3.52}$$

(8.3.51)—(8.3.52) 中的常数 C 与 $\delta>0$ 和 j 无关.

命题 8.3.18　$\tilde{W}(t)$ 和 $\tilde{\mathscr{L}}$ 同上. 设 $g\in\mathscr{S}(\mathbb{R})$, $f\in\mathscr{S}(\mathbb{R}^2)$. 设 (p,q) 满足

$$\frac{2}{p}+\frac{1}{q}\leqslant\frac{1}{2}\quad\text{且}\quad p<+\infty;\quad\text{或}\quad (p,q)=(-\infty,2).$$

则对于 $j\leqslant j_0$, 我们有

$$\|\tilde{W}(t)\Delta_j g\|_{L_x^\infty L_t^2}\leqslant C2^{-j}\|\Delta_j g\|_{L^2},$$
$$\|\Delta_j\tilde{\mathscr{L}}(\partial_x f)\|_{L_x^\infty L_t^2}\leqslant C2^{j(\frac{1}{2}-\frac{1}{p}-\frac{3}{q})}\|\Delta_j f\|_{L_x^{\bar p}L_t^{\bar q}}. \tag{8.3.53}$$

对于 $j > j_0$, 我们有

$$\|\tilde{W}(t)\Delta_j g\|_{L_x^\infty L_t^2} \leqslant C\delta^{\frac{1}{2}}2^{-j/2}\|\Delta_j g\|_{L^2},$$

$$\|\Delta_j \tilde{\mathscr{L}}(\partial_x f)\|_{L_x^\infty L_t^2} \leqslant C\delta\|\Delta_j f\|_{L_x^1 L_t^2}. \tag{8.3.54}$$

(8.3.53)—(8.3.54)中的常数 C 与 $\delta > 0$ 和 j 无关.

8.4 小初值整体适定性

本节中 $\tilde{W}(t)$ 同 (8.3.47). 为简单起见, 仍旧这样记 $W(t) = \tilde{W}(t)$. 定义下面的映射

$$\mathscr{T} : u \to W(t)u_0 - \frac{1}{k+1}\int_0^t W(t-s)\partial_x(u^{k+1}(s))\mathrm{d}s.$$

为完成定理 8.2.6 中存在唯一性的证明, 我们应用不动点定理. 首先, 证明方程在工作空间 E 中有唯一的解存在.

8.4.1 工作空间 E 的构造

首先给出工作空间 E 的定义. 这里 $s_k = \dfrac{1}{2} - \dfrac{2}{k}$, $\tilde{s}_k = \dfrac{1}{2} - \dfrac{1}{k}$. 与 [45] 中相同, 仍旧设

$$(p_1, q_1) = (6k/5, 3k), \quad (p_2, q_2) = (12, 3).$$

设 $j_0 \sim \ln\dfrac{M}{2\pi\delta}$ (不失一般性, 可以假设 $j_0 \gg 1$), 对于 $i = 1, 2$,

$$A_i(u) = \sup_{j \leqslant 0} 2^{js_k} \cdot 2^{j(\frac{1}{p_i} + \frac{3}{q_i} - \frac{1}{2})}\|\Delta_j u\|_{L_x^{p_i} L_t^{q_i}},$$

$$\tilde{A}_i(u) = \sum_{0 < j \leqslant j_0} 2^{j\tilde{s}_k} \cdot 2^{j(\frac{1}{p_i} + \frac{3}{q_i} - \frac{1}{2})}\|\Delta_j u\|_{L_x^{p_i} L_t^{q_i}},$$

$$B_i(u) = \sum_{j > j_0} 2^{j\tilde{s}_k} \cdot 2^{j(\frac{1}{p_i} + \frac{2}{q_i} - \frac{1}{2})}\|\Delta_j u\|_{L_x^{p_i} L_t^{q_i}},$$

$$Q_i(u) = A_i(u) + \tilde{A}_i(u) + B_i(u), \tag{8.4.55}$$

$$N(u) = \sum_{j=-\infty}^{\infty} 2^{j\tilde{s}_k}\|\Delta_j u\|_{L_t^\infty L_x^2},$$

$$T(u) = \sum_{j>0} 2^{j/2}2^{j\tilde{s}_k}\|\Delta_j u\|_{L_x^\infty L_t^2},$$

$$M(u) = \sum_{j=-\infty}^{\infty} \|\Delta_j u\|_{L_x^k L_t^\infty}.$$

定义

$$E = \{u : \|u\|_E := Q_1(u) + Q_2(u) + N(u) + T(u) + M(u) \leqslant C\rho\}. \tag{8.4.56}$$

注记 8.4.1　现在我们来解释为什么选取这样的工作空间 E.

为了求解广义的 BO 方程, Molinet 和 Ribaud[46] 构造了如下的工作空间

$$X_b = \left\{ u \in C(\mathbb{R}, \dot{B}_{2,1}^{\tilde{s}_k}), \ \ \Lambda(u) < \infty \right\},$$

$$\Lambda(u) = \sum_{j=-\infty}^{\infty} \left(2^{j\tilde{s}_k} \|\Delta_j u\|_{L_t^\infty L_x^2} + 2^{\frac{j}{2}} 2^{j\tilde{s}_k} \|\Delta_j u\|_{L_x^\infty L_t^2} + \|\Delta_j u\|_{L_x^k L_t^\infty} \right).$$

如果采用 (8.4.57) 所示的工作空间, 在处理非线性估计的低频部分时, 我们会遇到困难. 因为关于 KdV 方程的半群估计如下 (参见 [42])

$$\left\| \frac{\partial^2}{\partial x^2} \int_0^t e^{(t-s)\partial_x^3} f(s)\mathrm{d}s \right\|_{L_x^\infty L_t^2} \leqslant C\|f\|_{L_x^1 L_t^2}.$$

那么对于 FDF 方程来说, 当 $j \leqslant 0$ 时, 相应的估计如下:

$$\left\| \int_0^t e^{(t-s)\partial_x^3} \partial_x \Delta_j f(s)\mathrm{d}s \right\|_{L_x^\infty L_t^2} \leqslant C 2^{-j} \|\Delta_j f\|_{L_x^1 L_t^2}. \tag{8.4.57}$$

和 (8.4.57) 相比, Benjamin-Ono 方程的相应估计为

$$\left\| \int_0^t e^{-(t-s)\mathcal{H}(\partial_x^2)} \partial_x \Delta_j f(s)\mathrm{d}s \right\|_{L_x^\infty L_t^2} \leqslant C\|\Delta_j f\|_{L_x^1 L_t^2}, \tag{8.4.58}$$

显然, 在低频情形 (8.4.57) 的估计比 (8.4.58) 差. 由此可见, 采用 X_b 空间处理 FDF 方程在低频情形不适合.

为了解决广义的 KdV 方程, Molinet 和 Ribaud 在 [45] 中构造了下面的工作空间 X,

$$X = \left\{ u \in \mathscr{S}' : \ K_1(u) + K_2(u) < \infty \right\},$$

$$K_i(u) = \sum_{j \in \mathbb{Z}} 2^{js_k} \cdot 2^{j(\frac{1}{p_i} + \frac{3}{q_i} - \frac{1}{2})} \|\Delta_j u\|_{L_x^{p_i} L_t^{q_i}}, \quad i = 1, 2.$$

如果采用 (8.4.59) 所示的工作空间, 在处理非线性估计的高频部分时, 我们会遇到困难. 这主要是因为在处理高频情形时, 重要的任务是要吸收导数, 而只有积分算

子 $\int_0^t W(t-s)\partial_x \cdot \mathrm{d}s$ 的 $L_x^1 L_t^2 \to L_x^\infty L_t^2$ 估计可以吸收 1 阶导数, 也就是说为了吸收 1 阶导数, 必须用到 $L_x^\infty L_t^2$ 这样的空间, 而 X 中包含的空间 $L_x^{p_i} L_t^{q_i}$, $i=1,2$ 无法控制 $L_x^\infty L_t^2$.

大体上讲, 为了解决 FDF 方程的问题, 本章的出发点就是要构造这样一个工作空间, 使得可以采用其中类似 X 空间的部分来处理低频部分, 而用类似 X_b 空间的部分处理高频部分.

下面来解释为什么引入 $\tilde{A}_i(u)$. 如果 δ 是一个固定的常数, 比如说 $\delta=1$, 则工作空间 E 可以简化, 此时可以令 $j_0=0$, 这样, $\tilde{A}_i(u)$ 就消失了. 然而, 如果想得到解在 $0<\delta<1$ 时的一致的界, 就需要把 $\delta>0$ 当作一个变化的参数来看, 这时 j_0 不能选取为一个特定的常数 0. 为了克服这个困难, 我们在 E 的定义中引入了 $\tilde{A}_i(u)$. 为了解决解在 $\delta \to 0$ 时的极限行为的问题, 得到解 $\|u\|_{C(\mathbb{R},\dot{B}_{2,1}^{\tilde{s}_k})}$ 关于 $0<\delta<1$ 一致的界是非常必要的, 所以 $\tilde{A}_i(u)$ 是必不可少的.

注记 8.4.2 在证明中, 需要用到下面的等式和不等式

$$\frac{2}{p_i}+\frac{1}{q_i}\leqslant \frac{1}{2}, \quad p_i<\infty, \quad i=1,2,$$

$$\frac{k}{p_1}+\frac{1}{p_2}=\frac{1}{\overline{p}_2}, \quad \frac{k}{q_1}+\frac{1}{q_2}=\frac{1}{\overline{q}_2},$$

$$s_k+\frac{1}{p_1}+\frac{3}{q_1}-\frac{1}{2}<0, \quad \tilde{s}_k+\frac{1}{p_1}+\frac{2}{q_1}-\frac{1}{2}>0,$$

$$E:=\left(s_k+\frac{1}{p_2}+\frac{3}{q_2}-\frac{1}{2}\right)+k\left(s_k+\frac{1}{p_1}+\frac{3}{q_1}-\frac{1}{2}\right)>0,$$

$$F:=\left(s_k+\frac{3}{2}-\frac{1}{p_2}-\frac{3}{q_2}\right)-\left(s_k+\frac{1}{p_2}+\frac{3}{q_2}-\frac{1}{2}\right)$$
$$-k\left(s_k+\frac{1}{p_1}+\frac{3}{q_1}-\frac{1}{2}\right)=0.$$

命题 8.4.3 设 $u_0\in \dot{B}_{2,\infty}^{s_k}\cap \dot{B}_{2,1}^{\tilde{s}_k}$. 则有

$$\|W(t)u_0\|_E \leqslant C\|u_0\|_{\dot{B}_{2,\infty}^{s_k}\cap \dot{B}_{2,1}^{\tilde{s}_k}},$$

这里 C 与 $\delta>0$ 无关.

证明 注意到 $\delta \lesssim 1$, 由命题 8.3.16 中的 (8.3.49) 和 (8.3.50) 式,

$$A_i(W(t)u_0)\lesssim \sup_{j\leqslant 0} 2^{js_k}\|\Delta_j u_0\|_{L^2},$$

$$\tilde{A}_i(W(t)u_0) \lesssim \sum_{0<j\leqslant j_0} 2^{j\tilde{s}_k} \|\Delta_j u_0\|_{L^2},$$

$$B_i(W(t)u_0) \lesssim \sum_{j>j_0} 2^{j\tilde{s}_k} \|\Delta_j u_0\|_{L^2}.$$

可以得到

$$Q_i(W(t)u_0) \lesssim \|u_0\|_{\dot{B}_{2,\infty}^{s_k}} + \|u_0\|_{\dot{B}_{2,1}^{\tilde{s}_k}}.$$

再由 (8.3.49), (8.3.50) 可以得到

$$N(W(t)u_0) \lesssim \sum_{j=-\infty}^{\infty} 2^{j\tilde{s}_k} \|\Delta_j u_0\|_{L^2} \lesssim \|u_0\|_{\dot{B}_{2,1}^{\tilde{s}_k}},$$

$$T(W(t)u_0) \lesssim \sum_{0<j\leqslant j_0} 2^{j\tilde{s}_k} 2^{-j/2} \|\Delta_j u_0\|_{L^2} + \sum_{j>j_0} 2^{j\tilde{s}_k} \|\Delta_j u_0\|_{L^2} \lesssim \|u_0\|_{\dot{B}_{2,1}^{\tilde{s}_k}},$$

$$M(W(t)u_0) = \left(\sum_{j>j_0} + \sum_{j\leqslant j_0} \right) \|\Delta_j W(t)u_0\|_{L_x^k L_t^\infty}$$

$$\lesssim \sum_{j>j_0} 2^{j\tilde{s}_k} \|\Delta_j u_0\|_{L^2} + \sum_{j\leqslant j_0} 2^{j\tilde{s}_k} \|\Delta_j u_0\|_{L^2} \lesssim \|u_0\|_{\dot{B}_{2,1}^{\tilde{s}_k}}.$$

综上就得到

$$\|W(t)u_0\|_E \lesssim \|u_0\|_{\dot{B}_{2,\infty}^{s_k}} + \|u_0\|_{\dot{B}_{2,1}^{\tilde{s}_k}}. \qquad \Box$$

8.4.2　定理 8.2.6 的证明

设 $\tilde{W}(t)$ 和 $\mathscr{L}$ 同命题 8.3.15—命题 8.3.18. 为了表示简单起见, 仍旧记 $W(t) = \tilde{W}(t)$, $\mathscr{L} = \tilde{\mathscr{L}}$. 现在来估计 $\|\mathscr{L}(\partial_x u^{k+1})\|_E$.

$$\|\mathscr{L}(\partial_x u^{k+1})\|_E = Q_1(\mathscr{L}(\partial_x u^{k+1})) + Q_2(\mathscr{L}(\partial_x u^{k+1})) + N(\mathscr{L}(\partial_x u^{k+1}))$$

$$+ T(\mathscr{L}(\partial_x u^{k+1})) + M(\mathscr{L}(\partial_x u^{k+1})).$$

由命题 8.3.16 中的 (8.3.49) 式得到

$$A_i(\mathscr{L}(\partial_x u^{k+1})) \leqslant \sup_{j\leqslant 0} 2^{js_k} \cdot 2^{j(\frac{3}{2}-\frac{1}{p_2}-\frac{3}{q_2})} \|\Delta_j u^{k+1}\|_{L_x^{\bar{p}_2} L_t^{\bar{q}_2}}. \qquad (8.4.59)$$

我们应用仿积分解的方法, 将 $\Delta_j u^{k+1}$ 写成 (可以参看 [46] 等):

$$\Delta_j u^{k+1} = \Delta_j \left(\sum_{r=-\infty}^{\infty} \Delta_{r+1} u \sum_{\ell=0}^{k} (S_{r+1}u)^\ell (S_r u)^{k-\ell} \right). \qquad (8.4.60)$$

注意到 $\Delta_{r+1}u\sum_{\ell=0}^{k}(S_{r+1}u)^{\ell}(S_ru)^{k-\ell}$ 这项在频率空间中的取值局限在球 $|\xi|\leqslant c(k+1)2^r$ 中, 所以可以这样写

$$\Delta_j u^{k+1} = \Delta_j\left(\sum_{r=j-C(k)}^{+\infty}\left(\Delta_{r+1}u\sum_{\ell=0}^{k}(S_{r+1}u)^{\ell}(S_ru)^{k-\ell}\right)\right). \tag{8.4.61}$$

不失一般性, 可以假设 $C(k)=0$, 并且在 (8.4.61) 的右端只有一项, 比如:

$$\Delta_j\left(\sum_{r\geqslant j}\Delta_r u(S_ru)^k\right),$$

接下来就有

$$A_i(\mathscr{L}(\partial_x u^{k+1}))\leqslant \sup_{j\leqslant 0}2^{js_k}\cdot 2^{j(\frac{3}{2}-\frac{1}{p_2}-\frac{3}{q_2})}\left\|\sum_{r\geqslant j}\Delta_r u(S_ru)^k\right\|_{L_x^{\bar{p}_2}L_t^{\bar{q}_2}}.$$

应用 Hölder 不等式可以得到

$$A_i(\mathscr{L}(\partial_x u^{k+1}))$$

$$\leqslant \sup_{j\leqslant 0}2^{js_k}\cdot 2^{j(\frac{3}{2}-\frac{1}{p_2}-\frac{3}{q_2})}\sum_{r\geqslant j}\|\Delta_r u\|_{L_x^{p_2}L_t^{q_2}}\|S_ru\|^k_{L_x^{p_1}L_t^{q_1}}$$

$$\leqslant \sup_{j\leqslant 0}2^{js_k}\cdot 2^{j(\frac{3}{2}-\frac{1}{p_2}-\frac{3}{q_2})}\left(\sum_{j\leqslant r\leqslant j_0}\|\Delta_r u\|_{L_x^{p_2}L_t^{q_2}}\|S_ru\|^k_{L_x^{p_1}L_t^{q_1}}\right.$$

$$\left.+\sum_{r>j_0}\|\Delta_r u\|_{L_x^{p_2}L_t^{q_2}}\|S_ru\|^k_{L_x^{p_1}L_t^{q_1}}\right)$$

$$:=\sup_{j\leqslant 0}2^{js_k}\cdot 2^{j(\frac{3}{2}-\frac{1}{p_2}-\frac{3}{q_2})}(I+II).$$

为方便起见, 我们记

$$\begin{aligned}\alpha_r &= 2^{r(s_k+\frac{1}{p_2}+\frac{3}{q_2}-\frac{1}{2})}\|\Delta_r u\|_{L_x^{p_2}L_t^{q_2}}, & \gamma_l &= 2^{l(s_k+\frac{1}{p_1}+\frac{3}{q_1}-\frac{1}{2})}\|\Delta_l u\|_{L_x^{p_1}L_t^{q_1}},\\ \alpha_r^* &= 2^{l(\tilde{s}_k+\frac{1}{p_2}+\frac{3}{q_2}-\frac{1}{2})}\|\Delta_r u\|_{L_x^{p_2}L_t^{q_2}}, & \gamma_l^* &= 2^{l(\tilde{s}_k+\frac{1}{p_1}+\frac{3}{q_1}-\frac{1}{2})}\|\Delta_l u\|_{L_x^{p_1}L_t^{q_1}}.\end{aligned} \tag{8.4.62}$$

现在来估计 I 中的 $\|S_ru\|_{L_x^{p_1}L_t^{q_1}}$, 对 r 分两种情形:

当 $r \leqslant 0$ 时, 所有的 $\Delta_l u$ 都是低频, $l \leqslant r$, 所以用类似 [45] 中处理 KdV 方程的方法,

$$\|S_r u\|_{L_x^{p_1} L_t^{q_1}} \leqslant \sum_{l=-\infty}^{r} \|\Delta_l u\|_{L_x^{p_1} L_t^{q_1}} \leqslant 2^{-r(s_k + \frac{1}{p_1} + \frac{3}{q_1} - \frac{1}{2})} \cdot \sum_{l=-\infty}^{r} 2^{(r-l)(s_k + \frac{1}{p_1} + \frac{3}{q_1} - \frac{1}{2})} \gamma_l$$

$$\leqslant 2^{-r(s_k + \frac{1}{p_1} + \frac{3}{q_1} - \frac{1}{2})} \sup_{l \leqslant 0} \gamma_l \cdot \sum_{l=-\infty}^{r} 2^{(r-l)(s_k + \frac{1}{p_1} + \frac{3}{q_1} - \frac{1}{2})}$$

$$\lesssim 2^{-r(s_k + \frac{1}{p_1} + \frac{3}{q_1} - \frac{1}{2})} Q_1(u).$$

当 $0 < r \leqslant j_0$ 时, 还要对求和在 0 点分成两种情形分别考虑, 再由引理 8.4.2, $\left(\tilde{s}_k + \frac{1}{p_1} + \frac{3}{q_1} - \frac{1}{2}\right) > 0$, 可以得到

$$\|S_r u\|_{L_x^{p_1} L_t^{q_1}}$$

$$\leqslant \sum_{l=-\infty}^{0} \|\Delta_l u\|_{L_x^{p_1} L_t^{q_1}} + \sum_{l=1}^{r} \|\Delta_l u\|_{L_x^{p_1} L_t^{q_1}}$$

$$\leqslant 2^{-r(s_k + \frac{1}{p_1} + \frac{3}{q_1} - \frac{1}{2})} \cdot \sum_{l=-\infty}^{0} 2^{(r-l)(s_k + \frac{1}{p_1} + \frac{3}{q_1} - \frac{1}{2})} \gamma_l + \sum_{1}^{r} 2^{-l(\tilde{s}_k + \frac{1}{p_1} + \frac{3}{q_1} - \frac{1}{2})} \gamma_l^*$$

$$\lesssim 2^{-r(s_k + \frac{1}{p_1} + \frac{3}{q_1} - \frac{1}{2})} Q_1(u) + Q_1(u)$$

$$\lesssim 2^{-r(s_k + \frac{1}{p_1} + \frac{3}{q_1} - \frac{1}{2})} Q_1(u).$$

由 $Q_i(u)$ 的定义有

$$I \leqslant \sum_{j \leqslant r \leqslant j_0} 2^{-r(s_k + \frac{1}{p_2} + \frac{3}{q_2} - \frac{1}{2})} \cdot \alpha_r \cdot \left(2^{-r(s_k + \frac{1}{p_1} + \frac{3}{q_1} - \frac{1}{2})} \cdot Q_1(u)\right)^k$$

$$\leqslant \sum_{j \leqslant r \leqslant j_0} 2^{-r(s_k + \frac{1}{p_2} + \frac{3}{q_2} - \frac{1}{2})} \cdot 2^{-rk(s_k + \frac{1}{p_1} + \frac{3}{q_1} - \frac{1}{2})} \alpha_r \cdot Q_1(u)^k.$$

最后, 再利用注记 8.4.2 得到

$$\sup_{j \leqslant 0} 2^{j s_k} \cdot 2^{j(\frac{3}{2} - \frac{1}{p_2} - \frac{3}{q_2})} I$$

$$\leqslant \sup_{j \leqslant 0} 2^{j s_k} \cdot 2^{j(\frac{3}{2} - \frac{1}{p_2} - \frac{3}{q_2})} 2^{-j(s_k + \frac{1}{p_2} + \frac{3}{q_2} - \frac{1}{2})} \cdot 2^{-jk(s_k + \frac{1}{p_1} + \frac{3}{q_1} - \frac{1}{2})}$$

$$\times \sum_{j \leqslant r \leqslant j_0} 2^{(j-r)E} \alpha_r \cdot Q_1(u)^k$$

$$\leqslant \sup_{j\leqslant 0}\left(\sum_{j\leqslant r\leqslant 0}2^{(j-r)E}\chi_{(j-r<0)}\cdot\sup_{r\leqslant 0}\alpha_r+\sum_{r=1}^{j_0}\alpha_r^*\right)\cdot Q_1(u)^k$$

$$\lesssim Q_2(u)\cdot Q_1(u)^k.$$

接下来我们估计 II, 记

$$\alpha_l'=2^{l(\tilde{s}_k+\frac{1}{p_2}+\frac{2}{q_2}-\frac{1}{2})}\|\Delta_l u\|_{L_x^{p_2}L_t^{q_2}},\quad \gamma_l'=2^{l(\tilde{s}_k+\frac{1}{p_1}+\frac{2}{q_1}-\frac{1}{2})}\|\Delta_l u\|_{L_x^{p_1}L_t^{q_1}}. \quad (8.4.63)$$

因为 $r>j_0$, 并且 $\tilde{s}_k+\frac{1}{p_1}+\frac{2}{q_1}-\frac{1}{2}>0$, 则由 (8.4.63), (8.4.63), 我们有

$$\|S_r u\|_{L_x^{p_1}L_t^{q_1}}\leqslant \sum_{l=-\infty}^{j_0}\|\Delta_l u\|_{L_x^{p_1}L_t^{q_1}}+\sum_{l=j_0+1}^{r}\|\Delta_l u\|_{L_x^{p_1}L_t^{q_1}}$$

$$\leqslant 2^{-r(s_k+\frac{1}{p_1}+\frac{3}{q_1}-\frac{1}{2})}Q_1(u)+\sum_{l=j_0+1}^{r}2^{-l(\tilde{s}_k+\frac{1}{p_1}+\frac{2}{q_1}-\frac{1}{2})}\gamma_l'$$

$$\lesssim 2^{-r(s_k+\frac{1}{p_1}+\frac{3}{q_1}-\frac{1}{2})}Q_1(u)+B_1(u)$$

$$\lesssim 2^{-r(s_k+\frac{1}{p_1}+\frac{3}{q_1}-\frac{1}{2})}Q_1(u).$$

因此有

$$II\lesssim\sum_{r>j_0}2^{-r(\tilde{s}_k+\frac{1}{p_2}+\frac{2}{q_2}-\frac{1}{2})}\cdot\alpha_r'\cdot(2^{-r(s_k+\frac{1}{p_1}+\frac{3}{q_1}-\frac{1}{2})}Q_1(u))^k$$

$$\lesssim\sum_{r>j_0}2^{-r(s_k+\frac{1}{p_2}+\frac{3}{q_2}-\frac{1}{2})}\cdot 2^{-r(\frac{1}{k}-\frac{1}{q_2})}\cdot\alpha_r'\cdot 2^{-rk(s_k+\frac{1}{p_1}+\frac{3}{q_1}-\frac{1}{2})}Q_1(u)^k.$$

由 (8.4.64) 就可以得到

$$\sup_{j\leqslant 0}2^{js_k}\cdot 2^{j(\frac{3}{2}-\frac{1}{p_2}-\frac{3}{q_2})}II\leqslant\sup_{j\leqslant 0}2^{-j(\frac{1}{k}-\frac{1}{q_2})}\sum_{r>j_0}2^{(j-r)K}\chi_{(j-r)<0}\cdot\alpha_r'Q_1(u)^k$$

$$\leqslant\sup_{j\leqslant 0}2^{-j(\frac{1}{k}-\frac{1}{q_2})}\sum_{r>j_0}\cdot\alpha_r'Q_1(u)^k$$

$$\lesssim Q_2(u)\cdot Q_1(u)^k,$$

这里我们用到了 $F=0$ (见注记 8.4.2) 和下面的不等式

$$\frac{1}{k}-\frac{1}{q_2}<0,$$

$$K = \left(s_k + \frac{1}{p_2} + \frac{3}{q_2} - \frac{1}{2}\right) + k\left(s_k + \frac{1}{p_1} + \frac{3}{q_1} - \frac{1}{2}\right) + \frac{1}{k} - \frac{1}{q_2} > 0.$$

下面我们来估计 $B_i(\mathscr{L}(\partial_x u^{k+1}))$. 应用命题 8.3.16 中的 (8.3.50) 和 Hölder 不等式可得

$$B_i(\mathscr{L}(\partial_x u^{k+1})) \lesssim \sum_{j>j_0} 2^{j\tilde{s}_k} \cdot 2^{j/2} \|\Delta_j u^{k+1}\|_{L_x^1 L_t^2}$$

$$\leqslant \sum_{j>j_0} 2^{j\tilde{s}_k} \cdot 2^{j/2} \left\|\sum_{r \geqslant j} \Delta_r u(S_r u)^k\right\|_{L_x^1 L_t^2}$$

$$\leqslant \sum_{j>j_0} 2^{j\tilde{s}_k} \cdot 2^{j/2} \left(\sum_{r \geqslant j} \|\Delta_r u\|_{L_x^\infty L_t^2} \|S_r u\|_{L_x^k L_t^\infty}^k\right).$$

这里, $\|S_r u\|_{L_x^k L_t^\infty}$ 是很容易处理的:

$$\|S_r u\|_{L_x^k L_t^\infty} \leqslant \sum_{l=-\infty}^{r} \|\Delta_l u\|_{L_x^k L_t^\infty} \leqslant M(u). \tag{8.4.64}$$

令 $\beta_r = 2^{r\tilde{s}_k} \cdot 2^{r/2} \|\Delta_r u\|_{L_x^\infty L_t^2}$, 我们可以这样写 $\|\Delta_r u\|_{L_x^\infty L_t^2} = 2^{-r\tilde{s}_k} \cdot 2^{-r/2}\beta_r$, 则由 (8.4.64) 就可以估计 $B_i(\mathscr{L}(\partial_x u^{k+1}))$:

$$B_i(\mathscr{L}(\partial_x u^{k+1})) \lesssim \sum_{j>j_0} 2^{j\tilde{s}_k} \cdot 2^{j/2} \sum_{r \geqslant j} 2^{-r/2} 2^{-r\tilde{s}_k} \beta_r \cdot M(u)^k$$

$$\leqslant \sum_{j>j_0} \sum_{r \geqslant j} 2^{(j-r)(\tilde{s}_k+1/2)} \beta_r \cdot M(u)^k$$

$$\leqslant \sum_{j>j_0} \sum_{r \geqslant j} 2^{(j-r)(\tilde{s}_k+1/2)} \cdot \chi_{(j-r<0)} \beta_r \cdot M(u)^k$$

$$\leqslant \sum_{r>j_0} \beta_r \cdot M(u)^k \leqslant T(u)M(u)^k.$$

现在我们来估计 $\tilde{A}_i(\partial_x u^{k+1})$, 由命题 8.3.16,

$$\tilde{A}_i(\mathscr{L}\partial_x u^{k+1}) \lesssim \sum_{0<j \leqslant j_0} 2^{j\tilde{s}_k} \|\Delta_j u^{k+1}\|_{L_x^1 L_t^2}$$

$$\leqslant \sum_{0<j \leqslant j_0} 2^{j\tilde{s}_k} \cdot 2^{j/2} \sum_{r \geqslant j} \|\Delta_r u\|_{L_x^\infty L_t^2} \|S_r u\|_{L_x^k L_t^\infty}^k$$

$$\leqslant \sum_{0<j \leqslant j_0} \sum_{r \geqslant j} 2^{(j-r)(\tilde{s}_k+1/2)} \beta_r \cdot M(u)^k$$

$$\leqslant \sum_{0<j\leqslant j_0} \sum_{r\geqslant j} 2^{(j-r)(\tilde{s}_k+1/2)} \cdot \chi_{(j-r<0)}\beta_r \cdot M(u)^k$$

$$\leqslant \sum_{r>0} \beta_r \cdot M(u)^k \leqslant T(u)M(u)^k.$$

最后我们来估计 $N(\mathscr{L}(\partial_x u^{k+1}))$, $T(\mathscr{L}(\partial_x u^{k+1}))$, $M(\mathscr{L}(\partial_x u^{k+1}))$. 由命题 8.3.17,

$$N(\mathscr{L}(\partial_x u^{k+1})) \lesssim \sum_{j>j_0} 2^{j\tilde{s}_k} \cdot 2^{j/2}\|\Delta_j u^{k+1}\|_{L_x^1 L_t^2} + \sum_{0<j\leqslant j_0} 2^{j\tilde{s}_k}\|\Delta_j u^{k+1}\|_{L_x^1 L_t^2}$$

$$+ \sum_{j\leqslant 0} 2^{j\tilde{s}_k} \cdot 2^{j(\frac{3}{2}-\frac{1}{p_2}-\frac{3}{q_2})}\|\Delta_j u^{k+1}\|_{L_x^{\bar{p}_2} L_t^{\bar{q}_2}}$$

$$:= \sum_{i=1}^3 N_i.$$

由命题 8.3.17 可得

$$T(\mathscr{L}(\partial_x u^{k+1}))$$

$$\lesssim \sum_{0<j\leqslant j_0} 2^{j\tilde{s}_k} 2^{-j/12}\|\Delta_j u^{k+1}\|_{L_x^{\bar{p}_2} L_t^{\bar{q}_2}} + \sum_{j>j_0} 2^{j\tilde{s}_k} \cdot 2^{j/2}\|\Delta_j u^{k+1}\|_{L_x^1 L_t^2}$$

$$:= T_1 + T_2.$$

$$M(\mathscr{L}(\partial_x u^{k+1})) = \left(\sum_{j>j_0} + \sum_{j\leqslant 0} + \sum_{0<j\leqslant j_0}\right)\|\Delta_j \mathscr{L}(\partial_x u^{k+1})\|_{L_x^k L_t^\infty}$$

$$:= \sum_{i=1}^3 M_i.$$

由命题 8.3.16,

$$M_1 \lesssim \sum_{j>j_0} 2^{j\tilde{s}_k} \cdot 2^{j/2}\|\Delta_j u^{k+1}\|_{L_x^1 L_t^2}.$$

应用 (8.4.64)—(8.4.65) 中估计 $B_i(\mathscr{L}(\partial_x u^{k+1}))$ 相同的方法,我们可以类似地得到

$$M_1 + N_1 + T_2 \lesssim T(u)M(u)^k.$$

对 M_3,则应用命题 8.3.16,

$$M_3 = \sum_{0<j\leqslant j_0} \|\Delta_j \mathscr{L}(\partial_x u^{k+1})\|_{L_x^k L_t^\infty} \lesssim \sum_{0<j\leqslant j_0} 2^{j\tilde{s}_k}\|\Delta_j u^{k+1}\|_{L_x^1 L_t^2}.$$

类似于 (8.4.65) 中 $\tilde{A}_i(u)$ 的估计, 可以得到

$$M_3 + N_2 \lesssim T(u)M(u)^k.$$

类似于 (8.4.62), (8.4.63)—(8.4.64) 中的方法, 我们得到

$$
\begin{aligned}
T_1 &\lesssim \sum_{0<j\leqslant j_0} 2^{j\tilde{s}_k} 2^{-j/12} \bigg(\sum_{j\leqslant r\leqslant j_0} \|\Delta_r u\|_{L_x^{p_2} L_t^{q_2}} \|S_r u\|_{L_x^{p_1} L_t^{q_1}}^k \\
&\quad + \sum_{r>j_0} \|\Delta_r u\|_{L_x^{p_2} L_t^{q_2}} \|S_r u\|_{L_x^{p_1} L_t^{q_1}}^k \bigg) \\
&\lesssim \sum_{0<j\leqslant j_0} 2^{j\tilde{s}_k} 2^{-j/12} 2^{-j(s_k+\frac{1}{p_2}+\frac{3}{q_2}-\frac{1}{2})} \cdot 2^{-jk(s_k+\frac{1}{p_1}+\frac{3}{q_1}-\frac{1}{2})} \sum_{j\leqslant r\leqslant j_0} 2^{(j-r)E} \alpha_r \cdot Q_1(u)^k \\
&\quad + \sum_{0<j\leqslant j_0} 2^{-j/6} \sum_{r>j_0} 2^{(j-r)K} \chi_{(j-r)<0} \cdot \alpha'_r Q_1(u)^k \\
&\lesssim \sum_{0<j\leqslant j_0} 2^{j(\frac{1}{k}-\frac{1}{2})} Q_2(u) \cdot Q_1(u)^k + \sum_{0<j\leqslant j_0} 2^{-\frac{j}{6}} Q_2(u) \cdot Q_1(u)^k \\
&\lesssim Q_2(u) \cdot Q_1(u)^k,
\end{aligned}
$$

这里的 E, K 同上. 再由 (8.3.49), 我们就可得 M_2 的估计,

$$
\begin{aligned}
M_2 &= \sum_{j\leqslant 0} \left\| \Delta_j \int_0^t W(t-s) \partial_x(u^{k+1}(s)) \mathrm{d}s \right\|_{L_x^k L_t^\infty} \\
&\leqslant \sum_{j\leqslant 0} 2^{j\tilde{s}_k} \cdot 2^{j(\frac{3}{2}-\frac{1}{p_2}-\frac{3}{q_2})} \|\Delta_j u^{k+1}\|_{L_x^{\bar{p}_2} L_t^{\bar{q}_2}} \\
&= \sum_{j\leqslant 0} 2^{js_k} \cdot 2^{j(\frac{3}{2}-\frac{1}{p_2}-\frac{3}{q_2})} \cdot 2^{\frac{j}{k}} \|\Delta_j u^{k+1}\|_{L_x^{\bar{p}_2} L_t^{\bar{q}_2}} \\
&\lesssim \sup_{j\leqslant 0} 2^{js_k} \cdot 2^{j(\frac{3}{2}-\frac{1}{p_2}-\frac{3}{q_2})} \|\Delta_j u^{k+1}\|_{L_x^{\bar{p}_2} L_t^{\bar{q}_2}}.
\end{aligned}
$$

易见 N_3 可以被 (8.4.65) 式右端控制, 这样就得到

$$M_2 + N_3 \leqslant Q_2(u) \cdot Q_1(u)^k.$$

综上, 我们可以得到对 $\|\mathscr{L}(\partial_x u^{k+1})\|_E$ 的估计:

$$\|\mathscr{L}(\partial_x u^{k+1})\|_E \leqslant \|u\|_E^{k+1}. \tag{8.4.65}$$

综合命题 8.4.3 和 (8.4.65) 式得到

$$\|\mathscr{T}(u)\|_E \leqslant \|u_0\|_{\dot{B}_{2,\infty}^{s_k}} + \|u_0\|_{\dot{B}_{2,1}^{\tilde{s}_k}} + \|u\|_E^{k+1}. \tag{8.4.66}$$

类似地, 有

$$\|\mathscr{T}(u) - \mathscr{T}(v)\|_E \leqslant (\|u\|_E^k + \|v\|_E^k) \cdot \|u-v\|_E. \tag{8.4.67}$$

由 (8.4.66) 和 (8.4.67) 可见, 应用经典的不动点定理, 可以得到解在空间 E 中的存在唯一性.

下面我们来证明解的继承性, 即 $u \in L^\infty(\mathbb{R}, \dot{B}_{2,\infty}^{s_k} \cap \dot{B}_{2,1}^{\tilde{s}_k})$. 由于

$$\|u\|_{L^\infty(\mathbb{R}, \dot{B}_{2,\infty}^{s_k} \cap \dot{B}_{2,1}^{\tilde{s}_k})} \sim \|P_{\leqslant 1} u\|_{L^\infty(\mathbb{R}, \dot{B}_{2,\infty}^{s_k})} + \|P_{>1} u\|_{L^\infty(\mathbb{R}, \dot{B}_{2,1}^{\tilde{s}_k})},$$

而 $\|P_{>1} u\|_{L^\infty(\mathbb{R}, \dot{B}_{2,1}^{\tilde{s}_k})} \leqslant N(u) \leqslant C\rho$, 则只需证明 $P_{\leqslant 1} u \in L^\infty(\mathbb{R}, \dot{B}_{2,\infty}^{s_k})$. 由积分方程, 我们可以得到

$$\|P_{\leqslant 1} u\|_{L^\infty(\mathbb{R}, \dot{B}_{2,\infty}^{s_k})} \lesssim \|u_0\|_{\dot{B}_{2,\infty}^{s_k}} + \sup_{j \leqslant 0} 2^{j s_k} \|\Delta_j \mathscr{L}(\partial_x(u^{k+1}))\|_{L_t^\infty L_x^2},$$

再由命题 8.3.17 和 $A_i(\mathscr{L}(u^{k+1}))$ 的估计可得

$$\sup_{j \leqslant 0} 2^{j s_k} \|\Delta_j \mathscr{L}(\partial_x(u^{k+1}))\|_{L_t^\infty L_x^2} \leqslant \sup_{j \leqslant j_0} 2^{j s_k} \cdot 2^{j(\frac{3}{2} - \frac{1}{p_2} - \frac{3}{q_2})} \|\Delta_j u^{k+1}\|_{L_x^{\bar{p}_2} L_t^{\bar{q}_2}}$$

$$\leqslant Q_2(u) \cdot Q_1(u)^k.$$

这样我们就证明了 $\|P_{\leqslant 1} u\|_{L^\infty(\mathbb{R}, \dot{B}_{2,\infty}^{s_k})} \leqslant C\rho$. 也就完成了定理 8.2.6 的证明. $\square$

8.4.3 定理 8.2.5 的证明

本节将证明定理 8.2.5, 此时参数的取值范围是 $1 \leqslant \delta < \infty$. 我们需要修改在 (8.4.56) 中定义的工作空间 E. 原因是这样, $j_0 \sim \ln \dfrac{M}{2\pi\delta}$ 是一个刻画半群 $W(t)$ 光滑效应情况的临界指标, 即当 $j > j_0$ 时, 方程的光滑效应情形与 BO 方程相同, 当 $j \leqslant j_0$ 时, 方程的光滑效应情形与 KdV 方程相同; $j = 0$ 是一个与齐次 Besov 空间 $\dot{B}_{2,1}^{\tilde{s}_k} \cap \dot{B}_{2,\infty}^{s_k}$ 相关的临界指标, 即 $P_{\leqslant 1}(\dot{B}_{2,1}^{\tilde{s}_k} \cap \dot{B}_{2,\infty}^{s_k}) = P_{\leqslant 1} \dot{B}_{2,\infty}^{s_k}$ 而 $P_{>1}(\dot{B}_{2,1}^{\tilde{s}_k} \cap \dot{B}_{2,\infty}^{s_k}) = P_{>1} \dot{B}_{2,1}^{\tilde{s}_k}$. 为了给出解在空间 $C(\mathbb{R}, \dot{B}_{2,1}^{\tilde{s}_k} \cap \dot{B}_{2,\infty}^{s_k})$ 中对所有的 $\delta \in [\delta_0, \infty)$ 一致的界, 需要将 8.3 节中定义的 $A_i(u)$ 和 $\tilde{A}_i(u)$, $B_i(u)$ 做一些小的改动.

$s_k, \tilde{s}_k, (p_1, q_1), (p_2, q_2)$ 与 8.3 节相同. 设 $j_0 \sim \ln \dfrac{M}{2\pi\delta}$ (由于 δ 较大, 不妨认为 $j_0 < 0$), 对于 $i = 1, 2$, 定义

$$A_i(u) = \sup_{j \leqslant j_0} 2^{js_k} \cdot 2^{j(\frac{1}{p_i} + \frac{3}{q_i} - \frac{1}{2})} \|\Delta_j u\|_{L_x^{p_i} L_t^{q_i}},$$

$$\tilde{A}_i(u) = \sup_{j_0 < j \leqslant 0} 2^{js_k} \cdot 2^{j(\frac{1}{p_i} + \frac{2}{q_i} - \frac{1}{2})} \|\Delta_j u\|_{L_x^{p_i} L_t^{q_i}}, \qquad (8.4.68)$$

$$B_i(u) = \sum_{j>0} 2^{j\tilde{s}_k} \cdot 2^{j(\frac{1}{p_i} + \frac{2}{q_i} - \frac{1}{2})} \|\Delta_j u\|_{L_x^{p_i} L_t^{q_i}}.$$

令 $Q_i(u) = A_i(u) + \tilde{A}_i(u) + B_i(u)$ $(i = 1, 2)$, $M(u), N(u), T(u)$ 不变, 仍与式 (8.4.55) 相同, 令

$$E = \{u : \|u\|_E := Q_1(u) + Q_2(u) + N(u) + T(u) + M(u) \leqslant C\rho\}. \qquad (8.4.69)$$

本节总是假设 $W(t)$ 和 $\mathscr{L}$ 与 (8.2.7) 和命题 8.3.8 中定义的相同.

命题 8.4.4　设 $u_0 \in \dot{B}_{2,\infty}^{s_k} \cap \dot{B}_{2,1}^{\tilde{s}_k}$, 则下式成立

$$\|W(t)u_0\|_E \lesssim \|u_0\|_{\dot{B}_{2,\infty}^{s_k} \cap \dot{B}_{2,1}^{\tilde{s}_k}}.$$

证明　由命题 8.3.8 中的 (8.3.23) 可知

$$A_i(W(t)u_0) + \tilde{A}_i(W(t)u_0) \lesssim \sup_{j \leqslant 0} 2^{js_k} \|\Delta_j u_0\|_{L^2},$$

$$B_i(W(t)u_0) \lesssim \sum_{j>0} 2^{j\tilde{s}_k} \|\Delta_j u_0\|_{L^2}.$$

因此,

$$Q_i(W(t)u_0) \lesssim \|u_0\|_{\dot{B}_{2,\infty}^{s_k}} + \|u_0\|_{\dot{B}_{2,1}^{\tilde{s}_k}}. \qquad (8.4.70)$$

$M(W(t)u_0), N(W(t)u_0), T(W(t)u_0)$ 的估计可以参见命题 8.4.3.　　　□

定理 8.2.5 的证明　和定理 8.2.6 的证明思路类似, 这里只给出对

$$A_i(\mathscr{L}(\partial_x u^{k+1})), \quad B_i(\mathscr{L}(\partial_x u^{k+1})), \quad \tilde{A}_i(\mathscr{L}(\partial_x u^{k+1}))$$

这三项的估计.

我们应用 8.3 节的讨论方法, 注意到 $j \leqslant j_0 < 0, r \geqslant j$, 所以 $A_i(u), S_r(u)$ 的估计比 8.3 节的复杂, 这也是本节证明的困难所在. 我们要对 r 分成下面三种情况考虑:

$$A_i(\mathscr{L}(u^{k+1})) \lesssim \sup_{j \leqslant j_0} 2^{js_k + j(\frac{3}{2} - \frac{1}{p_2} - \frac{3}{q_2})} \left\| \sum_{r \geqslant j} \Delta_r u (S_r u)^k \right\|_{L_x^{\bar{p}_2} L_t^{\bar{q}_2}}$$

$$\lesssim \sup_{j \leqslant j_0} 2^{js_k + j(\frac{3}{2} - \frac{1}{p_2} - \frac{3}{q_2})}$$

$$\times \left(\sum_{j \leqslant r \leqslant j_0} + \sum_{j_0 < r \leqslant 0} + \sum_{r > 0} \right) \|\Delta_r u\|_{L_x^{p_2} L_t^{q_2}} \|S_r u\|_{L_x^{p_1} L_t^{q_1}}^k$$

$$:= \sup_{j \leqslant j_0} 2^{js_k + j(\frac{3}{2} - \frac{1}{p_2} - \frac{3}{q_2})} (A_1 + A_2 + A_3).$$

因为 $j_0 \leqslant 0$, 所以 A_1 可以用与 8.3 节相似的方法来处理

$$\sup_{j \leqslant j_0} 2^{js_k} \cdot 2^{j(\frac{3}{2} - \frac{1}{p_2} - \frac{3}{q_2})} A_1 \lesssim Q_2(u) \cdot Q_1(u)^k. \tag{8.4.71}$$

对于 $j_0 < r \leqslant 0$, 需要在 j_0 处将其断开,

$$\|S_r u\|_{L_x^{p_1} L_t^{q_1}} \leqslant \sum_{l=-\infty}^{j_0} \|\Delta_l u\|_{L_x^{p_1} L_t^{q_1}} + \sum_{l=j_0+1}^{r} \|\Delta_l u\|_{L_x^{p_1} L_t^{q_1}}. \tag{8.4.72}$$

易见

$$\sum_{l=-\infty}^{j_0} \|\Delta_l u\|_{L_x^{p_1} L_t^{q_1}} \lesssim 2^{-r(s_k + \frac{1}{p_1} + \frac{3}{q_1} - \frac{1}{2})} A_1(u) \lesssim 2^{-r(s_k + \frac{1}{p_1} + \frac{3}{q_1} - \frac{1}{2})} Q_1(u). \tag{8.4.73}$$

注意到 $s_k + \dfrac{1}{p_1} + \dfrac{2}{q_1} - \dfrac{1}{2} < 0$, 所以有

$$\sum_{l=j_0+1}^{r} \|\Delta_l u\|_{L_x^{p_1} L_t^{q_1}} \lesssim 2^{-r(s_k + \frac{1}{p_1} + \frac{2}{q_1} - \frac{1}{2})} \tilde{A}_1(u) \lesssim 2^{-r(s_k + \frac{1}{p_1} + \frac{3}{q_1} - \frac{1}{2})} Q_1(u). \tag{8.4.74}$$

综合 (8.4.72)—(8.4.74)可得

$$\|S_r u\|_{L_x^{p_1} L_t^{q_1}} \lesssim 2^{-r(s_k + \frac{1}{p_1} + \frac{3}{q_1} - \frac{1}{2})} Q_1(u). \tag{8.4.75}$$

A_2 的估计与 A_1 相同, 与 (8.4.71) 同样的有

$$\sup_{j \leqslant j_0} 2^{js_k} \cdot 2^{j(\frac{3}{2} - \frac{1}{p_2} - \frac{3}{q_2})} A_2 \lesssim Q_2(u) \cdot Q_1(u)^k. \tag{8.4.76}$$

令下面的式子成立

$$\gamma_l = 2^{l(s_k + \frac{1}{p_1} + \frac{3}{q_1} - \frac{1}{2})} \|\Delta_l u\|_{L_x^{p_1} L_t^{q_1}}, \quad \gamma_l' = 2^{l(\tilde{s}_k + \frac{1}{p_1} + \frac{2}{q_1} - \frac{1}{2})} \|\Delta_l u\|_{L_x^{p_1} L_t^{q_1}},$$

$$\gamma_l'' = 2^{l(s_k+\frac{1}{p_1}+\frac{2}{q_1}-\frac{1}{2})}\|\Delta_l u\|_{L_x^{p_1}L_t^{q_1}}, \quad \alpha_l' = 2^{l(\tilde{s}_k+\frac{1}{p_2}+\frac{2}{q_2}-\frac{1}{2})}\|\Delta_l u\|_{L_x^{p_2}L_t^{q_2}},$$

$$\alpha_r'' = 2^{r(s_k+\frac{1}{p_2}+\frac{2}{q_2}-\frac{1}{2})}\|\Delta_r u\|_{L_x^{p_2}L_t^{q_2}}.$$

现在我们来估计 A_3. 因为 $r > 0$, $s_k + \frac{1}{p_1} + \frac{3}{q_1} - \frac{1}{2} < 0$ 而 $\tilde{s}_k + \frac{1}{p_1} + \frac{2}{q_1} - \frac{1}{2} > 0$, 所以有

$$\|S_r u\|_{L_x^{p_1}L_t^{q_1}} \leqslant \left(\sum_{l=-\infty}^{j_0} + \sum_{l=j_0+1}^{0} + \sum_{l=1}^{r} \right) \|\Delta_l u\|_{L_x^{p_1}L_t^{q_1}}$$

$$\leqslant \sum_{l=-\infty}^{j_0} 2^{-l(s_k+\frac{1}{p_1}+\frac{3}{q_1}-\frac{1}{2})}\gamma_l + \sum_{l=j_0+1}^{0} 2^{-l(s_k+\frac{1}{p_1}+\frac{2}{q_1}-\frac{1}{2})}\gamma_l'' + \sum_{l=1}^{r} \gamma_l'$$

$$\lesssim A_1(u) + \tilde{A}_1(u) + B_1(u) = Q_1(u).$$

这样

$$A_3 \lesssim \sum_{r>0} 2^{-r(\tilde{s}_k+\frac{1}{p_2}+\frac{2}{q_2}-\frac{1}{2})} \cdot \alpha_r' Q_1(u)^k \lesssim Q_2(u)Q_1(u)^k. \tag{8.4.77}$$

由 (8.4.77) 和 $j_0 \leqslant 0$ 立刻得到

$$\sup_{j \leqslant j_0} 2^{j(s_k+\frac{3}{2}-\frac{1}{p_2}-\frac{3}{q_2})} A_3 \leqslant A_3 \lesssim Q_2(u) \cdot Q_1(u)^k. \tag{8.4.78}$$

$B_i(\mathscr{L}(\partial_x u^{k+1}))$ 的估计与 8.3 节基本相同.

设 $\beta_r = 2^{r\tilde{s}_k} \cdot 2^{r/2}\|\Delta_r u\|_{L_x^\infty L_t^2}$. 注意到 $\|\Delta_r u\|_{L_x^\infty L_t^2} = 2^{-r\tilde{s}_k} \cdot 2^{-r/2}\beta_r$, 所以有

$$B_i(\mathscr{L}(\partial_x u^{k+1})) \leqslant \sum_{j>0} 2^{j\tilde{s}_k} \cdot 2^{j/2} \sum_{r\geqslant j} \|\Delta_r u\|_{L_x^\infty L_t^2}\|S_r u\|_{L_x^k L_t^\infty}^k$$

$$\lesssim \sum_{j>0} 2^{j\tilde{s}_k} \cdot 2^{j/2} \sum_{r\geqslant j} 2^{-r/2}2^{-r\tilde{s}_k}\beta_r \cdot M(u)^k$$

$$\leqslant \sum_{j>0} \beta_r \cdot M(u)^k \leqslant T(u)M(u)^k.$$

现在我们来估计 $\tilde{A}_i(\mathscr{L}(\partial_x u^{k+1}))$. 注意到在 (8.4.75) 和 (8.4.77) 中, 已经得到了下面的估计

$$\|S_r u\|_{L_x^{p_1}L_t^{q_1}} \lesssim \left(2^{-r(s_k+\frac{1}{p_1}+\frac{3}{q_1}-\frac{1}{2})} \wedge 1 \right) Q_1(u). \tag{8.4.79}$$

由命题 8.3.8 和 (8.4.79) 可以得到

$$\tilde{A}_i(\mathscr{L}(\partial_x u^{k+1})) \lesssim \sup_{j_0 < j \leqslant 0} 2^{js_k} 2^{j(\frac{3}{2} - \frac{1}{p_2} - \frac{2}{q_2})} \|\Delta_j u^{k+1}\|_{L_x^{\bar{p}_2} L_t^{\bar{q}_2}}$$

$$\leqslant \sup_{j_0 < j \leqslant 0} 2^{js_k} 2^{j(\frac{3}{2} - \frac{1}{p_2} - \frac{2}{q_2})} \left(\sum_{j \leqslant r \leqslant 0} + \sum_{r \geqslant 1} \right) \|\Delta_r u\|_{L_x^{p_2} L_t^{q_2}} \|S_r u\|_{L_x^{p_1} L_t^{q_1}}^k$$

$$\leqslant \sup_{j_0 < j \leqslant 0} 2^{\frac{2}{q_2}j} \sum_{j \leqslant r \leqslant 0} 2^{(j-r)(s_k + \frac{1}{p_2} + \frac{2}{q_2} - \frac{1}{2} + k(s_k + \frac{1}{p_1} + \frac{3}{q_1} - \frac{1}{2}))} \alpha_r'' \cdot Q_1(u)^k$$

$$\qquad + \sup_{j_0 < j \leqslant 0} 2^{j(s_k + \frac{3}{2} - \frac{1}{p_2} - \frac{2}{q_2})} \sum_{r \geqslant 1} 2^{-r(\tilde{s}_k + \frac{1}{p_2} + \frac{2}{q_2} - \frac{1}{2})} \alpha_r' \, Q_1(u)^k$$

$$\lesssim Q_2(u) \cdot Q_1(u)^k.$$

应用与 8.3 节中相似的方法, 只需对求和分不同的情况讨论, 即可类似地估计 $N(\mathscr{L}(\partial_x u^{k+1}))$, $T(\mathscr{L}(\partial_x u^{k+1}))$, $M(\mathscr{L}(\partial_x u^{k+1}))$ 如下:

$$N(\mathscr{L}(\partial_x u^{k+1})) \lesssim \sum_{j > 0} 2^{j\tilde{s}_k} \cdot 2^{j/2} \|\Delta_j u^{k+1}\|_{L_x^1 L_t^2}$$

$$\qquad + \sum_{j_0 < j \leqslant 0} 2^{j\tilde{s}_k} 2^{j(\frac{3}{2} - \frac{1}{p_2} - \frac{2}{q_2})} \|\Delta_j u^{k+1}\|_{L_x^{\bar{p}_2} L_t^{\bar{q}_2}}$$

$$\qquad + \sum_{j \leqslant j_0} 2^{j\tilde{s}_k} \cdot 2^{j(\frac{3}{2} - \frac{1}{p_2} - \frac{3}{q_2})} \|\Delta_j u^{k+1}\|_{L_x^{\bar{p}_2} L_t^{\bar{q}_2}}$$

$$\qquad := \sum_{i=1}^{3} N_i,$$

$$M(\mathscr{L}(\partial_x u^{k+1})) = \left(\sum_{j > 0} + \sum_{j \leqslant j_0} + \sum_{j_0 < j \leqslant 0} \right) \|\Delta_j \mathscr{L}(\partial_x u^{k+1})\|_{L_x^k L_t^\infty}$$

$$\qquad := \sum_{i=1}^{3} M_i,$$

$$T(\mathscr{L}(\partial_x u^{k+1})) \lesssim \sum_{j > 0} 2^{j\tilde{s}_k} \cdot 2^{j/2} \|\Delta_j u^{k+1}\|_{L_x^1 L_t^2}.$$

我们在这里将证明的细节略去, 最后得到

$$N_2 + M_3 \lesssim Q_2(u) Q_1(u)^k.$$

$$N_1 + T(\mathscr{L}(\partial_x u^{k+1})) + M_1 \lesssim T(u) M(u)^k.$$

$$M_2 + N_3 \lesssim \sup_{j \leqslant j_0} 2^{js_k} \cdot 2^{j(\frac{3}{2} - \frac{1}{p_2} - \frac{3}{q_2})} \|\Delta_j u^{k+1}\|_{L_x^{p_2} L_t^{\bar{q}_2}}$$

$$\lesssim Q_2(u) \cdot Q_1(u)^k.$$

重复 8.3 节的讨论即可得到定理 8.2.5 的结论. □

8.5　解的极限行为

8.5.1　解的正则性

本节首先要证明当初值数据属于下面的空间时, 方程 (8.2.1) 和 (8.2.3) 解的整体适定性. 即当 $u_0 \in \dot{B}_{2,\infty}^s \cap \dot{B}_{2,1}^{\tilde{s}_k}$, $s \in \left(-\dfrac{5}{12}, s_k \right)$ 时, 证明解属于空间 $C(\mathbb{R},$ $\dot{B}_{2,\infty}^s \cap \dot{B}_{2,1}^{\tilde{s}_k})$, 并且

$$\|u\|_{L^\infty(\mathbb{R},\ \dot{B}_{2,\infty}^s \cap \dot{B}_{2,1}^{\tilde{s}_k})} \leqslant C\rho,$$

这里常数 C 关于参数 $\delta \geqslant \delta_0$ 是一致的, 即与 δ 无关.

在 8.5.3 节中证明解的极限行为时, 由于 $\mathcal{H}(\partial_x^2 u) - \mathcal{G}(\partial_x^2 u)$ 里面有导数, 我们发现为了控制 $\mathcal{H}(\partial_x^2 u) - \mathcal{G}(\partial_x^2 u)$ 这项必须用到解 u 的正则性估计.

首先需要将 8.4.3 节中 $A_i(u)$, $\tilde{A}_i(u)$ 的定义改为

$$A_i^s(u) = \sup_{j \leqslant j_0} 2^{js} \cdot 2^{j(\frac{1}{p_i} + \frac{3}{q_i} - \frac{1}{2})} \|\Delta_j u\|_{L_x^{p_i} L_t^{q_i}},$$

$$\tilde{A}_i^s(u) = \sup_{j_0 < j \leqslant 0} 2^{js} \cdot 2^{j(\frac{1}{p_i} + \frac{2}{q_i} - \frac{1}{2})} \|\Delta_j u\|_{L_x^{p_i} L_t^{q_i}},$$

这里 (p_i, q_i) 与前面相同. 令 $Q_i^s(u) = A_i^s(u) + \tilde{A}_i^s(u) + B_i(u)$, 这里 $B_i(u), M(u),$ $N(u)$ 和 $T(u)$ 的定义仍与 8.4.3 节相同. 记

$$E^s = \{u : \|u\|_{E^s} := Q_1^s(u) + Q_2^s(u) + N(u) + T(u) + M(u) < \infty\},$$

如不特殊声明我们这样简记 $Q_i^{s_k}(u) = Q_i(u)$.

证明　基本的证明想法与定理 8.2.5 是相同的, 还是对积分方程中相应的项进行估计, 在这里只证明 $A_i(\mathcal{L}(\partial_x u^{k+1}))$ 这一项的估计, 其他项的估计都可以类似地处理.

$$A_i^s(\mathcal{L}(\partial_x u^{k+1})) \leqslant \sup_{j \leqslant j_0} 2^{js} \cdot 2^{j(\frac{3}{2} - \frac{1}{p_2} - \frac{3}{q_2})} \sum_{r \geqslant j} \|\Delta_r u\|_{L_x^{p_2} L_t^{q_2}} \|S_r u\|_{L_x^{p_1} L_t^{q_1}}^k$$

$$\leqslant \sup_{j \leqslant j_0} 2^{js} \cdot 2^{j(\frac{3}{2} - \frac{1}{p_2} - \frac{3}{q_2})}$$

$$\times \left(\sum_{j \leqslant r \leqslant j_0} + \sum_{j_0 < r \leqslant 0} + \sum_{r > 0} \right) \|\Delta_r u\|_{L_x^{p_2} L_t^{q_2}} \|S_r u\|_{L_x^{p_1} L_t^{q_1}}^k$$

$$:= \sup_{j \leqslant j_0} 2^{js} \cdot 2^{j(\frac{3}{2} - \frac{1}{p_2} - \frac{3}{q_2})} (A_1 + A_2 + A_3).$$

设

$$\alpha_r = 2^{r(s + \frac{1}{p_2} + \frac{3}{q_2} - \frac{1}{2})} \|\Delta_r u\|_{L_x^{p_2} L_t^{q_2}},$$

$$\tilde{\alpha}_r = 2^{r(s + \frac{1}{p_2} + \frac{2}{q_2} - \frac{1}{2})} \|\Delta_r u\|_{L_x^{p_2} L_t^{q_2}},$$

$$\gamma_l = 2^{l(s + \frac{1}{p_1} + \frac{3}{q_1} - \frac{1}{2})} \|\Delta_l u\|_{L_x^{p_1} L_t^{q_1}}.$$

下面就分别估计 A_1, A_2, A_3.

在 (8.4.79) 中, 我们已经得到下式

$$\|S_r u\|_{L_x^{p_1} L_t^{q_1}} \lesssim \left(1 \wedge 2^{-r(s_k + \frac{1}{p_1} + \frac{3}{q_1} - \frac{1}{2})} \right) Q_1(u). \tag{8.5.80}$$

对于 A_1, 此时 $r \leqslant j_0$, 有

$$A_1 \leqslant \sum_{j < r \leqslant j_0} 2^{-r(s + \frac{1}{p_2} + \frac{3}{q_2} - \frac{1}{2})} \cdot \alpha_r \cdot 2^{-rk(s_k + \frac{1}{p_1} + \frac{3}{q_1} - \frac{1}{2})} \cdot Q_1(u)^k.$$

这里要用到 $J = s + \dfrac{1}{p_2} + \dfrac{3}{q_2} - \dfrac{1}{2} + k \left(s_k + \dfrac{1}{p_1} + \dfrac{3}{q_1} - \dfrac{1}{2} \right)$①,

$$\sup_{j \leqslant j_0} 2^{js} \cdot 2^{j(\frac{3}{2} - \frac{1}{p_2} - \frac{3}{q_2})} A_1 \leqslant \sup_{j \leqslant j_0} \sum_{j < r \leqslant j_0} 2^{(j-r)J} \alpha_r \cdot Q_1(u)^k$$

$$\leqslant \sup_{j \leqslant j_0} \sum_{j < r \leqslant j_0} 2^{(j-r)J} \chi_{(j-r \leqslant 0)} \cdot \sup_{r \leqslant j_0} \alpha_r \cdot Q_1(u)^k$$

$$\lesssim Q_2^s(u) \cdot Q_1(u)^k.$$

对于 A_2, 此时 $j_0 < r \leqslant 0$, 由 (8.4.69) 中 $Q_i(u)$ 的定义可得

$$A_2 \leqslant \sum_{j_0 \leqslant r \leqslant 0} 2^{-r(s + \frac{1}{p_2} + \frac{2}{q_2} - \frac{1}{2})} \cdot \tilde{\alpha}_r \cdot \left(2^{-r(s_k + \frac{1}{p_1} + \frac{3}{q_1} - \frac{1}{2})} \cdot Q_1(u) \right)^k$$

$$\leqslant \sum_{j_0 \leqslant r \leqslant 0} 2^{-r(s + \frac{1}{p_2} + \frac{3}{q_2} - \frac{1}{2})} \cdot 2^{-rk(s_k + \frac{1}{p_1} + \frac{3}{q_1} - \frac{1}{2})} \tilde{\alpha}_r \cdot Q_1(u)^k.$$

---

① 因为 $s > -5/12$, 所以 $J > 0$, 这也是我们必须要求 $s > -5/12$ 的原因.

所以有

$$\sup_{j \leqslant j_0} 2^{js} \cdot 2^{j(\frac{3}{2} - \frac{1}{p_2} - \frac{3}{q_2})} A_2$$

$$\leqslant \sup_{j \leqslant j_0} \sum_{j \leqslant r \leqslant j_0} 2^{(j-r)J} \chi_{(j-r<0)} \cdot \sup_{j_0 < r \leqslant 0} \tilde{\alpha}_r \cdot Q_1(u)^k$$

$$\lesssim Q_2^s(u) \cdot Q_1(u)^k.$$

再令

$$\alpha_l' = 2^{l(\tilde{s}_k + \frac{1}{p_2} + \frac{2}{q_2} - \frac{1}{2})} \|\Delta_l u\|_{L_x^{p_2} L_t^{q_2}},$$

$$\gamma_l' = 2^{l(\tilde{s}_k + \frac{1}{p_1} + \frac{2}{q_1} - \frac{1}{2})} \|\Delta_l u\|_{L_x^{p_1} L_t^{q_1}},$$

$$\gamma_l'' = 2^{l(s + \frac{1}{p_1} + \frac{2}{q_1} - \frac{1}{2})} \|\Delta_l u\|_{L_x^{p_1} L_t^{q_1}}.$$

下面估计 A_3, 由 (8.5.80) 可得

$$A_3 \lesssim \sum_{r>0} 2^{-r(\tilde{s}_k + \frac{1}{p_2} + \frac{2}{q_2} - \frac{1}{2})} \cdot \alpha_r' Q_1(u)^k.$$

注意到 $s > -5/12$, 我们有

$$\sup_{j \leqslant j_0} 2^{js} \cdot 2^{j(\frac{3}{2} - \frac{1}{p_2} - \frac{3}{q_2})} A_3 \lesssim Q_2(u) \cdot Q_1(u)^k. \qquad \Box$$

注记 8.5.1 由定义

$$\|f\|_{\dot{B}_{2,\infty}^{s_k}} \sim \sup_{j \in \mathbb{Z}} 2^{js_k} \left(\int_{2^j}^{2^{j+1}} |\mathscr{F}f(\xi)|^2 d\xi \right)^{1/2},$$

$$\|f\|_{\dot{B}_{2,1}^{\tilde{s}_k}} \sim \sum_{j \in \mathbb{Z}} 2^{j\tilde{s}_k} \left(\int_{2^j}^{2^{j+1}} |\mathscr{F}f(\xi)|^2 d\xi \right)^{1/2}.$$

如果 $u_0 \in \dot{B}_{2,1}^{s_k} \cap \dot{B}_{2,1}^{\tilde{s}_k}$, 即将定理 8.2.5 和定理 8.2.6 中的 $\dot{B}_{2,\infty}^{s_k}$ 换成 $\dot{B}_{2,1}^{s_k}$, 定理 8.2.5 和定理 8.2.6 的结论依然成立. 另外, 如果 $u_0 \in \dot{B}_{2,\infty}^{s_k} \cap \dot{B}_{2,1}^s$, $s > \tilde{s}_k$, 即将 $\tilde{s}_k$ 换成 s, 定理 8.2.5 和定理 8.2.6 依然成立. 以上结论只需按照与定理 8.2.5 和定理 8.2.6 相似的证明方法即可得到.

8.5.2 当 $\delta \to 0$ 时解对 KdV 方程的逼近

本节将证明, 当 $\delta \to 0$ 时, 方程 (8.2.3) 的解收敛到广义的 KdV 方程的解. 记 $U(\cdot)$ 为解决线性 KdV 方程 Cauchy 问题的自由发展群, 即 KdV 方程

的半群, 用 $\mathscr{K}$ 表示积分算子 $\displaystyle\int_0^t U(t-s)\mathrm{d}s$. 把方程 (8.2.3) 和 (8.2.5) 写成下面的积分方程:

$$w = U(t)u_0 - \frac{1}{k+1}\mathscr{K}(\partial_x w^{k+1}),$$

$$u = U(t)u_0 - \frac{1}{k+1}\mathscr{K}\left(\partial_x(u^{k+1}) - \partial_x^3 u - \frac{3}{2\pi\delta}\mathcal{G}(\partial_x^2 u)\right).$$

定义工作空间 X 如下

$$\|u\|_X = \sum_{j\in\mathbb{Z}}\left(\sum_{i=1}^2 2^{js_k}\cdot 2^{j(\frac{1}{p_i}+\frac{3}{q_i}-\frac{1}{2})}\|\Delta_j u\|_{L_x^{p_i}L_{t\in[0,T]}^{q_i}} + 2^{js_k}\|\Delta_j u\|_{L_{t\in[0,T]}^\infty L_x^2}\right).$$

证明 在本节中, 我们均假定 (p_1, q_1) 和 (p_2, q_2) 与 8.3 节相同

$$\|w-u\|_X \lesssim \|\mathscr{K}(\partial_x(w^{k+1}-u^{k+1}))\|_X + \left\|\mathscr{K}\left(\partial_x^3 u + \frac{3}{2\pi\delta}\mathcal{G}(\partial_x^2 u)\right)\right\|_X. \quad (8.5.81)$$

应用与 8.3 节相同的技巧, 可以得到下面的估计

$$\|\mathscr{K}(\partial_x(w^{k+1}-u^{k+1}))\|_X$$
$$\lesssim \sum_{j\in\mathbb{Z}} 2^{js_k}\cdot 2^{j(\frac{3}{2}-\frac{1}{p_2}-\frac{3}{q_2})}\|\Delta_j(w^{k+1}-u^{k+1})\|_{L_x^{\bar{p}_2}L_T^{\bar{q}_2}}. \quad (8.5.82)$$

下面就来处理 $\Delta_j(w^{k+1}-u^{k+1})$ 这项.

易见 $\Delta_j(w^{k+1}-u^{k+1}) = \Delta_j((w-u)\sum_{l=0}^k w^l u^{k-l})$. 因为求和是有限的, 所以只需估计其中的一项 $\Delta_j((w-u)w^l u^{k-l})$ 即可.

$$\Delta_j((w-u)w^l u^{k-l}) = \Delta_j \sum_{r=-\infty}^\infty \left[(S_{r+1}w)^l(S_{r+1}u)^{k-l}\Delta_{r+1}(w-u)\right.$$
$$\left. + S_r(w-u)\left((S_{r+1}w)^l(S_{r+1}u)^{k-l} - (S_r w)^l(S_r u)^{k-l}\right)\right]$$

$$:= A + B,$$

这里

$$B = \Delta_j \sum_{r\in\mathbb{Z}}\left(S_r(w-u)(S_{r+1}w)^l\Delta_{r+1}u\sum_{m=0}^{k-1-l}(S_{r+1}u)^m(S_r u)^{k-l-1-m}\right.$$
$$\left. + S_r(w-u)(S_r u)^{k-l}\Delta_{r+1}w\sum_{m=0}^{l-1}(S_{r+1}w)^m(S_r w)^{l-1-m}\right).$$

本节还将用到在 (8.4.56) 中定义的工作空间 E, 由注记 8.5.1, 这里将 A_i 中的取上确界换成了求和. 由 8.3 节的证明, 显然有下面的估计成立:

$$\sum_{j\in\mathbb{Z}} 2^{j(s_k+\frac{1}{p_1}+\frac{3}{q_1}-\frac{1}{2})}\|\Delta_j u\|_{L_x^{p_1}L_t^{q_1}} \lesssim \|u\|_E,$$

$$\|S_r u\|_{L_x^{p_1}L_t^{q_1}} \lesssim 2^{-r(s_k+\frac{1}{p_1}+\frac{3}{q_1}-\frac{1}{2})}\|u\|_E,$$

$$\|S_r w\|_{L_x^{p_1}L_T^{q_1}} \lesssim 2^{-r(s_k+\frac{1}{p_1}+\frac{3}{q_1}-\frac{1}{2})}\|w\|_X, \qquad (8.5.83)$$

$$\|S_r(u-w)\|_{L_x^{p_1}L_T^{q_1}} \lesssim 2^{-r(s_k+\frac{1}{p_1}+\frac{3}{q_1}-\frac{1}{2})}\|u-w\|_X.$$

下面我们就针对 A 项来估计 (8.5.82). 应用 (8.5.83), 与 8.3 节的证明类似的有

$$\sum_{j\in\mathbb{Z}} 2^{js_k+j(\frac{3}{2}-\frac{1}{p_2}-\frac{3}{q_2})}\|A\|_{L_x^{\bar{p}_2}L_T^{\bar{q}_2}}$$

$$\lesssim \sum_{j\in\mathbb{Z}} 2^{js_k+j(\frac{3}{2}-\frac{1}{p_2}-\frac{3}{q_2})}\sum_{r\geqslant j}\|\Delta_r(w-u)\|_{L_x^{p_2}L_T^{q_2}}\left(\|S_r w\|_{L_x^{p_1}L_T^{q_1}}^l\|S_r u\|_{L_x^{p_1}L_t^{q_1}}^{k-l}\right)$$

$$\lesssim \sum_{j\in\mathbb{Z}} 2^{js_k+j(\frac{3}{2}-\frac{1}{p_2}-\frac{3}{q_2})}\sum_{r\geqslant j} 2^{-r(s_k+\frac{1}{p_2}+\frac{3}{q_2}-\frac{1}{2})-rk(s_k+\frac{1}{p_1}+\frac{3}{q_1}-\frac{1}{2})}\eta_r\|w\|_X^l\|u\|_E^{k-l}$$

$$\lesssim \|w-u\|_X\|w\|_X^l\|u\|_E^{k-l} \leqslant \frac{1}{4}\|w-u\|_X,$$

这里 $\eta_r = 2^{r(s_k+\frac{1}{p_2}+\frac{3}{q_2}-\frac{1}{2})}\|\Delta_r(w-u)\|_{L_x^{p_2}L_T^{q_2}}$, 我们还用到了小初值的条件, 所以有 $\|w\|_X + \|u\|_E \ll 1$.

现在我们针对 B 来估计 (8.5.82). 不失一般性, 可以假设 (8.5.2) 的右端只有两项, 不妨设 $m=0$, 应用 (8.5.83),

$$\sum_{j\in\mathbb{Z}} 2^{js_k+j(\frac{3}{2}-\frac{1}{p_2}-\frac{3}{q_2})}\|B\|_{L_x^{\bar{p}_2}L_T^{\bar{q}_2}}$$

$$\lesssim \sum_{j\in\mathbb{Z}} 2^{js_k+j(\frac{3}{2}-\frac{1}{p_2}-\frac{3}{q_2})}\sum_{r\geqslant j}\bigg(\|\Delta_r w\|_{L_x^{p_2}L_T^{q_2}}\|S_r(w-u)\|_{L_x^{p_1}L_T^{q_1}}\|S_r w\|_{L_x^{p_1}L_T^{q_1}}^{l-1}$$

$$\times \|S_r u\|_{L_x^{p_1}L_t^{q_1}}^{k-l} + \|\Delta_r u\|_{L_x^{p_2}L_t^{q_2}}\|S_r(w-u)\|_{L_x^{p_1}L_T^{q_1}}\|S_r w\|_{L_x^{p_1}L_T^{q_1}}^{l}\|S_r u\|_{L_x^{p_1}L_t^{q_1}}^{k-l-1}\bigg)$$

$$\lesssim \sum_{j\in\mathbb{Z}} 2^{js_k+j(\frac{3}{2}-\frac{1}{p_2}-\frac{3}{q_2})}\bigg(\sum_{r\geqslant j} 2^{-r(s_k+\frac{1}{p_2}+\frac{3}{q_2}-\frac{1}{2})-rk(s_k+\frac{1}{p_1}+\frac{3}{q_1}-\frac{1}{2})}\zeta_r\|w\|_X^{l-1}\|u\|_E^{k-l}\|w$$

$$-u\|_X + \sum_{r\geqslant j} 2^{-r(s_k+\frac{1}{p_2}+\frac{3}{q_2}-\frac{1}{2})-rk(s_k+\frac{1}{p_1}+\frac{3}{q_1}-\frac{1}{2})}\alpha_r\|w\|_X^l\|u\|_E^{k-l-1}\|w-u\|_X\bigg)$$

$$:= \sum_{j \in \mathbb{Z}} 2^{js_k + j(\frac{3}{2} - \frac{1}{p_2} - \frac{3}{q_2})} (B_1 + B_2),$$

此处

$$\zeta_r = 2^{r(s_k + \frac{1}{p_2} + \frac{3}{q_2} - \frac{1}{2})} \|\Delta_r w\|_{L_x^{p_2} L_t^{q_2}}, \quad \alpha_r = 2^{r(s_k + \frac{1}{p_2} + \frac{3}{q_2} - \frac{1}{2})} \|\Delta_r u\|_{L_x^{p_2} L_t^{q_2}},$$

其中 B_1 的估计与 A 相同,

$$\sum_{j \in \mathbb{Z}} 2^{js_k + j(\frac{3}{2} - \frac{1}{p_2} - \frac{3}{q_2})} B_1 \lesssim \|w - u\|_X \|w\|_X^l \|u\|_E^{k-l} \leqslant \frac{1}{4} \|w - u\|_X.$$

对 B_2 的估计我们要分 $j > j_0, j \leqslant j_0$ 来讨论. 与 (8.5.83) 类似, 可以容易地证明 $\sum_{j>j_0} 2^{js_k + j(\frac{3}{2} - \frac{1}{p_2} - \frac{3}{q_2})} B_2$ 可以被 $\frac{1}{4} \|w - u\|_X$ 控制. 但是对于 $j \leqslant j_0$ 的情形, 我们需要将 B_2 中的求和 $\sum_{r \geqslant j}$ 分成两部分: $\sum_{j \leqslant r \leqslant j_0}$ 和 $\sum_{r > j_0}$. 第一种情形可以用与 B_1 相同的方法处理. 下面我们主要来考虑第二种情形 $\sum_{r > j_0}$. 因为 $u_0 \in \dot{B}_{2,1}^{s_k} \cap \dot{B}_{2,1}^{\tilde{s}_k + \frac{1}{q_2} - \frac{1}{k}}$, 并且是小初值数据, 由注记 8.5.1 有

$$\sum_{r > j_0} 2^{r((\tilde{s}_k + \frac{1}{q_2} - \frac{1}{k}) + \frac{1}{p_2} + \frac{2}{q_2} - \frac{1}{2})} \|\Delta_r u\|_{L_x^{p_2} L_t^{q_2}} \lesssim 1.$$

因此

$$\sum_{j \leqslant j_0} 2^{js_k + j(\frac{3}{2} - \frac{1}{p_2} - \frac{3}{q_2})} \sum_{r > j_0} 2^{-r(s_k + \frac{1}{p_2} + \frac{3}{q_2} - \frac{1}{2}) - rk(s_k + \frac{1}{p_1} + \frac{3}{q_1} - \frac{1}{2})}$$
$$\times \alpha_r \|w\|_X^l \|u\|_E^{k-l-1} \|w - u\|_X$$
$$\lesssim \|w - u\|_X \|w\|_X^l \|u\|_E^{k-l-1} \sum_{r > j_0} 2^{r(s_k + \frac{1}{p_2} + \frac{3}{q_2} - \frac{1}{2})} \|\Delta_r u\|_{L_x^{p_2} L_t^{q_2}}$$
$$\lesssim \|w - u\|_X \|w\|_X^l \|u\|_E^{k-l-1} \sum_{r > j_0} 2^{r((\tilde{s}_k + \frac{1}{q_2} - \frac{1}{k}) + \frac{1}{p_2} + \frac{2}{q_2} - \frac{1}{2})} \|\Delta_r u\|_{L_x^{p_2} L_t^{q_2}}$$
$$\leqslant \frac{1}{4} \|w - u\|_X.$$

综合 (8.5.81)—(8.5.84) 就得到下面的

$$\|w - u\|_X \lesssim \left\| \mathscr{K} \left(\partial_x^3 u + \frac{3}{2\pi\delta} \mathcal{G}(\partial_x^2 u) \right) \right\|_X.$$

由 [37] 中的引理 8.2.1, 有

$$\partial_x^3 u + \frac{3}{2\pi\delta}\mathcal{G}(\partial_x^2 u) = \mathscr{F}^{-1}\left(\frac{3\xi^3}{4\pi^2}\sum_{n=1}^{\infty}\frac{32\delta^2\xi^2}{n^2(n^2+4\delta^2\xi^2)}\right)\mathscr{F}u.$$

易见, 存在不依赖于 $\delta > 0$ 的常数 N, 使得

$$\frac{3\xi^3}{4\pi^2}\sum_{n=1}^{\infty}\frac{32\delta^2\xi^2}{n^2(n^2+4\delta^2\xi^2)} \lesssim \begin{cases} |\xi|^3, & |\xi| > N, \\ C\delta^2, & |\xi| \leqslant N. \end{cases}$$

下面来估计

$$\sum_{j\in\mathbb{Z}} 2^{js_k}\cdot 2^{j(\frac{1}{p_i}+\frac{3}{q_i}-\frac{1}{2})}\left\|\Delta_j\mathscr{K}\left(\partial_x^3 u + \frac{3}{2\pi\delta}\mathcal{G}(\partial_x^2 u)\right)\right\|_{L_x^{p_i}L_T^{q_i}}.$$

为了应用乘子定理, 我们希望先对变量 x 积分, 再对变量 t 积分, 所以需要下面的命题 8.5.2.

命题 8.5.2　对任意的 $4 \leqslant p < \infty$, 且满足 $2/p + 1/q \leqslant 1/2$ 或者 $(p, q) = (\infty, 2)$, 我们有

$$\left\|\mathscr{K}(\Delta_j f)\right\|_{L_x^p L_T^q} \lesssim 2^{j(\frac{1}{2}-\frac{1}{p}-\frac{3}{q})}\|\Delta_j f\|_{L_T^1 L_x^2}.$$

证明　应用 Minkowski 不等式和半群 $U(t)$ 的 $L^2 \to L_x^p L_t^q$ 估计 (见命题 8.3.8), 可以有

$$\left\|\mathscr{K}(\Delta_j f)\right\|_{L_x^p L_T^q} \lesssim \int_0^T \left\|\chi_{(0\leqslant\tau\leqslant t)}(\tau)U(t-\tau)\Delta_j f(\tau)\right\|_{L_x^p L_T^q}\mathrm{d}\tau$$

$$\lesssim \int_0^T \left\|U(t-\tau)\Delta_j f(\tau)\right\|_{L_x^p L_T^q}\mathrm{d}\tau$$

$$\lesssim 2^{j(\frac{1}{2}-\frac{1}{p}-\frac{3}{q})}\|\Delta_j f\|_{L_T^1 L_x^2}.$$

对于 $i = 1$,

$$\sum_{j\in\mathbb{Z}} 2^{js_k}\cdot 2^{j(\frac{1}{p_1}+\frac{3}{q_1}-\frac{1}{2})}\left\|\Delta_j\mathscr{K}\left(\partial_x^3 u + \frac{3}{2\pi\delta}\mathcal{G}(\partial_x^2 u)\right)\right\|_{L_x^{p_1}L_T^{q_1}}$$

$$\lesssim \sum_{j\in\mathbb{Z}} 2^{js_k}\left\|\Delta_j\left(\partial_x^3 u + \frac{3}{2\pi\delta}\mathcal{G}(\partial_x^2 u)\right)\right\|_{L_T^1 L_x^2}$$

$$\lesssim T\delta^2 \sum_{j\leqslant j_N} 2^{js_k}\|\Delta_j u\|_{L_T^\infty L_x^2} + T\sum_{j>j_N} 2^{js_k}\|\xi^3\widehat{\Delta_j u}\|_{L_T^\infty L_x^2}. \tag{8.5.84}$$

由注记 8.5.1 可知, 如果初值数据满足 $u_0 \in \dot{B}_{2,1}^{s_k} \cap \dot{B}_{2,1}^{s_k+3}$, 并且是小初值数据, 就有 $\sum_{j\in\mathbb{Z}} 2^{js_k} 2^{3j} \|\Delta_j u\|_{L_t^\infty L_x^2} \leqslant 1$, $\sum_{j\in\mathbb{Z}} 2^{js_k} \|\Delta_j u\|_{L_t^\infty L_x^2} \leqslant 1$. 首先令 $j_N \gg 1$ 充分大, 则 (8.5.84) 右端第二项就会足够小. 然后我们再令 δ 充分小, 则 (8.5.84) 右端第一项也足够小, 这样就得到

$$\|u_\delta - w\|_X \to 0, \quad \delta \to 0,$$

$i = 2$ 的情形与此相似, 就不赘述了. $\qquad\qquad\qquad\qquad\qquad\qquad\qquad\qquad\quad\square$

8.5.3 当 $\delta \to \infty$ 时解对 Benjamin-Ono 方程的逼近

本节将证明当 $\delta \to +\infty$ 时, 广义 FDF 方程 (8.2.1) 的解逼近于广义的 Benjamin-Ono 方程 (8.2.4).

定义工作空间 Y 如下:

$$\|u\|_Y = \sum_{j\in\mathbb{Z}} \left(2^{j\tilde{s}_k} \|\Delta_j u\|_{L_{t\in[0,T]}^\infty L_x^2} + 2^{\frac{j}{2}} 2^{j\tilde{s}_k} \|\Delta_j u\|_{L_x^\infty L_{t\in[0,T]}^2} + \|\Delta_j u\|_{L_x^k L_{t\in[0,T]}^\infty} \right).$$

$$(8.5.85)$$

定理 8.2.8 的证明　设 $V(t)$ 表示 BO 方程的半群, $\mathscr{B}$ 表示积分算子 $\mathscr{B} = \int_0^t V(t-s)\mathrm{d}s$. 我们证明的基本方法依然是将方程 (8.2.4) 写成下面积分方程的形式:

$$\begin{aligned}
v &= V(t)u_0 - \frac{1}{k+1}\mathscr{B}\left(\partial_x(v^{k+1})\right), \\
u &= V(t)u_0 - \frac{1}{k+1}\mathscr{B}\left(\partial_x(u^{k+1}) + \mathcal{H}(\partial_x^2 u) - \mathcal{G}(\partial_x^2 u)\right).
\end{aligned} \qquad (8.5.86)$$

Y 如 (8.5.85) 所示, 将 (8.5.86) 两式相减可得

$$\|v - u\|_Y \lesssim \|\mathscr{B}(\partial_x(v^{k+1} - u^{k+1}))\|_Y + \|\mathscr{B}(\mathcal{H}(\partial_x^2 u) - \mathcal{G}(\partial_x^2 u))\|_Y. \qquad (8.5.87)$$

由 [46] 中的命题 1 和命题 2 可得

$$\|\mathscr{B}(\partial_x(v^{k+1} - u^{k+1}))\|_Y \lesssim \sum_{j\in\mathbb{Z}} 2^{\frac{j}{2}} 2^{j\tilde{s}_k} \|\Delta_j(v^{k+1} - u^{k+1})\|_{L_x^1 L_T^2}$$

$$\lesssim \sum_{j\in\mathbb{Z}} 2^{\frac{j}{2}} 2^{j\tilde{s}_k} \left\| \Delta_j(v-u) \sum_{l=0}^{k} v^l u^{k-l} \right\|_{L_x^1 L_T^2}.$$

所以我们只需估计　$\|\Delta_j((v-u)v^l u^{k-l})\|_{L_x^1 L_T^2}$　这项. 参考上一节中的分解. 在 (8.5.83) 中令 $w=v$, 就可以类似地得到下面的估计

$$\sum_{j\in\mathbb{Z}} 2^{\frac{j}{2}} 2^{j\tilde{s}_k} \|A\|_{L_x^1 L_T^2}$$

$$\lesssim \sum_{j\in\mathbb{Z}} 2^{\frac{j}{2}} 2^{j\tilde{s}_k} \sum_{r\geqslant j} \|\Delta_{r+1}(v-u)\|_{L_x^\infty L_T^2} (\|S_{r+1}v\|_{L_x^k L_t^\infty}^k \|S_{r+1}u\|_{L_x^k L_t^\infty}^{k-l})$$

$$\lesssim \|v-u\|_Y \cdot \|v\|_{X_b}^l \|u\|_E^{k-l}.$$

与 (8.5.83) 相似, 仍旧假设在 B 中仅有两项, 即不妨设 $m=0$, 与上节的证明类似的有

$$\sum_{j\in\mathbb{Z}} 2^{\frac{j}{2}} 2^{j\tilde{s}_k} \|B\|_{L_x^1 L_T^2}$$

$$\lesssim \sum_{j\in\mathbb{Z}} 2^{\frac{j}{2}} 2^{j\tilde{s}_k} \sum_{r\geqslant j} \left(\|\Delta_{r+1}u\|_{L_x^\infty L_t^2} \|S_{r+1}v\|_{L_x^k L_t^\infty}^l \|S_r u\|_{L_x^k L_t^\infty}^{k-l-1} \right.$$

$$\left. + \|\Delta_{r+1}v\|_{L_x^\infty L_t^2} \|S_r u\|_{L_x^k L_t^\infty}^{k-l} \|S_r v\|_{L_x^k L_t^\infty}^{l-1} \right) \|S_r(v-u)\|_{L_x^k L_T^\infty}$$

$$\lesssim \|v-u\|_Y \cdot \left(\|v\|_{X_b}^l \|u\|_E^{k-l-1} \sum_{j\in\mathbb{Z}} 2^{\frac{j}{2}} 2^{j\tilde{s}_k} \|\Delta_j u\|_{L_x^\infty L_t^2} + \|v\|_{X_b}^l \|u\|_E^{k-l} \right).$$

注记 8.5.3　这里 $\sum_{j\in\mathbb{Z}} 2^{\frac{j}{2}} 2^{j\tilde{s}_k} \|\Delta_j u\|_{L_x^\infty L_t^2}$ 的估计与前面不同, 我们现在着重估计这一项, 由于 FDF 方程高低频性质不同, 所以要将求和以光滑性指标 j_0 为界分为 $j\leqslant j_0, j\geqslant j_0$ 两种情形. 由于 $j_0<0$, 所以对 $S_r(u)$ 还要像下面 (8.5.88) 那样再将求和分成三段来处理, 并结合 8.5.1 节的正则性结果.

由命题 8.3.17 和命题 8.3.18 可知

$$\sum_{j\leqslant j_0} 2^{\frac{j}{2}} 2^{j\tilde{s}_k} \|\Delta_j u\|_{L_x^\infty L_t^2}$$

$$\lesssim \sum_{j\leqslant j_0} 2^{\frac{j}{2}} 2^{j\tilde{s}_k} (\|W(t)\Delta_j u_0\|_{L_x^\infty L_t^2} + \|\mathscr{B}(\partial_x \Delta_j(u^{k+1}))\|_{L_x^\infty L_t^2})$$

$$\lesssim \sum_{j\leqslant j_0} 2^{j\tilde{s}_k} 2^{-j/2} \|\Delta_j u_0\|_{L_x^2} + \sum_{j\leqslant j_0} 2^{j\tilde{s}_k} 2^{j/2} 2^{j(\frac{1}{2}-\frac{1}{p_2}-\frac{3}{q_2})} \|\Delta_j u^{k+1}\|_{L_x^{\bar{p}_2} L_t^{\bar{q}_2}}$$

$$\lesssim \|u_0\|_{\dot{B}_{2,1}^{\tilde{s}_k-1/2}} + \sum_{j\leqslant j_0} 2^{j\tilde{s}_k} 2^{j/2} 2^{j(\frac{1}{2}-\frac{1}{p_2}-\frac{3}{q_2})}$$

$$\times \left(\sum_{j \leqslant r \leqslant j_0} + \sum_{j_0 < r \leqslant 0} + \sum_{r > 0} \right) \|\Delta_r u\|_{L_x^{p_2} L_t^{q_2}} \|S_r u\|_{L_x^{p_1} L_t^{q_1}}^k$$

$$:= \|u_0\|_{\dot{B}_{2,1}^{\tilde{s}_k - 1/2}} + D_1 + D_2 + D_3.$$

设 $s = -\dfrac{1}{k}$, 我们有

$$D_1 \lesssim \sum_{j \leqslant j_0} 2^{j\tilde{s}_k} 2^{j/2} 2^{j(\frac{1}{2} - \frac{1}{p_2} - \frac{3}{q_2})} \sum_{j \leqslant r \leqslant j_0} 2^{-r(s + \frac{1}{p_2} + \frac{3}{q_2} - \frac{1}{2})} \rho_r(u) 2^{-rk(s_k + \frac{1}{p_1} + \frac{3}{q_1} - \frac{1}{2})} Q_1(u)^k$$

$$\lesssim \sum_{j \leqslant j_0} \sum_{j \leqslant r \leqslant j_0} 2^{(j-r)H_1} \rho_r(u) (Q_1 u)^k \lesssim \|u\|_{E_s} \|u\|_E^k.$$

设 $s = \dfrac{1}{3} - \dfrac{1}{k}$, 我们有

$$D_2 \lesssim \sum_{j \leqslant r \leqslant j_0} 2^{j\tilde{s}_k} 2^{j/2} 2^{j(\frac{1}{2} - \frac{1}{p_2} - \frac{3}{q_2})} \sum_{j_0 \leqslant r \leqslant 0} 2^{-r(s + \frac{1}{p_2} + \frac{2}{q_2} - \frac{1}{2})} \rho_r'(u) 2^{-rk(s_k + \frac{1}{p_1} + \frac{3}{q_1} - \frac{1}{2})} Q_1(u)^k$$

$$\lesssim \sum_{j \leqslant j_0} \sum_{j \leqslant r \leqslant j_0} 2^{(j-r)H_1} \rho_r'(u) Q_1(u)^k \lesssim \|u\|_{E_s} \|u\|_E^k,$$

这里用到了

$$\rho_r(u) = 2^{r(s + \frac{1}{p_2} + \frac{3}{q_2} - \frac{1}{2})} \|\Delta_r u\|_{L_x^{p_2} L_t^{q_2}}, \quad \rho_r'(u) = 2^{r(s + \frac{1}{p_2} + \frac{2}{q_2} - \frac{1}{2})} \|\Delta_r u\|_{L_x^{p_2} L_t^{q_2}},$$

$$H_1 = \left(s + \frac{1}{p_2} + \frac{3}{q_2} - \frac{1}{2} \right) + k \left(s_k + \frac{1}{p_1} + \frac{3}{q_1} - \frac{1}{2} \right) > 0.$$

D_3 的处理与 (8.4.77) 类似,

$$D_3 \lesssim \sum_{j \leqslant r \leqslant j_0} 2^{j\tilde{s}_k} 2^{j/2} 2^{j(\frac{1}{2} - \frac{1}{p_2} - \frac{3}{q_2})} Q_2(u) Q_1(u)^k \lesssim \|u\|_E \|u\|_E^k.$$

因此

$$\sum_{j_0 < j \leqslant 0} 2^{\frac{j}{2}} 2^{j\tilde{s}_k} \|\Delta_j u\|_{L_x^\infty L_t^2}$$

$$\lesssim \sum_{j_0 < j \leqslant 0} 2^{\frac{j}{2}} 2^{j\tilde{s}_k} (\|W(t)\Delta_j u_0\|_{L_x^\infty L_t^2} + \|\mathscr{B}(\partial_x \Delta_j(u^{k+1}))\|_{L_x^\infty L_t^2})$$

$$\lesssim \sum_{j_0 < j \leqslant 0} 2^{j\tilde{s}_k} \|\Delta_j u_0\|_{L_x^2} + \sum_{j_0 < j \leqslant 0} 2^{j\tilde{s}_k} 2^{j/2} 2^{j(\frac{1}{2} - \frac{1}{p_2} - \frac{2}{q_2})} 2^{j/2} \|\Delta_j u^{k+1}\|_{L_x^{\tilde{p}_2} L_t^{\tilde{q}_2}}$$

$$\lesssim \|u_0\|_{\dot{B}_{2,1}^{\tilde{s}_k}} + \sum_{j_0 < j \leqslant 0} 2^{j\tilde{s}_k} 2^{j/2} 2^{j\left(\frac{1}{2} - \frac{1}{p_2} - \frac{3}{q_2}\right)} \|\Delta_j u^{k+1}\|_{L_x^{\bar{p}_2} L_t^{\bar{q}_2}}.$$

$\sum_{j_0 < j \leqslant 0} 2^{j\tilde{s}_k} 2^{j/2} 2^{j\left(\frac{1}{2} - \frac{1}{p_2} - \frac{3}{q_2}\right)} \|\Delta_j u^{k+1}\|_{L_x^{\bar{p}_2} L_t^{\bar{q}_2}}$ 的处理方法与上面完全相似, 在此省略. 再由 $T(u)$ 的定义和小初值条件, 就得到

$$\sum_{j\in\mathbb{Z}} 2^{\frac{j}{2}} 2^{j\tilde{s}_k} \|\Delta_j u\|_{L_x^\infty L_t^2} \leqslant C \ll 1.$$

综上, 如果初值数据满足 $u_0 \in \dot{B}_{2,1}^{-\frac{1}{k}} \cap \dot{B}_{2,1}^{\tilde{s}_k+1}$, 并且是小初值数据, 我们就有下式成立

$$\|\mathscr{B}(\partial_x(v^{k+1} - u^{k+1}))\|_Y \lesssim \frac{1}{2}\|u - v\|_Y.$$

对 (8.5.87) 移项可得

$$\|v - u\|_Y \lesssim \|\mathscr{B}(\mathcal{H}(\partial_x^2 u) - \mathcal{G}(\partial_x^2 u))\|_Y.$$

由 [37] 中的引理 4.1 可知

$$\|\Delta_j(\mathcal{H}(\partial_x^2 u) - \mathcal{G}(\partial_x^2 u))\|_{L_x^2} \lesssim \frac{1}{\delta} 2^j \|\Delta_j u(s,x)\|_{L_x^2}. \tag{8.5.88}$$

所以有

$$\sum_{j\in\mathbb{Z}} 2^{j\tilde{s}_k} \|\Delta_j \mathscr{B}(\mathcal{H}(\partial_x^2 u) - \mathcal{G}(\partial_x^2 u))\|_{L_t^\infty L_x^2} \lesssim \frac{T}{\delta} \sum_{j\in\mathbb{Z}} 2^j 2^{j\tilde{s}_k} \|\Delta_j u\|_{L_t^\infty L_x^2}.$$

命题 8.5.4 对于任意的 $4 \leqslant p < \infty, 2/p + 1/q \leqslant 1/2$; 或者 $(p,q) = (\infty, 2)$, 我们有

$$\left\|\mathscr{B}(\Delta_j f)\right\|_{L_x^p L_t^q} \lesssim 2^{j\left(\frac{1}{2} - \frac{1}{p} - \frac{2}{q}\right)} \|\Delta_j f\|_{L_t^1 L_x^2}.$$

证明 应用半群 $V(t)$ 的 $L^2 \to L_x^p L_t^q$ 估计, 我们有

$$\left\|\mathscr{B}(\Delta_j f)\right\|_{L_x^p L_t^q} \lesssim \int_0^t \left\|\chi_{(0\leqslant\tau\leqslant t)}(\tau) V(t-\tau)\Delta_j f(\tau)\right\|_{L_x^p L_t^q} \mathrm{d}\tau$$

$$\lesssim \int_0^t \left\|V(t-\tau)\Delta_j f(\tau)\right\|_{L_x^p L_t^q} \mathrm{d}\tau$$

$$\lesssim 2^{-j\left(\frac{1}{2} - \frac{1}{p} - \frac{2}{q}\right)} \|\Delta_j f\|_{L_t^1 L_x^2}.$$

应用命题 8.5.4 和 (8.5.88) 得到

$$\sum_{j\in\mathbb{Z}} 2^{j\tilde{s}_k} 2^{j/2} \|\Delta_j \mathscr{B}(\mathcal{H}(\partial_x^2 u) - \mathcal{G}(\partial_x^2 u))\|_{L_x^\infty L_t^2}$$

$$\leqslant T \sum_{j\in\mathbb{Z}} 2^{j\tilde{s}_k} \|\Delta_j \mathscr{B}(\mathcal{H}(\partial_x^2 u) - \mathcal{G}(\partial_x^2 u))\|_{L_t^\infty L_x^2}$$

$$\lesssim C\frac{T}{\delta} \sum_{j\in\mathbb{Z}} 2^{j\tilde{s}_k} 2^j \|\Delta_j u\|_{L_t^\infty L_x^2},$$

$$\sum_{j\in\mathbb{Z}} \|\Delta_j \mathscr{B}(\mathcal{H}(\partial_x^2 u) - \mathcal{G}(\partial_x^2 u))\|_{L_x^k L_t^\infty}$$

$$\leqslant T \sum_{j\in\mathbb{Z}} 2^{j\tilde{s}_k} \|\Delta_j \mathscr{B}(\mathcal{H}(\partial_x^2 u) - \mathcal{G}(\partial_x^2 u))\|_{L_t^\infty L_x^2}$$

$$\lesssim C\frac{T}{\delta} \sum_{j\in\mathbb{Z}} 2^{j\tilde{s}_k} 2^j \|\Delta_j u\|_{L_t^\infty L_x^2}.$$

最后由正则性结果注记 8.5.1, 可知 $\sum_{j=-\infty}^{\infty} 2^{j\tilde{s}_k} 2^j \|\Delta_j u\|_{L_t^\infty L_x^2} \leqslant C$ 成立.

综合上面的证明我们就得到所要的结果

$$\|v - u\|_Y \lesssim \frac{T}{\delta}.$$

□

第 9 章　广义 KP 方程和二维 Benjamin-Ono 方程解的爆破

9.1　引　言

本章我们研究 Kadomtsev-Petviashvili (KP) 方程和二维 Benjamin-Ono (BO) 方程:

$$u_t + \alpha u_{xxx} + \beta H u_{xx} + \varepsilon v_y + u^p u_x = 0, \tag{9.1.1}$$

$$u_y = v_x, \quad (x,y) \in \mathbb{R}^2, \quad t \in \mathbb{R}^+, \tag{9.1.2}$$

$$u(x,y,0) = \phi(x,y), \tag{9.1.3}$$

其中 H 是 Hilbert 算子:

$$Hu(x,y,t) = \frac{1}{\pi} \text{P.V.} \int_{\mathbb{R}} \frac{u(z,y,t)}{z-x} \, dz,$$

P.V. 代表 Cauchy 主值积分; $\varepsilon = \pm 1, \alpha$ 和 β 是常数, p 是整数.

方程 (9.1.1)—(9.1.2) 包含许多经典方程: 当 $\beta = 0$, $\alpha = p = 1$, $\varepsilon = 1$ 时, (9.1.1)—(9.1.2) 是 KP-II 方程, 当 $\beta = 0, \alpha = P = 1, \varepsilon = -1$ 时, 是 KP-I 方程 (参考 [52], [59]); 当 $\alpha = 0, p = 1$, (9.1.1)—(9.1.2) 是二维 BO 方程 (参考 [52],[53]) 对于这些经典方程, 由问题 (9.1.1)—(9.1.3), 解的性质可以一起被得到. 本章主要研究 (9.1.1)—(9.1.3) 在有限时间内可能爆破.

对于广义 KP 方程 ($\alpha = 1, \beta = 0$) 的初值问题, 已经有很多结果. 例如: Isaza 等 [58], Saut[63] 和 Ukai[65] 证明了初值问题在 $H^s(\mathbb{R}^2)$ $(s \geqslant 3)$ 上的局部适定性; Bourgain[55] 和 Faminskii[56] 证明了 KP-II 方程在 $H^s(\mathbb{R}^2)$ $(s \geqslant 0)$ 上的全局存在性; Saut[63] 和 Wang[66] 证明了 KP-I 方程 ($\varepsilon = 1$) 在有限时间内爆破当 $p \geqslant 4$ 时, 利用 Virial 守恒方法, 证明能量

$$H = \int_{\mathbb{R}^2} \left(\frac{u_x^2 + v^2}{2} - \frac{u^{p+2}}{(p+1)(p+2)} \right) dxdy < 0$$

也在有限时间内爆破. 本文关于局部适定性, 我们也得到了 Isaza 等 [58] 和 Saut[63] 的结果; 对于爆破结果, 我们不但得到了 Saut[63] 和 Wang 等 [66] 的结果, 还有别

的新结果: ① 若 $p \geqslant 4$, $H \geqslant 0$, 选取合适的初值, 解在有限时间爆破; ② 若 $p > 4$, $p \geqslant 4$, 选取合适的条件, $\|\partial_x^{-1} u_y\|_{L^2}$ 在有限时间爆破. 对二维 BO 方程, 只有稳定性的结果: Ablowitz 和 Segur[53] 证明了孤立波解的稳定性; Spector 和 Miloh[64] 证明了在任意小扰动下, 周期波的稳定性. 本章我们得到了二维 BO 初值问题局部解的结果, 在一定条件下, 解在有限时间爆破.

由 (9.1.1), (9.1.2) 的结构, 很自然引入下面空间:

$$X_s = \left\{ f \in H^s\left(\mathbb{R}^2\right), F^{-1}\left(\frac{Ff(\xi,\eta)}{\xi}\right) \in H^s\left(\mathbb{R}^2\right) \right\},$$

带有下面范数

$$\|f\|_{X_s} = \|f\|_{H^s} + \left\| F^{-1}\left(\frac{Ff(\xi,\eta)}{\xi}\right) \right\|_{H^s},$$

其中 F 和 F^{-1} 代表拉普拉斯变换和拉普拉斯逆变换. 定义 ∂_x^{-k}

$$F\left(\partial_x^{-k} f\right)(\xi,\eta) = \frac{1}{(i\xi)^k} Ff(\xi,\eta), \quad k > 0.$$

对于 KP 方程逆算子 ∂_x^{-1} 的选择, 若 $u \in X_s$, 满足文献 [54] 中的所有条件.

令 $u \in H^1\left(\mathbb{R}^2\right)$, $f \in L^2\left(\mathbb{R}^2\right)$. 下面是 Hilbert 算子 H 的性质 (参考 [57]):

$$F(Hu)(\xi,\eta) = \mathrm{i}\,\mathrm{sgn}\,\xi Fu(\xi,\eta),$$

$$\|Hu\|_{L^2} = \|u\|_{L^2},$$

$$Hu_x = \frac{\partial}{\partial x} Hu,$$

$$\int_{\mathbb{R}^2} f Hu \mathrm{d}x\mathrm{d}y = -\int_{\mathbb{R}^2} u Hf \mathrm{d}x\mathrm{d}y,$$

$$\int_{\mathbb{R}^2} u_x Hu \mathrm{d}x\mathrm{d}y \geqslant 0.$$

本章中 C 代表不同正常数, $C(\cdot,\cdot)$ 表示依赖于某些参数的常数.

9.2 局 部 结 论

下面是本节主要结果.

定理 9.2.1 令 $\phi \in X_s\left(\mathbb{R}^2\right)$, $s \geqslant 3$, 存在 $T > 0$ 使得 (9.1.1)—(9.1.2) 有唯一解

$$u \in C\left([0,T]; X_s\right) \cap C^1\left([0,T]; H^{s-3}\left(\mathbb{R}^2\right)\right), \quad v \in C\left([0,T]; H^{s-1}\left(\mathbb{R}^2\right)\right),$$

若 $\partial_x^{-2}\phi_{yy} \in L^2(\mathbb{R}^2)$，我们有

$$u_t \in L^\infty([0,T];X_0), \quad v_t \in L^\infty([0,T];H^{-1}(\mathbb{R}^2)).$$

进一步，

$$\frac{\mathrm{d}}{\mathrm{d}t}\int_{\mathbb{R}^2}|u(x,y,t)|^2\,\mathrm{d}x\mathrm{d}y = 0$$

且

$$E(u) = \int_{\mathbb{R}^2}\left(\frac{1}{(p+1)(p+2)}u^{p+2} - \frac{1}{2}\alpha u_x^2 - \frac{1}{2}\beta u_x Hu + \frac{1}{2}\varepsilon v^2\right)\mathrm{d}x\mathrm{d}y$$
$$= E(\phi).$$

为了得到定理 9.2.1, 可以利用 Kato[85] 的方法. 我们简单回顾 Kato[85] 的结论. 考虑渐近线性发展方程

$$u_t + A(u)u = 0, \tag{9.2.4}$$

其中 $A(u)$ 是依赖 u 的线性算子.

定义 9.2.2　令 B 是实 Hilbert 空间 X 的线性算子. 算子 B 被称为粘连算子, 若 $(Bu,u) \geqslant 0$ 对于任意 $u \in D(B)$ 都满足. 一个粘连算子 B 延拓为粘连算子被称为粘连延拓 B. 一个粘连算子 B 被称为 m-粘连算子当且仅当 B 粘连延拓之后是它本身.

假设我们给定两个实的、可分离的、自反的 Banach 空间 $Y \subset X$, 连续嵌入且稠密, 且 S 同形 X, 是 Y 到 X 的双连续线性算子. 我们给出下面假设条件, 其中 $\beta(r), \lambda(r), \mu(r)$ 对 $r \geqslant 0$ 是非降函数.

(A1) 任给 $w \in Y$, $\|w\|_Y \leqslant r, A(w)$ 是 X 上的线性算子且满足 $A(w) + \beta(r)$ 是 m-粘连的.

(A2) 任给 $w \in Y$, $\|w\|_Y \leqslant r$, 存在线性算子 $B(w) \in L(X,X)$, $\|B(w)\|_{L(X,X)} \leqslant \lambda(r)$ 满足

$$SA(w)S^{-1} = A(w) + B(w).$$

(A3) $\|A(w) - A(z)\|_{L(Y,X)} \leqslant \mu\|w-z\|_X$, 其中 $\|w\|_Y, \|z\|_Y \leqslant r$.

下面定理在 [85] 中已给出证明.

定理 9.2.3　给定条件 (A1)—(A3), 取定 $\psi \in Y$, 存在 $T > 0$ 使得唯一解 $u \in C([0,T];Y) \cap C^1(0,T;X)$ 满足 $u(0) = \psi$.

为了证明 (A2), 需要下面引理.

引理 9.2.4[61,62] 若 $f, g \in S(\mathbb{R}^n), s > 0, 1 < p < \infty$, 则

$$\|J^s(fg)\|_{L^p} \leqslant C \left(\|f\|_{L^{p_1}} \|J^s g\|_{L^{p_2}} + \|J^s f\|_{L^{p_3}} \|g\|_{L^{p_4}} \right),$$

$$\|[J^s, f] g\|_{L^p} \leqslant C \left(\|\operatorname{grad} f\|_{L^{p_1}} \|J^{s-1} g\|_{L^{p_2}} + \|J^s f\|_{L^{p_3}} \|g\|_{L^{p_4}} \right),$$

其中 $p_2, p_3 \in (1, \infty)$ 满足

$$\frac{1}{p} = \frac{1}{p_1} + \frac{1}{p_2} = \frac{1}{p_3} + \frac{1}{p_4}.$$

$J^s = (1 - \Delta)^{s/2}$ 代表阶为 $-s$ 的贝塞尔势函数, Δ 是拉普拉斯算子, $[J^s, f] g = J^s(fg) - f J^s g$.

定理 9.2.1 的证明 令

$$X = L^2(\mathbb{R}^2), \quad Y = X_s(\mathbb{R}^2), \quad S = J^s = (1 - \Delta)^{s/2}, \quad s \geqslant 3.$$

任取 $w \in Y$, 定义算子 $A(w)$,

$$A(w)z = \alpha z_{xxx} + \beta H z_{xx} + \varepsilon \partial_x^{-1} z_{yy} + w^p z_x.$$

(9.1.1)—(9.1.3) 等价于 (9.2.4) 当 $u(0) = \phi$. 条件 (A1)—(A3) 将在下面被证明. 在下面的讨论中, 我们假设 $w \in Y, \|w\|_Y \leqslant r$. 任取 $v \in H^3(\mathbb{R}^2)$, 有

$$(A(w)v, v)_X = \left(\alpha v_{xxx} + \beta H v_{xx} + \varepsilon \partial_x^{-1} v_{yy} + w^p v_x, v \right)$$

$$= (w^p v_x, v) = -\frac{1}{2} p \left(w^{p-1} w_x v, v \right).$$

令 $\lambda(r) = \max_{\mathbb{R}^2} \frac{1}{2} p |w^{p-1} w_x|$, 可得

$$((A(w) + \beta)v, v)_X \geqslant (\beta - \lambda(r)) \|v\|_X^2, \quad \beta > \lambda(r), \quad v \in H^3(\mathbb{R}^2),$$

由于 $H^3(\mathbb{R}^2) \subset X$ 是稠密的, (A1) 被证明. 任取 $v \in S(\mathbb{R}^2)$,

$$B(w)v = [J^s, A(w)] J^{-s} v = [J^s, w^p] J^{-s} v_x,$$

$$\|B(w)v\|_X \leqslant C \left(\|\operatorname{grad}(w^p)\|_{L^\infty} \|J^{-1} v_x\|_{L^2} + \|J^s w^p\|_{L^2} \|J^{-s} v_x\|_{L^\infty} \right)$$

$$\leqslant C \left(\|J^s w^p\|_{L^2} \|J^{-s} v_x\|_{H^{s-1}} + \|v\|_X \right).$$

由引理 9.2.4, 有

$$\|J^s w^p\|_{L^2} \leqslant C \left(\|J^s w^{p-1}\|_{L^2} \|w\|_{L^\infty} + \|w^{p-1}\|_{L^\infty} \|J^s w\|_{L^2} \right)$$

$$\leqslant \cdots \leqslant C\,\|J^s w\|_{L^2}\,.$$

故而,

$$\|B(w)v\|_X \leqslant C\|v\|_X, \quad v \in S\left(\mathbb{R}^2\right),$$

由于 $S\left(\mathbb{R}^2\right) \subset X$ 是稠密的, (A2) 被证明.

任取 $z \in Y, \|z\|_Y \leqslant r, v \in S\left(\mathbb{R}^2\right)$, 我们有

$$\begin{aligned}
\|(A(w) - A(z))v\|_X &= \|(w^p - z^p)\,v_x\|_X \\
&\leqslant p\left\|(\theta w + (1-\theta)z)^{p-1}\right\|_{L^\infty} \|w - z\|_X\,\|v_x\|_{L^\infty} \\
&\leqslant C\|w - z\|_X \|v\|_Y.
\end{aligned}$$

(A3) 得证. 由定理 9.2.3 和 (9.1.1)—(9.1.2), 存在 $T > 0$, (9.1.1)—(9.1.3) 有唯一解

$$u \in C\left([0, T]; X_s\right) \cap C^1\left([0, T]; H^{s-3}\left(\mathbb{R}^2\right)\right), \quad v \in C\left([0, T]; H^{s-1}\left(\mathbb{R}^2\right)\right).$$

令 $U = u_t, V = v_t$. 它们满足下面条件:

$$U_t + (Uu^p)_x + \alpha U_{xxx} + \beta H U_{xx} + \varepsilon V_y = 0,$$

$$U_y = V_x,$$

$$U(x, y, 0) = -\phi^p \phi_x - \alpha \phi_{xxx} - \varepsilon \partial_x^{-1} \phi_{yy} - \beta H \phi_{xx}.$$

注意到

$$\partial_x^{-1} U(x, y, 0) = -\frac{1}{p+1} \phi^{p+1} - \alpha \phi_{xx} - \varepsilon \partial_x^{-2} \phi_{yy} - \beta H \phi_x \in L^2\left(\mathbb{R}^2\right).$$

由拉普拉斯变换和 (U, V) 的方程, 我们有

$$\begin{aligned}
FU(\xi, \eta, t) &= e^{it\left(\alpha\xi^3 + \beta|\xi|\xi - \varepsilon\eta^2/\xi\right)} FU(\xi, \eta, 0) \\
&\quad + i\int_0^t e^{i(t-s)\left(\alpha\xi^3 + \beta|\xi|\xi - \varepsilon\eta^2/\xi\right)} \xi F\left(Uu^p\right)(\xi, \eta, s)\mathrm{d}s
\end{aligned}$$

且

$$\begin{aligned}
\frac{1}{\xi} FU(\xi, \eta, t) &= e^{it\left(\alpha\xi^3 + \beta|\xi|\xi - \varepsilon\eta^2/\xi\right)} \frac{1}{\xi} FU(\xi, \eta, 0) \\
&\quad + i\int_0^t e^{i(t-s)\left(\alpha\xi^3 + \beta|\xi|\xi - \varepsilon\eta^2/\xi\right)} F\left(Uu^p\right)(\xi, \eta, s)\mathrm{d}s,
\end{aligned}$$

假如 $(1/\xi)FU(\xi,\eta,0) \in L^2(\mathbb{R}^2)$. 又因为 $u \in L^\infty([0,T] \times \mathbb{R}^2)$, $U = u_t \in L^\infty([0,T];$ $H^{s-3}(\mathbb{R}^2))$ $(s \geqslant 3)$, 可得 $Uu^p \in L^\infty([0,T];L^2(\mathbb{R}^2))$. 因此 $U \in L^\infty([0,T];X_0)$, $V = v_t = \partial_x^{-1}u_{ty} \in L^\infty([0,T];H^{-1}(\mathbb{R}^2))$. 用 u 乘以 (9.1.1) 并在 $\mathbb{R}^2$ 上积分, 可得

$$\frac{\mathrm{d}}{\mathrm{d}t} \int_{\mathbb{R}^2} u^2(x,y,t)\mathrm{d}x\mathrm{d}y = 0.$$

用 $1/(p+1)u^{p+1} + \alpha u_{xx} + \beta H u_x + \varepsilon \partial_x^{-1} v_y$ 乘以 (9.1.1) 并在 $\mathbb{R}^2$ 上积分. 注意到

$$\varepsilon \partial_x^{-1} v_y = -\partial_x^{-1} u_t - \frac{1}{p+1}u^{p+1} - \alpha u_{xx} - \beta H u_x \in L^2(\mathbb{R}^2),$$

我们可得

$$\int_{\mathbb{R}^2} u_t \left(\frac{1}{p+1}u^{p+1} + \alpha u_{xx} + \beta H u_x + \varepsilon \partial_x^{-1} v_y \right) \mathrm{d}x\mathrm{d}y = 0,$$

即

$$\frac{\mathrm{d}}{\mathrm{d}t} \int_{\mathbb{R}^2} \left(\frac{1}{(p+1)(p+2)}u^{p+2} - \frac{1}{2}\alpha u_x^2 - \frac{1}{2}\beta u_x H u \right) \mathrm{d}x\mathrm{d}y$$
$$+ \varepsilon \int_{\mathbb{R}^2} u_t \partial_x^{-1} v_y \ \mathrm{d}x\mathrm{d}y = 0.$$

注意到

$$\int_{\mathbb{R}^2} u_t \partial_x^{-1} v_y \ \mathrm{d}x\mathrm{d}y = -\int_{\mathbb{R}^2} \partial_x^{-1} u_t v_y \ \mathrm{d}x\mathrm{d}y = \int_{\mathbb{R}^2} \partial_x^{-1} u_{ty} v \ \mathrm{d}x\mathrm{d}y$$
$$= \frac{1}{2}\frac{\mathrm{d}}{\mathrm{d}t} \int_{\mathbb{R}^2} v^2 \ \mathrm{d}x\mathrm{d}y,$$

我们可得

$$\frac{\mathrm{d}}{\mathrm{d}t}E(u) = \frac{\mathrm{d}}{\mathrm{d}t} \int_{\mathbb{R}^2} \left(\frac{1}{(p+1)(p+2)}u^{p+2} - \frac{1}{2}\alpha u_x^2 - \frac{1}{2}\beta u_x H u + \frac{1}{2}\varepsilon v^2 \right) \mathrm{d}x\mathrm{d}y = 0.$$

$\square$

为了研究 (9.1.1)—(9.1.3) 的爆破问题, 我们需要给出加权 Sobolev 空间的存在性.

定理 9.2.5 令 $\phi \in H^s(\mathbb{R}^2)$ $(s \geqslant 3)$, $y\phi \in L^2(\mathbb{R}^2)$. u 是定理 9.2.3 的解, 定义在 $[0,T]$ 上. 则 $yu \in L^\infty([0,T];L^2(\mathbb{R}^2))$.

证明　定义

$$\chi_n(y) = \begin{cases} y^2, & |y| \leqslant n, \\ n^2, & |y| \geqslant n. \end{cases}$$

在 (9.1.1) 两端乘以 $u\chi_n$ 且在 $\mathbb{R}^2$ 上积分, 可得

$$\frac{1}{2}\frac{\mathrm{d}}{\mathrm{d}t}\int_{\mathbb{R}^2}\chi_n(y)u^2\,\mathrm{d}x\mathrm{d}y + \int_{\mathbb{R}^2}u^{p+1}u_x\chi_n(y)\mathrm{d}x\mathrm{d}y + \varepsilon\int_{\mathbb{R}^2}uv_y\chi_n(y)\mathrm{d}x\mathrm{d}y = 0.$$

注意到

$$\int_{\mathbb{R}^2}uv_y\chi_n(y)\mathrm{d}x\mathrm{d}y = -\int_{\mathbb{R}^2}u_yv\chi_n(y)\mathrm{d}x\mathrm{d}y - \int_{\mathbb{R}^2}uv\chi_n'(y)\mathrm{d}x\mathrm{d}y$$

$$= -\int_{\mathbb{R}^2}v_xv\chi_n(y)\mathrm{d}x\mathrm{d}y - \int_{\mathbb{R}^2}uv\chi_n'(y)\mathrm{d}x\mathrm{d}y$$

$$= -\int_{\mathbb{R}^2}uv\chi_n'(y)\mathrm{d}x\mathrm{d}y$$

且 $|\chi_n'(y)|^2 \leqslant 4\chi_n(y)$, 可得

$$\frac{1}{2}\frac{\mathrm{d}}{\mathrm{d}t}\int_{\mathbb{R}^2}\chi_n(y)u^2\,\mathrm{d}x\mathrm{d}y \leqslant \int_{\mathbb{R}^2}\chi_n(y)u^2\,\mathrm{d}x\mathrm{d}y + \int_{\mathbb{R}^2}v^2\,\mathrm{d}x\mathrm{d}y.$$

由 Gronwall 引理和 $\left\|\chi_n^{1/2}\phi\right\|_{L^2} \leqslant \|y\phi\|_{L^2}$, 可得

$$\left\|\chi_n^{1/2}u\right\|_{L^2} \leqslant C\left(T, \|y\phi\|_{L^2}, \|v\|_{L^\infty([0,T];L^2(\mathbb{R}^2))}\right).$$

令 $n \to +\infty$, 可得定理结论. □

9.3　爆破结论

由定理 9.2.5,

$$I(t) = \int_{\mathbb{R}^2}y^2u^2(x,y,t)\mathrm{d}x\mathrm{d}y$$

是有意义的当且仅当 $\phi \in X_s(s \geqslant 3)$, $y\phi \in L^2(\mathbb{R}^2)$.

定理 9.3.1　假设 $\phi \in X_s(s \geqslant 3)$, $\partial_x^{-2}\phi_{yy} \in L^2(\mathbb{R}^2)$ 且 $y\phi \in L^2(\mathbb{R}^2)$. 则定理 9.2.1 的解 u 满足

$$\frac{\mathrm{d}}{\mathrm{d}t}I(t) = 4\varepsilon\int_{\mathbb{R}^2}yuv\,\mathrm{d}x\mathrm{d}y \tag{9.3.5}$$

$$\frac{\mathrm{d}^2}{\mathrm{d}t^2} I(t) = 4\varepsilon \bigg\{ pE(u) + \frac{1}{2}\alpha p \int_{\mathbb{R}^2} u_x^2 \,\mathrm{d}x\mathrm{d}y$$

$$+ \frac{1}{2}\beta p \int_{\mathbb{R}^2} u_x Hu \,\mathrm{d}x\mathrm{d}y + \frac{1}{2}\varepsilon(4-p) \int_{R^2} v^2 \,\mathrm{d}x\mathrm{d}y \bigg\}$$

在最大存在区间上.

证明 由定理 9.2.5 可得 (9.3.5), 且

$$\frac{\mathrm{d}^2}{\mathrm{d}t^2} I(t) = 4\varepsilon \int_{\mathbb{R}^2} yu_t v \,\mathrm{d}x\mathrm{d}y + 4\varepsilon \langle yu, v_t \rangle_{H^1, H^{-1}}.$$

注意到

$$\int_{\mathbb{R}^2} yu_t v \,\mathrm{d}x\mathrm{d}y = -\int_{\mathbb{R}^2} yv \left(u^p u_x + \alpha u_{xxx} + \beta Hu_{xx} + \varepsilon v_y \right) \mathrm{d}x\mathrm{d}y$$

$$= \int_{\mathbb{R}^2} \frac{1}{p+1} yu^{p+1} v_x \,\mathrm{d}x\mathrm{d}y + \int_{\mathbb{R}^2} yv_x \left(\alpha u_{xx} + \beta Hu_x \right) \mathrm{d}x\mathrm{d}y$$

$$+ \frac{1}{2}\varepsilon \int_{\mathbb{R}^2} v^2 \,\mathrm{d}x\mathrm{d}y$$

$$= -\frac{1}{(p+1)(p+2)} \int_{\mathbb{R}^2} u^{p+2} \,\mathrm{d}x\mathrm{d}y + \frac{1}{2}\alpha \int_{\mathbb{R}^2} u_x^2 \,\mathrm{d}x\mathrm{d}y$$

$$+ \frac{1}{2}\beta \int_{\mathbb{R}^2} u_x Hu \,\mathrm{d}x\mathrm{d}y + \frac{1}{2}\varepsilon \int_{\mathbb{R}^2} v^2 \,\mathrm{d}x\mathrm{d}y$$

及

$$\langle yu, v_t \rangle_{H^1, H^{-1}} = \langle yu, \partial_x^{-1} u_{yt} \rangle_{H^1, H^{-1}}$$

$$= -\int_{\mathbb{R}^2} (yu)_y \partial_x^{-1} u_t \,\mathrm{d}x\mathrm{d}y$$

$$= \int_{\mathbb{R}^2} u \left(\frac{1}{p+1} u^{p+1} + \alpha u_{xx} + \beta Hu_x + \varepsilon \partial_x^{-1} v_y \right) \mathrm{d}x\mathrm{d}y$$

$$+ \int_{\mathbb{R}^2} yvu_t \,\mathrm{d}x\mathrm{d}y$$

$$= \int_{\mathbb{R}^2} \left(\frac{1}{p+1} u^{p+2} - \alpha u_x^2 - \beta u_x Hu + \varepsilon v^2 \right) \mathrm{d}x\mathrm{d}y$$

$$\qquad + \int_{\mathbb{R}^2} yvu_t \, \mathrm{d}x\mathrm{d}y.$$

因此,

$$\frac{\mathrm{d}^2}{\mathrm{d}t^2} I(t) = 4\varepsilon \left\{ \frac{p}{(p+1)(p+2)} \int_{\mathbb{R}^2} u^{p+2} \, \mathrm{d}x\mathrm{d}y + 2\varepsilon \int_{\mathbb{R}^2} v^2 \, \mathrm{d}x\mathrm{d}y \right\}$$

$$= 4\varepsilon \left\{ pE(u) + \frac{1}{2}\alpha p \int_{\mathbb{R}^2} u_x^2 \, \mathrm{d}x\mathrm{d}y + \frac{1}{2}\beta p \int_{\mathbb{R}^2} u_x Hu \, \mathrm{d}x\mathrm{d}y \right.$$

$$\left. + \frac{1}{2}\varepsilon(4-p) \int_{\mathbb{R}^2} v^2 \, \mathrm{d}x\mathrm{d}y \right\}. \qquad\qquad \Box$$

下面给出爆破结论.

定理 9.3.2　　令 $\varepsilon = -1, \alpha \geqslant 0, \beta \geqslant 0, \alpha + \beta > 0, \phi \in X_s, \partial_x^{-2}\phi_{yy} \in L^2(\mathbb{R}^2)$,
$y\phi \in L^2(\mathbb{R}^2), \phi \neq 0, s \geqslant 3$.

(a) 假设 $p \geqslant 4$, 且 ϕ 满足下面条件之一

$$E(\phi) > 0; \qquad\qquad (9.3.6)$$

$$E(\phi) = 0 \quad \text{且} \quad \int_{\mathbb{R}^2} y\phi \partial_x^{-1}\phi_y \, \mathrm{d}x\mathrm{d}y > 0; \qquad\qquad (9.3.7)$$

$$E(\phi) < 0 \quad \text{且} \quad \int_{\mathbb{R}^2} y\phi \partial_x^{-1}\phi_y \, \mathrm{d}x\mathrm{d}y \leqslant \left(-\frac{1}{2} pE(\phi) \int_{\mathbb{R}^2} y^2\phi^2 \, \mathrm{d}x\mathrm{d}y \right)^{1/2}. \qquad (9.3.8)$$

那么定理 9.2.1 给出的解 u 在有限时间爆破, 且存在 $T^* > 0$ 满足

$$\lim_{t \to T^*} \left\| \frac{\partial}{\partial y} u(\cdot, t) \right\|_{L^2(\mathbb{R}^2)} = +\infty. \qquad\qquad (9.3.9)$$

进一步, 我们有

$$\|yu\|_{L^2(\mathbb{R}^2)} \leqslant C(T, \phi), \quad t \in [0, T], \qquad\qquad (9.3.10)$$

其中 $[0, T]$ 是最大存在区间.

(b) 假设 $p > 4$, ϕ 满足 (9.3.6)—(9.3.7). 则 (9.1.1)—(9.1.3) 的解 u 由定理 9.2.1 给出, (9.3.9)—(9.3.10) 正确, 存在 $T^{**} > 0$ 满足

$$\lim_{t \to T^{**}} \left\| \partial_x^{-1} u_y(\cdot, t) \right\|_{L^2(\mathbb{R}^2)} = +\infty. \qquad\qquad (9.3.11)$$

证明 首先证明结论 (a). 由定理 9.3.1 可得

$$\frac{\mathrm{d}^2}{\mathrm{d}t^2} I(t) \leqslant -4pE(\phi),$$

$$I(t) \leqslant -2pE(\phi)t^2 + I'(0)t + I(0), \tag{9.3.12}$$

且 $I(t)$ 必须在 $T^1 > 0$ 消失. 利用不等式

$$\|u\|_{L^2(\mathbb{R}^2)}^2 \leqslant C\|yu\|_{L^2}\|u_y\|_{L^2}$$

和守恒律 $\|u(\cdot,t)\|_{L^2}$, 可得 (9.3.9). 由 (9.3.12) 可得 (9.3.10).

下面证明 (b). 对于 (9.1.1)—(9.1.3) 的解 u, 令

$$Y(t) = \int_{\mathbb{R}^2} yuv \,\mathrm{d}x\mathrm{d}y.$$

由定理 9.3.1 可得

$$\frac{\mathrm{d}}{\mathrm{d}t} Y(t) = pE(u) + \frac{1}{2}p \int_{\mathbb{R}^2} \left(\alpha u_x^2 + \beta u_x Hu\right) \mathrm{d}x\mathrm{d}y + \frac{1}{2}(p-4) \int_{\mathbb{R}^2} v^2 \,\mathrm{d}x\mathrm{d}y$$
$$> \frac{1}{2}(p-4) \int_{\mathbb{R}^2} v^2 \,\mathrm{d}x\mathrm{d}y > 0.$$

若 ϕ 满足 (9.3.7), 取 $t_0 = 0$; 若 ϕ 满足 (9.3.6), 我们有

$$\frac{\mathrm{d}}{\mathrm{d}t} Y(t) \geqslant pE(\phi) > 0$$

且

$$Y(t) \geqslant pE(\phi)t + Y(0),$$

故取

$$t_0 = \max\left\{0, -\frac{Y(0)}{pE(\phi)} + 1\right\},$$

那么, 在 (9.3.6) 和 (9.3.7) 的条件下, 我们有

$$Y(t) > 0, \quad t_0 \leqslant t \leqslant T.$$

注意到

$$Y(t) \leqslant \|yu\|_{L^2}\|v\|_{L^2} \leqslant C(T,\phi)\|v\|_{L^2}, \quad t_0 \leqslant t \leqslant T,$$

因此

$$\frac{\mathrm{d}}{\mathrm{d}t}Y(t) \geqslant \frac{p-4}{2C}Y^2(t), \quad t_0 \leqslant t \leqslant T,$$

$$Y(t) \geqslant \frac{2CY(t_0)}{2C - (p-4)Y(t_0)(t-t_0)}, \quad t_0 \leqslant t < \frac{2C}{(p-4)Y(t_0)} + t_0.$$

由

$$\|v\|_{L^2} \geqslant \frac{Y(t)}{C} \qquad\qquad \Box$$

可得 (9.3.11).

注记 9.3.3 若 p 是偶数, 则

$$\phi_\lambda(x,y) \equiv \lambda \frac{\partial^2}{\partial x^2} e^{-(x^2+y^2)},$$

满足 (9.3.6)—(9.3.8) 之一, 对充分大 λ. 若 p 是奇数, 只需考虑 $-\phi_\lambda$, λ 充分大.

定理 9.3.4 令 $p = 2\sigma, \sigma > 2$, 在定理 9.3.1 的条件下, 我们有

$$\int_0^{T^{**}} \left[\alpha \|u_x(\cdot,\tau)\|_{L^2}^\theta + \beta \left(\int_{\mathbb{R}^2} u_x H u \, \mathrm{d}x\mathrm{d}y \right)^{\theta/2} \right.$$

$$\left. + \left\| \partial_x^{-1} u_y(\cdot,\tau) \right\|_{L^2}^\theta + \|u(\cdot,\tau)\|_{L^{2\sigma+2}}^{(\sigma+1)\theta} \right] \mathrm{d}\tau \leqslant C,$$

其中 $0 \leqslant \theta < 1, T^{**}$ 是定理 9.3.1 的条件.

证明 已知

$$\frac{\mathrm{d}^2}{\mathrm{d}t^2} I(t) = -4pE(u) - 2p \int_{\mathbb{R}^2} \left(\alpha u_x^2 + \beta u_x H u \right) \mathrm{d}x\mathrm{d}y - 2(p-4) \int_{\mathbb{R}^2} v^2 \, \mathrm{d}x\mathrm{d}y$$

且

$$I(t) = -2pE(\phi)t^2 + I'(0)t + I(0)$$

$$- 2\int_0^t \int_0^s \int_{\mathbb{R}^2} \left\{ \alpha p u_x^2 + \beta p u_x H u + (p-4)v^2 \right\} \mathrm{d}x\mathrm{d}y\mathrm{d}\tau\mathrm{d}s$$

对任意 $s \in [0, T^{**})$ 成立. 因此

$$\int_0^t \int_0^s \int_{\mathbb{R}^2} \left(\alpha u_x^2 + \beta u_x H u + v^2 \right) \mathrm{d}x\mathrm{d}y\mathrm{d}\tau\mathrm{d}s \leqslant C, \quad 0 \leqslant t < T^{**},$$

$$\int_0^{T^{**}} (T^{**} - t) \int_{\mathbb{R}^2} \left(\alpha u_x^2 + \beta u_x H u + v^2 \right) \mathrm{d}x\mathrm{d}y\mathrm{d}t \leqslant C.$$

由 Holder 不等式,

$$\int_0^{T^{**}} \left[\alpha \|u_x(\cdot,\tau)\|_{L^2}^\theta + \beta \left(\int_{\mathbb{R}^2} u_x Hu \, \mathrm{d}x\mathrm{d}y \right)^{\theta/2} + \|\partial_x^{-1} u_y(\cdot,\tau)\|_{L^2}^\theta \right] \mathrm{d}t \leqslant C.$$

注意到 $E(u) = E(\phi)$, 我们有

$$\|u\|_{L^{2\sigma+2}}^{2\sigma+2} \leqslant C \int_{\mathbb{R}^2} \left(\alpha u_x^2 + \beta u_x Hu + v^2 \right) \mathrm{d}x\mathrm{d}y + C$$

且

$$\int_0^t \int_0^s \|u\|_{L^{2\sigma+2}}^{2\sigma+2} \, \mathrm{d}\tau\mathrm{d}s \leqslant C \int_0^t \int_0^s \int_{\mathbb{R}^2} \left(\alpha u_x^2 + \beta u_x Hu + v^2 \right) \mathrm{d}x\mathrm{d}y\mathrm{d}\tau\mathrm{d}s + C$$

$$\leqslant C, \quad t \in [0, T^{**}).$$

因此

$$\int_0^{T^{**}} \|u(\cdot,t)\|_{L^{2\sigma+2}}^{(\sigma+1)\theta} \mathrm{d}t \leqslant C. \qquad \square$$

第 10 章　广义随机 Benjamin-Ono 方程的初值问题

10.1　引　　言

本章我们考虑下面随机分数阶 BO 方程

$$\begin{cases} \mathrm{d}u(t) = \left[|\partial_x|^{\alpha+1}\partial_x u(t) - \dfrac{1}{k}\partial_x(u^k)\right]\mathrm{d}t + \Phi\mathrm{d}W(t), \\ u(0) = u_0, \end{cases} \tag{10.1.1}$$

这里 $W(t) = \dfrac{\partial B}{\partial x} = \sum_{j=1}^{\infty} \beta_j e_j$, e_j 是 L^2 的正交基, $(\beta_j)_{j\in\mathbb{N}}$ 是独立的布朗运动并且在 $L^2(\mathbb{R})$ 中是维纳运动. 事实上, (10.1.1) 等价于下面方程:

$$\begin{cases} \dfrac{\mathrm{d}u(t)}{\mathrm{d}t} = \left[|\partial_x|^{\alpha+1}\partial_x u(t) - \dfrac{1}{k}\partial_x(u^k)\right] + \Phi\dfrac{\mathrm{d}W(t)}{\mathrm{d}t}, \\ u(0) = u_0. \end{cases} \tag{10.1.2}$$

(10.1.2) 被认为是带有随机压力项 $\Phi\dfrac{\mathrm{d}w(t)}{\mathrm{d}t}$ 的 Benjamin-Ono 方程

$$\begin{cases} \dfrac{\mathrm{d}v(t)}{\mathrm{d}t} = \left[|\partial_x|^{\alpha+1}\partial_x u(t) - \dfrac{1}{k}\partial_x(u^k)\right], \\ u(0) = u_0. \end{cases} \tag{10.1.3}$$

当 $\alpha = 1$, $k = 2$ 时, (10.1.3) 退化为 KdV 方程, 我们可参考 [29, 36, 43, 42, 72-75, 78, 80, 86, 27, 76]. [29] 和 [86] 的结果表明 $s = -\dfrac{3}{4}$ 是 KdV 方程初值问题的临界指标. Guo[80] 和 Kishimoto[90] 运用 I 方法证明 KdV 方程在 $H^{-3/4}$ 上广义解的存在性. 当 $\alpha = 1$, $k = 2$ 时, (10.1.2) 退化为随机 KdV 方程, 我们可参考 [67]—[69]. 最近, 受 [68] 的影响, 陈等[71] 研究了 Camassa-Holm 方程的初值问题. 当 $\alpha = 0$, $k = 2$ 时, (10.1.3) 退化为 Benjamin-Ono 方程, 我们参考 [91], [122], [93]—[97], [21]. 利用 [21] 介绍的 Gauge 变换和双线性估计, Ionescu 和 Kenig[88] 证明了当 $s \geqslant 0$ 时, Benjamin-Ono 方程在 $H^s(\mathbb{R})$ 上广义解存在.

当 $0 < \alpha < 1$, $k = 2$ 时, (10.1.3) 被很多人研究过, 参考 [76], [77], [82], [83], [42]. 在 [83] 中, 作者证明 (10.1.3) 在 $H^{(s,a)}$, $a = \dfrac{1}{\alpha+1} - \dfrac{1}{2}$, $s > -\dfrac{3\alpha}{4}$ 的局部适定性和在 $H^{(0,a)}$, $a = \dfrac{1}{\alpha+1} - \dfrac{1}{2}$ 的全局适定性. 最近, 通过利用频率重整法, Herr 等[84] 证明了 (10.1.3) 在 L^2 上的局部适定性, 若 $0 < \alpha < 1$, $k = 2$. 最近, 郭[81] 证明了 (10.1.3) 在 $s \geqslant 1 - \alpha$, $k = 2$ 时, (10.1.3) 局部适定, 在 $k = 3$, $s \geqslant \dfrac{1}{2} - \dfrac{\alpha}{4}$ 时, 局部适定.

当 $\alpha = 1$, $k = 3$ 时, (10.1.3) 退化为 mKdV 方程, 我们可参考 [36, 43, 75, 79, 80, 86, 90, 98, 99, 106]. 在 [91] 中, 通过反散射方法, Koch 和 Tzvetkov 证明了 mKdV 方程当 $s \geqslant 0$ 时局部适定. 在 [106] 中, Takaoka 和 Tsutsumi 证明了当 $\dfrac{3}{8} < s < \dfrac{1}{2}$ 时. mKdV 方程的 Cauchy 问题存在唯一解, 利用限制 Fourier 范数法, Nakanishi 等[99] 证明了 mKDV 在 $s > \dfrac{1}{3}$ 时, Cauchy 问题的局部适定性.

受 [67], [68] 的影响, 本章我们研究 (10.1.1) 在 $0 < \alpha \leqslant 1$, $k = 3$ 的情况. 在 Sobolev 和 Bourgain 空间中, 我们证明了 (10.1.1) 在初值条件 $u_0(x,w) \in L^2(\Omega; H^s(\mathbb{R}))$, $s \geqslant \dfrac{1}{2} - \dfrac{\alpha}{4}$, $0 < \alpha \leqslant 1$ 的局部适定性. 特别地, 当 $\alpha = 1$ 时, 我们给出了在初值条件 $u_0(x,w) \in L^2(\Omega; H^1(\mathbb{R}))$ 下解的全局存在性.

与 KdV, Benjamin-Ono 方程相较下, Benjamin-Ono 的随机性更加复杂. 扰动打乱了 Benjamin-Ono 方程的原始结构. 引理 10.2.6 是在 $0 < b < \dfrac{1}{2}$ 的假设下成立的. 受 [21] 的启发, 我们首先给出了三线性估计, 然后由定理 10.3.1 给出的双线性估计得出了引理 10.4.1 和定理 10.4.2, 因此我们还需要利用引理 10.2.2、定理 10.2.3 来给出双线性和三线性估计. 然后, 结合双线性估计和不动点定理, 我们得出定理 10.1.1. 对于定理 10.1.2, 我们利用频率分解法, 而非 [68] 的方法.

首先我们给出一些记号. 记 $X \sim Y$ 若 $A_1|X| \leqslant |Y| \leqslant A_2|X|$, 其中 $A_j > 0 (j = 1, 2)$ 且 $X \gg Y$, $|X| > C|Y|$, C 是比 2 大的正常数. 任取 $\xi \in \mathbb{R}$, 记 $\langle\xi\rangle^s = (1+\xi^2)^{\frac{s}{2}}$, $\mathscr{F}u$ 为 u 关于所有变量的 Fourier 变换. $\mathscr{F}^{-1}u$ 是 u 的 Fourier 逆变换. $\mathscr{F}_xu$ 是 u 关于空间的 Fourier 变换. $\mathscr{F}_x^{-1}u$ 是 u 关于空间的 Fourier 逆变换. $H^s(\mathbb{R})$ 是带有范数 $\|f\|_{H^s(\mathbb{R})} = \|\langle\xi\rangle^s \mathscr{F}_x f\|_{L^2_\xi(\mathbb{R})}$ 的 Sobolev 空间. 任取 $s, b \in \mathbb{R}$, $X_{s,b}(\mathbb{R}^2)$ 是带有相函数 $\phi(\xi) = \xi|\xi|^{1+\alpha}$ 的 Bourgain 空间. 即, 函数 $u(x,t)$ 属于 $X_{s,b}(\mathbb{R}^2)$ 当且仅当

$$\|u\|_{X_{s,b}(\mathbb{R}^2)} = \left\|\langle\xi\rangle^s \langle\tau - \xi|\xi|^{\alpha+1}\rangle^b \mathscr{F}u(\xi,\tau)\right\|_{L^2_\tau(\mathbb{R})L^2_\xi(\mathbb{R})} < \infty.$$

任取区间 L, $X_{s,b}(\mathbb{R} \times L)$ 是 $X_{s,b}(\mathbb{R}^2)$ 上所有函数在 $\mathbb{R} \times L$ 上的限制, 对于 $u \in X_{s,b}(\mathbb{R} \times L)$, 它的范数是

$$\|u\|_{X_{s,b}(\mathbb{R} \times L)} = \inf\{\|U\|_{X_{s,b}(\mathbb{R}^2)}; U|_{\mathbb{R} \times L} = u\}.$$

当 $L = [0, T]$ 时, $X_{s,b}(\mathbb{R} \times L)$ 简写为 $X_{s,b}^T$. 本章我们总是假设 $w(\xi) = \xi|\xi|^{\alpha+1}$, ψ 是光滑函数, $\psi_\delta(t) = \psi\left(\dfrac{t}{\delta}\right)$, 满足 $0 \leqslant \psi \leqslant 1$, $\psi = 1$ 当 $t \in [0,1]$ 时, $\mathrm{supp}\,\psi \subset [-1, 2]$, $\sigma = \tau - \xi|\xi|^{\alpha+1}$, $\sigma_k = \tau_k - \xi_k|\xi_k|^{\alpha+1}$ $(k = 1, 2)$,

$$U(t)u_0 = \frac{1}{\sqrt{2\pi}} \int_{\mathbb{R}} e^{i(x\xi - t\xi|\xi|^{\alpha+1})} \mathscr{F}_x u_0(\xi)\mathrm{d}\xi,$$

$$\|f\|_{L_t^q L_x^p} = \left(\int_{\mathbb{R}} \left(\int_{\mathbb{R}} |f(x,t)|^p \mathrm{d}x\right)^{\frac{q}{p}} \mathrm{d}t\right)^{\frac{1}{q}},$$

$$\|f\|_{L_t^p L_x^p} = \|f\|_{L_{xt}^p}.$$

我们假设 $B(x, t)$, $t \geqslant 0$, $x \in \mathbb{R}$, 是一个零平均高斯过程, 它的协变函数

$$\mathrm{E}(B(t,x)B(s,y)) = (t \wedge s)(x \wedge y)$$

对 $t, s \geqslant 0, x, y \in \mathbb{R}$. $(\cdot, \cdot)$ 表示 L^2 对偶积, 即 $(f, g) = \displaystyle\int_{\mathbb{R}} f(x)g(x)\mathrm{d}x$. $(\Omega, \mathscr{F}, \mathbf{P})$ 是概率空间.

任取 $L^2(\mathbb{R})$ 的正交基 $(e_k)_{k \in \mathbb{N}}$, 取 H 是 Hilbert 空间, $L_2^0(L^2(\mathbb{R}), H)$ 是从 $L^2(\mathbb{R})$ 映射到 H 的 Hilbert-Schmidt 算子. 它的范数是 $\|\Phi\|_{L_2^0(L^2(\mathbb{R}),H)}^2 = \displaystyle\sum_{j \in \mathbb{N}} |\Phi e_j|_H^2$. 此处 $H = H^s(\mathbb{R})$, $L_2^0(L^2(\mathbb{R}), H^s(\mathbb{R})) = L_2^{0,s}$.

下面是本章主要结论.

定理 10.1.1　令 $u_0(x, \omega) \in L^2(\Omega; H^s(\mathbb{R}))$, $s \geqslant \dfrac{1}{2} - \dfrac{\alpha}{4}$, $\Phi \in L_2^{0,s}$, u_0 是 F_0 可测的. 那么对于几乎处处 $\omega \in \Omega$, 存在 $T_\omega > 0$ 和 (10.1.1) 的在 $[0, T_\omega]$ 上的唯一解满足

$$u \in C([0, T_\omega]; H^s(\mathbb{R})) \cap X_{s,b}^{T_\omega}.$$

定理 10.1.2　令 $\alpha = 1$, $u_0(x, \omega) \in L^2(\Omega; H^1(\mathbb{R}))$, $\Phi \in L_2^{0,1}$ 且 u_0 和 F_0 是可测的. 则 Cauchy 问题 (10.1.1) 的解唯一且属于

$$C([0, T_0]; H^1(\mathbb{R})),$$

对任意 $T_0 > 0$.

10.2 预 备 知 识

本节, 我们将给出一些预备知识.

引理 10.2.1 令 $\theta\in[0,1]$, $\gamma>0$ 且

$$U_\gamma(t)u_0(x)=\int_{\mathbb{R}}e^{i(t\phi(\xi)+x\xi)}|\phi''(\xi)|^{\frac{\gamma}{2}}\mathscr{F}_xu_0(\xi)\mathrm{d}\xi.$$

那么

$$\|U_{\frac{\theta}{2}}(t)u_0\|_{L_t^qL_x^p}\leqslant C\|u_0\|_{L_x^2},$$

其中 $(p,q)=\left(\dfrac{2}{1-\theta},\dfrac{4}{\theta}\right)$.

对引理 10.2.1 的证明可参考 [36] 的定理 2.1.

引理 10.2.2 令 $b=\dfrac{1}{2}+\varepsilon$, $0<\varepsilon\ll1$, 则

$$\|u\|_{L_{xt}^4}\leqslant C\|u\|_{X_{0,\frac{\alpha+3}{2(\alpha+2)}(\frac{1}{2}+\varepsilon)}}\tag{10.2.4}$$

且

$$\left\|D_x^{\frac{\alpha}{8}}u\right\|_{L_{xt}^6}\leqslant C\|u\|_{X_{0,\frac{3}{4}b}}.\tag{10.2.5}$$

证明 令 $\theta=\dfrac{2}{3}$, 由引理 10.2.1 可得

$$\left\|\int_{\mathbb{R}}e^{it\phi(\xi)+ix\xi}|\phi''(\xi)|^{\frac{1}{6}}\mathscr{F}_xu_0(\xi)\mathrm{d}\xi\right\|_{L_{xt}^6}\leqslant C\|u_0\|_{L_\xi^2},$$

其中 $|\phi|=|\xi|^{\alpha+1}$, $|\phi''|=c|\xi|^\alpha$, 则

$$\left\|\int_{\mathbb{R}}e^{it\phi(\xi)+ix\xi}|\xi|^{\frac{\alpha}{6}}\mathscr{F}_xu_0(\xi)\mathrm{d}\xi\right\|_{L_{xt}^6}\leqslant C\|u_0\|_{L_\xi^2}.$$

由于 $\|f\|_{L_{xt}^{2\alpha+6}}\leqslant C\|D_x^\gamma D_t^\gamma f\|_{L_{xt}^6}$, 其中 $\gamma=\dfrac{\alpha}{6(\alpha+3)}$. 则

$$\begin{aligned}\|U(t)u_0(x)\|_{L_{xt}^{2\alpha+4}}&=C\left\|\int_{\mathbb{R}}e^{i(t\phi+x\xi)}\mathscr{F}_xu_0(\xi)\mathrm{d}\xi\right\|_{L_{xt}^{2\alpha+4}}\\&\leqslant C\left\|D_x^\gamma D_t^\gamma\int_{\mathbb{R}}e^{i(t\phi+x\xi)}\mathscr{F}_xu_0(\xi)\mathrm{d}\xi\right\|_{L_{xt}^6}\\&=C\left\|\int_{\mathbb{R}}e^{i(t\phi+x\xi)}|\xi|^{\frac{\alpha}{6}}\mathscr{F}_xu_0(\xi)\mathrm{d}\xi\right\|_{L_{xt}^6}\leqslant C\|u_0\|_{L_x^2}.\quad(10.2.6)\end{aligned}$$

结合 $\|U(t)u_0(x)\|_{L_{xt}^{2\alpha+6}} \leqslant C\|u_0\|_{L_x^2}$, 我们有

$$\|u(x)\|_{L_{xt}^{2\alpha+6}} \leqslant C\|u\|_{X_{0,\frac{1}{2}+\varepsilon}}. \tag{10.2.7}$$

利用 Plancherel 恒等式, 我们有

$$\|u\|_{L_{xt}^2} = C\|u\|_{X_{0,0}}. \tag{10.2.8}$$

将 (10.2.7) 代入 (10.2.8), 则有

$$\|u\|_{L_{xt}^4} \leqslant C\|u\|_{X_{0,\frac{\alpha+3}{2(\alpha+2)}(\frac{1}{2}+\varepsilon)}}. \tag{10.2.9}$$

由 (10.2.6), 可得

$$\|D_x^{\frac{\alpha}{6}}u\|_{L_{xt}^6} \leqslant C\|u\|_{X_{0,b}}. \tag{10.2.10}$$

将 (10.2.10) 代入 (10.2.8),

$$\|D_x^{\frac{\alpha}{8}}u\|_{L_{xt}^4} \leqslant C\|u\|_{X_{0,\frac{3}{4}b}}. \tag{10.2.11}$$

引理 10.2.2 证明完毕.　　　　　　　　　　　　　　　　　　　　　　　□

引理 10.2.3　令 $b = \dfrac{1}{2} + \varepsilon$. 则, 对于 $0 \leqslant s \leqslant \dfrac{1}{2}$, 我们有

$$\|I^s(u_1,u_2)\|_{L_{xt}^2} \leqslant C\prod_{j=1}^2 \|u_j\|_{X_{0,\frac{\alpha+3+2(\alpha+1)s}{2(\alpha+2)}b}}, \tag{10.2.12}$$

其中

$$\mathscr{F}I^s(u_1,u_2)(\xi,\tau) = \int_{\substack{\xi=\xi_1+\xi_2 \\ \tau=\tau_1+\tau_2}} \left||\xi_1|^{\alpha+1}-|\xi_2|^{\alpha+1}\right|^s \mathscr{F}u_1(\xi_1,\tau_1)\mathscr{F}u_2(\xi_2,\tau_2)\,\mathrm{d}\xi_1\mathrm{d}\tau_1.$$

证明　令 $F_j(\xi_j,\tau_j) = \langle\sigma_j\rangle^{\frac{\alpha+3+2(\alpha+1)s}{2\alpha+4}b}\mathscr{F}u_j(\xi_j,\tau_j)(j=1,2)$. 为了证明引理 10.2.3, 由 Plancherel 恒等式, 只需证明

$$\left\|\int_{\substack{\xi=\xi_1+\xi_2 \\ \tau=\tau_1+\tau_2}} \left||\xi_1|^{\alpha+1}-|\xi_2|^{\alpha+1}\right|^s \frac{F_1}{\langle\sigma_1\rangle^{\frac{\alpha+3+2(\alpha+1)s}{2\alpha+2}b}}\frac{F_2}{\langle\sigma_2\rangle^{\frac{\alpha+3+2(\alpha+1)s}{2\alpha+2}b}}\,\mathrm{d}\xi_1\mathrm{d}\tau_1\right\|_{L_{\xi\tau}^2}$$

$$\leqslant C\prod_{j=1}^2 \|F_j\|_{L_{\xi\tau}^2}. \tag{10.2.13}$$

假设 $b_1 = \dfrac{\alpha + 3 + 2(\alpha + 1)s}{2\alpha + 4} b$. 由 Young 不等式和 $0 < s < \dfrac{1}{2}$, 我们有

$$
\begin{aligned}
&\left||\xi_1|^{\alpha+1} - |\xi_2|^{\alpha+1}\right|^s \langle\sigma_1\rangle^{-b_1} \langle\sigma_2\rangle^{-b_1} \\
&= \left||\xi_1|^{\alpha+1} - |\xi_2|^{\alpha+1}\right|^s \langle\sigma_1\rangle^{-2bs} \langle\sigma_2\rangle^{-2bs} \langle\sigma_1\rangle^{-(b_1-2bs)} \langle\sigma_2\rangle^{-(b_1-2bs)} \\
&\leqslant 2s\left||\xi_1|^{\alpha+1} - |\xi_2|^{\alpha+1}\right|^{1/2} \langle\sigma_1\rangle^{-b} \langle\sigma_2\rangle^{-b} + (1-2s)\langle\sigma_1\rangle^{-\frac{\alpha+3}{2\alpha+4}b} \langle\sigma_2\rangle^{-\frac{\alpha+3}{2\alpha+4}b} \\
&\leqslant \left||\xi_1|^{\alpha+1} - |\xi_2|^{\alpha+1}\right|^{1/2} \langle\sigma_1\rangle^{-b} \langle\sigma_2\rangle^{-b} + \langle\sigma_1\rangle^{-\frac{\alpha+3}{2\alpha+4}b} \langle\sigma_2\rangle^{-\frac{\alpha+3}{2\alpha+4}b}. \quad (10.2.14)
\end{aligned}
$$

由 (10.2.14), Plancherel 恒等式, [83] 的引理 3.1, 我们有

$$
\begin{aligned}
&\left\| \int_{\substack{\xi=\xi_1+\xi_2 \\ \tau=\tau_1+\tau_2}} \left||\xi_1|^{\alpha+1} - |\xi_2|^{\alpha+1}\right|^s \frac{F_1}{\langle\sigma_1\rangle^{\frac{\alpha+3+2(\alpha+1)s}{2\alpha+4}b}} \frac{F_2}{\langle\sigma_2\rangle^{\frac{\alpha+3+2(\alpha+1)s}{2\alpha+2}b}} \mathrm{d}\xi_1\mathrm{d}\tau_1 \right\|_{L^2_{\xi\tau}} \\
&\leqslant \left\| \int_{\substack{\xi=\xi_1+\xi_2 \\ \tau=\tau_1+\tau_2}} \left||\xi_1|^{\alpha+1} - |\xi_2|^{\alpha+1}\right|^{1/2} \prod_{j=1}^{2} \frac{F_j}{\langle\sigma_j\rangle^b} \mathrm{d}\xi_1\mathrm{d}\tau_1 \right\|_{L^2_{\xi\tau}} \\
&\quad + \left\| \int_{\substack{\xi=\xi_1+\xi_2 \\ \tau=\tau_1+\tau_2}} \prod_{j=1}^{2} \frac{F_1}{\langle\sigma_j\rangle^{\frac{\alpha+3}{2\alpha+4}b}} \mathrm{d}\xi_1\mathrm{d}\tau_1 \right\|_{L^2_{\xi\tau}} \\
&\leqslant C \prod_{j=1}^{2} \left\| \mathscr{F}^{-1}\left(\frac{F_j}{\langle\sigma_j\rangle^b}\right) \right\|_{X_{0,b}} + C \prod_{j=1}^{2} \left\| \mathscr{F}^{-1}\left(\frac{F_j}{\langle\sigma_j\rangle^{\frac{\alpha+3}{2\alpha+4}b}}\right) \right\|_{X_{0,\frac{\alpha+3}{2\alpha+4}b}} \\
&\leqslant C \prod_{j=1}^{2} \|F_j\|_{L^2_{\xi\tau}}. \quad (10.2.15)
\end{aligned}
$$

至此完成引理 10.2.3 的证明. $\qquad\qquad\square$

引理 10.2.4 令 $u_0 \in H^s(\mathbb{R})$, $c > 1/2$, $0 < b < 1/2$. 则对 $t \in [0, T]$, $U(t)u_0 \in X^T_{s,c}$, 存在常数 $k_2 > 0$ 满足

$$
\|U(t)u_0\|_{X^T_{s,c}} \leqslant k_2 \|u_0\|_{H^s}. \quad (10.2.16)
$$

存在常数 $c > 0$ 使得对于 $t \in [0,1]$, $f \in X^T_{s,b}$ 有

$$
\left\| \int_0^T U(t-s)f(s)\mathrm{d}s \right\|_{X^T_{s,b}} \leqslant C T^{1-2b} \|f\|_{X^T_{s,-b}}. \quad (10.2.17)
$$

对引理 10.2.4 的证明, 读者可参考 [68] 的引理 3.1.

引理 10.2.5　令

$$\overline{u} = \int_0^t U(t-s)\Phi \mathrm{d}W(s),$$

$\Phi \in L_2^{0,s}$, 对于 $t \in [0,T]$, 我们有

$$E\left(\sup_{t \in [0,T]} \|\overline{u}\|_{H^s}^2\right) \leqslant 38T\|\Phi\|_{L_2^{0,s}}^2. \tag{10.2.18}$$

引理 10.2.5 的证明与 [68] 中命题 2.1 的证明类似.

引理 10.2.6　令

$$\overline{u} = \int_0^t U(t-s)\Phi \mathrm{d}W(s),$$

$s, b \in \mathbb{R}$, $b < \dfrac{1}{2}$ 且 $\Phi \in L_2^{0,s}$. 则有

$$E\left(\|\psi\overline{u}\|_{X_{s,b}}^2\right) \leqslant C\|\Phi\|_{L_2^{0,s}}^2. \tag{10.2.19}$$

引理 10.2.6 的证明, 参考 [68] 中命题 2.1.

10.3　双线性估计

本部分我们将给出双线性估计.

定理 10.3.1　任取 u, v 属于 $\mathbb{R} \times \mathbb{R}$, $0 \ll \varepsilon \leqslant 1$ 且 $b = \dfrac{1}{2} - \varepsilon$, 我们有

$$\|u_1 u_2\|_{L^2} \leqslant C\|u_1\|_{X_{-\frac{1}{2},b}}\|u_2\|_{X_{\frac{1}{2}-\frac{\alpha}{4},b}}. \tag{10.3.20}$$

证明　定义

$$F_1(\xi_1, \tau_1) = \langle \xi_1 \rangle^{-1/2} \langle \sigma_1 \rangle^b \mathscr{F} u_1(\xi_1, \tau_1),$$

$$F_2(\xi_2, \tau_2) = \langle \xi_2 \rangle^{\frac{1}{2}-\frac{\alpha}{4}} \langle \sigma_2 \rangle^b \mathscr{F} u(\xi_2, \tau_2),$$

$$\sigma_j = \tau_j - |\xi_j|^{\alpha+1}\xi_j, \quad j = 1, 2.$$

为了得到 (10.3.20), 只需证明

$$\int_{\mathbb{R}^2} \int_{\substack{\xi = \xi_1 + \xi_2 \\ \tau = \tau_1 + \tau_2}} K_1(\xi_1, \tau_1, \xi, \tau)|F| \prod_{j=1}^2 |F_j| \mathrm{d}\xi_1 \mathrm{d}\tau_1 \mathrm{d}\xi \mathrm{d}\tau$$

$$\leqslant C\|F\|_{L_{\xi\tau}^2} \prod_{j=1}^2 \|F_j\|_{L_{\xi\tau}^2}, \tag{10.3.21}$$

其中

$$K_1(\xi_1, \tau_1, \xi, \tau) = \frac{\langle \xi_1 \rangle^{1/2} \langle \xi_2 \rangle^{\frac{\alpha}{4} - \frac{1}{2}}}{\langle \sigma_1 \rangle^b \langle \sigma_2 \rangle^b}.$$

不失一般性, 我们将假设 $F \geqslant 0, F_j \geqslant 0 (j = 1, 2)$.

$$\Omega_1 = \left\{ (\xi_1, \tau_1, \xi, \tau) \in \mathbb{R}^4, \xi = \sum_{j=1}^2 \xi_j, \tau = \sum_{j=1}^2 \tau_j, |\xi_1| \leqslant |\xi_2| \leqslant 6 \right\},$$

$$\Omega_2 = \left\{ (\xi_1, \tau_1, \xi, \tau) \in \mathbb{R}^4, \xi = \sum_{j=1}^2 \xi_j, \tau = \sum_{j=1}^2 \tau_j, |\xi_2| \geqslant 6, |\xi_2| \gg |\xi_1| \right\},$$

$$\Omega_3 = \left\{ (\xi_1, \tau_1, \xi, \tau) \in \mathbb{R}^4, \xi = \sum_{j=1}^2 \xi_j, \tau = \sum_{j=1}^2 \tau_j, |\xi_2| \geqslant 6, |\xi_2| \sim |\xi_1| \right\},$$

$$\Omega_4 = \left\{ (\xi_1, \tau_1, \xi, \tau) \in \mathbb{R}^4, \xi = \sum_{j=1}^2 \xi_j, \tau = \sum_{j=1}^2 \tau_j, |\xi_2| \leqslant |\xi_1| \leqslant 6 \right\},$$

$$\Omega_5 = \left\{ (\xi_1, \tau_1, \xi, \tau) \in \mathbb{R}^4, \xi = \sum_{j=1}^2 \xi_j, \tau = \sum_{j=1}^2 \tau_j, |\xi_1| \geqslant 6, |\xi_1| \gg |\xi_2| \right\},$$

$$\Omega_6 = \left\{ (\xi_1, \tau_1, \xi, \tau) \in \mathbb{R}^4, \xi = \sum_{j=1}^2 \xi_j, \tau = \sum_{j=1}^2 \tau_j, |\xi_1| \geqslant 6, |\xi_1| \geqslant |\xi_2|, |\xi_1| \sim |\xi_2| \right\},$$

定义

$$f_j = \mathscr{F}^{-1} \frac{F_j}{\langle \sigma_j \rangle^b}, \quad j = 1, 2.$$

(1) $\Omega_1 = \{ (\xi_1, \tau_1, \xi, \tau) \in \mathbb{R}^4, \xi = \sum_{j=1}^2 \xi_j, \tau = \sum_{j=1}^2 \tau_j, |\xi_1| \leqslant |\xi_2| \leqslant 6 \}$. 在这个子区域中, 我们有

$$K_1(\xi_1, \tau_1, \xi, \tau) \leqslant \frac{C}{\prod\limits_{j=1}^2 \langle \sigma \rangle^b}.$$

通过使用 Plancherel 不等式和 Hölder 不等式, $\frac{\alpha + 3}{2(\alpha + 2)} \left(\frac{1}{2} + \varepsilon \right) < \frac{1}{2} - \varepsilon$, 我们有

$$J_1 \leqslant C \int_{\mathbb{R}^2} \int_{\substack{\xi=\xi_1+\xi_2 \\ \tau=\tau_1+\tau_2}} \frac{F \prod_{j=1}^2 F_j}{\prod_{j=1}^2 \langle \sigma_j \rangle^b} \mathrm{d}\xi_1 \mathrm{d}\tau_1 \mathrm{d}\xi \mathrm{d}\tau$$

$$\leqslant C \int_{\mathbb{R}^2} \mathscr{F}^{-1}(F) f_1 f_2 \mathrm{d}x \mathrm{d}t$$

$$\leqslant C \|\mathscr{F}^{-1}(F)\|_{L^2_{xt}} \prod_{j=1}^2 \|f_j\|_{L^4_{xt}}$$

$$\leqslant C \|F\|_{L^2_{\xi\tau}} \prod_{j=1}^2 \|f_j\|_{X_{0, \frac{\alpha+3}{2(\alpha+2)}(\frac{1}{2}+\varepsilon)}}$$

$$\leqslant C \|F\|_{L^2_{\xi\tau}} \prod_{j=1}^2 \|F_j\|_{L^2_{\xi\tau}}. \tag{10.3.22}$$

(2) $\Omega_2 = \{(\xi_1, \tau_1, \xi, \tau) \in \mathbb{R}^4, \xi = \sum_{j=1}^2 \xi_j, \tau = \sum_{j=1}^2 \tau_j, |\xi_2| \geqslant 6, |\xi_2| \gg |\xi_1|\}$. 若 $|\xi_1| \leqslant 1$, 我们有

$$K_1(\xi_1, \tau_1, \xi, \tau) \leqslant \frac{C}{\prod_{j=1}^2 \langle \sigma_j \rangle^b},$$

这部分证明和 Ω_1 情况类似.

若 $|\xi_1| \geqslant 1$, 我们有

$$K_1(\xi_1, \tau_1, \xi, \tau) \leqslant C \frac{|\xi_2|^{\frac{\alpha}{4}}}{\prod_{j=1}^2 \langle \sigma_j \rangle^b} \leqslant C \frac{\left| |\xi_2|^{\alpha+1} - |\xi_2|^{\alpha+1} \right|^{\frac{\alpha}{4(\alpha+1)}}}{\prod_{j=1}^2 \langle \sigma_j \rangle^b}.$$

由引理 10.2.3, 我们有

$$J_2 \leqslant C \int_{\mathbb{R}^2} \int_{\substack{\xi=\xi_1+\xi_2 \\ \tau=\tau_1+\tau_2}} \frac{\left| |\xi_2|^{\alpha+1} - |\xi_2|^{\alpha+1} \right|^{\frac{\alpha}{4(\alpha+1)}} F \prod_{j=1}^2 F_j}{\prod_{j=1}^2 \langle \sigma_j \rangle^b} \mathrm{d}\xi_1 \mathrm{d}\tau_1 \mathrm{d}\xi \mathrm{d}\tau$$

$$\leqslant C\|F\|_{L^2_{\xi\tau}}\left\|\int_{\substack{\xi=\xi_1+\xi_2\\\tau=\tau_1+\tau_2}}\frac{\left||\xi_2|^{\alpha+1}-|\xi_2|^{\alpha+1}\right|^{\frac{\alpha}{4(\alpha+1)}}F\prod_{j=1}^{2}F_j}{\prod_{j=1}^{2}\langle\sigma_j\rangle^b}\mathrm{d}\xi_1\mathrm{d}\tau_1\right\|_{L^2_{\xi\tau}}$$

$$\leqslant C\|F\|_{L^2_{\xi\tau}}\prod_{j=1}^{2}\|F_j\|_{L^2_{\xi\tau}}.$$

(3) $\Omega_3=\{(\xi_1,\tau_1,\xi,\tau)\in\mathbb{R}^4,\xi=\sum_{j=1}^{2}\xi_j,\tau=\sum_{j=1}^{2}\tau_j,|\xi_2|\geqslant 6,|\xi_2|\sim|\xi_1|\}$.

$$K_1(\xi_1,\tau_1,\xi,\tau)\leqslant C\frac{|\xi_2|^{\frac{\alpha}{4}}}{\prod_{j=1}^{2}\langle\sigma_j\rangle^b}\leqslant C\frac{\prod_{j=1}^{2}|\xi_j|^{\frac{\alpha}{8}}}{\prod_{j=1}^{2}\langle\sigma_j\rangle^b}.$$

由 Plancherel 恒等式和 Cauchy-Schwarz 不等式, 我们有

$$J_3\leqslant C\int_{\mathbb{R}^2}\int_{\substack{\xi=\xi_1+\xi_2\\\tau=\tau_1+\tau_2}}\frac{\prod_{j=1}^{2}|\xi_j|^{\frac{\alpha}{8}}F\prod_{j=1}^{2}F_j}{\prod_{j=1}^{2}\langle\sigma_j\rangle^b}\mathrm{d}\xi_1\mathrm{d}\tau_1\mathrm{d}\xi\mathrm{d}\tau$$

$$\leqslant C\|F\|_{L^2_{\xi\tau}}\prod_{j=1}^{2}\left\|D_x^{\frac{\alpha}{8}}\mathscr{F}^{-1}\left(\frac{F_j}{\langle\sigma_j\rangle^b}\right)\right\|_{L^4_{xt}}$$

$$\leqslant C\|F\|_{L^2_{\xi\tau}}\prod_{j=1}^{2}\|F_j\|_{L^2_{\xi\tau}}. \tag{10.3.23}$$

(4) $\Omega_4=\{(\xi_1,\tau_1,\xi,\tau)\in\mathbb{R}^4,\xi=\sum_{j=1}^{2}\xi_j,\tau=\sum_{j=1}^{2}\tau_j,|\xi_2|\leqslant|\xi_1|\leqslant 6\}$. 在这个子区域, 我们有

$$K_1(\xi_1,\tau_1,\xi,\tau)\leqslant\frac{C}{\prod_{j=1}^{2}\langle\sigma_j\rangle^b}.$$

这部分证明和 Ω_1 类似.

(5) $\Omega_5 = \{(\xi_1,\tau_1,\xi,\tau) \in \mathbb{R}^4, \xi = \sum_{j=1}^2 \xi_j, \tau = \sum_{j=1}^2 \tau_j, |\xi_1| \geqslant 6, |\xi_1| \gg |\xi_2|\}$. 在这个子空间, 我们有

$$K_1(\xi_1,\tau_1,\xi,\tau) \leqslant C \frac{||\xi_1|^{\alpha+1} - |\xi_2|^{\alpha+1}|^{\frac{1}{2(\alpha+1)}}}{\prod_{j=1}^2 \langle \sigma_j \rangle^b}.$$

由引理 10.2.3, 我们有

$$J_5 \leqslant C \int_{\mathbb{R}^2} \int_{\substack{\xi=\xi_1+\xi_2 \\ \tau=\tau_1+\tau_2}} \frac{||\xi_2|^{\alpha+1} - |\xi_1|^{\alpha+1}|^{\frac{1}{2(\alpha+1)}} F \prod_{j=1}^2 F_j}{\prod_{j=1}^2 \langle \sigma_j \rangle^b} d\xi_1 d\tau_1 d\xi d\tau$$

$$\leqslant C\|F\|_{L^2_{\xi\tau}} \left\| \int_{\substack{\xi=\xi_1+\xi_2 \\ \tau=\tau_1+\tau_2}} \frac{||\xi_2|^{\alpha+1} - |\xi_1|^{\alpha+1}|^{\frac{1}{2(\alpha+1)}} F \prod_{j=1}^2 F_j}{\prod_{j=1}^2 \langle \sigma_j \rangle^b} d\xi_1 d\tau_1 \right\|_{L^2_{\xi\tau}}$$

$$\leqslant C\|F\|_{L^2_{\xi\tau}} \prod_{j=1}^2 \|F_j\|_{L^2_{\xi\tau}}.$$

(6) $\Omega_6 = \{(\xi_1,\tau_1,\xi,\tau) \in \mathbb{R}^4, \xi = \sum_{j=1}^2 \xi_j, \tau = \sum_{j=1}^2 \tau_j, |\xi_1| \geqslant 6, |\xi_1| \geqslant |\xi_2|, |\xi_1| \sim |\xi_2|\}$. 这部分证明和 Ω_3 类似. □

10.4　三线性估计

这部分我们将给出三线性估计, 它在局部适定性证明中起到了关键性作用. 受 [107] 的启发, 我们将给出引理 10.4.1. 令 $Z = \mathbb{R}$, $\Gamma_k(Z)$ 为 $\mathbb{R}^k$ 上的超平面.

$$\Gamma_k(Z) := \{(\xi_1, \cdots, \xi_k) \in Z^k, \xi_1 + \cdots + \xi_k = 0\},$$

它的测度为

$$\int_{\Gamma_k(Z)} f := \int_{Z^{k-1}} f(\xi_1, \cdots, \xi_{k-1}, -\xi_1 - \cdots - \xi_{k-1}) d\xi_1 \cdots d\xi_k.$$

函数 $m: \Gamma_k(Z) \to C$ 称为 $[k; Z]$-乘子, 定义范数 $\|m\|_{[k;Z]}$ 是使得下面不等式成立的最佳常数

$$\left| \int_{\Gamma_k(Z)} m(\xi) \prod_{j=1}^{k} f_j(\xi_j) \right| \leqslant \|m\|_{[k;Z]} \prod_{j=1}^{k} \|f_j\|_{L^2},$$

对任取 $f_j \in Z$.

引理 10.4.1 令 $s_0 = \dfrac{1}{2} - \dfrac{\alpha}{4}$, $b = \dfrac{1}{2} - \varepsilon$. 则

$$\|\partial_x(u_1 u_2 u_3)\|_{X_{s_0,-b}} \leqslant C \prod_{j=1}^{3} \|u_j\|_{X_{s_0,b}}. \tag{10.4.24}$$

证明 由对称性、Plancherel 恒等式, 为了得到 (10.4.24), 只需证明

$$\left\| \frac{\left(\sum\limits_{j=1}^{3} \xi_j \right) \langle \xi_4 \rangle^{\frac{1}{2} - \frac{\alpha}{4}}}{\prod\limits_{j=1}^{4} \langle \tau_j - w(\xi_j) \rangle^{\frac{1}{2} - \varepsilon} \prod\limits_{j=1}^{3} \langle \xi_j \rangle^{\frac{1}{2} - \frac{\alpha}{4}}} \right\|_{[4; \mathbb{R} \times \mathbb{R}]} \leqslant C. \tag{10.4.25}$$

利用对称性和

$$\langle \xi_4 \rangle^{\frac{3}{2} - \frac{\alpha}{4}} \leqslant C \langle \xi_4 \rangle^{\frac{1}{2}} \left[\sum_{j=1}^{3} \langle \xi_j \rangle^{1 - \frac{\alpha}{4}} \right],$$

上式来源于

$$|\xi_1 + \xi_2 + \xi_3| \leqslant \langle \xi_4 \rangle,$$

为了得到 (10.4.25), 只需证明

$$\left\| \frac{\langle \xi_4 \rangle^{1/2} \langle \xi_2 \rangle^{1/2}}{\langle \xi_1 \rangle^{\frac{1}{2} - \frac{\alpha}{4}} \langle \xi_3 \rangle^{\frac{1}{2} - \frac{\alpha}{4}} \prod\limits_{j=1}^{4} \langle \tau_j - w(\xi_j) \rangle^{\frac{1}{2} - \varepsilon}} \right\|_{[4; \mathbb{R} \times \mathbb{R}]} \leqslant C. \tag{10.4.26}$$

(10.4.26) 可由 $TT^\star$ 得到. 至此完成引理 10.4.1 的证明. $\qquad\square$

引理 10.4.2　令 $s \geqslant s_0 = \dfrac{1}{2} - \dfrac{\alpha}{4}$, $b = \dfrac{1}{2} - \varepsilon$. 则

$$\|\partial_x(u_1 u_2 u_3)\|_{X_{s,-b}} \leqslant C \prod_{j=1}^{3} \|u_j\|_{X_{s,b}}. \tag{10.4.27}$$

证明　(10.4.27) 等价于下面不等式

$$\int_{\mathbb{R}^2} \int_{\substack{\xi = \xi_1 + \xi_2 + \xi_3 \\ \tau = \tau_1 + \tau_2 + \tau_3}} \frac{|\xi| \langle \xi \rangle^s F \displaystyle\prod_{j=1}^{3} F_j}{\langle \sigma \rangle^b \displaystyle\prod_{j=1}^{3} \langle \xi_j \rangle^s \langle \sigma_j \rangle^b} \mathrm{d}\xi_1 \mathrm{d}\tau_1 \mathrm{d}\xi_2 \mathrm{d}\tau_2 \mathrm{d}\xi \mathrm{d}\tau$$

$$\leqslant C \|F\|_{L_{\xi\tau}^2} \prod_{j=1}^{3} \|F_j\|_{L_{\xi\tau}^2}. \tag{10.4.28}$$

由于

$$\langle \xi \rangle^{s - s_0} \leqslant C \prod_{j=1}^{3} \langle \xi_j \rangle^{s - s_0}, \tag{10.4.29}$$

(10.4.28) 等价于下面不等式

$$\int_{\mathbb{R}^2} \int_{\substack{\xi = \xi_1 + \xi_2 + \xi_3 \\ \tau = \tau_1 + \tau_2 + \tau_3}} \frac{|\xi| \langle \xi \rangle^{s_0} F \displaystyle\prod_{j=1}^{3} F_j}{\langle \sigma \rangle^b \displaystyle\prod_{j=1}^{3} \langle \xi_j \rangle^{s_0} \langle \sigma_j \rangle^b} \mathrm{d}\xi_1 \mathrm{d}\tau_1 \mathrm{d}\xi_2 \mathrm{d}\tau_2 \mathrm{d}\xi \mathrm{d}\tau$$

$$\leqslant C \|F\|_{L_{\xi\tau}^2} \prod_{j=1}^{3} \|F_j\|_{L_{\xi\tau}^2}, \tag{10.4.30}$$

引理 10.4.2 证明完毕.　　　　　　　　　　　　　　　　　　　　　　　　□

引理 10.4.3　取 $s \geqslant s_0 = \dfrac{1}{2} - \dfrac{\alpha}{4}$, $b = \dfrac{1}{2} - \varepsilon$. 则

$$\|\partial_x(u_1 u_2 u_3)\|_{X_{s,-b}^T} \leqslant C \prod_{j=1}^{3} \|u_j\|_{X_{s,b}^T}. \tag{10.4.31}$$

结合引理 10.4.2 和标准证明, 可得引理 10.4.3.

10.5 局部适定性

本部分我们证明定理 10.1.1. 令 $z(t) = U(t)u_0$, $\bar{u} = \int_0^t U(t-s)\Phi\mathrm{d}W$. 方程 (10.1.1) 的解等价于下面积分

$$u(t) = U(t)u_0 + \frac{1}{3}\int_0^t U(t-s)\partial_x(u^3)\mathrm{d}s + \int_0^t U(t-s)\Phi\mathrm{d}W, \quad (10.5.32)$$

其中 $v(t) = u(t) - z(t) - \bar{u}$. 则我们有

$$v(t) = u(t) - z(t) - \bar{u} = \frac{1}{3}\int_0^t U(t-s)\partial_x(v + z(t) + \bar{u})^3\mathrm{d}s. \quad (10.5.33)$$

定义

$$G(v) = \frac{1}{3}\int_0^t U(t-s)\partial_x(v + z(t) + \bar{u})^3\mathrm{d}s. \quad (10.5.34)$$

由引理 10.4.3、引理 10.2.4、定理 10.2.5、定理 10.4.1, 我们有

$$\|G(v)\|_{X_{s,b}^T} \leqslant \left\|\frac{1}{3}\int_0^t U(t-s)\partial_x(v + z(t) + \bar{u})^3\mathrm{d}s\right\|_{X_{s,b}^T}$$

$$\leqslant CT^{1-2b}\left(\|v\|_{X_{s,b}^T}^3 + \|z(t)\|_{X_{s,b}^T}^3 + \|\psi\left(\frac{t}{T}\right)\bar{u}\|_{X_{s,b}}^3\right)$$

$$\leqslant CT^{1-2b}\left(\|v\|_{X_{s,b}^T}^3 + \|u_0\|_{X_{s,b}^T}^3 + \|\psi\left(\frac{t}{T}\right)\bar{u}\|_{X_{s,b}}^3\right), \quad (10.5.35)$$

类似地, 有

$$\|G(v_1) - G(v_2)\|_{X_{s,b}^T} \leqslant \left\|\frac{1}{3}\int_0^t U(t-s)\partial_x(v + z(t) + \bar{u})^3\mathrm{d}s\right\|_{X_{s,b}^T}$$

$$\leqslant CT^{1-2b}\|v_1 - v_2\|_{X_{s,b}^T}\left(\|v_1\|_{X_{s,b}^T}^2 + \|v_2\|_{X_{s,b}^T}^2 + \|z(t)\|_{X_{s,b}^T}^2 + \left\|\psi\left(\frac{t}{T}\right)\bar{u}\right\|_{X_{s,b}}^2\right)$$

$$\leqslant CT^{1-2b}\|v_1 - v_2\|_{X_{s,b}^T}\left(\|v_1\|_{X_{s,b}^T}^2 + \|v_2\|_{X_{s,b}^T}^2 + \|u_0\|_{H^s}^2 + \left\|\psi\left(\frac{t}{T}\right)\bar{u}\right\|_{X_{s,b}}^2\right),$$

$$(10.5.36)$$

令

$$R_\omega = \left[\left\| \psi\left(\frac{t}{T}\right)\bar{u} \right\|_{X_{s,b}} + \|u_0\|_{H^s} + 2 \right]^3. \tag{10.5.37}$$

定义

$$T_\omega = \min f\left\{ T > 0, CT^{1-2b}R_\omega^3 \geqslant \frac{1}{4} \right\}. \tag{10.5.38}$$

由引理 10.2.6, 任取 $0 < T < 1$, 我们有

$$\|\chi_{[0,T]}\bar{u}\|_{X_{s,b}} \leqslant C\|\bar{u}\|_{X_{s,b}^1} \leqslant C(\omega).$$

又因为 $b = \frac{1}{2} - \varepsilon$, $\|\chi_{[0,T]}\bar{u}\|_{X_{s,b}}$ 关于 T 连续. 由 (10.5.37), 我们可知 $T_\omega > 0$. 结合 (10.5.37) 和 $\|\chi_{[0,T]}\bar{u}\|_{X_{s,b}}$ 是 $\mathscr{F}_T$-可测的, 我们知道 T_ω 是结束时间. 结合 (10.5.35), (10.5.36) 以及 (10.5.37), (10.5.38), 我们有 G 映 $X_{s,b}^{T_\omega}$ 到它自身,

$$\|G(v_1) - G(v_2)\|_{X_{s,b}^T} \leqslant \frac{1}{2}\|v_1 - v_2\|_{X_{s,b}^T}, \tag{10.5.39}$$

因此, G 有唯一不动点, 即 u 在 $[0, T_\omega]$ 上满足 (10.1.1).

现在我们证明 $u \in C([0,T]; H^s(\mathbb{R}))$. 由于 $0 < b < \frac{1}{2}$, 因此我们有 $\|z(t)\|_{C([0,T];H^s)} \leqslant \|z(t)\|_{X_{s,1-b}}$. 由 [103] 的命题 4.7 和 [101] 的定理 6.10, 我们可知 $\bar{u} \in C([0,T]; H^s(\mathbb{R}))$. 显然, 我们有

$$\|v\|_{C([0,T];H^s)} \leqslant \left\| \frac{1}{3}\int_0^t U(t-s)\partial_x u^3 \mathrm{d}s \right\|_{X_{s,1-b}^T}$$

$$\leqslant C\|u\|_{X_{s,b}^T}^3 \leqslant C(1 + \|u_0\|_{H^s} + C(\omega))^3 < \infty.$$

故而 $v \in C([0,T]; H^s)$. 因此, $u = z(t) + \bar{u} + v \in C([0,T]; H^s)$. 对于定理 10.1.1 剩余部分的证明, 参考 [68, 102] 定理 1.1. 定理 10.1.1 的证明完毕.

10.6　定理 10.1.2 的证明

受 [102], [103] 的启发, 本部分我们证明定理 10.1.2. 首先我们考虑如下随机 PDE:

$$\begin{cases} \mathrm{d}u^m(t) = \left[-\partial_x^3 u^m - \frac{1}{3}\partial_x((u^m)^3) \right]\mathrm{d}t + \Phi_m \mathrm{d}W(t), \\ u^m(x,0) = u_0^m(x) = P_m u_0(x), \end{cases} \tag{10.6.40}$$

其中 $\mathscr{F}_x P_m u_0(x) = \psi\left(\dfrac{\xi}{m}\right)\mathscr{F}_x u_0(\xi)$. 显然, (10.6.40) 被写为如下

$$u^m = U(t)u_0^m - \frac{1}{3}\int_0^t S(t-\tau)[(u^m)^3]\mathrm{d}\tau + \int_0^t U(t-\tau)\Phi^m\mathrm{d}W(\tau). \quad (10.6.41)$$

首先, 有如下引理.

引理 10.6.1 令 $u_0(x,\omega) \in L^2(\Omega; H^s(\mathbb{R}))$, 其中 $s \geqslant \dfrac{1}{4}$ 且 u_0 是 F_0 可测的, $\Phi \in L_2^{0,s}$. 假设 $\tilde{\Omega} \subset \Omega$ 满足对于 $\omega \in \Omega$, (10.6.41) 存在解 $u^m(t)$ 在 $t \in [0,T]$ 上, $T \leqslant T_{\omega,m}$, 其中

$$T_{\omega,m} := \inf\left\{T>0, 2CT^{1-2b}\left(\|u_0^m\|_{H^s} + 2\left\|\psi\left(\frac{t}{T}\right)\bar{u}^m\right\|_{X_{s,b}}\right)^3 \geqslant 1\right\}. \quad (10.6.42)$$

那么任取 $t \in [0,T]$, $p \in \mathbb{N}$, 我们有

$$\mathrm{E}\left(\sup_{t\in[0,T]}\|u^m\|_{H_x^1}^{2p}\chi_{\tilde{\Omega}}\right) \leqslant C(p,m), \quad (10.6.43)$$

其中 $C(p,m) = C\left(p, T, \|u_0^m\|_{H_x^1}, \|\Phi^m\|_{L_2^{0,1}}\right)$.

证明 由定理 10.1.1, 我们可得在 $t \in [0,T_{\omega,N}]$ 上存在 (10.6.40) 的唯一解 u^m. 因为 $T \leqslant T_{\omega,m}$, 我们有

$$\mathrm{E}\left(\sup_{t\in[0,T]}\|u^m\|_{H_x^1}^{2p}\chi_{\tilde{\Omega}}\right) \leqslant \mathrm{E}\left(\sup_{t\in[0,T]}\|u^m(t\wedge T_{\omega,m})\|_{H_x^1}^{2p}\right). \quad (10.6.44)$$

由于 $(a+b)^p \leqslant 2^{p-1}(a^p+b^p)$, 其中 $a\geqslant 0, b\geqslant 0, p\geqslant 1$, 有

$$\mathrm{E}\left(\sup_{t\in[0,T]}\|u^m(t\wedge T_{\omega,m})\|_{H_x^1}^{2p}\right) \leqslant \sum_{j=1}^2 I_j, \quad (10.6.45)$$

其中

$$I_1 = 2^{p-1}\mathrm{E}\left(\sup_{t\in[0,T]}\|u^m(t\wedge T_{\omega,m})\|_{L_x^2}^{2p}\right),$$

$$I_2 = 2^{p-1}\mathrm{E}\left(\sup_{t\in[0,T]}\|u_x^m(t\wedge T_{\omega,m})\|_{L_x^2}^{2p}\right).$$

显然,

$$
\begin{aligned}
I_2 = 2^{p-1}\mathrm{E}\Bigg(&\sup_{t\in[0,T]} (\|u_x^m(t\wedge T_{\omega,m})\|_{L_x^2}^2 - \frac{1}{6}\|u^m(t\wedge T_{\omega,m})\|_{L^4}^4 \\
&+\frac{1}{6}\|u^m(t\wedge T_{\omega,m})\|_{L^4}^4)^p\Bigg)
\end{aligned}
$$

$$
\leqslant I_{21} + I_{22}, \tag{10.6.46}
$$

其中

$$
I_{21} = 4^{p-1}\mathrm{E}\left(\sup_{t\in[0,T]} \left(\|u_x^m(t\wedge T_{\omega,m})\|_{L^2}^2 - \frac{1}{6}\|u(t\wedge T_{\omega,m})\|_{L^4}^4 \right)^p \right),
$$

$$
I_{22} = \frac{1}{4}\left(\frac{2}{3} \right)^p \mathrm{E}\left(\sup_{t\in[0,T]} \|u(t\wedge T_{\omega,m})\|_{L^4}^{4p} \right).
$$

由嵌入定理可得

$$
\begin{aligned}
I_{22} \leqslant & \frac{2^{p-1}}{4}\mathrm{E}\left(\sup_{t\in[0,T]} \|u_x^m(t\wedge T_{\omega,m})\|_{L^2}^{2p} \right) \\
& + C(p)\mathrm{E}\left(\sup_{t\in[0,T]} \|u(t\wedge T_{\omega,m})\|_{L^2}^{6p} \right). \tag{10.6.47}
\end{aligned}
$$

结合 (10.6.46), (10.6.47), 我们有

$$
\frac{3}{4}I_2 \leqslant I_{21} + C(p)\mathrm{E}\left(\sup_{t\in[0,T]} \|u(t\wedge T_{\omega,m})\|_{L^2}^{6p} \right). \tag{10.6.48}
$$

由 (10.6.48), 我们有

$$
I_2 \leqslant \frac{4}{3}I_{21} + C(p)\mathrm{E}\left(\sup_{t\in[0,T]} \|u(t\wedge T_{\omega,m})\|_{L^2}^{6p} \right). \tag{10.6.49}
$$

由 (10.6.45) 和 (10.6.49), 我们有

$$
\mathrm{E}\left(\sup_{t\in[0,T]} \|u^m(t\wedge T_{\omega,m})\|_{H_x^1}^{2p} \right)
$$

$$\leqslant 2^{p-1} \mathrm{E} \left(\sup_{t \in [0,T]} \|u(t \wedge T_{\omega,m})\|_{L^2}^{2p} \right)$$

$$+ \frac{4}{3} I_{21} + C(p) \mathrm{E} \left(\sup_{t \in [0,T]} \|u(t \wedge T_{\omega,m})\|_{L^2}^{6p} \right), \tag{10.6.50}$$

利用 (10.6.50) 和 [103] 中引理 5.17 相似的证明, 我们可得引理 10.6.1. □

引理 10.6.2 令 $\alpha = 1$, $u_0(x,\omega) \in L^2(\Omega; H^s(\mathbb{R}))$, $s \geqslant \dfrac{1}{4}$ 且 $\Phi \in L_2^{0,s}$, u_0 是 F_0 可测的. 任取 m 和 $T_0 > 0$, (10.6.41) 在 $t \in [0, T_0]$ 上存在唯一解 u^m.

证明 结合引理 10.6.1 以及 [103] 中命题 4.8 类似的证明, 可得引理 10.6.2. □

引理 10.6.3 序列 u^m 在 $L^\infty([0, T_0]; H^1(\mathbb{R}))$ 上有界. 则

$$\mathrm{E} \left(\sup_{t \in [0,T_0]} \|u^m\|_{H_x^1}^2 \right) \leqslant C \left(\mathrm{E}(\|u_0\|_{H^1}^2), T_0, \|\Phi\|_{L_2^{0,1}} \right). \tag{10.6.51}$$

证明 令 $\mathscr{E}(u^m) = \|u^m\|_{L^2}^6$. 使用 ô 在 $\mathscr{E}(u^m)$ 上面可得

$$\|u^m\|_{L^2}^6 = \|u_0^m\|_{L^2}^6 + 6 \int_0^t \|u^m\|_{L^2}^4 (u^m, \Phi^m \mathrm{d}W)$$

$$+ \frac{1}{2} \int_0^t \mathrm{Tr}(\mathscr{E}''(u^m)(\Phi^m)(\Phi^m)^\star) \mathrm{d}s, \tag{10.6.52}$$

其中

$$\mathscr{E}''(u^m)\phi = 24 \|u^m\|_{L^2}^2 (u^m, \phi) u^m + 6 \|u^m\|_{L^2}^4 \phi.$$

由 [101] 中定理 3.14 的 Young 不等式, 我们有

$$\mathrm{E} \left(\sup_{t \in [0,T_0]} \int_0^t \|u^m\|_{L^2}^4 (u^m, \Phi^m \mathrm{d}W) \right)$$

$$\leqslant 3 \mathrm{E} \left(\int_0^{T_0} \|u^m\|_{L^2}^8 \|(\Phi^\star)^m u^m\|_{L^2} \mathrm{d}s \right)^{1/2}$$

$$\leqslant \frac{1}{16} \mathrm{E} \left(\sup_{t \in [0,T_0]} \|u^m\|_{L^2}^6 \right) + C T_0^3 \|\Phi^m\|_{L_2^{0,0}}^6. \tag{10.6.53}$$

由迹算子的定义和 Young 不等式, 有

$$\mathrm{Tr} \left(\mathscr{E}''(u^m) \Phi^m \Phi_m^\star \right)$$

$$= \sum_{j\in\mathbb{N}} \left[24\|u^m\|_{L^2}^2 (u^m, \Phi^m e_j)^2 + 6\|u^m\|_{L^2}^4 \|\Phi^m e_j\|_{L^2}^2 \right]$$

$$\leqslant 30\|u^m\|_{L^2}^4 \|\Phi^m\|_{L_2^{0,0}}^2$$

$$\leqslant \frac{1}{12T_0}\|u^m\|_{L^2}^6 + CT_0^2\|\Phi^m\|_{L_2^{0,0}}^6. \tag{10.6.54}$$

将 (10.6.53), (10.6.54) 代入 (10.6.52) 可得

$$\|u^m\|_{L^2}^6 \leqslant \|u_0^m\|_{L^2}^6 + \frac{1}{2}\|u^m\|_{L^2}^6 + CT_0^3\|\Phi^m\|_{L_2^{0,0}}^6. \tag{10.6.55}$$

由 (10.6.55), 我们有

$$\mathrm{E}\left(\sup_{t\in[0,T]}\|u^m\|_{L^2}^6\right) \leqslant 2\mathrm{E}\left(\|u_0^m\|_{L^2}^6\right) + CT_0^3\|\Phi^m\|_{L_2^{0,0}}^6. \tag{10.6.56}$$

令 $\mathscr{C}(u^m) = \|u^m\|_{L^2}^8$. 将公式 ô 应用到 $\mathscr{C}(u_m)$ 可得

$$\|u^m\|_{L^2}^8 = \|u_0^m\|_{L^2}^8 + 8\int_0^t \|u^m\|_{L^2}^6 (u^m, \Phi^m \mathrm{d}W)$$

$$+ \frac{1}{2}\int_0^t Tr\mathscr{C}''(u^m)\Phi^m(\Phi^m)^\star \mathrm{d}s, \tag{10.6.57}$$

其中

$$\mathscr{C}''(u^m)\phi = 48\|u^m\|_{L^2}^4 (u^m, \phi)u^m + 8\|u^m\|_{L^2}^6 \phi.$$

由 [101] 中定理 3.14 的 Young 不等式, 我们有

$$\mathrm{E}\left(\sup_{t\in[0,T_0]}\int_0^t \|u^m\|_{L^2}^6 (u^m, \Phi^m \mathrm{d}W)\right)$$

$$\leqslant 3\mathrm{E}\left(\int_0^{T_0} \|u^m\|_{L^2}^{12}\|(\Phi^\star)^m u^m\|_{L^2}^2 \mathrm{d}s\right)^{1/2}$$

$$\leqslant \frac{1}{16}\mathrm{E}\left(\sup_{t\in[0,T_0]}\|u^m\|_{L^2}^6\right) + CT_0^4\|\Phi^m\|_{L_2^{0,0}}^8. \tag{10.6.58}$$

由迹算子的定义和 Young 不等式, 有

$$\mathrm{Tr}\left(\mathscr{C}''(u^m)\Phi^m(\Phi^\star)^m\right)$$

$$= \sum_{j \in \mathbb{N}} \left[48 \|u^m\|_{L^2}^2 (u^m, \Phi^m e_j)^2 + 8 \|u^m\|_{L^2}^4 \|\Phi^m e_j\|_{L^2}^2 \right]$$

$$\leqslant 56 \|u^m\|_{L^2}^6 \|\Phi^m\|_{L_2^{0,0}}^2$$

$$\leqslant \frac{1}{2} \|u^m\|_{L^2}^6 + CT_0^3 \|\Phi^m\|_{L_2^{0,0}}^8. \tag{10.6.59}$$

将 (10.6.58), (10.6.59) 应用到 (10.6.57) 可得

$$\|u^m\|_{L^2}^6 \leqslant \|u_0^m\|_{L^2}^6 + \frac{1}{2} \|u^m\|_{L^2}^6 + CT_0^3 \|\Phi^m\|_{L_2^{0,0}}^6. \tag{10.6.60}$$

由 (10.6.60), 可得

$$\mathrm{E} \left(\sup_{t \in [0, T_0]} \|u^m\|_{L^2}^6 \right) \leqslant 2 \mathrm{E} \left(\|u_0^m\|_{L^2}^6 \right) + CT_0^3 \|\Phi^m\|_{L_2^{0,0}}^6. \tag{10.6.61}$$

令

$$H_2(u^m) = \frac{1}{2} \int_{\mathbb{R}} (u_x^m)^2 \mathrm{d}x - \frac{1}{4} \int_{\mathbb{R}} (u^m)^4 \mathrm{d}x. \tag{10.6.62}$$

将 $\hat{o}$ 应用到 $I(u^m)$ 可得

$$H_2(u^m) = H_2(u_0^m) - \int_0^t (u_{xx}^m + (u^m)^3, \Phi \mathrm{d}W(s))$$

$$+ \frac{1}{2} \int_0^t Tr \left(H_2''(u^m) \Phi^m (\Phi^m)^\star \right) \mathrm{d}s. \tag{10.6.63}$$

其中

$$H_2''(u^m)\phi = -\phi_{xx} - 3(u^m)^2 \phi.$$

由 [101] 中定理 3.14 的 Young 不等式, 我们有

$$\mathrm{E} \left(\sup_{t \in [0, T_0]} - \int_0^t (u_{xx}^m + (u^m)^3, \Phi^m \mathrm{d}W(s)) \right)$$

$$\leqslant 3 \mathrm{E} \left(\left(\int_0^{T_0} |(\Phi^m)^\star \left(u_{xx}^m + (u^m)^3 \right)|^2 \mathrm{d}t \right)^{1/2} \right).$$

由 Sobolev 嵌入定理 $H^1 \hookrightarrow L^\infty$, 有

$$|(\Phi^m)^\star \left(u_{xx}^m + (u^m)^3 \right)|^2 = \sum_{j \in \mathbb{N}^+} \left[(u_{xx}^m, \Phi^m e_j) + ((u^m)^3, \Phi^m e_j) \right]^2$$

$$\leqslant C \sum_{j\in\mathbb{N}^+} \left(\|u^m\|_{H^1}^2 \|\Phi^m e_j\|_{H^1}^2 + \|u^m\|_{L^2}^4 \|u^m\|_{L^\infty}^2 \|\Phi^m e_j\|_{L^\infty}^2 \right)$$

$$\leqslant C \left(1 + \|u^m\|_{L^2}^4 \right) \|u^m\|_{H^1}^2 \|\Phi^m\|_{L_2^{0,1}}^2 .$$

因此

$$\mathrm{E}\left(\sup_{t\in[0,T_0]} - \int_0^t (u_{xx}^m + (u^m)^3, \Phi^m \mathrm{d}W(s)) \right)$$

$$\leqslant 3\mathrm{E}\left(\left(\int_0^{T_0} |(\Phi^m)^\star \left(u_{xx}^m + (u^m)^3 \right)|^2 \mathrm{d}t \right)^{1/2} \right)$$

$$\leqslant C T_0^{1/2} \left(1 + \|u^m\|_{L^2}^2 \right) \|u^m\|_{H^1} \|\Phi^m\|_{L_2^{0,1}}$$

$$\leqslant \frac{1}{4} \|u^m\|_{H^1}^2 + C T_0 \|\Phi^m\|_{L_2^{0,1}}^2 + C T_0^2 \|\Phi^m\|_{L_2^{0,1}}^4 + C \|u^m\|_{L^2}^8 .$$

故而由 $H^1 \hookrightarrow L^\infty$, 我们有

$$\mathrm{Tr}\left(H_2''(u^m) \Phi^m (\Phi^m)^\star \right)$$

$$= -\sum_{j\in\mathbb{N}} \int_{\mathbb{R}} \left[(\Phi^m e_j)_{xx} \Phi^m e_j + 3(u^m)^2 (\Phi^m e_j)^2 \right] \mathrm{d}x$$

$$\leqslant \sum_{j\in\mathbb{N}} \left(|(\Phi^m e_j)_x|_{L^2}^2 + 3\|u^m\|_{L^\infty}^2 \|\Phi^m e_j\|_{L^2}^2 \right)$$

$$\leqslant C \|\Phi^m\|_{L_2^{0,1}}^2 \left[\|u^m\|_{H^1}^2 + 1 \right] .$$

由 Young 不等式, 我们有

$$\mathrm{E}\left(\sup_{t\in[0,T_0]} - \int_0^t (u_{xx}^m + (u^m)^3, \Phi \mathrm{d}W(s)) \right)$$

$$\leqslant 3\mathrm{E}\left(\left(\int_0^{T_0} |(\Phi^m)^\star \left(u_{xx}^m + (u^m)^3 \right)|^2 \mathrm{d}s \right)^{1/2} \right) .$$

因此

$$\frac{1}{2} \int_0^t \mathrm{Tr}\left(H_2''(u^m) \Phi^m (\Phi^m)^\star \right) \mathrm{d}s$$

$$\leqslant \frac{1}{4} \|u^m\|_{L^2}^4 + C T_0^2 \|\Phi^m\|_{L_2^{0,1}}^4 + C T_0 \|\Phi^m\|_{L_2^{0,1}}^2 .$$

故

$$E\left(\sup_{t\in[0,T_0]}H_2(u^m)\right)$$

$$\leqslant E\left(H_2(u_0^m)\right) + \frac{1}{4}E\left(\sup_{t\in[0,T_0]}\|u_x^m\|_{L^2}^2\right)$$

$$+\frac{1}{4}E\left(\sup_{t\in[0,T_0]}\|u_x^m\|_{L^2}^4\right) + \frac{1}{2}E\left(\sup_{t\in[0,T_0]}\|u^m\|_{L^2}^8\right)$$

$$+CT_0^2\|\Phi^m\|_{L_2^{0,1}}^2 + CT_0\|\Phi^m\|_{L_2^{0,1}}^2.$$

由上面不等式和嵌入定理

$$\|u\|_{L^2}^4 \leqslant C\|u_x\|_{L^2}\|u\|_{L^2}^3 + \frac{1}{8}\|u_x\|_{L^2}^2 + C\|u\|_{L^2}^6,$$

以及 (10.6.63), 我们有

$$E\left(\sup_{t\in[0,T_0]}\|u_x^m\|_{L^2}^2\right)$$

$$\leqslant 4E\left(H_2(u_0^m)\right) + CE\left(\sup_{t\in[0,T_0]}\|u^m\|_{L^2}^2\right)$$

$$+CT_0^2\|\Phi^m\|_{L_2^{0,1}}^4 + CT_0\|\Phi^m\|_{L_2^{0,1}}^2 + CE\left(\sup_{t\in[0,T_0]}\|u^m\|_{L^2}^4\right)$$

$$\leqslant CE\|u_0^m\|_{H^1}^2 + CE\left(\sup_{t\in[0,T_0]}\|u^m\|_{L^2}^2\right)$$

$$+CE\left(\sup_{t\in[0,T_0]}\|u^m\|_{L^2}^4\right) + CE\left(\sup_{t\in[0,T_0]}\|u^m\|_{L^2}^6\right) + CE\left(\sup_{t\in[0,T_0]}\|u^m\|_{L^2}^8\right)$$

$$+CT_0\|\Phi^m\|_{L_2^{0,1}}^2 + CT_0^2\|\Phi^m\|_{L_2^{0,1}}^4 + CT_0^4\|\Phi^m\|_{L_2^{0,1}}^8 + CT_0^3\|\Phi^m\|_{L_2^{0,1}}^8$$

$$\leqslant CE\left(\|u_0^m\|_{H^1}^2\right) + E\left(\|u_0^m\|_{L^2}^6\right) + E\left(\|u_0^m\|_{L^2}^8\right) + CE\left(\sup_{t\in[0,T_0]}\|u^m\|_{L^2}^2\right)$$

$$+CE\left(\sup_{t\in[0,T_0]}\|u^m\|_{L^2}^4\right) + CT_0\|\Phi^m\|_{L_2^{0,1}}^2 + CT_0^2\|\Phi^m\|_{L_2^{0,1}}^4$$

$$+ C^6 T_0^3 \|\Phi^m\|_{L_2^{0,1}}^6 + C T_0^4 \|\Phi^m\|_{L_2^{0,0}}^8 + C T_0^3 \|\Phi^m\|_{L_2^{0,0}}^8. \tag{10.6.64}$$

我们定义 $\mathscr{D}(u^m) = \left[\int (u^m)^2 \mathrm{d}x \right]^4$. 应用 ô 在 $\mathscr{D}(u)$ 上可得

$$\mathscr{D}(u^m) = \mathscr{D}(u_0^m) + 4 \int_0^t \|u^m\|_{L^2}^2 (u^m, \Phi^m \mathrm{d}W)$$
$$+ \frac{1}{2} \int_0^t \mathrm{Tr}\left(\mathscr{D}''(u^m) \Phi^m (\Phi^m)^\star \right) \mathrm{d}s,$$

其中

$$\mathscr{D}''(u^m)\phi = 8(u^m, \phi)u^m + 4\|u^m\|_{L^2}^2 \phi.$$

类似 (10.6.64) 的计算, 我们得

$$\mathrm{E}\left(\sup_{t \in [0, T_0]} \|u^m\|_{L^2}^4 \right) \leqslant 2\mathrm{E}\left(\|u_0^m\|_{L^2}^4 \right) + C T_0^2 \|\Phi^m\|_{L_2^{0,0}}^4. \tag{10.6.65}$$

同理, 有

$$\mathrm{E}\left(\sup_{t \in [0, T_0]} \|u^m\|_{L^2}^2 \right) \leqslant 2\mathrm{E}\left(\|u_0^m\|_{L^2}^2 \right) + C T_0 \|\Phi^m\|_{L_2^{0,0}}^2. \tag{10.6.66}$$

将 (10.6.65), (10.6.66) 代入 (10.6.64) 可得

$$\mathrm{E}\left(\sup_{t \in [0, T_0]} \|u_x^m\|_{L^2}^2 \right) \leqslant C\mathrm{E}\left(\|u_0^m\|_{H^1} + 1 \right)^2 + C \left[T_0 \|\Phi^m\|_{L_2^{0,1}}^2 + 1 \right]^3. \tag{10.6.67}$$

由 (10.6.66) 和 (10.6.67), 我们有

$$\mathrm{E}\left(\sup_{t \in [0, T_0]} \|u^m\|_{H^1}^2 \right) \leqslant C\mathrm{E}\left(\|u_0^m\|_{H^1} + 1 \right)^2 + C \left[T_0 \|\Phi^m\|_{L_2^{0,1}}^2 + 1 \right]^3. \tag{10.6.68}$$

由 (10.6.68), 可得

$$\mathrm{E}\left(\sup_{t \in [0, T_0]} \|u^m\|_{H^1}^2 \right) \leqslant C\mathrm{E}\left(\|u_0\|_{H^1} + 1 \right)^2 + C \left[T_0 \|\Phi\|_{L_2^{0,1}}^2 + 1 \right]^3. \tag{10.6.69}$$

引理 10.6.3 证明完毕. □

下面证明定理 10.1.2. 由引理 10.6.3, 通过抽取一段序列, 我们可找到函数 $\tilde{u} \in L^\infty([0,T_0]; H^1(\mathbb{R}))$ 使得

$$u^m \rightharpoonup \tilde{u} \tag{10.6.70}$$

在 $L^\infty([0,T_0]; H^1(\mathbb{R}))$ 上弱 * 收敛. 并且

$$\mathrm{E}\left(\sup_{t\in[0,T_0]} \|\tilde{u}\|_{H^1}^2\right) \leqslant C. \tag{10.6.71}$$

令 $z^m(t) = U(t)u_0^m$, $\bar{u}^m = \int_0^t U(t-\tau)\Phi^m \mathrm{d}\tau$, $v^m = u^m - z^m - \bar{u}^m$, 则对每一个 m, v^m 满足

$$v^m = \frac{1}{3}\int_0^t U(t-\tau)\partial_x(v^m + z^m + \bar{u}^m)^3 \mathrm{d}\tau =: G_m(v^m). \tag{10.6.72}$$

通过重复定理 10.1.1 的证明, 容易证明 G_m 在 $X_{1,b}^{\widetilde{T}}$ 上是压缩映射对 $\widetilde{T} > 0$, 其满足

$$2C\widetilde{T}^{1-2b}\left(2 + \|u_0^m\|_{H^1} + \|\chi_{t\in[0,\widetilde{T}]}\bar{u}^m\|_{X_{1,b}}\right)^3 \leqslant 1. \tag{10.6.73}$$

令

$$D(\omega) = \sup_{0\leqslant t\leqslant T_0} \|\tilde{u}\|_{H_x^1}^2.$$

则

$$\mathrm{E}\left(\sup_{0\leqslant t\leqslant T_0} \|\tilde{u}\|_{H_x^1}^2\right) \leqslant C,$$

因此, 可得 $D(\omega) < \infty$. 考虑 $\widetilde{T}_\omega > 0$ 满足

$$2C\tilde{T}_\omega^{1-2b}\left(2 + \|u_0\|_{H^1} + D(\omega)^{1/2} + \|\chi_{t\in[0,\widetilde{T}]}\bar{u}^m\|_{X_{1,b}}\right)^3 \leqslant 1. \tag{10.6.74}$$

则任取 m, 我们有

$$\|u_0^m\|_{H_x^1} \leqslant \|u_0\|_{H^1}$$

且

$$\left\|\chi_{[0,\widetilde{T}_\omega]}\bar{u}^m\right\|_{X_{1,b}} \leqslant \left\|\chi_{t\in[0,\widetilde{T}]}\bar{u}\right\|_{X_{1,b}}.$$

因此 (10.6.73) 对任意 m 合理. 并且有 $\widetilde{T}_\omega \leqslant T_\omega$. 因此, G 和 G_m 是 $X_{1,b}^{\widetilde{T}_\omega}$ 上的压缩映射, 其中 $\widetilde{T}_\omega$ 满足 (10.6.74). 特别地, (10.5.33) 的解 $v \in X_{1,b}^{\widetilde{T}_\omega}$ 唯一存在. 并且任取 m, v^m 和 v 分别是 G_m 和 G 唯一的不动点.

由引理 10.2.4、引理 10.2.5、引理 10.4.1 和引理 10.4.3, 我们有 $u^m \longrightarrow u$ 在 $C([0,\widetilde{T}_\omega]; H^1(T))$ 上, 且 $u = \bar{u}$ 对 $t \in [0,\widetilde{T}_\omega]$. 因此,

$$\|u(\widetilde{T}_\omega)\|_{H_x^1}^2 \leqslant \sup_{t\in[0,T_0]} \|\bar{u}\|_{H_x^1}^2 = D_\omega. \tag{10.6.75}$$

结合 (10.6.74) 和 (10.6.75), 我们可得 $[\widetilde{T}_\omega, 2\widetilde{T}_\omega]$ 上的解, 由迭代法可得 $[0, T_0]$ 的解. 至此完成定理 10.1.2 的证明. $\qquad\square$

第 11 章 KdV-BO 方程的低正则性问题

11.1 引　言

本章主要研究广义的 KdV-BO 方程的初值问题:

$$\partial_t u + \alpha \mathcal{H}(\partial_x^2 u) - \beta \partial_x^3 u + \partial_x(u^l) = 0, \tag{11.1.1}$$

$$u(x,0) = \varphi(x) \in H^s, \quad x,t \in \mathbb{R}, \tag{11.1.2}$$

其中 α 和 β 是实数且不满足 $\alpha\beta \neq 0$; $l = 2, 3$. $\mathcal{H}$ 指 Hilbert 变换

$$\mathcal{H}f(x) = \text{P.V.}\frac{1}{\pi}\int \frac{f(x-y)}{y}\mathrm{d}y.$$

积分微分方程 (11.1.1) 代表双流体系统中长波的无向传播, 带有较长密度的短流是无穷深的且表面会受到毛细血管的影响. 对孤立型深水波的重力-毛细血管表面的研究是由 Benjamin 提出的.

一些文章研究了 (11.1.1) 的孤立波解的存在性、稳定性和渐近性质, 例如 [24], [25]. Linares[26] 证明了若初值属于 L^2, $\alpha\beta < 0$ 且 $l = 2$, 则问题 (11.1.1)—(11.1.2) 存在局部解和整体解.

本章我们主要研究带有低正则性的问题 (11.1.1)—(11.1.2) 的适定性结果. 我们证明了若 $l = 2$, 问题 (11.1.1)—(11.1.2) 存在 $H^s(\mathbb{R})$ $\left(s \geqslant -\dfrac{1}{8}\right)$ 的局部适定性和 $L^2(\mathbb{R})$ 的整体适定性, 且不满足 $\alpha\beta \neq 0$. 进一步, 若 $l = 3$, 利用 Fourier 限制范数法, 我们证明问题 (11.1.1)—(11.1.2) 存在 $H^s(\mathbb{R})$ $\left(s \geqslant \dfrac{1}{4}\right)$ 的局部适定性结论. 对于这个方法, 可参考 [27], [28], [29].

问题 (11.1.1)—(11.1.2) 等价积分形式如下:

$$u = S(t)\varphi + \int_0^t S(t-t')(\partial_x(u^l)(t'))\mathrm{d}t',$$

其中

$$S(t) = \mathscr{F}_x^{-1} e^{-it(\alpha\xi|\xi| + \beta\xi^3)} \mathscr{F}_x, \quad \phi(\xi) = \alpha\xi|\xi| + \beta\xi^3$$

是线性方程和相函数的单位分解.

我们必须指出相函数 $\phi(\xi)$ 有非零孤立点, 它与线性 KdV 方程半群的相函数不同, 前者使得问题更加困难. 因此我们需要使用 Fourier 限制算子

$$P^N f = \int_{|\xi| \geqslant N} e^{ix\xi} \hat{f}(\xi)\mathrm{d}\xi, \quad P_N f = \int_{|\xi| \leqslant N} e^{ix\xi} \hat{f}(\xi)\mathrm{d}\xi, \quad \forall N > 0 \qquad (11.1.3)$$

来消除相函数的奇点.

除此之外, 上面的算子将会用来分解 (11.1.1) 中的非线性项 $\partial_x(u^l)$. 为了处理这一项, 我们首先将它分解为高频和低频部分

$$\partial_x(u^l) = P^N\{\partial_x(u^l)\} + P_N\{\partial_x(u^l)\}. \qquad (11.1.4)$$

接下来, 我们继续分解 (11.1.4) 的右端为带有 Fourier 限制算子 P^N, P_N 乘积的和.

定义 11.1.1　对 $s, b \in \mathbb{R}$, 我们定义 $X_{s,b}$ 为 $\mathbb{R}^2$ 上 Schwarz 函数在下列范数下的完备化,

$$\|u\|_{X_{s,b}} = \|(1 + |\xi|^s)(1 + |\tau + \alpha\xi|\xi| + \beta\xi^3|)^b \mathscr{F}u\|_{L_\xi^2 L_\tau^2}$$
$$= \|\langle\xi\rangle^s \langle\tau + \alpha\xi|\xi| + \beta\xi^3\rangle^b \mathscr{F}u\|_{L_\xi^2 L_\tau^2},$$

其中 $\langle\cdot\rangle = (1 + |\cdot|)$, $\mathscr{F}u = \hat{u}(\tau, \xi)$ 表示 u 关于 t, x 的 Fourier 变换, $\mathscr{F}_{(\cdot)}u$ 表示 u 关于变量 $(\cdot)$ 的 Fourier 变换.

我们将使用嵌入定理 $\|u\|_{X_{s_1,b_1}} \leqslant \|u\|_{X_{s_2,b_2}}$ 当 $s_1 \leqslant s_2, b_1 \leqslant b_2$.

记 $\int_\star \mathrm{d}\delta$ 为卷积

$$\int_{\xi=\xi_1+\xi_2, \tau=\tau_1+\tau_2} \mathrm{d}\tau_1\mathrm{d}\tau_2\mathrm{d}\xi_1\mathrm{d}\xi_2 \quad \text{或} \quad \int_{\xi=\xi_1+\xi_2+\xi_3, \tau=\tau_1+\tau_2+\tau_3} \mathrm{d}\tau_1\mathrm{d}\tau_2\mathrm{d}\tau_3\mathrm{d}\xi_1\mathrm{d}\xi_2\mathrm{d}\xi_3.$$
$$(11.1.5)$$

若 $\psi \in C_0^\infty(\mathbb{R})$, 当 $x \in \left[-\frac{1}{2}, \frac{1}{2}\right]$ 时, $\psi(x) = 1$, 且 supp $\psi \subset [-1, 1]$. 若 $\delta \in \mathbb{R}$, 记 $\psi_\delta(\cdot) = \psi(\delta^{-1}(\cdot))$.

下面我们引入一些变量

$$\sigma = \tau + \alpha\xi|\xi| + \beta\xi^3, \qquad \sigma_1 = \tau_1 + \alpha_1\xi_1|\xi_1| + \beta_1\xi_1^3,$$
$$\sigma_2 = \tau_2 + \alpha_2\xi_2|\xi_2| + \beta_2\xi_2^3, \qquad \sigma_3 = \tau_3 + \alpha_3\xi_3|\xi_3| + \beta_3\xi_3^3. \qquad (11.1.6)$$

我们将使用以下记号

$$\|f\|_{L_x^p L_t^q} = \left(\int_{-\infty}^{+\infty} \left(\int_{-\infty}^{+\infty} |f(x,t)|^q \mathrm{d}t\right)^{p/q} \mathrm{d}x\right)^{1/p}, \quad \|f\|_{L_t^\infty H_x^s} = \left\|\|f\|_{H_x^s}\right\|_{L_t^\infty},$$

$$\mathscr{F} F_\rho(\xi,\tau) \frac{f(\xi,\tau)}{(1+|\tau+\alpha\xi|\xi|+\beta\xi^3|)^\rho}, \quad a = \max\left(1, \left|\frac{2\alpha}{3\beta}\right|\right).$$

记 D_x^s 为关于变量 x 的 s 阶微分. 下面我们将给出多线性的一些记号 [21]. Z 为具有不变测度 $\mathrm{d}\xi$ 的阿贝尔加群, 任取整数 $k \geqslant 2$, 记 $\Gamma_k(Z)$ 为超平面,

$$\Gamma_k(Z) = \{(\xi_1,\cdots,\xi_k) \in Z^k : \xi_1+\cdots+\xi_k = 0\},$$

定义任意函数 $m:\Gamma_k(Z) \to \mathbb{C}$ 为 $[k;Z]$ 乘子. 若 m 是一个 $[k;Z]$ 乘子, 则我们定义 $\|m\|_{[k;Z]}$ 为如下不等式 (对任意 Z 上的函数 f_j) 的最佳常数

$$\left| \int_{\Gamma_k(Z)} m(\xi) \prod_{j=1}^k f_j(\xi_j) \right| \leqslant \|m\|_{[k;Z]} \prod_{j=1}^k \|f_j\|_{L_2(Z)}.$$

显然 $\|m\|_{[k;Z]}$ 定义了 m 的一个范数, 我们对于该范数的好的有界性感兴趣. 令 $Z = \mathbb{R} \times \mathbb{R}$.

下面我们给出主要结论.

定理 11.1.2 取定 $l = 2$. 另 $s \geqslant -\dfrac{1}{8}$, $\dfrac{1}{2} < b < 1$, 则存在常数 $T > 0$, 问题 (11.1.1)—(11.1.2) 存在局部解 $u(x,t) \in C([0,T];H^s) \cap X_{s,b}$ 且 $\varphi \in H^s$. 进一步, 给定 $t \in [0,T]$, 则映射 $\varphi \to u$ 是 $H^s \to C([0,T];H^s)$ 上的 Lipschitz 连续. 若问题 (11.1.1)—(11.1.2) 的光滑解满足 $L^2(\mathbb{R})$, 则我们可以得出 $L^2(\mathbb{R})$ 上的整体适定性.

定理 11.1.3 若 $s = 0$, 则定理 11.1.2 的解可以被延拓为整体解.

定理 11.1.4 $l = 3$, 若 $s \geqslant \dfrac{1}{4}$, $\dfrac{1}{2} < b < \dfrac{5}{8}$. 则存在 $T > 0$, 问题 (11.1.1)—(11.1.2) 存在唯一局部解 $u(x,t) \in C([0,T];H^s) \cap X_{s,b}$ 且 $\varphi \in H^s$.

注记 11.1.5 定理 11.1.2—定理 11.1.4 不需要条件 $\alpha\beta < 0$.

11.2 预 备 知 识

在本节中, 我们首先给出 $\alpha\beta < 0$ 的估计, 接下来估计 $\alpha\beta > 0$.

引理 11.2.1 群 $\{S(t)\}_{-\infty}^{+\infty}$ 满足

$$\|S(t)\varphi\|_{L_x^8 L_t^8} \leqslant C\|\varphi\|_{L^2}. \tag{11.2.7}$$

证明过程参考 [35].

引理 11.2.2

$$\|D_x P^{2a} S(t)\varphi\|_{L_x^\infty L_t^2} \leqslant C\|\varphi\|_{L^2}, \tag{11.2.8}$$

$$\|D_x^{-1/4}P^a S(t)\varphi\|_{L_x^4 L_t^\infty} \leqslant C\|\varphi\|_{L^2}, \tag{11.2.9}$$

$$\|D_x^{1/6}P^{2a} S(t)\varphi\|_{L_x^6 L_t^6} \leqslant C\|\varphi\|_{L^2}, \tag{11.2.10}$$

其中 C 依赖于常数 a.

证明　首先证明 (11.2.9). 因为 $\phi(\xi) = \alpha\xi|\xi| + \beta\xi^3$, 则 $\phi'(\xi) = 2\alpha|\xi| + 3\beta\xi^2$, $\phi''(\xi) = 2\alpha(\xi/|\xi|) + 6\beta\xi$. 若 $|\xi| \geqslant N(N=2a)$, ϕ 是可逆的, 则我们有

$$\begin{aligned}
P^N S(t)\varphi &= \int_{|\xi|\geqslant N} e^{ix\xi}e^{-it\phi(\xi)}\hat\varphi(\xi)\mathrm{d}\xi = \int_{\phi^{-1}\geqslant N} e^{ix\phi^{-1}}e^{-it\phi}\hat\varphi(\phi^{-1})\frac{1}{\phi'}\mathrm{d}\phi \\
&= \mathscr{F}_t\left(e^{ix\phi^{-1}}\chi_{\{|\phi^{-1}|\geqslant N\}}\hat\varphi(\phi^{-1})\frac{1}{\phi'}\right).
\end{aligned}$$

因此由 Plancherel 定理和上面估计, 变量代换 $\xi = \phi^{-1}$, 我们有

$$\begin{aligned}
\|P^N S(t)\varphi\|_{L_t^2}^2 &= \int_{\phi^{-1}\geqslant N} |\hat\varphi(\phi^{-1})|^2\frac{1}{|\phi'|^2}\mathrm{d}\phi = \int_{|\xi|\geqslant N} |\hat\varphi(\xi)|^2\frac{1}{|\phi'(\xi)|^2}\phi'(\xi)\mathrm{d}\xi \\
&\leqslant \int_{|\xi|\geqslant N} |\hat\varphi(\xi)|^2\frac{1}{\phi'}\mathrm{d}\xi = \int_{|\xi|\geqslant N}\frac{1}{|3\beta\xi^2||1+(2\alpha)/(3\beta|\xi|)|}\mathrm{d}\xi \\
&\leqslant C\int_{|\xi|\geqslant N}\frac{|\hat\varphi(\xi)|^2}{|\xi|^2}\mathrm{d}\xi \leqslant C\|\varphi\|_{\dot H^{-1}}^2.
\end{aligned}$$

至此我们证明了 (11.2.9).

下面我们给出 (11.2.10) 的证明.

$$\begin{aligned}
\|P^N S(t)\varphi\|_{L_x^4 L_t^\infty}^2 &\leqslant C\int_{|\xi|\geqslant a} |\hat\varphi(\xi)|^2\left|\frac{\phi'(\xi)}{\phi''(\xi)}\right|^{1/2}\mathrm{d}\phi \\
&\leqslant C\int_{|\xi|\geqslant a} |\hat\varphi(\xi)|^2\left|\frac{3\beta\xi^2+2\alpha|\xi|}{6\beta\xi+2\alpha(\xi/|\xi|)}\right|^{1/2}\mathrm{d}\phi \\
&\leqslant C\int_{|\xi|\geqslant a} |\hat\varphi(\xi)|^2\left|\frac{|3\beta\xi^2||1+a(1/|\xi|)|}{|6\beta\xi||1+(1/2)a(1/|\xi|)|}\right|^{1/2}\mathrm{d}\phi \\
&\leqslant C\int_{|\xi|\geqslant a} |\hat\varphi(\xi)|^2\left|\frac{|3\beta\xi^2||1+a(1/a)|}{|6\beta\xi||1+(1/2)a(1/a)|}\right|^{1/2}\mathrm{d}\phi \\
&\leqslant C\|\varphi\|_{H^{1/4}}^2,
\end{aligned}$$

第一个不等式由 [36] 得到. 最后利用 (11.2.9) 和 (11.2.10) 的差值不等式可得出 (11.2.8). □

引理 11.2.3 若 $\rho > 1/2$, 任取 $N \in (0, +\infty)$, 则

$$\|P_N F_\rho\|_{L_x^2 L_t^\infty} \leqslant C\|f\|_{L_\xi^2 L_\tau^2}.$$

证明过程可参考 [28].

引理 11.2.4 (i) 若 $\rho > 1/3$, 则

$$\|F_\rho\|_{L_x^4 L_t^4} \leqslant C\|f\|_{L_\xi^2 L_\tau^2}.$$

(ii) 若 $\rho > 3/8$, 则

$$\|D_x^{1/8} P^{2a} F_\rho\|_{L_x^4 L_t^4} \leqslant C\|f\|_{L_\xi^2 L_\tau^2}.$$

证明 作变量代换 $\tau = \lambda - \phi(\xi)$, 则有

$$F_\rho(x,t) = \int_{-\infty}^{+\infty} \int_{-\infty}^{+\infty} e^{i(x\xi+t\tau)} \frac{f(\xi,\tau)}{(1+|\tau+\phi(\xi)|)^\rho} \mathrm{d}\xi \mathrm{d}\tau$$

$$= \int_{-\infty}^{+\infty} e^{it\lambda} \left(\int_{-\infty}^{+\infty} e^{i(x\xi+t\phi(\xi))} f(\xi, \lambda+\phi(\xi)) \mathrm{d}\xi \right) \frac{\mathrm{d}\lambda}{(1+|\lambda|)^\rho}.$$

然后利用 (11.2.7), Minkowski 积分不等式和 $\rho > 1/2$, 可得

$$\|F_\rho\|_{L_x^8 L_t^8} \leqslant C \int_{-\infty}^{+\infty} \|f(\xi, \lambda+\phi(\xi))\|_{L_\xi^2} \frac{\mathrm{d}\lambda}{(1+|\lambda|)^\rho} \leqslant C\|f\|_{L_\xi^2 L_\tau^2}. \tag{11.2.11}$$

进一步, 我们有

$$\|F_0\|_{L_x^2 L_t^2} \leqslant C\|f\|_{L_\xi^2 L_\tau^2}. \tag{11.2.12}$$

对 $\rho > 1/3$, 由 (11.2.11) 和 (11.2.12) 的差值不等式, 我们有

$$\|F_\rho\|_{L_x^4 L_t^4} \leqslant C\|f\|_{L_\xi^2 L_\tau^2}. \tag{11.2.13}$$

对 $\rho > 1/2$, 由 (11.2.11) 和 (11.2.13), 我们有

$$\|D_x^{1/6} P^{2a} F_\rho\|_{L_x^6 L_t^6} \leqslant C\|f\|_{L_\xi^2 L_\tau^2}. \tag{11.2.14}$$

对 $\rho > 3/8$, 由 (11.2.12) 和 (11.2.14), 我们有

$$\|D_x^{1/8} P^{2a} F_\rho\|_{L_x^4 L_t^4} \leqslant C\|f\|_{L_\xi^2 L_\tau^2}. \tag{11.2.15}$$

$\square$

引理 11.2.5　若 $\rho > \theta/2$, $\theta \in [0,1]$, 则

$$\|D_x^{\theta} P^{2a} F_{\rho}\|_{L_x^{2/(1-\theta)} L_t^2} \leqslant C \|f\|_{L_{\xi}^2 L_{\tau}^2}. \qquad (11.2.16)$$

证明过程和引理 11.2.4 类似, 故略去.

下面我们考虑 (11.1.1) 中 $\alpha\beta > 0$ 的相关估计. 类似于 $\alpha\beta < 0$, 我们得出了下面结果.

引理 11.2.6[35]　群 $\{S(t)\}_{-\infty}^{+\infty}$ 满足

$$\|S(t)\varphi\|_{L_x^6 L_t^6} \leqslant C \|\varphi\|_{L^2}. \qquad (11.2.17)$$

引理 11.2.7

$$\|D_x P^{2a} S(t)\varphi\|_{L_x^{\infty} L_t^2} \leqslant C \|\varphi\|_{L^2}, \qquad (11.2.18)$$

$$\|D_x^{-1/4} P^a S(t)\varphi\|_{L_x^4 L_t^{\infty}} \leqslant C \|\varphi\|_{L^2}, \qquad (11.2.19)$$

$$\|D_x^{1/6} P^{2a} S(t)\varphi\|_{L_x^6 L_t^6} \leqslant C \|\varphi\|_{L^2}, \qquad (11.2.20)$$

其中 C 依赖于常数 a.

引理 11.2.8　若 $\rho > 1/2$, 任取 $N \in (0, +\infty)$, 则

$$\|P_N F_{\rho}\|_{L_x^2 L_t^{\infty}} \leqslant C \|f\|_{L_{\xi}^2 L_{\tau}^2}.$$

引理 11.2.9　(i) 若 $\rho > 1/3$, 则

$$\|F_{\rho}\|_{L_x^4 L_t^4} \leqslant C \|f\|_{L_{\xi}^2 L_{\tau}^2}.$$

(ii) 若 $\rho > 3/8$, 则

$$\|D_x^{1/8} P^{2a} F_{\rho}\|_{L_x^4 L_t^4} \leqslant C \|f\|_{L_{\xi}^2 L_{\tau}^2}.$$

引理 11.2.10　若 $\rho > \theta/2$, $\theta \in [0,1]$, 则

$$\|D_x^{\theta} P^{2a} F_{\rho}\|_{L_x^{2/(1-\theta)} L_t^2} \leqslant C \|f\|_{L_{\xi}^2 L_{\tau}^2}. \qquad (11.2.21)$$

引理 11.2.11　若 f, f_1, f_2 及 f_3 属于 $\mathbb{R}^2$ 上的 Schwarz 空间, 则

(i) $\displaystyle\int_{\star} \bar{\hat{f}}(\xi, \tau) \hat{f}_1(\xi_1, \tau_1) \hat{f}_2(\xi_2, \tau_2) \hat{f}_3(\xi_3, \tau_3) \mathrm{d}\delta = \int \bar{f} f_1 f_2 f_3(x, t) \mathrm{d}x \mathrm{d}t$;

(ii) $\displaystyle\int_{\star} \bar{\hat{f}}(\xi, \tau) \hat{f}_1(\xi_1, \tau_1) \hat{f}_2(\xi_2, \tau_2) \mathrm{d}\delta = \int \bar{f} f_1 f_2(x, t) \mathrm{d}x \mathrm{d}t$,

其中 $\displaystyle\int_{\star} \mathrm{d}\delta$ 在 (11.1.5) 中定义.

证明 因为 (ii) 的证明与 (i) 类似, 我们只证明 (i). 为了简单起见, 我们只考虑其中一个变量, 事实上

$$\int_{\xi = \xi_1 + \xi_2 + \xi_3} \bar{\hat{f}}(\xi) \hat{f}_1(\xi_1) \hat{f}_2(\xi_2) \hat{f}_3(\xi_3) \mathrm{d}\xi_1 \mathrm{d}\xi_2 \mathrm{d}\xi_3$$

$$= \int_{\xi = \xi_1 + \xi_2 + \xi_3} \bar{\hat{f}}(\xi) \hat{f}_1(\xi_1) \hat{f}_2(\xi_2) \hat{f}_3(\xi_3) \mathrm{d}\xi_1 \mathrm{d}\xi_2 \mathrm{d}\xi_3$$

$$= \int_{\xi_1} \int_{\xi_2'} \int_{\xi_3'} \bar{\hat{f}}(-\xi_3') \hat{f}_1(\xi_1) \hat{f}_2(\xi_2' - \xi_1) \hat{f}_3(\xi_3' - \xi_2') \mathrm{d}\xi_1 \mathrm{d}\xi_2' \mathrm{d}\xi_3'$$

$$= \hat{f} * \hat{f}_1 * \hat{f}_2 * \hat{f}_3(0) = \mathscr{F}(\bar{f} f_1 f_2 f_3)(0)$$

$$= \int \mathscr{F}(\bar{f} f_1 f_2 f_3)(x) \mathrm{d}x. \qquad \square$$

引理 11.2.12 若 m 和 M 是 $[k; Z]$ 乘子, 且满足对任取 $\xi \in \Gamma_k(Z)$, $|m(\xi)| \leqslant |M(\xi)|$, 则 $\|m\|_{[k;Z]} \leqslant \|M\|_{[k;Z]}$.

11.3 $l = 2$ 时的局部解

事实上, 若存在 $b > 1/2$ 使得下面条件满足

$$\|\partial_x(u_1 u_2)\|_{X_{s,b-1}} \leqslant C \|u_1\|_{X_{s,b}} \|u_2\|_{X_{s,b}},$$

则我们可以得出问题 (11.1.1)—(11.1.2) 的局部适定性. 因此我们只需要证明上面的双线性估计.

定理 11.3.1 取 $b > 1/2$ 且充分接近 $1/2$. 对 $b' > 1/2$, $s \geqslant -1/8$, 我们有

$$\|\partial_x(u_1 u_2)\|_{X_{s,b-1}} \leqslant C \|u_1\|_{X_{s,b'}} \|u_2\|_{X_{s,b'}}. \tag{11.3.22}$$

注: 从数学观点来看, 条件 $s \geqslant -1/8$ 是必要的, 由于相函数 $\phi(\xi)(\phi'(\xi), \phi''(\xi))$ 存在奇点, 这个估计很难被优化.

证明 由对偶性和 Plancherel 恒等式, 只需要证明对于 $\bar{f} \in L^2$, $\bar{f} \geqslant 0$ 有

$$\Upsilon = \int_{\star} \langle \xi \rangle^s |\xi| \frac{\bar{f}(\tau, \xi)}{\langle \sigma \rangle^{1-b}} \mathscr{F} u_1(\tau_1, \xi_1) \mathscr{F} u_2(\tau_2, \xi_2) \mathrm{d}\delta$$

$$= \int_{\star} \frac{\langle \xi \rangle^s |\xi|}{\langle \sigma \rangle^{1-b} \prod_{j=1}^{2} \langle \xi_j \rangle^s \langle \sigma_j \rangle^{b'}} \bar{f}(\tau, \xi) f_1(\tau_1, \xi_1) f_2(\tau_2, \xi_2) \mathrm{d}\delta$$

$$\leqslant \left\| \frac{\langle \xi \rangle^s |\xi|}{\langle \sigma \rangle^{1-b} \prod\limits_{j=1}^{2} \langle \xi_j \rangle^s \langle \sigma_j \rangle^{b'}} \right\|_{[3;\mathbb{R}\times\mathbb{R}]} \|f\|_{L^2} \prod_{j=1}^{2} \|f_j\|_{L^2},$$

其中 $f_j = \langle \xi_j \rangle^s \langle \sigma_j \rangle^{b'} \hat{u}_j$, $j = 1, 2$, $\xi = \xi_1 + \xi_2$, $\tau = \tau_1 + \tau_2$.

我们很容易得出 $\|f_j\|_{L^2} = \|u_j\|_{X_{s,b'}}$. 如果下面估计成立, 则定理 11.3.1 成立:

$$\left\| \frac{\langle \xi \rangle^s |\xi|}{\langle \sigma \rangle^{1-b} \prod\limits_{j=1}^{2} \langle \xi_j \rangle^s \langle \sigma_j \rangle^{b'}} \right\|_{[3;\mathbb{R}\times\mathbb{R}]} \leqslant C.$$

令

$$\mathscr{F} F_j^\rho(\xi, \tau) = \frac{f_j(\xi, \tau)}{(1 + |\tau + \alpha\xi|\xi| + \beta\xi^3|)^\rho}, \quad j = 1, 2.$$

为了使积分 Υ 有界, 我们将积分区域分为几部分.

我们将考虑最有趣的部分, $s \leqslant 0$. 令 $r = -s$, 由对称性, 我们只需要考虑下面区域的积分

$$|\xi_1| \leqslant |\xi_2|.$$

情况 1. 假设 $|\xi| \leqslant 4a$.

情况 1.1. 若 $|\xi_1| \leqslant 2a$, 则 $|\xi_2| \leqslant |\xi - \xi_1| \leqslant 6a$. 结合引理 11.2.4 和引理 11.2.6, 在这个区域上的积分 Υ 将被下式控制

$$\int_\star \frac{|\xi| \bar{f}(\tau, \xi)}{\langle \xi \rangle^r \langle \sigma \rangle^{1-b}} \frac{\langle \xi_1 \rangle^r f_1(\tau_1, \xi_1)}{\langle \sigma_1 \rangle^{b'}} \frac{\langle \xi_2 \rangle^r f_2(\tau_2, \xi_2)}{\langle \sigma_2 \rangle^{b'}} \mathrm{d}\delta$$

$$\leqslant C \int_\star \frac{\bar{f}(\tau, \xi)}{\langle \sigma \rangle^{1-b}} \frac{f_1(\tau_1, \xi_1)}{\langle \sigma_1 \rangle^{b'}} \frac{f_2(\tau_2, \xi_2)}{\langle \sigma_2 \rangle^{b'}} \mathrm{d}\delta$$

$$\leqslant C \int \overline{F_{1-b}} \cdot F_{b'}^1 \cdot F_{b'}^2(x, t) \mathrm{d}x \mathrm{d}t$$

$$\leqslant C \|F_{1-b}\|_{L_x^2 L_t^2} \|F_{b'}^1\|_{L_x^4 L_t^4} \|F_{b'}^2\|_{L_x^4 L_t^4}$$

$$\leqslant C \|f\|_{L_\xi^2 L_\tau^2} \|f_1\|_{L_\xi^2 L_\tau^2} \|f_2\|_{L_\xi^2 L_\tau^2}.$$

情况 1.2. 若 $2a \leqslant |\xi_1| \leqslant |\xi_2|$, 结合引理 11.2.4 和引理 11.2.6, 则对于 $r \leqslant 1/8$,

$$\int_\star \frac{|\xi|\bar{f}(\tau,\xi)}{\langle\xi\rangle^r\langle\sigma\rangle^{1-b}} \frac{\langle\xi_1\rangle^r f_1(\tau_1,\xi_1)}{\langle\sigma_1\rangle^{b'}} \frac{\langle\xi_2\rangle^r f_2(\tau_2,\xi_2)}{\langle\sigma_2\rangle^{b'}} \mathrm{d}\delta$$

$$\leqslant C \int_\star \frac{\bar{f}(\tau,\xi)}{\langle\sigma\rangle^{1-b}} \frac{\langle\xi_1\rangle^r \chi_{|\xi_1|\geqslant 2a} f_1(\tau_1,\xi_1)}{\langle\sigma_1\rangle^{b'}} \frac{\langle\xi_2\rangle^r \chi_{|\xi_2|\geqslant 2a} f_2(\tau_2,\xi_2)}{\langle\sigma_2\rangle^{b'}} \mathrm{d}\delta$$

$$\leqslant C \int \overline{F_{1-b}} \cdot D_x^{1/8} P^{2a} F_{b'}^1 \cdot D_x^{1/8} P^{2a} F_{b'}^2(x,t)\mathrm{d}x\mathrm{d}t$$

$$\leqslant C\|F_{1-b}\|_{L_x^2 L_t^2}\|D_x^{1/8} P^{2a} F_{b'}^1\|_{L_x^4 L_t^4}\|D_x^{1/8} P^{2a} F_{b'}^2\|_{L_x^4 L_t^4}$$

$$\leqslant C\|f\|_{L_\xi^2 L_\tau^2}\|f_1\|_{L_\xi^2 L_\tau^2}\|f_2\|_{L_\xi^2 L_\tau^2}.$$

情况 2. 假设 $|\xi| \geqslant 4a$.

情况 2.1. 若 $|\xi_1| \leqslant 2a$, $|\xi_2| \geqslant 2a$, 则 $|\xi| < 2|\xi_2|$, 结合引理 11.2.3—引理 11.2.11, 我们有

$$\int_\star \frac{|\xi|\bar{f}(\tau,\xi)}{\langle\xi\rangle^r\langle\sigma\rangle^{1-b}} \frac{\langle\xi_1\rangle^r f_1(\tau_1,\xi_1)}{\langle\sigma_1\rangle^{b'}} \frac{\langle\xi_2\rangle^r f_2(\tau_2,\xi_2)}{\langle\sigma_2\rangle^{b'}} \mathrm{d}\delta$$

$$\leqslant C \int_\star \frac{\bar{f}(\tau,\xi)}{\langle\sigma\rangle^{1-b}} \frac{\chi_{|\xi_1|\leqslant 2a} f_1(\tau_1,\xi_1)}{\langle\sigma_1\rangle^{b'}} \frac{|\xi_2|\chi_{|\xi_2|\geqslant 2a} f_2(\tau_2,\xi_2)}{\langle\sigma_2\rangle^{b'}} \mathrm{d}\delta$$

$$\leqslant C \int \overline{F_{1-b}} \cdot P_{2a} F_{b'}^1 \cdot D_x P^{2a} F_{b'}^2(x,t)\mathrm{d}x\mathrm{d}t$$

$$\leqslant C\|F_{1-b}\|_{L_x^2 L_t^2}\|P_{2a} F_{b'}^1\|_{L_x^2 L_t^\infty}\|D_x P^{2a} F_{b'}^2\|_{L_x^\infty L_t^2}$$

$$\leqslant C\|f\|_{L_\xi^2 L_\tau^2}\|f_1\|_{L_\xi^2 L_\tau^2}\|f_2\|_{L_\xi^2 L_\tau^2}.$$

情况 2.2. 若 $2a \leqslant |\xi_1| \leqslant |\xi_2|$, 已知 $\phi(\xi) = \alpha\xi|\xi| + \beta\xi^3$, $\sigma = \tau + \phi(\xi)$, $\sigma_1 = \tau_1 + \phi(\xi_1)$, $\sigma_2 = \tau_2 + \phi(\xi_2)$, 我们将考虑下列情况.

(1) $\xi \geqslant \xi_1$, $\xi_1 \geqslant 0$;　　(2) $\xi \geqslant \xi_1$, $\xi_1 \leqslant 0$;

(3) $\xi \leqslant \xi_1$, $\xi_1 \geqslant 0$;　　(4) $\xi \leqslant \xi_1$, $\xi_1 \leqslant 0$.

由 (11.1.6), 我们有下面估计:

由 (1), 我们有下面恒等式,

$$\sigma = \sigma_1 - \sigma_2 = 3\beta\xi_1\xi_2\left(\xi + \frac{2\alpha}{3\beta}\right).$$

由 (2), 我们有下面两个情况.

若 $\xi \geqslant 0$, 有下面恒等式

$$\sigma = \sigma_1 - \sigma_2 = 3\beta\xi\xi_1\left(\xi_2 + \frac{2\alpha}{3\beta}\right).$$

若 $\xi \leqslant 0$, 有下面恒等式

$$\sigma = \sigma_1 - \sigma_2 = 3\beta\xi\xi_2\left(\xi_1 - \frac{2\alpha}{3\beta}\right).$$

由 (3), 我们有下面两个情况.

若 $\xi \geqslant 0$, 有下面恒等式

$$\sigma = \sigma_1 - \sigma_2 = 3\beta\xi\xi_2\left(\xi_1 + \frac{2\alpha}{3\beta}\right).$$

若 $\xi \leqslant 0$, 有下面恒等式

$$\sigma = \sigma_1 - \sigma_2 = 3\beta\xi\xi_1\left(\xi_2 - \frac{2\alpha}{3\beta}\right).$$

由 (4), 我们有下面恒等式,

$$\sigma = \sigma_1 - \sigma_2 = 3\beta\xi_1\xi_2\left(\xi - \frac{2\alpha}{3\beta}\right).$$

因为 (1)—(3) 的证明过程与 (4) 类似, 因此我们只证明 (4).

事实上, 由 (4) 可知下面情形之一总是成立:

(a) $|\sigma| \geqslant C|\xi_1||\xi_2|\left|\xi - \dfrac{2\alpha}{3\beta}\right|$;

(b) $|\sigma_1| \geqslant C|\xi_1||\xi_2|\left|\xi - \dfrac{2\alpha}{3\beta}\right|$;

(c) $|\sigma_2| \geqslant C|\xi_1||\xi_2|\left|\xi - \dfrac{2\alpha}{3\beta}\right|$.

积分 Υ 能被下面控制

$$\int_\star \frac{\langle\xi\rangle^{1-r}\chi_{|\xi|\geqslant 4a}|\xi|\bar{f}(\tau,\xi)}{\langle\sigma\rangle^{1-b}}\frac{\langle\xi_1\rangle^r\chi_{|\xi_1|\geqslant 2a}f_1(\tau_1,\xi_1)}{\langle\sigma_1\rangle^{b'}}\frac{\langle\xi_2\rangle^r\chi_{|\xi_2|\geqslant 2a}f_2(\tau_2,\xi_2)}{\langle\sigma_2\rangle^{b'}}\mathrm{d}\delta.$$

下面我们分别考虑 (a)—(c). 由条件可知

$$\left|\left(\xi - \frac{2\alpha}{3\beta}\right)\right| \geqslant |\xi| - a \geqslant |\xi| - \frac{|\xi|}{4} = \frac{3}{4}|\xi|.$$

若 (a) 成立. 对 $r+b-1 \leqslant 1/8$ 且 $r \geqslant b$, 结合引理 11.2.4 和引理 11.2.6, 我们有

$$\int_{\star} \frac{\langle\xi\rangle^{1-r}\chi_{|\xi|\geqslant 4a}|\xi|\bar{f}(\tau,\xi)}{\left(\left|\xi_1\|\xi_2\|\xi-\dfrac{2\alpha}{3\beta}\right|\right)^{1-b}} \frac{\langle\xi_1\rangle^r\chi_{|\xi_1|\geqslant 2a}f_1(\tau_1,\xi_1)}{\langle\sigma_1\rangle^{b'}} \frac{\langle\xi_2\rangle^r\chi_{|\xi_2|\geqslant 2a}f_2(\tau_2,\xi_2)}{\langle\sigma_2\rangle^{b'}}\mathrm{d}\delta$$

$$\leqslant C\int_{\star}\langle\xi\rangle^{b-r}\chi_{|\xi|\geqslant 4a}|\xi|\bar{f}(\tau,\xi)$$

$$\times \frac{\langle\xi_1\rangle^{r+b-1}\chi_{|\xi_1|\geqslant 2a}f_1(\tau_1,\xi_1)}{\langle\sigma_1\rangle^{b'}} \frac{\langle\xi_2\rangle^{r+b-1}\chi_{|\xi_2|\geqslant 2a}f_2(\tau_2,\xi_2)}{\langle\sigma_2\rangle^{b'}}\mathrm{d}\delta$$

$$\leqslant C\int \overline{F_0}\cdot D_x^{1/8}P^{2a}F_{b'}^1\cdot D_x^{1/8}P^{2a}F_{b'}^2(x,t)\mathrm{d}x\mathrm{d}t$$

$$\leqslant C\|F_0\|_{L_x^2L_t^2}\|D_x^{1/8}P^{2a}F_{b'}^1\|_{L_x^4L_t^4}\|D_x^{1/8}P^{2a}F_{b'}^4\|_{L_x^4L_t^4}$$

$$\leqslant C\|f\|_{L_\xi^2L_\tau^2}\|f_1\|_{L_\xi^2L_\tau^2}\|f_2\|_{L_\xi^2L_\tau^2}.$$

由此可知, 若 $r+b-1 \leqslant 1/8$ 且 $r \geqslant b$, 我们有

$$\left\|\frac{|\xi|\langle\xi_1\rangle^r\langle\xi_2\rangle^r}{\langle\sigma\rangle^{1-b}\langle\xi\rangle^r\langle\sigma_1\rangle^{b'}\langle\sigma_2\rangle^{b'}}\right\|_{[3;\mathbb{R}\times\mathbb{R}]} \leqslant C.$$

然而若 $r \leqslant 1/8$, 由引理 11.2.12, 我们有

$$\left\|\frac{|\xi|\langle\xi_1\rangle^r\langle\xi_2\rangle^r}{\langle\sigma\rangle^{1-b}\langle\xi\rangle^r\langle\sigma_1\rangle^{b'}\langle\sigma_2\rangle^{b'}}\right\|_{[3;\mathbb{R}\times\mathbb{R}]} \leqslant C.$$

事实上, 若 $r_1 \leqslant r_2$, 由 $\xi=\xi_1+\xi_2$ 可得

$$\frac{|\xi|\langle\xi_1\rangle^{r_1}\langle\xi_2\rangle^{r_1}}{\langle\sigma\rangle^{1-b}\langle\xi\rangle^{r_1}\langle\sigma_1\rangle^{b'}\langle\sigma_2\rangle^{b'}} \leqslant C\frac{|\xi|\langle\xi_1\rangle^{r_2}\langle\xi_2\rangle^{r_2}}{\langle\sigma\rangle^{1-b}\langle\xi\rangle^{r_2}\langle\sigma_1\rangle^{b'}\langle\sigma_2\rangle^{b'}}.$$

若 (b) 成立. 对 $r+b' \geqslant 1$, $r-b' \leqslant 1/16$, 结合引理 11.2.4 和引理 11.2.6, 我们有

$$\int_{\star} \frac{\langle\xi\rangle^{1-r}\chi_{|\xi|\geqslant 4a}|\xi|\bar{f}(\tau,\xi)}{\langle\sigma_1\rangle^{1-b}} \frac{\langle\xi_1\rangle^r\chi_{|\xi_1|\geqslant 2a}f_1(\tau_1,\xi_1)}{\langle\sigma_1\rangle^{b'}} \frac{\langle\xi_2\rangle^r\chi_{|\xi_2|\geqslant 2a}f_2(\tau_2,\xi_2)}{\left(\left|\xi_1\|\xi_2\|\xi-\dfrac{2\alpha}{3\beta}\right|\right)^{b'}}\mathrm{d}\delta$$

$$\leqslant C\int_{\star} \frac{\langle\xi\rangle^{1-b'-r}\chi_{|\xi|\geqslant 4a}|\xi|\bar{f}(\tau,\xi)}{\langle\sigma_1\rangle^{1-b}}\chi_{|\xi_1|\geqslant 2a}f_1(\tau_1,\xi_1)\frac{\langle\xi_2\rangle^r\chi_{|\xi_2|\geqslant 2a}f_2(\tau_2,\xi_2)}{\left(\left|\xi_1\|\xi_2\|\xi-\dfrac{2\alpha}{3\beta}\right|\right)^{b'}}\mathrm{d}\delta$$

$$\leqslant C \int \overline{F_{1-b}} \cdot F_0^1 \cdot D_x^{1/8} P^{2a} F_{b'}^2(x,t) \mathrm{d}x \mathrm{d}t$$

$$\leqslant C \|F_{1-b}\|_{L_x^4 L_t^4} \|F_0^1\|_{L_x^2 L_t^2} \|D_x^{1/8} P^{2a} F_{b'}^4\|_{L_x^4 L_t^4}$$

$$\leqslant C \|f\|_{L_\xi^2 L_\tau^2} \|f_1\|_{L_\xi^2 L_\tau^2} \|f_2\|_{L_\xi^2 L_\tau^2}.$$

与 (a) 类似, 若 $r \leqslant 1/8$, 由引理 11.2.12, 我们有

$$\left\| \frac{|\xi| \langle \xi_1 \rangle^r \langle \xi_2 \rangle^r}{\langle \sigma \rangle^{1-b} \langle \xi \rangle^r \langle \sigma_1 \rangle^{b'} \langle \sigma_2 \rangle^{b'}} \right\|_{[3;\mathbb{R} \times \mathbb{R}]} \leqslant C.$$

若 (c) 成立, 证明与 (b) 类似. 至此完成了定理 11.3.1 的证明. $\qquad\square$

引理 11.3.2　令 $s \in \mathbb{R}$, $1/2 < b < b' < 1$, $0 < \delta \leqslant 1$, 则我们有

$$\|\psi_\delta(t) S(t) \varphi\|_{X_{s,b}} \leqslant C \delta^{1/2-b} \|\varphi\|_{H^s},$$

$$\left\| \psi_\delta(t) \int_0^t S(t-t') F(t') \mathrm{d}t' \right\|_{X_{s,b}} \leqslant C \delta^{1/2-b} \|F\|_{X_{s,b-1}},$$

$$\left\| \psi(t) \int_0^t S(t-t') F(t') \mathrm{d}t' \right\|_{L_t^\infty H_x^s} \leqslant C \|F\|_{X_{s,b-1}},$$

$$\|\psi_\delta(t) F\|_{X_{s,b-1}} \leqslant C \delta^{b'-b} \|F\|_{X_{s,b'-1}}.$$

下面将给出定理 11.1.2 的证明.

$\varphi \in H^s (s \geqslant -1/8)$, 定义下列算子

$$\Phi_\varphi(u) = \Phi_\varphi(u) = \psi_1(t) S(t) \varphi + \psi_1(t) \int_0^t S(t-t') \psi_\delta(t') (\partial_x u^2)(t') \mathrm{d}t',$$

以及集合

$$\mathcal{B} = \{u \in X_{s,b} : \|u\|_{X_{s,b}} \leqslant 2C \|\varphi\|_{H^s}\}.$$

为了证明 Φ 是 $\mathcal{B}$ 上的压缩映射, 我们首先证明

$$\Phi(\mathcal{B}) \subset \mathcal{B}.$$

对于 $1/2 < b' < 1$, 利用定理 11.3.1 和引理 11.4.1, 有下面不等式

$$\|\Phi(u)\|_{X_{s,b}} \leqslant C \|\varphi\|_{H^s} + C \delta^{b'-b} \|u\|_{X_{s,b}}^2 \leqslant C \|\varphi\|_{H^s} + C \delta^{b'-b} \|u\|_{X_{s,b}} \|u\|_{H^s}.$$

因此对于满足 $C \delta^{b'-b} \|\varphi\|_{H^s} \leqslant 1/2$, 我们有

$$\|\Phi(u) - \Phi(v)\|_{X_{s,b}} \leqslant C \delta^{b'-b} (\|u\|_{H^s} + \|v\|_{H^s}) \|u - v\|_{X_{s,b}} \leqslant \frac{1}{2} \|u - v\|_{X_{s,b}}.$$

因此 Φ 是 $\mathcal{B}$ 上的压缩映射. 对于 $T < \delta/2$, 问题 (11.1.1)—(11.1.2) 存在唯一不动点.

11.4 定理 11.1.4 的证明

在证明三线性估计之前, 我们首先给出下面引理.

引理 11.4.1 $\rho > 1/4$, 则

$$\|D_x^{-1/4}P^{2a}F_\rho\|_{L_x^4 L_t^\infty} \leqslant C\|f\|_{L_\xi^2 L_\tau^2}. \tag{11.4.23}$$

证明 由 (11.2.10) 和 (11.2.11) 可得结论. $\square$

定理 11.4.2 若 $s \geqslant 1/4$, $1/2 < b < 5/8$, 则

$$\|\partial_x(u_1 u_2 u_3)\|_{X_{s,b-1}} \leqslant C\|u_1\|_{X_{s,b}}\|u_2\|_{X_{s,b}}\|u_3\|_{X_{s,b}}. \tag{11.4.24}$$

注记 11.4.3 Kenig, Ponce 和 Vega[29] 证明了当 $s > 1/4$ 时, 对于 KdV 方程类似的结论不成立.

证明 证明过程类似于定理 11.3.1, 因此我们只给出证明框架.

由对偶性和 Plancherel 恒等式, 只需要证明对任意的 $\bar{f} \in L^2, \bar{f} \geqslant 0$, 有

$$\Gamma = \int_\star \langle\xi\rangle^s|\xi|\frac{\bar{f}(\tau,\xi)}{\langle\sigma\rangle^{1-b}}\mathscr{F}u_1(\tau_1,\xi_1)\mathscr{F}u_2(\tau_2,\xi_2)\mathscr{F}\bar{u}_3(\tau_3,\xi_3)\mathrm{d}\delta$$

$$= \int_\star \frac{\langle\xi\rangle^s|\xi|}{\langle\sigma\rangle^{1-b}\prod_{j=1}^3\langle\xi_j\rangle^s\langle\sigma_j\rangle^{b'}}\bar{f}(\tau,\xi)f_1(\tau_1,\xi_1)f_2(\tau_2,\xi_2)f_3(\tau_3,\xi_3)\mathrm{d}\delta$$

$$\leqslant C\|f\|_{L^2}\prod_{j=1}^3\|f_j\|_{L_2},$$

其中 $f_j = \langle\xi_j\rangle^s\langle\sigma_j\rangle^{b'}\hat{u}_j, j=1,2,3; \xi = \xi_1+\xi_2+\xi_3, \tau = \tau_1+\tau_2+\tau_3$.

令

$$\mathscr{F}F_j^\rho(\xi,\tau) = \frac{f_j(\xi,\tau)}{(1+|\tau+\alpha\xi|\xi|+\beta\xi^3|)^\rho}, \quad j=1,2,3.$$

为了使积分 Υ 有界, 我们将积分区域分为几部分.

情况 1. 若 $|\xi_1| \leqslant 6a$, 结合引理 11.2.4 和引理 11.2.11, 在这个区域上的积分 Γ 将被下式控制

$$C\int_\star \frac{|\xi|\bar{f}(\tau,\xi)}{\langle\sigma\rangle^{1-b}}\frac{f_1(\tau_1,\xi_1)}{\langle\sigma_1\rangle^{b'}}\frac{f_2(\tau_2,\xi_2)}{\langle\sigma_2\rangle^{b'}}\frac{f_3(\tau_3,\xi_3)}{\langle\sigma_3\rangle^{b'}}\mathrm{d}\delta$$

$$\leqslant C \int \overline{F_{1-b}} \cdot F_{b'}^1 \cdot F_{b'}^2 \cdot F_{b'}^3(x,t)\mathrm{d}x\mathrm{d}t$$

$$\leqslant C\|F_{1-b}\|_{L_x^4 L_t^4}\|F_{b'}^1\|_{L_x^4 L_t^4}\|F_{b'}^2\|_{L_x^4 L_t^4}\|F_{b'}^3\|_{L_x^4 L_t^4}$$

$$\leqslant C\|f\|_{L_\xi^2 L_\tau^2}\|f_1\|_{L_\xi^2 L_\tau^2}\|f_2\|_{L_\xi^2 L_\tau^2}\|f_3\|_{L_\xi^2 L_\tau^2}.$$

情况 2. 假设 $|\xi| \geqslant 6a$. 由对称性, 有 $2a \leqslant 1/3|\xi| \leqslant |\xi_3|$.

若 $|\xi_1| \leqslant 2a$, 结合引理 11.2.3—引理 11.2.11、引理 11.4.1, Γ 被下式控制,

$$\int_\star \frac{|\bar{f}(\tau,\xi)|}{\langle\sigma\rangle^{1-b}} \frac{\chi_{|\xi_1|\leqslant 2a}f_1(\tau_1,\xi_1)}{\langle\sigma_1\rangle^{b'}} \frac{f_2(\tau_2,\xi_2)}{\langle\sigma_2\rangle^{b'}} \frac{\chi_{|\xi_3|\geqslant 2a}|\xi_3|f_3(\tau_3,\xi_3)}{\langle\sigma_3\rangle^{b'}}\mathrm{d}\delta$$

$$\leqslant C \int \overline{F_{1-b}} \cdot P_{2a}F_{b'}^1 \cdot F_{b'}^2 \cdot D_x P^{2a} F_{b'}^3(x,t)\mathrm{d}x\mathrm{d}t$$

$$\leqslant C\|F_{1-b}\|_{L_x^4 L_t^4}\|P_{2a}F_{b'}^1\|_{L_x^2 L_t^\infty}\|F_{b'}^2\|_{L_x^4 L_t^4}\|D_x P^{2a} F_{b'}^3\|_{L_x^\infty L_t^2}$$

$$\leqslant C\|f\|_{L_\xi^2 L_\tau^2}\|f_1\|_{L_\xi^2 L_\tau^2}\|f_2\|_{L_\xi^2 L_\tau^2}\|f_3\|_{L_\xi^2 L_\tau^2}.$$

若 $2a \geqslant |\xi_1|$ 且 $2a \geqslant |\xi_2|$, 对于 $s \geqslant 1/4$, Γ 被下式控制

$$\int_\star \frac{\chi_{|\xi|\geqslant 6a}|\xi|^{1/2}\bar{f}(\tau,\xi)}{\langle\sigma\rangle^{1-b}} \frac{\chi_{|\xi_1|\geqslant 2a}f_1(\tau_1,\xi_1)}{\langle\sigma_1\rangle^{b'}\langle\xi_1\rangle^s} \frac{\chi_{|\xi_2|\geqslant 2a}f_2(\tau_2,\xi_2)}{\langle\sigma_2\rangle^{b'}\langle\xi_2\rangle^s}$$

$$\times \frac{\chi_{|\xi_3|\geqslant 2a}|\xi_3|^{1/2}f_3(\tau_3,\xi_3)}{\langle\sigma_3\rangle^{b'}}\mathrm{d}\delta$$

$$\leqslant C \int D_x^{1/2}\overline{P^{6a}F_{1-b}} \cdot D_x^{-s}P^{2a}F_{b'}^1 \cdot D_x^{-s}P^{2a}F_{b'}^2 \cdot D_x^{1/2}P^{2a}F_{b'}^3(x,t)\mathrm{d}x\mathrm{d}t$$

$$\leqslant C\|D_x^{1/2}P^{6a}F_{1-b}\|_{L_x^4 L_t^2}\|D_x^{-s}P^{2a}F_{b'}^1\|_{L_x^4 L_t^\infty}\|D_x^{-s}P^{2a}F_{b'}^2\|_{L_x^4 L_t^\infty}$$

$$\times \|D_x^{1/2}P^{2a}F_{b'}^3\|_{L_x^4 L_t^2}$$

$$\leqslant C\|f\|_{L_\xi^2 L_\tau^2}\|f_1\|_{L_\xi^2 L_\tau^2}\|f_2\|_{L_\xi^2 L_\tau^2}\|f_3\|_{L_\xi^2 L_\tau^2}.$$

结合引理 11.2.3—引理 11.2.11 以及引理 11.4.1、定理 11.4.2 的证明完成.

因此由压缩映射原理和定理 11.4.2, 定理 11.1.4 得证.　　　　　□

第 12 章 Benjamin-Ono 方程孤立波解的 轨道稳定性

12.1 孤立波解的存在性

在本章, 我们利用 Grillakis 等 [127,128] 提出的抽象轨道稳定性理论和谱分析来证明深水中 Benjamin-Ono 方程孤立波解轨道稳定性.

考虑如下的 Benjamin-Ono 方程

$$u_t + uu_x + \mathcal{H}(u_{xx}) = 0, \quad t \geqslant 0, \quad x \in \mathbb{R}, \tag{12.1.1}$$

其中 $\mathcal{H}$ 表示 Hilbert 变换

$$\mathcal{H}f(x) = \text{P.V.}\frac{1}{\pi} \int \frac{f(y)}{y-x} \mathrm{d}y, \tag{12.1.2}$$

并且它的 Fourier 变换为 $\mathcal{H}\hat{f}(\xi) = |\xi|\hat{f}$.

假定孤立波解 $u(t,x) = \varphi_c(x-ct)$, 其中 $c > 0$ 为常数, 将 $u(t,x) = \varphi_c(x-ct)$ 代入 (12.1.1) 并关于 x 积分可得

$$-\mathcal{H}\varphi_c' + c\varphi_c - \frac{1}{2}\varphi_c^2 = 0. \tag{12.1.3}$$

对 (12.1.3) 取 Fourier 变换可得

$$2(c - |\xi|)\hat{\varphi}_c = \widehat{\varphi_c^2}. \tag{12.1.4}$$

令

$$\hat{\varphi}_c(\xi) = a\lambda e^{-\lambda|\xi|}, \tag{12.1.5}$$

其中 a 和 λ 是常数. 于是,

$$\widehat{\varphi_c^2}(\xi) = \hat{\varphi}_c(\xi) * \hat{\varphi}_c(\xi) = \int \hat{\varphi}_c(\eta)\hat{\varphi}_c(\xi-\eta)\mathrm{d}\eta = a^2\lambda^2 \int e^{-\lambda|\eta|-\lambda|\xi-\eta|}\mathrm{d}\eta. \tag{12.1.6}$$

下面我们将分两个情况考虑 $\int e^{-\lambda|\eta|-\lambda|\xi-\eta|}\mathrm{d}\eta$.

(1) $\xi > 0$,

$$\int e^{-\lambda|\eta|-\lambda|\xi-\eta|}\mathrm{d}\eta = \int_{-\infty}^{0} e^{2\lambda|\eta|-\lambda\xi}\mathrm{d}\eta + \int_{0}^{\xi} e^{-\lambda\xi}\mathrm{d}\eta + \int_{\xi}^{+\infty} e^{-2\lambda|\eta|+\lambda\xi}\mathrm{d}\eta$$
$$= \frac{1}{\lambda}e^{-\lambda\xi} + \xi e^{-\lambda\xi}.$$

(2) $\xi < 0$,

$$\int e^{-\lambda|\eta|-\lambda|\xi-\eta|}\mathrm{d}\eta = \int_{-\infty}^{\xi} e^{2\lambda|\eta|-\lambda\xi}\mathrm{d}\eta + \int_{\xi}^{0} e^{\lambda\xi}\mathrm{d}\eta + \int_{0}^{+\infty} e^{-2\lambda|\eta|+\lambda\xi}\mathrm{d}\eta$$
$$= \frac{1}{\lambda}e^{-\lambda\xi} - \xi e^{-\lambda\xi}.$$

由 (1) 和 (2) 两种情况, 我们得到

$$\int e^{-\lambda|\eta|-\lambda|\xi-\eta|}\mathrm{d}\eta = \frac{1}{\lambda}e^{-\lambda\xi} + |\xi|e^{-\lambda\xi}. \tag{12.1.7}$$

把 (12.1.5) 代入 (12.1.4) 中, 结合 (12.1.6) 和 (12.1.7) 可得

$$a\lambda(c - |\xi|)e^{-\lambda|\xi|} = a^2\lambda^2\left(\frac{1}{\lambda} + |\xi|\right)e^{-\lambda\xi}. \tag{12.1.8}$$

通过计算有

$$a = 2c, \quad \lambda = -\frac{1}{c}.$$

对 (12.1.5) 式取 Fourier 逆变换可得

$$\varphi_c(x) = a\lambda\int e^{-\lambda|\xi|+i\xi x}\mathrm{d}\xi = \frac{2a\lambda^2}{\lambda^2 + x^2}.$$

定理 12.1.1　对于任意实数 $c > 0$, 方程 (12.1.1) 存在如下形式的孤立波解

$$\varphi_c(x) = \frac{4c}{1 + c^2x^2}. \tag{12.1.9}$$

12.2 主 要 结 果

方程 (12.1.1) 可以写成下列 Hamilton 形式

$$\frac{\mathrm{d}u}{\mathrm{d}t} = JE'(u), \tag{12.2.10}$$

其中 $E(u) = \displaystyle\int u_x \mathcal{H} u \mathrm{d}x - \frac{1}{6} \int u^3 \mathrm{d}x$ 为非线性泛函, $J = \dfrac{1}{2}\dfrac{\partial}{\partial x}$ 表示线性反对称算子.

如果我们定义实空间 $X = H^{\frac{1}{2}}(\mathbb{R})$ 是内积空间 $(\cdot, \cdot)$, 那么 X 的对偶空间为 $X^* = H^{-\frac{1}{2}}(\mathbb{R})$, 定义同构映射 $I : X \to X^*$, $I = Id$ 为恒等算子.

设 T 为 X 空间上单参数酉群. 定义

$$\text{对 } \forall u \in X, \ s \in \mathbb{R}, \ T(s)u(\cdot) = u(\cdot - s), \tag{12.2.11}$$

则 $T(s)$ 为 X 上的酉群且

$$T'(0) = -\frac{\partial}{\partial x}, \quad J^{-1}T(s) = T^*(s)J^{-1}. \tag{12.2.12}$$

定义 12.2.1 若对于任意 $\varepsilon > 0$, 存在 $\delta > 0$, 使得对于任意 $u_0(x) \in H^{\frac{1}{2}}(\mathbb{R})$, $\|u_0 - Q_c\|_{H^{\frac{1}{2}}(\mathbb{R})} < \delta$, $u(t)$ 为方程 (12.1.1) 具有初值 $u(0) = u_0$ 在 $[0, t_0)$ 上的解, 则 $u(t, x)$ 能连续延拓到 $[0, +\infty)$ 上, 且

$$\sup_{0 < t < \infty} \inf_{s \in \mathbb{R}} \|u(t) - T(s)Q_c\|_X < \varepsilon, \tag{12.2.13}$$

则称轨线 φ_c 是轨道稳定的, 否则称为轨道不稳定.

很容易验证 $E(u)$ 关于算子 T 作用下是不变的, 并且在 (12.2.10) 条件下可得 $\dfrac{\mathrm{d}E(u)}{\mathrm{d}t} = 0$, 即 $E(u)$ 是 Hamilton 守恒的

$$\forall t, s \in \mathbb{R}, \ E(T(s)u) = E(u), \ E(u(t)) = E(u(0)). \tag{12.2.14}$$

定义 $B = J^{-1}T'(0) = -1$, 则

$$Q(u) = \frac{1}{2}\langle Bu, u \rangle = -\frac{1}{2}\int u^2 \mathrm{d}x. \tag{12.2.15}$$

在 (12.2.10) 条件下, 类似于 $E(u)$ 证明, 可证 $Q(u)$ 满足不变性和守恒量, 即对 $\forall t, s \in \mathbb{R}$,

$$Q(T(s)u) = Q(u), \quad Q(u(t)) = Q(u(0)). \tag{12.2.16}$$

进一步, 由 (12.1.3) 可得

$$E'(\varphi_c) - cQ'(\varphi_c) = 0, \tag{12.2.17}$$

其中 $E'(u) = -\mathcal{H}u_x - \dfrac{1}{2}u^2$ 和 $Q'(u) = -u$ 分别为 $E(u)$ 和 $Q(u)$ 的 Fréchet 导数.

定义算子 H_c: $H^{\frac{1}{2}}(\mathbb{R}) \to H^{-\frac{1}{2}}(\mathbb{R})$

$$H_c = E''(\varphi_c) - cQ''(\varphi_c) = -\mathcal{H}\frac{\partial}{\partial x} - \varphi_c + c.$$

假设 $w \in H^{\frac{1}{2}}(\mathbb{R})$, $v \in H^{-\frac{1}{2}}(\mathbb{R})$,

$$
\begin{aligned}
\langle L_c w, v \rangle &= \left\langle \left(-H\frac{\partial}{\partial x} - \varphi_c + c \right)w, v \right\rangle \\
&= -\langle w, Hv_x \rangle - \langle w, \varphi_c v \rangle + \langle w, cv \rangle \\
&= \langle w, L_c v \rangle.
\end{aligned}
$$

因此 H_c 为自共轭算子, 即 $H_c^* = H_c$. H_c 的谱由实数 λ 组成, 且满足 $H_c - \lambda I$ 是不可逆的. 现在我们可以断言 $\lambda = 0$ 是 H_c 的谱.

通过 (12.2.12), (12.2.14), (12.2.16) 和 (12.2.17), 很容易验证

$$H_c T'(0)\varphi_c(x) = H_c(-\varphi_c'(x)) = 0. \tag{12.2.18}$$

令

$$Z = \{-k\varphi_c'(x),\ k \in \mathbb{R}\}. \tag{12.2.19}$$

通过 (12.2.18) 可知, Z 是 H_c 的核.

假设 12.2.2 (H_c 的谱分解)　空间 $X = H^{\frac{1}{2}}(\mathbb{R})$ 可分解为直和

$$X = N + Z + P,$$

其中 Z 为 (12.2.19) 中定义的, N 是一个有限维子空间, 使得

$$\langle H_c u, u \rangle < 0, \quad \text{对于 } 0 \neq u \in N,$$

P 是一个闭子空间, 使得

$$\langle H_c u, u \rangle \geqslant \delta\|u\|_{H^{\frac{1}{2}}}^2, \quad \text{对于 } u \in P,$$

其中 $\delta > 0$ 与 u 无关.

定义 $d(c)$: $\mathbb{R} \to \mathbb{R}$ 为

$$d(c) = E(\varphi_c) - cQ(\varphi_c). \tag{12.2.20}$$

下面我们给出孤立波解 $T(ct)\varphi_c(x) = \varphi_c(x - ct)$ 的轨道稳定性的结果

定理 12.2.3 对于 $c > 0$, $t \in \mathbb{R}$, 方程 (12.1.1) 的孤立波解 $T(ct)\varphi_c(x) = \varphi_c(x - ct)$ 是轨道稳定的.

证明 定理 12.2.3 的证明主要根据 Grillackis 等在参考文献 [127], [128] 中给出的稳定性理论得到. 首先我们证明假设 12.2.2, 由 (12.1.9) 和 (12.2.18), 可知 $-\varphi_c'(x)$ 有一个简单的零点 $x = 0$, 通过 Strum-Liouville 定理可得 0 是 H_c 的第二特征值, 且 H_c 只有一个精确的负特征值 $-\lambda_-^2$, 对应的特征函数记为 χ_-.

$$H_c\chi_- = -\lambda_-^2 \chi_-. \tag{12.2.21}$$

注意

$$H_c = -\mathcal{H}\frac{\partial}{\partial x} + c - 2\varphi_c \tag{12.2.22}$$

且

$$\varphi_c(x) \to 0, \ \text{当} \ |x| \to +\infty. \tag{12.2.23}$$

由参考文献 [131, 134] 可得算子 $\mathcal{H}\dfrac{\partial}{\partial x}$ 和 $-\partial^2 x$ 的谱一样, 为包含整个非负实轴 $\mathbb{R}^+$ 的连续谱.

命题 12.2.4 H_c 的本质谱为 $[c, +\infty)$, 即

$$\sigma_{\text{ess}}(H_c) = [c, +\infty), \ \ c > 0. \tag{12.2.24}$$

证明 根据参考文献 [41] 中的闭算子谱定理来证明. 注意到算子 $-\mathcal{H}\dfrac{\partial}{\partial x} + c$ 的本质普为 $[c, +\infty]$, 于是由 (12.2.22) 和 (12.2.23) 可得算子 H_c 的本质谱为 $[c, +\infty)$. $\qquad \square$

由 (12.2.18), (12.2.22)—(12.2.24), 我们有下列引理.

引理 12.2.5 对任意实数 $p \in H^{\frac{1}{2}}(\mathbb{R})$ 满足

$$\langle p, -\varphi_c'(x)\rangle = \langle p, \chi_-\rangle = 0, \tag{12.2.25}$$

存在正数 $\delta > 0$ 使得

$$\langle H_c p, p\rangle \geqslant \delta\|p\|^2_{H^{\frac{1}{2}}(\mathbb{R})}, \tag{12.2.26}$$

这里 δ 与 p 无关.

根据 (12.2.19), (12.2.21) 和 (12.2.26) 可知假设 12.2.2 成立.

于是孤立波解的稳定性由 $d''(c)$ 的符号决定. 通过 (12.2.15) 和 (12.2.20), 有

$$d'(c) = -Q(\varphi_c) = \int_{-\infty}^{+\infty} \frac{4c^2}{(1 + c^2 x^2)^2} \mathrm{d}x,$$

$$d''(c) = \int_{-\infty}^{+\infty} \frac{4c(1 + c^2 x^2) - 2c}{(1 + c^2 x^2)^3} \mathrm{d}x > 0.$$

因此, 孤立波解是轨道稳定的, 定理 12.2.3 得证.　　　　　　　　□

第 13 章 Benjamin-Ono 方程孤立波解的渐近稳定性

13.1 引 言

本章, 我们讨论深水中 Benjamin-Ono 方程孤立波解的渐近稳定性.

考虑如下 Benjamin-Ono 方程

$$u_t + uu_x + \mathcal{H}(u_{xx}) = 0, \quad t \geqslant 0, \quad x \in \mathbb{R}, \tag{13.1.1}$$

其中 $\mathcal{H}$ 表示 Hilbert 变换

$$\mathcal{H}f(x) = \text{P.V.}\frac{1}{\pi} \int \frac{f(y)}{y-x}\mathrm{d}y = \frac{1}{\pi} \lim_{\varepsilon \to 0} \int_{|y-x|>\varepsilon} \frac{u(y)}{y-x}\mathrm{d}y. \tag{13.1.2}$$

值得注意的是 $\int u_x \mathcal{H}u\mathrm{d}x = \int |D^{\frac{1}{2}}u|^2 \mathrm{d}x = \|u\|^2_{H^{\frac{1}{2}}(\mathbb{R})}$.

对于方程 (13.1.1) 的 Cauchy 问题, 在 $H^s(\mathbb{R})$ 上, 当 $s \geqslant 0$ 时是整体适定的 (对于 $s \geqslant 1$ 可以参考 [105], $s \geqslant 0$ 可参考文献 [87], $s > \frac{1}{4}$ 的可参考文献 [108]). 进一步, 方程的解 $u(t)$ 在 $H^{\frac{1}{2}}(\mathbb{R})$ 能量空间满足下列的守恒量

$$\int u^2(t,x)\mathrm{d}x = \int u^2(0,x)\mathrm{d}x, \quad E(t) = \int \left(u_x \mathcal{H}u - \frac{1}{3}u^3\right)(t,x)\mathrm{d}x = E(0). \tag{13.1.3}$$

回忆方程 (13.1.1) 的尺度变换和平移不变性, 如果 $u(t,x)$ 是方程的解, 那么对于任意 $c > 0$, $x \in \mathbb{R}$, $v(t,x) = cu(c^2t, c(x-x_0))$ 也是方程的解.

对于任意 $c > 0$, $x_0 \in \mathbb{R}$, 令 $u(t,x) = Q_c(x-x_0-ct)$ 是方程 (13.1.1) 的行波解. 特别地, $Q_c(x) = cQ(cx)$ 满足下列方程

$$-\mathcal{H}Q' + Q - \frac{1}{2}Q^2 = 0, \quad Q \in H^{\frac{1}{2}}, \quad Q > 0. \tag{13.1.4}$$

且方程 (13.1.4) 存在解的显示表达式

$$Q(x) = \frac{4}{1+x^2}. \tag{13.1.5}$$

实际上, 关于孤立波解的唯一性我们可以查看前一章内容或者看文献 [107], [133]. 并且由上一章内容可知这个解是稳定的 (也可以查看文献 [134], [155]).

孤立波解在 $H^{\frac{1}{2}}(\mathbb{R})$ 能量空间的稳定性. 存在 C, $\alpha_0 > 0$, 使得如果初始值 $u_0 \in H^{\frac{1}{2}}(\mathbb{R})$ 且 $\|u_0 - Q\|_{H^{\frac{1}{2}}(\mathbb{R})} = \alpha \leqslant \alpha_0$, 那么方程 (13.1.1) 的解 $u(t)$ 满足

$$\sup_{0<t<\infty} \inf_{s\in\mathbb{R}} \|u(t) - Q(\cdot - y)\|_{H^{\frac{1}{2}}} < c\alpha.$$

本结果的简要证明可见 13.5 节. 下面我们给出本章的主要结果: 方程 (13.1.1) 孤立波解的渐近稳定性. 其次我们还考虑了多个孤立子的情况 (见 13.5 节).

定理 13.1.1 (在能量空间孤立波解的渐近稳定性)　存在 C, $\alpha_0 > 0$ 使得如果初始值 $u_0 \in H^{\frac{1}{2}}(\mathbb{R})$ 且 $\|u_0 - Q\|_{H^{\frac{1}{2}}} = \alpha \leqslant \alpha_0$, 那么存在 $c^+ > 0$, $|c^+ - 1| \leqslant C\alpha$ 和一个 C^1 函数 $\rho(t)$ 使得方程 (13.1.1) 的解 $u(t)$ 满足

在 $H^{\frac{1}{2}}(\mathbb{R})$ 上, $u(t, \cdot + \rho(t)) \rightharpoonup Q_{c^+}$ 且 $\|u(t) - Q_{c^+}(\cdot - \rho(t))\|_{L^2(x > \frac{t}{10})} \to 0$, 　(13.1.6)

$$\text{当 } t \to +\infty, \ \rho'(t) \to c^+. \tag{13.1.7}$$

此定理的证明依赖于下列刚性结果.

定理 13.1.2 (非线性 Liouville 定理)　存在 C, $\alpha_0 > 0$ 使得如果初始值 $u_0 \in H^{\frac{1}{2}}(\mathbb{R})$, $\|u_0 - Q\|_{H^{\frac{1}{2}}} = \alpha \leqslant \alpha_0$, 并且对于一些函数 $\rho(t)$, 方程 (13.1.1) 的解 $u(t)$ 满足

$$\forall \varepsilon > 0, \ \exists A_\varepsilon > 0, \ \text{使得 } \forall t \in \mathbb{R}, \ \int_{|x|>A_\varepsilon} u^2(t, x + \rho(t)) \mathrm{d}x < \varepsilon. \tag{13.1.8}$$

那么存在 $c_1 > 0$, $x_1 \in \mathbb{R}$, 使得

$$u(t, x) = Q_{c_1}(x - x_1 - c_1 t), \quad |c_1 - 1| + |x_1| \leqslant C\alpha. \tag{13.1.9}$$

注记 13.1.3　在定理 13.1.1 中, 当 $x > \dfrac{t}{10}$, $t \to +\infty$ 时, $u(t) \to Q_{c^+}$ 是 L^2 强收敛的. 这个值 $\dfrac{1}{10}$ 有时候是任意的, 对于 $\forall \varepsilon > 0$, 假如 $\alpha_0 = \alpha_0(\varepsilon) > 0$ 足够小, $x > \varepsilon t$ 是成立的. 注意到在 L^2 中这个结果是最优的, 因为 $u(t)$ 包含其他小或慢的孤立子, 并且在一般情况下, 当 $x < 0$ 时, $u(t)$ 在 L^2 意义下不趋于 0. 例如, 如果当 $t \to +\infty$ 时, $\|u(t) - Q_{c^+}(\cdot - \rho(t))\|_{H^{\frac{1}{2}}(\mathbb{R})} \to 0$, 那么 $E(u) = E(Q_{c^+})$ 且 $\int u^2 \mathrm{d}x = \int Q_{c^+}^2 \mathrm{d}x$, 因此通过 $Q(x)$, $u(t) = Q_{c^+}(x - x_0 - c^+ t)$ 是精确孤立子.

在定理 13.1.1 的假设下, 我们期望 $H^{\frac{1}{2}}$ 上的强收敛在相同的局部 $(x > \varepsilon t)$ 意义下也是正确的, 这可能需要更多的解析性.

通过本章的方法我们得到以下较弱的结果 (见 13.4.3 节)

$$\lim_{t\to+\infty}\int_t^{t+1}\|u(s,\cdot+\rho(s))-Q_{c+}\|^2_{H^{\frac{1}{2}}_{\mathrm{loc}}}\,\mathrm{d}s=0. \tag{13.1.10}$$

13.2 节给出了在定理 13.1.1 背景下的一些 L^2 单调性的结果, 并介绍了一些本章需要用到的不等式和算子 $\mathcal{L}$ 的性质. 13.3 节阐述并证明了线性 Liouville 定理 (定理 13.3.1). 13.4 节利用 13.2 节和 13.3 节的结果证明了定理 13.1.1 和定理 13.1.2. 13.5 节专门讨论了多个孤立子的情况. 最后, 在 13.6 节我们证明了在本章证明过程中需要用到的一些弱收敛和适定性结果.

13.2 一些单调性结果

13.2.1 准备工作

首先给出在证明过程中需要用到的一些不等式和算子 $\mathcal{L}$ ($\mathcal{L}\eta=-\mathcal{H}\eta_x+\eta-Q\eta$) 的性质.

引理 13.2.1

$$\forall 2\leqslant p\leqslant+\infty,\quad \|f\|_{L^p}\leqslant C_p\|f\|^{\frac{2}{p}}_{L^2}\|D^{\frac{1}{2}}f\|^{\frac{p-2}{p}}_{L^2}, \tag{13.2.11}$$

$$\|D(fg)-gDf\|_{L^2}\leqslant C\|f\|_{L^4}\|Dg\|_{L^4}, \tag{13.2.12}$$

$$\|D^{\frac{1}{2}}(fg)-gD^{\frac{1}{2}}f\|_{L^2}\leqslant C\|f\|_{L^4}\|D^{\frac{1}{2}}g\|_{L^4}. \tag{13.2.13}$$

(13.2.11) 式是 Gagliardo-Nirenberg 不等式, 其中利用了复杂的插值和 Sobolev 嵌入. (13.2.12) 式来自参考文献 [135], 也可参考 [136] 中的 (1.1) 式. (13.2.13) 式是参考文献 [43] 中定理 A.8 的一个结果, 其中函数只依赖于 x, 且其他参数的选取为 $\alpha=\frac{1}{2}$, $\alpha_1=0$, $\alpha_2=\frac{1}{2}$, $p=2$, $p_1=p_2=4$.

引理 13.2.2 算子 $\mathcal{L}$ 是自反的并满足下列性质.

(i) 算子 $\mathcal{L}$ 有多重性为 1 的一个负特征值 λ_0, 其相应的特征函数为 f_0, 可以选取 $f_0>0$.

(ii) 算子 $\mathcal{L}$ 的核由 Q' 生成.

(iii) 存在 $\lambda>0$ 使得对于 $\forall z\in H^{\frac{1}{2}}$,

$$(z,Q)=(z,Q')=0\Rightarrow(\mathcal{L}z,z)\geqslant\lambda(z,z). \tag{13.2.14}$$

引理 13.2.2 的证明可以参考文献 [153]—[155], 这里不再赘述.

13.2.2　调制引理

引理 13.2.3 (平移参数的选择)　存在 C, $\alpha_0 > 0$, 使得对任意 $0 < \alpha < \alpha_0$, 如果在 $H^{\frac{1}{2}}(\mathbb{R})$ 上方程 (13.1.1) 的解 $u(t)$ 满足

$$\forall t \in \mathbb{R}, \quad \inf_{r \in \mathbb{R}} \|u(t) - Q(\cdot - r)\|_{H^{\frac{1}{2}}} < \alpha, \tag{13.2.15}$$

那么存在 $\rho(t) \in \mathcal{C}^1(\mathbb{R})$ 使得

$$\eta(t, x) = u(t, x + \rho(t)) - Q(x)$$

且满足

$$\forall t \in \mathbb{R}, \quad \int Q'(x)\eta(t,x)\mathrm{d}x = 0, \quad \|\eta(t)\|_{H^{\frac{1}{2}}} \leqslant C\alpha,$$

$$|\rho'(t) - 1| \leqslant C \left(\int \frac{\eta^2(t,x)}{1+x^2}\mathrm{d}x \right)^{\frac{1}{2}} \leqslant C\|\eta(t)\|_{L^2}. \tag{13.2.15$'$}$$

证明　对于 $u \in H^{\frac{1}{2}}(\mathbb{R})$, $y \in \mathbb{R}$, 设

$$I_y(u) = \int Q'(x)\left(u(x+y) - Q(x)\right)\mathrm{d}x \ \text{使得} \ \frac{\partial I_y}{\partial y}\bigg|_{y=0,u=Q} = \int (Q')^2\mathrm{d}x > 0.$$

因此通过隐函数定理, 存在 $\alpha_1 > 0$, $\mathbb{R}$ 上 0 的一个邻域 V 和唯一的 $\mathcal{C}^1$ 映射:

$$y : \{u \in H^{\frac{1}{2}}, \|u - Q\|_{H^{\frac{1}{2}}} \leqslant \alpha_1\} \to V \text{使得} \ I_{y(u)}(u) = 0, \ |y(u)| \leqslant C\|u - Q\|_{H^{\frac{1}{2}}}.$$

唯一延拓 $\mathcal{C}^1$ 映射 $y(u)$ 到 $U_{\alpha_1} = \{u \in H^{\frac{1}{2}}, \inf_r \|u(\cdot + r) - Q\|_{H^{\frac{1}{2}}} \leqslant \alpha_1\}$. 因此, 对所有的 u 和 r, $y(u) = y(u(\cdot + r) + r)$, 设 $\eta_u(x) = u(x + y(u)) - Q(x)$, 使得

$$\int \eta_u Q'\mathrm{d}x = 0 \quad \text{和} \quad \|\eta_u\|_{H^{\frac{1}{2}}} \leqslant C\|u - Q\|_{H^{\frac{1}{2}}}$$

成立. 下面进行关于时间 t 的估计. 对于任意时间 t, 定义 $\rho(t) = y(u(t))$, $\eta(t) = \eta_{u(t)}$. 为了完成引理的证明, 我们现在估计 $\rho'(t) - 1$.

根据致密性和连续依赖性准则, 我们可以通过形式计算来得到 $H^{\frac{1}{2}}(\mathbb{R})$ 解. 函数 $\eta(t, x)$ 满足下列方程

$$\eta_t = \left(\mathcal{L}\eta - \frac{1}{2}\eta^2 \right)_x + (\rho' - 1)(Q + \eta)_x, \tag{13.2.16}$$

其中 $\mathcal{L}\eta = -\mathcal{H}\eta_x + \eta - Q\eta$.

因此, 在方程 (13.2.16) 两边与 Q' 作内积, 由 $\eta Q' = 0$, 可得

$$(\rho' - 1)\left[\int (Q')^2 \mathrm{d}x - \int \eta Q'' \mathrm{d}x\right] = \int \eta \mathcal{L}(Q'') \mathrm{d}x - \frac{1}{2}\int \eta^2 Q'' \mathrm{d}x. \quad (13.2.17)$$

选取 α_0 充分小, 至此我们完成了引理 13.2.3 的证明. $\qquad\square$

注记 13.2.4 根据引理 13.2.3 的证明可知在 $H^{\frac{1}{2}}$ 上 $\rho(t)$ 连续依赖于 $u(t)$. 特别地, 令 $u(t)$ 满足引理 13.2.3 的假设且 $u(0) = u_0$. 假如在 $H^{\frac{1}{2}}$ 上, 当 $n \to +\infty$ 时, $u_n(0) \to u_0$, 那么根据连续依赖性 (见 [87]) 可得当 $n \to +\infty$ 时, 对于任意时间 $t \in \mathbb{R}$, $\rho_n(t) \to \rho(t)$, 其中 $\rho_n(t)$ 的定义来自 $u_n(t)$ ($u_n(t)$ 为方程 (13.1.1) 的解, 相应地, $u_n(0) = u_{0n}$).

在引理 13.2.3 的证明中注意到, 我们可以用 L^2 空间来替换 $H^{\frac{1}{2}}$ 空间使得如果在 L^2 中, 当 $n \to +\infty$ 时, $u_n(0) \to u_0$, 那么对任意时间 $t \in \mathbb{R}$, 当 $n \to +\infty$ 时, $\rho_n(t) \to \rho(t)$ (见参考文献 [87] 中的 L^2 连续依赖性.)

最后, 为后面考虑, 如果我们证明了在 $H^{\frac{1}{2}}$ 上 $u_n \to u$, 那么 $y(u_n) \to y(u)$, 其中 $y(u)$ 的定义见引理 13.2.3. 实际上, 在这个证明过程中, 根据 $Q'(x)$ 的衰减性, 我们也可以用加权空间 $L^2\left(\dfrac{1}{1+|x|}\mathrm{d}x\right)$ 代替 $H^{\frac{1}{2}}$ 空间使得如果在 L^2_{loc} 上 $u_n \to u$, $\|u_n\|_{L^2} + \|u\|_{L^2} \leqslant C$, 那么当 $n \to +\infty$ 时, $y(u_n) \to y(u)$.

13.2.3 $u(t)$ 的单调性

令 $A > 0$, 设

$$\varphi(x) = \varphi_A(x) = \frac{\pi}{2} + \arctan\left(\frac{x}{A}\right) \quad \text{使得} \quad \varphi'(x) = \frac{\dfrac{1}{A}}{1 + \left(\dfrac{x}{A}\right)^2} > 0. \quad (13.2.18)$$

命题 13.2.5 ($u(t)$ 的单调性) 设 $0 < \lambda < 1$, 对于 α_0 足够小, A 足够大, 在引理 13.2.3 的假设下, 存在 $C > 0$ 使得 $\forall x_0 > 1, t_1 < t_2$,

(1) 孤立子右边的单调性.

$$\int u^2(t_2, x)\alpha(x - \rho(t_2) - x_0)\mathrm{d}x$$

$$\leqslant \int u^2(t_1, x)\alpha(x - \rho(t_1) - \alpha(t_2 - t_1) - x_0)\mathrm{d}x + \frac{C}{x_0}. \quad (13.2.19)$$

(2) 孤立子左边的单调性.

$$\int u^2(t_2, x)\alpha(x - \rho(t_2) + \lambda(t_2 - t_1) + x_0)\mathrm{d}x$$

$$\leqslant \int u^2(t_1,x)\alpha(x-\rho(t_1)+x_0)\mathrm{d}x + \frac{C}{x_0}. \tag{13.2.20}$$

证明　首先, 注意到, 由 L^2 能量守恒, 式 (13.2.20) 是 (13.2.19) 的结果. 实际上, 令 $v(t,x)=u(-t,-x)$, 那么 $v(t)$ 是方程 (13.1.1) 的解, 并满足引理 13.2.3 的假设, 且 $\rho_v(t)=-\rho(-t)$. 因此, 通过 (13.2.19), 可推得

$$\int u^2(-t_2,x)\alpha(-x+\rho(-t_2)-x_0)\mathrm{d}x$$
$$\leqslant \int u^2(-t_1,x)\alpha(-x+\rho(-t_1)-\alpha(t_2-t_1)-x_0)\mathrm{d}x + \frac{C}{x_0}.$$

因为 $\alpha(x)=\pi-\alpha(-x)$, 由 $\int u^2(-t_2)\mathrm{d}x = \int u^2(-t_1)\mathrm{d}x$, 我们得到

$$\int u^2(-t_2,x)\alpha(x-\rho(-t_2)+x_0)\mathrm{d}x + \frac{C}{x_0}$$
$$\geqslant \int u^2(-t_1,x)\alpha(x-\rho(-t_1)+\alpha(t_2-t_1)+x_0)\mathrm{d}x.$$

当 $t_2'=-t_1$, $t_1'=-t_2$ 时即可得到 (13.2.20).

现在开始证明 (13.2.19). 首先, 回忆 BO 方程 Kato 类型的解, 通过直接计算, 可以得到

$$\frac{1}{2}\frac{\mathrm{d}}{\mathrm{d}t}\int u^2(t,x)\alpha(x)\mathrm{d}x$$
$$= \int u_t u\alpha(x)\mathrm{d}x$$
$$= -\int (\mathcal{H}u_{xx}+uu_x)u\alpha(x)\mathrm{d}x$$
$$= \int (\mathcal{H}u_x)(u\alpha'(x)+u_x\alpha(x))\mathrm{d}x + \frac{1}{3}\int u^3\alpha'(x)\mathrm{d}x. \tag{13.2.21}$$

下面估计 (13.2.21) 式的第一项.

引理 13.2.6　对于 $\forall u\in H^1(\mathbb{R})$,

$$\int (\mathcal{H}u_x)u\varphi'(x)\mathrm{d}x \leqslant \frac{C}{A}\int u^2\varphi'(x)\mathrm{d}x.$$

证明　对于 $\forall f\in L^2(\mathbb{R})$, 在 $\mathbb{R}\times\mathbb{R}_+=\mathbb{R}_+^2$ 上定义 f 的调和延拓函数, 对 $\forall c\in\mathbb{R}, y>0$, 有 $F(x,0)=f(x)$ 且

$$F(x,y)=\frac{1}{\pi}\int_{-\infty}^{+\infty}\frac{y}{(x-x')^2+y^2}f(x')\mathrm{d}x'.$$

特别地, $\mathcal{H}f'(x) = \partial_y F(x,0)$ (可以参考文献 [151] 的第三章或者文献 [152] 的引言部分).

在 $\mathbb{R} \times \mathbb{R}_+$ 上, 我们定义 $\Phi(x,y)$ 为 $\varphi'(x)$ 的调和延拓, $U(x,y)$ 为 $u(x)$ 的调和延拓. 注意到 $\Phi(x,y)$ 可以显示表示为

$$\Phi(x,y) = \frac{1}{A} \frac{1 + \dfrac{y}{A}}{A\left(\dfrac{x}{A}\right)^2 + \left(1 + \dfrac{y}{A}\right)^2}. \tag{13.2.22}$$

那么, 通过在 $\mathbb{R}_+^2$ 上的格林公式 (利用 Φ 的衰减性质和 $\Delta U^2 = 2|\nabla U|^2$), 最终可得

$$\int (\mathcal{H}u_x)u\varphi'\mathrm{d}x = \int \partial_y U(t,x,0)\Phi(x,0)\mathrm{d}x$$

$$= \frac{1}{2} \int_{y=0} \partial_y(U^2)\Phi\mathrm{d}x$$

$$= -\frac{1}{2} \iint_{\mathbb{R}_+^2} (\Delta U^2)\Phi\mathrm{d}x\mathrm{d}y + \frac{1}{2} \iint_{\mathbb{R}_+^2} U^2\Delta\Phi\mathrm{d}x\mathrm{d}y + \frac{1}{2} \int_{y=0} U^2\partial_y\Phi\mathrm{d}x$$

$$= -\iint_{\mathbb{R}_+^2} |\nabla U|^2\Phi\mathrm{d}x\mathrm{d}y + \frac{1}{2} \int u^2(\mathcal{H}\varphi'')\mathrm{d}x. \tag{13.2.23}$$

为读者方便, 在本引理的最后我们给出了 (13.2.23) 式严谨的证明. 因为在 $\mathbb{R}_+^2$ 上 $\Phi \geqslant 0$, 我们得到

$$\int (\mathcal{H}u_x)u\varphi'\mathrm{d}x \leqslant \frac{1}{2} \int u^2(\mathcal{H}\varphi'')\mathrm{d}x.$$

通过显示计算, 因为 $\mathcal{H}\left(\dfrac{1}{1+x^2}\right) = -\dfrac{x}{1+x^2}$, 我们有

$$\mathcal{H}\varphi' = -\frac{1}{A}\frac{x}{1 + \left(\dfrac{x}{A}\right)^2}, \quad \mathcal{H}\varphi'' = \frac{1}{A}\varphi' - 2(\varphi')^2 \quad \text{和} \quad \mathcal{H}\alpha'' \leqslant \frac{1}{A}\varphi'.$$

至此引理 13.2.6 证毕.

现在给出 (13.2.23) 的详细证明.

我们断言在 $H^2(\mathbb{R})$ 中, 选择一个函数 $u(t)$

$$\int_{y=0} \partial_x(U^2)\Phi\mathrm{d}x = -2\iint_{\mathbb{R}_+^2} |\nabla U|^2\Phi\mathrm{d}x\mathrm{d}y + \int_{y=0} U^2\partial_y\Phi\mathrm{d}x,$$

其中 $U(x,y)$ 是 $u(x)$ 在 $\mathbb{R}_+^2$ 上的调和延拓, Φ 的定义见 (13.2.22).

首先, 观察

$$U, \ \nabla U \in L^{\infty}(\mathbb{R}_{+}^{2}), \ \text{当} \ |x| \to +\infty, \ \sup_{y>0}|U(x,y)| \to 0. \tag{13.2.24}$$

实际上, 根据参考文献 [151] 第 62 页定理 1, 我们有 $\sup_{y>0}|U(x,y)| \leqslant Mu(x)$, 其中 $Mu(x)$ 是 u 的极大函数, 类似地,

$$\sup_{y>0}|\partial_{x}U(x,y)| \leqslant Mu_{x}(x), \quad \sup_{y>0}|\partial_{y}U(x,y)| \leqslant M(\mathcal{H}u_{x})(x).$$

进一步, 根据参考文献 [151] 中第 5 页定理 1, 因为 $u, u_{x}, \mathcal{H}u_{x} \in H^{1} \subset L^{\infty}$, 我们可得 $Mu, Mu_{x}, M(\mathcal{H}u_{x}) \in L^{\infty}$. 最后, 因为 $u \in H^{1}$, 我们有当 $|x| \to +\infty$ 时, $|u(x)| \to 0$, 根据极大函数的定义可得, 当 $|x| \to +\infty$ 时, $|Mu(x)| \to 0$, 因此 (13.2.24) 证毕.

令 $R > 0$, 在 $D_{R}^{+} = \{(x,y) \in \mathbb{R}_{+}^{2}|x^{2}+y^{2}<R^{2}\}$ 上利用格林函数, 令 $\Gamma_{R}^{+} = \{(x,y) \in \mathbb{R}_{+}^{2}|x^{2}+y^{2}=R^{2}\}$ 和 $I_{R} = \{(x,0)|x \in [-R,R]\}$, 那么

$$\int_{\Gamma_{R}^{+} \cup I_{R}} \partial_{n}(U^{2})\Phi = -\iint_{D_{R}^{+}} (\Delta U^{2})\Phi + \iint_{D_{R}^{+}} U^{2}\Delta\Phi + \int_{\Gamma_{R}^{+} \cup I_{R}} U^{2}\partial_{n}\Phi$$

$$= -2 - \iint_{D_{R}^{+}} (\nabla U^{2})\Phi + \int_{\Gamma_{R}^{+} \cup I_{R}} U^{2}\partial_{n}\Phi,$$

其中 ∂_{n} 为内法向导数, 这里我们用到了事实 $\Delta\Phi = 0$, $\Delta U^{2} = 2|\nabla U|^{2}$. 因此, 我们仅仅需要证明下列的收敛结果:

$$\lim_{R \to +\infty} \int_{\Gamma_{R}^{+}} \partial_{n}(U^{2})\Phi = 0,$$

$$\lim_{R \to +\infty} \int_{I_{R}} \partial_{n}(U^{2})\Phi = \int_{y=0} \partial_{y}(U^{2})\Phi = 2\int (\mathcal{H}u_{x})u\varphi'\mathrm{d}x, \tag{13.2.25}$$

$$\lim_{R \to +\infty} \int_{\Gamma_{R}^{+}} U^{2}\partial_{n}\Phi = 0,$$

$$\lim_{R \to +\infty} \int_{I_{R}} U^{2}\partial_{n}\Phi = \int_{y=0} U^{2}\partial_{y}\Phi = 2\int u^{2}(\mathcal{H}\varphi''). \tag{13.2.26}$$

因为 $u \in H^{1}$, 这些极限 $\lim_{R\to+\infty}\int_{-R}^{R}(\mathcal{H}u_{x})u\varphi'\mathrm{d}x$ 和 $\lim_{R\to+\infty}\int_{-R}^{R}u^{2}(\mathcal{H}\varphi'')\mathrm{d}x = \int u^{2}(\mathcal{H}\varphi'')$ 是显然的. 其次, 根据式 (13.2.22) 中 $\Phi(x,y)$ 的表达式, 我们有在 Γ_{R}^{+} 上 $\Phi(x,y) \leqslant C(1+y)R^{-2}$. 因此, 通过 (13.2.24) ($\mathrm{d}\sigma$ 表示 Γ_{R}^{+} 上的单位长度)

$$\int_{\Gamma_{R}^{+}} |\partial_{n}(U^{2})\Phi| \leqslant \frac{1}{R^{2}} \int_{\Gamma_{R}^{+}} |\nabla U||U|(1+y)\mathrm{d}\sigma$$

$$\leqslant \frac{C}{R^2} \int_{\Gamma_R^+ \cup \{|x| \leqslant \sqrt{R}\}} (1+y)\mathrm{d}\sigma + C \sup_{|x|>\sqrt{R},y>0} |U(x,y)|$$

$$\leqslant \frac{C}{\sqrt{R}} + C \sup_{|x|>\sqrt{R},y>0} |U(x,y)|,$$

于是 (13.2.25) 得证, 由于 $\partial_y \Phi$ 比 Φ 有更快的衰减, 式 (13.2.26) 估计是类似的并且更容易. $\qquad\square$

对于 (13.2.21) 中的第二项, 我们有下列估计.

引理 13.2.7 对 $\forall u \in H^1(\mathbb{R})$,

$$\left| \int (\mathcal{H}u_x)u_x\varphi\mathrm{d}x \right| \leqslant \frac{C}{A} \int u^2 \varphi'(x)\mathrm{d}x. \tag{13.2.27}$$

证明 对 u 在 $\mathbb{R}$ 上的光滑性和紧支集, 一般情况下我们通过致密性理论证明 (13.2.27). 因为 (13.1.2) 式在 $L^2(\mathbb{R})$ 上极限存在, 通过对称性和分部积分, 我们有

$$
\begin{aligned}
\int (\mathcal{H}u_x)u_x\varphi\mathrm{d}x &= \frac{1}{\pi} \int \mathrm{P.V.} \left(\int \frac{u_x(y)}{y-x}\mathrm{d}y \right) u_x(x)\varphi(x)\mathrm{d}x \\
&= \frac{1}{\pi} \lim_{\varepsilon \to 0} \iint_{|y-x|>\varepsilon} u_x(y)u_x(x)\frac{\varphi(x)}{y-x}\mathrm{d}y\mathrm{d}x \\
&= \frac{1}{2\pi} \iint u_x(y)u_x(x)\frac{\varphi(x)-\varphi(y)}{y-x}\mathrm{d}x\mathrm{d}y \\
&= \frac{1}{2\pi} \iint u(y)u(x)K_\varphi(y,x)\mathrm{d}x\mathrm{d}y, \tag{13.2.27$'$}
\end{aligned}
$$

其中

$$
\begin{aligned}
K_\varphi(y,x) &= -\frac{\partial^2}{\partial x \partial y} \left(\frac{\varphi(x)-\varphi(y)}{x-y} \right) \\
&= \frac{2(\varphi(x)-\varphi(y)) - (\varphi'(x)+\varphi'(y))(x-y)}{(x-y)^3}.
\end{aligned}
\tag{13.2.28}
$$

注意到, 因为 $u(x)$ 具有紧支集, 则在 (13.2.27)$'$ 中所有积分均有意义. $\dfrac{\varphi(x)-\varphi(y)}{x-y}$ 是有界的, 进一步, 通过构造下列两个 Taylor 展式

$$\varphi(x) = \varphi(y) + (x-y)\varphi'(y) + \frac{1}{2}(x-y)^2\varphi''(y) + \frac{1}{6}(x-y)^3\varphi'''(x_1),$$

$$\varphi(y) = \varphi(x) + (y-x)\varphi'(x) + \frac{1}{2}(y-x)^2\varphi''(x) + \frac{1}{6}(y-x)^3\varphi'''(x_2),$$

其中 $x_1, x_2 \in (y, x)$, 我们发现

$$K_\varphi(x, y) = \frac{1}{2}\frac{\varphi''(y) - \varphi''(x)}{x - y} + \frac{1}{6}(\varphi'''(x_1) + \varphi'''(x_2)) \tag{13.2.28$'$}$$

在 $\mathbb{R}^2$ 上也是有界的. 通过计算可以发现

$$\varphi'''(x) = \frac{\varphi'(x)}{A^2}\left(\frac{-2}{1 + \left(\frac{x}{A}\right)^2} + \frac{8\left(\frac{x}{A}\right)^2}{\left(1 + \left(\frac{x}{A}\right)^2\right)^2}\right)$$

$$= \frac{\varphi'(x)}{A}\left(-2\varphi'(x) + \frac{8}{A}x^2(\varphi')^2\right). \tag{13.2.29}$$

现在我们推导出下列的估计

$$\left|\iint u(y)u(x)K_\varphi(x, y)\mathrm{d}x\mathrm{d}y\right| \leqslant \frac{C}{A}\int u^2\varphi'(x)\mathrm{d}x. \tag{13.2.30}$$

下面我们仅考虑 (通过对称性) $|y| < |x|$ 的情况, 把 $\{(x, y) : |y| < |x|\}$ 分解到下列区域:

- $\Sigma_1 = \left\{(x, y) : x > A, 0 < y < \dfrac{x}{2}\right\}$. 对于 $(x, y) \in \Sigma_1$, 通过 (13.2.28) 和 φ' 在 $\mathbb{R}^+$ 上的递减性, 我们有

$$|K_\varphi(x, y)| \leqslant \frac{4}{(x - y)^2}\sup_{[y,x]}\varphi' \leqslant \frac{16}{x^2}\varphi'(y) = \frac{16}{A^2}\frac{1}{\left(\frac{x}{A}\right)^2}\varphi'(y) \leqslant \frac{32}{A}\varphi'(x)\varphi'(y).$$

因此, 通过 Cauchy-Schwarz 不等式和 $\int \varphi'(x)\mathrm{d}x = \pi$, 我们有

$$\left|\iint_{\Sigma_1} u(y)u(x)K_\varphi(x, y)\mathrm{d}x\mathrm{d}y\right|$$

$$\leqslant \frac{C}{A}\int |u(x)|\varphi'(x)\mathrm{d}x \int |u(y)|\varphi'(y)\mathrm{d}y$$

$$\leqslant \frac{C\pi}{A}\int u^2(x)\varphi'(x)\mathrm{d}x.$$

区域在 $\Sigma_1^- = \left\{(x, y) : x < -A, \dfrac{x}{2} < y < 0\right\}$ 上的情况是类似的.

- $\Sigma_2 = \{(x,y) : x > A, -x < y < 0\}$. 对于 $(x,y) \in \Sigma_2$, 通过 (13.2.28),
$|x - y| = x - y > x > \frac{1}{2}(x + A)$, $\varphi'(y) > \varphi'(x)$ 和 φ 的有界性, 我们有

$$|K_\varphi(x,y)| \leqslant \frac{C}{(x + A)^3} + \frac{C\varphi'(y)}{x^2}.$$

对于 $\dfrac{C\varphi'(y)}{x^2}$, 可以参考 Σ_1. 对于其他项可通过 Cauchy-Schwarz 不等式和 φ' 的表达式, 得

$$\iint_{\Sigma_2} |u(y)||u(x)| \frac{1}{(x + A)^3} \mathrm{d}x\mathrm{d}y$$

$$\leqslant C \left(\iint_{\Sigma_2} \frac{u^2(x)}{(x + A)^3} \mathrm{d}x\mathrm{d}y \right)^{\frac{1}{2}} \left(\iint_{\Sigma_2} \frac{u^2(y)}{(x + A)^3} \mathrm{d}x\mathrm{d}y \right)^{\frac{1}{2}}$$

$$\leqslant C \left(\frac{1}{2} \int_{x>A} \frac{u^2(x)}{(x + A)^2} \mathrm{d}x \right)^{\frac{1}{2}} \left(\frac{1}{2} \int_{x>A} \frac{u^2(y)}{(x + A)^2} \mathrm{d}y \right)^{\frac{1}{2}}$$

$$\leqslant \frac{C'}{A} \int u^2(x)\varphi'(x)\mathrm{d}x.$$

$\Sigma_2^- = \{(x,y) : x < -A, 0 < y < -x\}$ 的情况类似于 Σ_2.

- $\Sigma_3 = \{(x,y) : |x| < A, |y| < |x|\}$. 对于 $(x,y) \in \Sigma_3$ 和 $|s| < |x|$, 我们有 $\frac{1}{2A} \leqslant \varphi'(s) \leqslant \frac{1}{A}$, 因此, 通过 (13.2.28)$'$ 和 (13.2.29), 可得

$$|K_\varphi(x,y)| \leqslant C \sup_{|s|<|x|} |\varphi'''(s)| \leqslant \frac{C}{A^3} \leqslant \frac{C}{A}\varphi'(x)\varphi'(y).$$

至此, 我们完成了 Σ_3 的证明.

- $\Sigma_4 = \left\{ (x,y) : x > A, \frac{1}{2}x < y < x \right\}$. 对于 $(x,y) \in \Sigma_4$ 和 $y < s < x$, 通过 (13.2.29), 我们有

$$|\varphi'''(s)| \leqslant \frac{10}{A}(\varphi'(s))^2 \leqslant \frac{10}{A}\varphi'(y)\varphi'(s) \leqslant \frac{40}{A}\varphi'(y)\varphi'(x),$$

因此 $|K_\varphi(x,y)| \leqslant \frac{C}{A}\varphi'(x)\varphi'(y)$, 于是我们得到 Σ_4. $\Sigma_4^- = \left\{ (x,y) : x < -A, x < y < \frac{1}{2}x \right\}$ 的情况是类似的.

因此, 我们得到 (13.2.30) 并完成了引理 13.2.7 的证明. □

通过 (13.2.21)、引理 13.2.6 和 13.2.7, 存在 $C_0 > 0$ 使得

$$\frac{1}{2}\frac{\mathrm{d}}{\mathrm{d}x}\int u^2(t,x)\varphi(x)\mathrm{d}x \leqslant \frac{C_0}{A}\int u^2(t,x)\varphi'(x)\mathrm{d}x + \frac{1}{3}\int |u^3(t,x)|\varphi'(x)\mathrm{d}x.$$
(13.2.31)

现在, 假设在 $\mathbb{R}$ 上方程 (13.1.1) 的解 $u(t)$ 满足引理 13.2.3 的假设. $\eta(t)$ 和 $\rho(t)$ 的定义见引理 13.2.3.

令 $0 < \lambda < 1$, $t_0 \in [t_1, t_2]$ 和 $x_0 \geqslant 1$. 对任意 $t \in [t_1, t_0]$, $x \in \mathbb{R}$, 设

$$\tilde{x} = x - x_0 - \rho(t) - \lambda(t_0 - t), \quad M_\varphi(t) = \frac{1}{2}\int u^2(t,x)\varphi(\tilde{x})\mathrm{d}x.$$
(13.2.32)

那么, 通过 (13.2.31), 我们有

$$M'_{\varphi(t)} \leqslant -\frac{1}{2}\left(\rho'(t) - \lambda - \frac{2C_0}{A}\right)\int u^2(t)\varphi'(\tilde{x})\mathrm{d}x + \frac{1}{3}\int |u(t)|^3\varphi'(\tilde{x})\mathrm{d}x. \quad (13.2.33)$$

选取 A 足够大使得 $\dfrac{2C_0}{A} \leqslant \dfrac{1}{4}(1 - \lambda)$. 那么, 根据 (13.2.15)$'$, 选择 $\alpha_0 > 0$ 足够小使得 $\forall t \in I$, $\rho'(t) - \lambda > \dfrac{1}{2}(1 - \lambda)$. 因此, 我们得到

$$M'_\varphi(t) \leqslant -\frac{1}{8}(1 - \lambda)\int u^2(t)\varphi'(\tilde{x})\mathrm{d}x + \frac{1}{3}\int |u(t)|^3\varphi'(\tilde{x})\mathrm{d}x. \quad (13.2.34)$$

最后, 我们估计非线性项 $\displaystyle\int |u(t)|^3\varphi'(\tilde{x})\mathrm{d}x$. 首先观察

$$\int |u(t)|^3\varphi'(\tilde{x})\mathrm{d}x \leqslant C\int Q^3(x - \rho(t))\varphi'(\tilde{x})\mathrm{d}x + C\int |\eta(t,x)|^3\varphi'(\tilde{x})\mathrm{d}x. \quad (13.2.35)$$

对于第一项, 在 x 上分解成两个区域:

• $\Omega_1 = \left\{x : x < \rho(t) + \dfrac{1}{2}x_0 + \dfrac{1}{2}\lambda(t_0 - t)\right\}$. 对于 $x \in \Omega_1$, 我们有 $\tilde{x} < -\dfrac{1}{2}x_0 - \dfrac{1}{2}\lambda(t_0 - t)$, 因此

$$\varphi'(\tilde{x}) \leqslant \frac{C}{(x_0 + \lambda(t_0 - t))^2}.$$

这暗示了

$$\int_{\Omega_1} Q^3(x - \rho(t))\varphi'(\tilde{x})\mathrm{d}x \leqslant \frac{C}{(x_0 + \lambda(t_0 - t))^2}\int Q^3\mathrm{d}x \leqslant \frac{C}{x_0 + \lambda(t_0 - t)^2}.$$
(13.2.36)

- $\Omega_2 = \left\{ x : x > \rho(t) + \frac{1}{2}x_0 + \frac{1}{2}\lambda(t_0 - t) \right\}$. 对于 $x \in \Omega_2$, 我们有 $x - \rho(t) > \frac{1}{2}x_0 + \frac{1}{2}\lambda(t_0 - t)$, 因此

$$Q^3(x - \rho(t)) \leqslant \frac{C}{x_0 + \lambda(t_0 - t)^6},$$

$$\int_{\Omega_2} Q^3(x - \rho(t))\varphi'(\tilde{x})\mathrm{d}x \leqslant \frac{C}{x_0 + \lambda(t_0 - t)^6}.$$

现在我们断言

$$\int |\eta(t, x - \rho(t))|^3 \varphi'(\tilde{x})\mathrm{d}x \leqslant C\alpha_0 \int \eta^2(t, x - \rho(t))\varphi'(\tilde{x})\mathrm{d}x, \qquad (13.2.37)$$

其中 C 不依赖于 A, 为读者方便, 我们将在本命题证明结束后给出 (13.2.37) 式的证明. 进一步, 类似于前面的, 我们发现

$$\int \eta^2(t, x - \rho(t))\varphi'(\tilde{x})\mathrm{d}x \leqslant C \int (u^2(t, x) + Q^2(x - \rho(t)))\varphi'(\tilde{x})\mathrm{d}x$$

$$\leqslant C \int u^2(t, x)\varphi'(\tilde{x})\mathrm{d}x + \frac{C}{x_0 + \lambda(t_0 - t)^2}.$$

因此, 对于 α_0 足够小, 对 $\forall t \in [t_1, t_0]$, 根据 (13.2.34)—(13.2.37) 有

$$M_\varphi'(t) \leqslant -\frac{1}{8}(1 - \lambda) \int u^2(t)\varphi'(\tilde{x})\mathrm{d}x + C\alpha_0 \int u^2(t)\varphi'(\tilde{x})\mathrm{d}x + \frac{C}{x_0 + \lambda(t_0 - t)^2}$$

$$\leqslant -\frac{1}{16}(1 - \lambda) \int u^2(t)\varphi'(\tilde{x})\mathrm{d}x + \frac{C}{x_0 + \lambda(t_0 - t)^2}. \qquad (13.2.38)$$

令 $t \in [t_1, t_0]$. 对 (13.2.38) 式在 $[t, t_0]$ 上积分, 因为

$$\int_t^{t_0} \frac{\mathrm{d}t'}{x_0 + \lambda(t_0 - t')^2} = \frac{1}{\lambda x_0} \int_0^{\frac{\lambda(t_0 - t)}{x_0}} \frac{\mathrm{d}t''}{(1 + t'')^2} \leqslant \frac{C}{x_0} \quad \left(t'' = \frac{\lambda}{x_0}(t_0 - t') \right),$$

可得

$$\int u^2(t_0, x)\varphi(x - x_0 - \rho(t_0))\mathrm{d}x$$

$$+ \frac{1}{C} \int_t^{t_0} \int u^2(t', x)\varphi'(x - x_0 - \rho(t') - \lambda(t - t'))\mathrm{d}x\mathrm{d}t'$$

$$\leqslant \int u^2(t, x)\varphi(x - x_0 - \rho(t) - \lambda(t_0 - t))\mathrm{d}x + \frac{C}{x_0}.$$

通过致密性和连续依赖性准则, 在 $H^{\frac{1}{2}}(\mathbb{R})$ 上, 上式成立. 至此完成了命题 13.2.5 的证明. □

现在给出 (13.2.37) 的证明. 固定时间 t 使得 $y_0 = x_0 + \lambda(t_0 - t)$. 令 $\chi : \mathbb{R} \to \mathbb{R}$ 是一个 $\mathcal{C}^\infty$ 光滑函数使得在 $[0,1]$ 上, $\chi = 1$; 在 $(-\infty, -1] \cup [2, +\infty)$ 上 $\chi = 0$. 记 $\chi_n(x) = \chi(x - n)$, 那么, 通过 Gagliardo-Nirenberg 不等式可得

$$\int |\eta|^3 \varphi'(x - y_0)\mathrm{d}x \leqslant \sum_{n \in \mathbb{Z}} \int_n^{n+1} |\eta|^3 \varphi'(x - y_0)\mathrm{d}x$$

$$\leqslant \sum_{n \in \mathbb{Z}} \left(\int |\eta|^3 \chi_n^3 \mathrm{d}x \right) \sup_{n - y_0, n+1-y_0} \varphi'$$

$$\leqslant \sum_{n \in \mathbb{Z}} \left(\int |D^{\frac{1}{2}}(\eta\chi_n)|^2 \mathrm{d}x \right)^{\frac{1}{2}} \left(\int (\eta\chi_n)^2 \mathrm{d}x \right) \sup_{n - y_0, n+1-y_0} \varphi'.$$

通过引理 13.2.1 和 (13.2.16), 可得

$$\|D^{\frac{1}{2}}(\eta\chi_n)\|_{L^2} \leqslant C\|(D^{\frac{1}{2}}\eta)\chi_n\|_{L^2} + C\|\eta\|_{L^4}\|D^{\frac{1}{2}}\chi_n\|_{L^4}$$

$$\leqslant C\|\eta\|_{H^{\frac{1}{2}}}$$

$$\leqslant C\alpha_0.$$

因此

$$\int |\eta|^3 \varphi'(x - y_0)\mathrm{d}x \leqslant C\alpha_0 \sum_{n \in \mathbb{Z}} \left(\int (\eta\chi_n)^2 \mathrm{d}x \right) \sup_{n - y_0, n+1-y_0} \varphi'$$

$$\leqslant C\alpha_0 \int \eta^2 \varphi'(x - y_0)\mathrm{d}x,$$

这里我们利用了 χ 的性质和下列不等式

$$\forall y \in \mathbb{R}, \quad \sup_{[y,y+4]} \varphi' \leqslant C \inf_{[y,y+4]} \varphi',$$

其中常数 C 不依赖于 A, 且 $A > 1$. □

13.2.4　$\eta(t)$ 的单调性

在本小节, 我们给出 $\eta(t)$ 的单调性证明.

命题 13.2.8　令 $0 < \lambda < 1$. 在引理 13.2.3 的假设下, 设 α_0 足够小, A 充分大, 则存在 $C > 0$ 使得对任意 $x_0 > 1$, $t_1 \leqslant t_2$,

$$\int \eta^2(t_2, x)(\varphi(x - x_0) - \varphi(-x_0))\mathrm{d}x$$

$$\leqslant \int \eta^2(t_1, x)\left(\varphi(x - \lambda(t_2 - t_1) - x_0) - \varphi(-x_0 - \lambda(t_2 - t_1))\right) \mathrm{d}x$$

$$+ C \int_{t_1}^{t_2} \frac{\|\eta(t)\|_{L^2}^2}{(x_0 + \lambda(t_2 - t))^2} \mathrm{d}t.$$

注记 13.2.9 关于命题 13.2.5, 我们需要修改 $\varphi(x - x_0) - \varphi(-x_0)$ 来代替 $\varphi(x - x_0)$ 去消去一些项. 因为在命题 13.2.8 中剩余项可以由 $\dfrac{C}{x_0} \sup_t \|\eta(t)\|_{L^2}^2$ 控制, 显然命题 13.2.8 改进了命题 13.2.5 的结果.

命题 13.2.8 的证明 正如在命题 13.2.5 中 $u(t)$ 单调性的证明, 根据 (13.2.16) 式, 通过直接计算可以得到

$$\frac{1}{2}\frac{\mathrm{d}}{\mathrm{d}t} \int \eta^2(t, x)\varphi(x)\mathrm{d}x$$

$$= \int \eta_t \eta \varphi(x) \mathrm{d}x$$

$$= -\int (\mathcal{L}\eta)(\eta\varphi' + \eta_x\varphi)\mathrm{d}x + \frac{1}{3}\int \eta^3\varphi'\mathrm{d}x + (\rho' - 1)\left(\int Q'\eta\varphi\mathrm{d}x - \frac{1}{2}\int \eta^2\varphi'\mathrm{d}x\right)$$

$$= \int (\mathcal{H}\eta_x)\eta\varphi'\mathrm{d}x + \int (\mathcal{H}\eta_x)\eta_x\varphi\mathrm{d}x - \frac{1}{2}\int \eta^2\varphi'\mathrm{d}x + \frac{1}{2}\int \eta^2\varphi'\mathrm{d}x + \frac{1}{3}\int \eta^3\varphi'\mathrm{d}x$$

$$+ \frac{1}{2}\int \eta^2(Q\varphi' - Q'\varphi)\mathrm{d}x + (\rho' - 1)\left(\int Q'\eta\varphi\mathrm{d}x - \frac{1}{2}\int \eta^2\varphi'\mathrm{d}x\right). \quad (13.2.39)$$

令 $0 < \lambda < 1$, $\overline{x} = x - x_0 - \lambda(t_0 - t)$. 那么通过引理 13.2.6 和引理 13.2.7, 我们得到

$$\frac{\mathrm{d}}{\mathrm{d}t} \int \eta^2\varphi(\overline{x})\mathrm{d}x \leqslant -\left(\rho'(t) - \lambda - \frac{2C_0}{A}\right)\mathrm{d}x \int \eta^2\varphi'(\overline{x})\mathrm{d}x + \frac{2}{3}\int |\eta|^3\varphi'(\overline{x})\mathrm{d}x$$

$$+ \int \eta^2(Q\varphi'(\overline{x}) - Q'\varphi(\overline{x}))\mathrm{d}x + 2(\rho' - 1)\int Q'\eta\varphi(\overline{x})\mathrm{d}x.$$

现在, 类似于命题 13.2.5 的证明, 我们选择 $A > 1$ 使得 $\dfrac{2C_0}{A} \leqslant \dfrac{1}{4}(1 - \lambda)$, α_0 足够小使得 $\rho' - \lambda > \dfrac{1}{2}(1 - \lambda)$. 那么, 通过 (13.2.37) 和 (13.2.15)$'$, 我们可以选择 $\alpha_0 > 0$ 充分小使得

$$\frac{2}{3}\int |\eta|^3\varphi'(\overline{x})\mathrm{d}x \leqslant \frac{1}{8}(1 - \lambda)\int \eta^2\varphi'(\overline{x})\mathrm{d}x.$$

因此, 我们得到

$$\frac{\mathrm{d}}{\mathrm{d}t}\int \eta^2\varphi'(\overline{x})\mathrm{d}x + \int \eta^2(Q\varphi'(\overline{x}) - Q'\varphi(\overline{x}))\mathrm{d}x + 2(\rho'-1)\int Q'\eta\varphi(\overline{x})\mathrm{d}x.$$

这时, 注意到因为当 $y\to-\infty$ 时, $\varphi(y)\sim\dfrac{C}{|y|}$, $\displaystyle\int\eta^2 Q'\varphi(\overline{x})\mathrm{d}x$ 没有意义. 这一项仅仅能被 $\dfrac{C}{(x_0+\lambda(t_0-t))^2}\displaystyle\int\eta^2\mathrm{d}x$ 控制, 这个对我们的目的无效, 于是我们利用函数的光滑性来消去这项的主要部分.

实际上, 利用 $\displaystyle\int\eta Q'\mathrm{d}x = 0$ 和 (13.2.16), 我们有

$$\frac{\mathrm{d}}{\mathrm{d}t}\int \eta^2\mathrm{d}x = 2\int Q\eta\eta_x\mathrm{d}x = -\int Q'\eta^2\mathrm{d}x.$$

因此

$$\frac{\mathrm{d}}{\mathrm{d}t}\int \eta^2\left(\varphi(\overline{x}) - \varphi(-x_0 - \lambda(t_0-t))\right)\mathrm{d}x$$

$$\leqslant -\frac{1}{8}(1-\lambda)\int \eta^2\varphi'(\overline{x})\mathrm{d}x + \int \eta^2\big(Q\varphi'(\overline{x}) - Q'\left(\varphi(\overline{x}) - \varphi(-x_0 - \lambda(t_0-t))\right)\big)\mathrm{d}x$$

$$+ 2(\rho'-1)\int \eta Q'\left(\varphi(\overline{x} - \varphi(-x_0 - \lambda(t_0-t)))\right)\mathrm{d}x$$

$$- \lambda\varphi'(-(x_0 + \lambda(t_0-t)))\int \eta^2\mathrm{d}x.$$

现在, 我们断言下列的估计 $\forall x\in\mathbb{R}$,

$$Q(x)\varphi'(\overline{x}) + |Q(x)(\varphi(\overline{x}) - \varphi(-(x_0 + \lambda(t_0-t))))| \leqslant \frac{C}{(x_0 + \lambda(t_0-t))^2}.$$

因为

$$Q(x)\varphi'(\overline{x}) \leqslant \frac{C}{(1+x^2)(1+(x - x_0 - \lambda(t_0-t))^2)},$$

将 x 的区域分为两部分 $|x| > \dfrac{1}{2}(x_0 + \lambda(t_0-t))$ 和 $|x| < \dfrac{1}{2}(x_0 + \lambda(t_0-t))$, 上述断言中 $Q(x)\varphi'(\overline{x})$ 的估计是显然的. 对其他项, 首先我们注意 $|Q(x)| \leqslant \dfrac{C}{1+x^2}$, φ 有界, 因此 $|x| > \dfrac{1}{2}(x_0 + \lambda(t_0-t))$ 的情况是显然的. 对于 $|x| < \dfrac{1}{2}(x_0 + \lambda(t_0-t))$ 的情况, 我们有

$$|\varphi(\overline{x}) - \varphi(-x_0 - \lambda(t_0-t))| \leqslant |x| \sup_{[\frac{1}{2}(x_0+\lambda(t_0-t)),\frac{3}{2}(x_0+\lambda(t_0-t))]} \varphi'$$

$$\leqslant \frac{C|x|}{(x_0 + \lambda(t_0 - t))^2};$$

因此, 由下列估计

$$|Q(x)(\varphi(\overline{x}) - \varphi(-x_0 - \lambda(t_0 - t)))| \leqslant \frac{C}{(x_0 + \lambda(t_0 - t))^2}$$

可完成上述断言的估计.

通过 (13.2.15)' 和上述断言, $|Q'(x)| \leqslant \dfrac{C}{1 + |x|} Q(x)$, 我们得到

$$\left| \int \eta^2 \left(Q\varphi'(\overline{x}) - Q'(\varphi(\overline{x}) - \varphi(-x_0 - \lambda(t_0 - t))) \right) dx \right|$$

$$\leqslant \frac{C\|\eta(t)\|_{L^2}^2}{(x_0 + \lambda(t_0 - t))^2},$$

$$\left| (\rho' - 1) \int Q'\eta(\varphi(\overline{x}) - \varphi(-x_0 - \lambda(t_0 - t))) dx \right|$$

$$\leqslant \frac{C\|\eta(t)\|_{L^2}^2}{(x_0 + \lambda(t_0 - t))^2} \int \frac{|\eta|}{1 + |x|} dx$$

$$\leqslant \frac{C\|\eta(t)\|_{L^2}^2}{(x_0 + \lambda(t_0 - t))^2}.$$

因此

$$\frac{\mathrm{d}}{\mathrm{d}t} \int \eta^2 \left(\varphi(\overline{x}) - \varphi(-x_0 - \lambda(t_0 - t)) \right) dx$$

$$\leqslant -\frac{1}{8}(1 - \lambda) \int \eta^2 \varphi'(\overline{x}) dx + \frac{C\|\eta(t)\|_{L^2}^2}{(x_0 + \lambda(t_0 - t))^2}.$$

在 $[t, t_0]$ 上积分, 我们得到

$$\int \eta^2(t_0, x) \left(\varphi(x - x_0) - \varphi(-x_0) \right) dx$$

$$+ \frac{1}{C} \int_t^{t_0} \int \eta^2(t', x)\varphi'(x - x_0 - \lambda(t_0 - t')) dx dt'$$

$$\leqslant \eta^2(t, x) \left(\varphi(x - x_0 - \lambda(t_0 - t)) - \varphi(-x_0 - \lambda(t_0 - t)) \right) dx$$

$$+ C \int_t^{t_0} \frac{\|\eta(t')\|_{L^2}^2}{(x_0 + \lambda(t_0 - t))^2} dt'.$$

至此我们完成了命题 13.2.8 的证明. $\qquad\qquad\qquad\qquad\qquad\qquad\qquad \square$

13.3　线性 Liouville 定理

本节我们证明下列结果.

定理 13.3.1　*令 $w \in \mathcal{C}(\mathbb{R}, L^2(\mathbb{R})) \cap L^\infty(\mathbb{R}, L^2(\mathbb{R}))$ 是下列方程的解*

$$\omega_t = (\mathcal{L}w)_x + \beta(t)Q', \quad (t,x) \in \mathbb{R}^2, \tag{13.3.40}$$

其中 $\beta(t)$ 是连续函数. 并且 w 满足

$$\forall t \in \mathbb{R}, \quad \int \omega(t,x)Q(x)\mathrm{d}x = \int w(t,x)Q'(x)\mathrm{d}x, \tag{13.3.41}$$

$$\forall t \in \mathbb{R}, \quad \forall x_0 > 1, \quad \int_{|x|>x_0} w^2(t,x)\mathrm{d}x \leqslant \frac{C}{x_0}. \tag{13.3.42}$$

那么

$$在 \mathbb{R}^2 上 \quad \omega \equiv 0. \tag{13.3.43}$$

关于本定理的证明, 我们将引入一个对偶问题, 其算子具有更好的谱性质. 因为 $w(t)$ 仅仅属于 L^2 并且在空间上有一个弱的衰减, 于是我们需要将其正则化和局部化. 为了明确起见, 现在我们提出证明的论点, 完整的证明请见 13.3.1 节和 13.3.2 节.

在方程 (13.3.40) 两边关于 $xw(t)$ 作内积, 可得

$$\frac{\mathrm{d}}{\mathrm{d}t}\int xw^2\mathrm{d}x$$
$$= -2\int (\mathcal{H}w)w_x\mathrm{d}x - \int w^2\mathrm{d}x + \int w^2(Q-xQ')\mathrm{d}x + 2\beta(t)\int xQ'w\mathrm{d}x,$$

其中 $\left(\int (Q')^2\mathrm{d}x\right)\beta(t) = \int w\mathcal{L}(Q'')\mathrm{d}x$ (在 w 的方程两边与 Q' 作内积, 并利用 $\int wQ'\mathrm{d}x = 0$). 然而如何得到下列算子的谱性质是未知的

$$2\int (\mathcal{H}w)w_x\mathrm{d}x + \int w^2\mathrm{d}x - \int w^2(Q-xQ')\mathrm{d}x$$
$$+ \frac{2}{\int (Q')^2\mathrm{d}x}\left(\int w\mathcal{L}(Q'')\mathrm{d}x\right)\left(\int xQ'w\mathrm{d}x\right).$$

进一步, (13.3.42) 式的衰减性质对于 $\int xw^2\mathrm{d}x$ 的控制是不够的.

因此, 我们引入对偶问题, 令 $v = \mathcal{L}w$. 因为 $\mathcal{L}Q' = 0$ (通过直接计算可得), 很容易得到关于 v 的方程: $v_t = \mathcal{L}(v_x)$. 在 v 的方程两边关于 xv 作内积可得

$$-\frac{\mathrm{d}}{\mathrm{d}t}\int xv^2\mathrm{d}x = 2\int (\mathcal{H}v)v_x\mathrm{d}x + \int v^2\mathrm{d}x - \int v^2(Q + xQ')\mathrm{d}x.$$

注意到, 现在由于 xQ' 这一项提供了一个正项 $(xQ' \leqslant 0)$, 则关于 v 的算子很容易得到, 甚至这里不存在标量积. 事实上, 我们可以得到 (见命题 13.3.8) 该算子在正交条件 $\int v(xQ)'\mathrm{d}x = 0$ 下的正定性. 因为 $\mathcal{L}((xQ)') = -Q$ (见 (13.3.65)), 有

$$\int v(xQ)'\mathrm{d}x = \int (\mathcal{L}w)(xQ)'\mathrm{d}x = -\int wQ\mathrm{d}x = 0.$$

假如 $\int |x|v^2(t)\mathrm{d}x \leqslant C$, 我们从下列事实

$$\int_{-\infty}^{+\infty} \|v(t)\|_{H^{\frac{1}{2}}}^2\mathrm{d}t \leqslant C$$

可得对于一个子序列 $t_n \to +\infty$, $v(t_n) \to 0$, $w(t_n) \to 0$. 结合能量守恒 $(\mathcal{L}w(t),$ $w(t)) = C$ 和引理 13.2.2, 可得 $w \equiv 0$. 但是 (13.3.42) 式不能得到 $\int |x|v^2(t)\mathrm{d}x \leqslant C$. 实际上, 因为 $w(t)$ 仅仅属于 L^2, 我们需要局部化和正则化对偶问题.

13.3.1　假设二次型正定下证明定理 13.3.1

引理 13.3.2 (对偶问题的正则性)　*存在 $\gamma_0 > 0$ 使得对任意 $0 < \gamma < \gamma_0$, 下列问题成立. 令 $v = (1 - \gamma\partial_x^2)^{-1}(\mathcal{L}w)$, 那么, $v \in (\mathbb{R}, H^1(\mathbb{R})) \cap L^\infty(\mathbb{R}, H^1(\mathbb{R}))$ 并且满足*

(1) v 的方程

$$v_t = \mathcal{L}(v_x) - \gamma(1 - \partial_x^2)^{-1}(2v_{xx}Q' + v_xQ''). \tag{13.3.44}$$

(2) v 的衰减

$$\forall t \in \mathbb{R}, \quad x_0 > 1, \quad \int_{|x|>x_0} \left(v_x^2(t,x) + v^2(t,x)\right)\mathrm{d}x \leqslant \frac{C_\gamma}{x_0^{\frac{3}{4}}}. \tag{13.3.45}$$

(3) Virial 型估计

$$\int_{-\infty}^{+\infty} \frac{1}{(1+t^2)^{\frac{2}{5}}}\|v(t)\|_{H^1}^2\mathrm{d}t \leqslant C. \tag{13.3.46}$$

证明　首先, 因为 $\sup_t \|u(t)\|_{L^2} \leqslant C$, 我们得到 $\sup_t \|v(t)\|_{H^1} \leqslant C_\gamma$ (见断言 13.3.3).

(1) v 的方程. 令 $\tilde{V} = \mathcal{L}w$ 使得 $w_t = \tilde{v}_x + \beta Q'$. 因为 $\mathcal{L}Q' = 0$, 函数 $\tilde{v}$ 满足 $\tilde{v}_t = \mathcal{L}w_t = \mathcal{L}(\tilde{v}_x)$. 现在我们引进 $\tilde{v}$ 的正则化. 令 $0 < \gamma < \dfrac{1}{2}$ 足够小, 设

$$v(t,x) = (1-\gamma\partial_x)^{-1}\tilde{v}(t,x) \text{ 或者等价于 } v - \gamma v_{xx} = \tilde{v} = \mathcal{L}w.$$

那么, $v(t,x)$ 满足下列方程

$$v_t = (1-\gamma\partial_x)^{-1}\tilde{v}_t = (1-\gamma\partial_x)^{-1}\mathcal{L}(\tilde{v}_x) = \mathcal{L}(v_x) - (1-\gamma\partial_x)^{-1}(\tilde{v}_x Q) + v_x Q.$$

但是, $-(1-\gamma\partial_x^2)^{-1}(\tilde{v}_x Q) + v_x Q = (1-\gamma\partial_x^2)^{-1}(-2\gamma v_{xx}Q' - \gamma v_x Q'')$, 因此

$$v_t = \mathcal{L}(v_x) - \gamma(1-\gamma\partial_x^2)^{-1}(2v_{xx}Q' + v_x Q'').$$

(2) v 的衰减估计, 通过 $w(t)$ 的衰减估计, 我们可以断言

$$\forall x_0 > 1, \quad \forall t, \quad \int_{|x|\geqslant x_0}(v_x^2(t,x) + v^2(t,x))\mathrm{d}x \leqslant \frac{C_\gamma}{x_0^{\frac{3}{4}}}. \tag{13.3.47}$$

实际上, 令 $x_0 > 1$,

$$h(x) = h_{x_0}(x) = \varphi_{\sqrt{x_0}}^2(x-x_0) = \left(\frac{\pi}{2} + \arctan\left(\frac{x-x_0}{\sqrt{x_0}}\right)\right)^2.$$

注意到 $0 \leqslant |h'| + |h''| \leqslant Ch$. 因为 $v - \gamma v_{xx} = \mathcal{L}w$, 与 vh 作内积, 我们有

$$\int v^2 h\mathrm{d}x + \gamma\int v_x^2 h\mathrm{d}x - \frac{1}{2}\gamma\int v^2 h''\mathrm{d}x$$

$$= \int w\mathcal{L}(vh)\mathrm{d}x$$

$$= \int wD(vh)\mathrm{d}x + \int wvh\mathrm{d}x - \int Qwvh\mathrm{d}x. \tag{13.3.48}$$

首先, 由

$$\left|\int wvh\mathrm{d}x\right| + \left|\int Qwvh\mathrm{d}x\right| \leqslant C\|w\sqrt{h}\|_{L^2}\|v\sqrt{h}\|_{L^2}$$

和

$$\int w^2 h\mathrm{d}x \leqslant \int_{x<\frac{x_0}{2}} w^2 h\mathrm{d}x + \int_{x>\frac{x_0}{2}} w^2\mathrm{d}x \leqslant C\frac{1}{x_0},$$

利用 h 的定义和 (13.3.42) 可得

$$\left| \int wvh\mathrm{d}x \right| + \left| \int Qwvh\mathrm{d}x \right| \leqslant \frac{C}{x_0^{\frac{1}{2}}} \|v\sqrt{h}\|_{L^2}.$$

其次, 通过引理 13.2.1, 我们有

$$\left| \int wD(vh)\mathrm{d}x - \int D(v\sqrt{h})\sqrt{h}w\mathrm{d}x \right|$$

$$\leqslant \|w\|_{L^2} \|v\sqrt{h}\|_{L^4} \|D\sqrt{h}\|_{L^4} \leqslant \frac{C}{x_0^{\frac{3}{8}}} \|v\sqrt{h}\|_{H^1}.$$

因为

$$\left| \int D(v\sqrt{h})\sqrt{h}w\mathrm{d}x \right| \leqslant \|w\sqrt{h}\|_{L^2} \|v\sqrt{h}\|_{H^1}$$

且

$$\|v\sqrt{h}\|_{H^1}^2 = \int (v_x^2 + v^2)h\mathrm{d}x + O\left(\frac{1}{x_0}\right),$$

通过 (13.3.48) 可得

$$\int_{x>x_0} (v_x^2 + v^2)h\mathrm{d}x \leqslant \frac{C_\gamma}{x_0^{\frac{3}{4}}}.$$

(3) 关于 $v(t)$ 的估计. 令 $\frac{1}{3} < \theta < \frac{1}{2}$, $B > 1$, 设

$$I(t) = \frac{1}{2} \int g\left(\frac{x}{(B+t^2)^\theta}\right) v^2(t,x)\mathrm{d}x, \quad z = v\sqrt{g'\left(\frac{x}{(B+t^2)^\theta}\right)},$$

其中 $g(x) = \arctan(x)$,

$$(\tilde{\mathcal{L}}z, z) = -2(\mathcal{L}(z_x), xz) = 2\int |D^{\frac{1}{2}}z|^2\mathrm{d}x + \int z^2\mathrm{d}x - \int (xQ'+Q)z^2\mathrm{d}x. \tag{13.3.49}$$

对任意 $0 < \sigma_0 < 1$, 我们断言

$$\left| 2I'(t) + \frac{1}{(B+t^2)^\theta}(\tilde{\mathcal{L}}z, z) \right|$$

$$\leqslant \frac{\sigma_0}{(B+t^2)^\theta}\|z\|_{L^2}^2 + \frac{C}{\sigma_0(B+t^2)^{1-\theta}}\|v\|_{L^2}^2 + \frac{C}{(B+t^2)^{\frac{7}{4}\theta}}\|z\|_{H^{\frac{1}{2}}}\|v\|_{L^2}$$

$$+ \frac{C}{(B+t^2)^\theta}\gamma^{\frac{1}{4}}\|z\|_{H^{\frac{1}{2}}}\|v\|_{L^2} + \frac{C}{(B+t^2)^{2\theta}}\|z\|_{L^2}^2. \tag{13.3.50}$$

现给出上述断言 (13.3.50) 的证明. 计算 $I'(t)$:

$$I'(t) = -\frac{\theta t}{\sigma_0(B+t^2)^{1+\theta}} \int xg'\left(\frac{x}{\sigma_0(B+t^2)^\theta}\right)v^2\mathrm{d}x + \int g\left(\frac{x}{\sigma_0(B+t^2)^\theta}\right)vv_t\mathrm{d}x.$$

首先, 根据 Cauchy-Schwarz 不等式, 对于任意 $\sigma_0 > 0$,

$$\left|\frac{\theta t}{(B+t^2)^{1+\theta}}\right|\left|\int xg'\left(\frac{x}{(B+t^2)^\theta}\right)v^2\mathrm{d}x\right.$$

$$\leqslant \frac{\sigma_0}{\sigma_0(B+t^2)^\theta}\int g'\left(\frac{x}{(B+t^2)^\theta}\right)v^2\mathrm{d}x$$

$$+ \frac{\theta^2 t^2}{4\sigma_0(B+t^2)^{2-\theta}}\int\left(\frac{x}{(B+t^2)^\theta}\right)^2 g'\left(\frac{x}{(B+t^2)^\theta}\right)v^2\mathrm{d}x.$$

因为 $s^2g'(s) \leqslant 1$, 我们得到

$$\left|\frac{\theta t}{(B+t^2)^{1+\theta}}\int xg'\left(\frac{x}{(B+t^2)^\theta}\right)v^2\mathrm{d}x\right|$$

$$\leqslant \frac{\sigma_0}{(B+t^2)^\theta}\int z^2\mathrm{d}x + \frac{C\theta^2}{\sigma_0(B+t^2)^{1-\theta}}\int v^2\mathrm{d}x.$$

然后, 使用 v 的方程计算 $\displaystyle\int g\left(\frac{x}{(B+t^2)^\theta}\right)vv_t\mathrm{d}x.$

$$\int g\left(\frac{x}{(B+t^2)^\theta}\right)vv_t\mathrm{d}x$$

$$= \int g\left(\frac{x}{(B+t^2)^\theta}\right)v\mathcal{L}v_x - \gamma\int g\left(\frac{x}{(B+t^2)^\theta}\right)v(1-\gamma\partial_x^2)^{-1}(2v_{xx}Q' + v_xQ'')$$

$$= \mathbf{A} + \mathbf{B}.$$

下面估计 $\mathbf{A}$:

$$\mathbf{A} = \int g\left(\frac{x}{(B+t^2)^\theta}\right)v(-\mathcal{H}v_{xx} + v_x)\mathrm{d}x - \int g\left(\frac{x}{(B+t^2)^\theta}\right)Qvv_x\mathrm{d}x$$

$$= -\int\left[\frac{1}{(B+t^2)^\theta}g'\left(\frac{x}{(B+t^2)^\theta}\right)v + g\left(\frac{x}{(B+t^2)^\theta}\right)v_x\right](-\mathcal{H}v_x + v)\mathrm{d}x$$

$$+ \frac{1}{2}\int\left[\frac{1}{(B+t^2)^\theta}g'\left(\frac{x}{(B+t^2)^\theta}\right)Q + g\left(\frac{x}{(B+t^2)^\theta}\right)Q'\right]v^2\mathrm{d}x.$$

其次

$$\mathbf{A} = -\frac{1}{(B+t^2)^\theta} \int |D^{\frac{1}{2}}z|^2 + v\left[D\left(vg'\left(\frac{x}{(B+t^2)^\theta}\right)\right)\right.$$

$$\left. - D\left(v\sqrt{g'\frac{x}{(B+t^2)^\theta}}\right)\sqrt{g'\left(\frac{x}{(B+t^2)^\theta}\right)}\right]\mathrm{d}x + \frac{1}{2}\frac{1}{(B+t^2)^\theta}\int(xQ'+Q)z^2\mathrm{d}x$$

$$+ \int(\mathcal{H}v_x)v_x g\left(\frac{x}{(B+t^2)^\theta}\right)\mathrm{d}x - \frac{1}{2}\frac{1}{(B+t^2)^\theta}\int z^2\mathrm{d}x$$

$$+ \frac{1}{2}\int\left[g\left(\frac{x}{(B+t^2)^\theta}\right) - \frac{x}{(B+t^2)^\theta}g'\left(\frac{x}{(B+t^2)^\theta}\right)\right]Q'v^2\mathrm{d}x$$

$$= -\frac{1}{2}\frac{1}{(B+t^2)^\theta}(\tilde{\mathcal{L}}z, z) + \mathbf{A}_1 + \mathbf{A}_2 + \mathbf{A}_3,$$

其中

$$\mathbf{A}_1 = -\frac{1}{(B+t^2)^\theta}\int v\left(D\left(z\sqrt{g'\left(\frac{x}{(B+t^2)^\theta}\right)}\right) - (Dz)\sqrt{g'\left(\frac{x}{(B+t^2)^\theta}\right)}\right)\mathrm{d}x,$$

$$\mathbf{A}_2 = \int(\mathcal{H}v_x)v_x g\left(\frac{x}{(B+t^2)^\theta}\right)$$

和

$$\mathbf{A}_3 = \frac{1}{2}\int\left(g\left(\frac{x}{(B+t^2)^\theta}\right) - \frac{x}{(B+t^2)^\theta}g'\left(\frac{x}{(B+t^2)^\theta}\right)\right)Q'v^2\mathrm{d}x.$$

下面估计 $\mathbf{A}_1$—$\mathbf{A}_3$. 通过引理 13.2.1, 有

$$|\mathbf{A}_1| \leqslant \frac{C}{(B+t^2)^\theta}\|v\|_{L^2}\|z\|_{L^4}\left\|D\sqrt{g'\left(\frac{x}{(B+t^2)^\theta}\right)}\right\|_{L^4}$$

$$\leqslant \frac{C}{(B+t^2)^{\frac{7\theta}{4}}}\|v\|_{L^2}\|z\|_{H^{\frac{1}{2}}}.$$

因为 $\int(\mathcal{H}v_x)v_x\mathrm{d}x = 0$, 根据引理 13.2.7 且当 $A = (B+t^2)^\theta$ 时可以得到

$$\mathbf{A}_2 \leqslant \frac{C}{(B+t^2)^{2\theta}}\|z\|_{L^2}^2.$$

对于 $\forall y \in \mathbb{R}, \left|\arctan y - \dfrac{y}{1+y^2}\right| \leqslant Cy^2$, 可得 $\forall x \in \mathbb{R}$,

$$\left|\left(g\left(\frac{x}{(B+t^2)^\theta}\right) - \frac{x}{(B+t^2)^\theta}g'\left(\frac{x}{(B+t^2)^\theta}\right)\right)Q'(x)\right|$$

$$\leqslant \frac{x^2|Q'(x)|}{(B+t^2)^{2\theta}} \leqslant \frac{C}{(B+t^2)^{2\theta}}\frac{1}{1+|x|}.$$

因此

$$|\mathbf{A}| \leqslant \frac{C}{(B+t^2)^{2\theta}}\|v\|_{L^2}\|z\|_{L^2}.$$

现在估计 $\mathbf{B}$, 首先给出下列断言.

断言 13.3.3 (i) $x(1-\gamma\partial_x^2)^{-1}f = (1-\gamma\partial_x^2)^{-1}(xf) - 2\gamma(1-\gamma\partial_x^2)^{-2}(f')$.

(ii) $\|(1-\gamma\partial_x^2)^{-1}f\|_{L^2} + \gamma^{\frac{1}{2}}\|(1-\gamma\partial_x^2)^{-1}(f')\|_{L^2} + \gamma\|(1-\gamma\partial_x^2)^{-1}(f'')\|_{L^2} \leqslant C\|f\|_{L^2}$, $\|(1-\gamma\partial_x^2)^{-1}(f'')\|_{L^2} \leqslant C\gamma^{-\frac{3}{4}}\|f\|_{\dot{H}^{\frac{1}{2}}}$.

证明 (i) 令 $h = (1-\gamma\partial_x^2)^{-1}f$, 那么 $xh - \gamma(xh)'' = xf - 2\gamma h'$, 因此 $xh = (1-\gamma\partial_x^2)^{-1}(xf - 2\gamma(1-\gamma\partial_x^2)^{-1}f')$.

(ii) $\int |f|^2 dx = \int |h-\gamma h''|^2 dx = \int h^2 dx + 2\gamma\int (h')^2 dx + \gamma^2\int (h'')^2 dx$, 至此 (ii) 的第一个不等式证毕. 下面证明第二个不等式

$$\|(1-\gamma\partial_x^2)^{-1}(f'')\|_{L^2} \leqslant C\left\|\left(\frac{\xi^2}{1+\gamma\xi^2}\right)\hat{f}\right\|_{L^2} \leqslant C\gamma^{-\frac{3}{4}}\||\xi|^{\frac{1}{2}}\hat{f}\|_{L^2},$$

因为 $\forall \xi \in \mathbb{R}$, $\forall \gamma > 0$,

$$\frac{\xi^2}{1+\gamma\xi^2} \leqslant \gamma^{-\frac{3}{4}}|\xi|^{\frac{1}{2}}.$$

至此我们完成了断言 13.3.3 的证明. □

利用断言 13.3.3 中的 (i), 可得

$$\mathbf{B} = -\gamma\int \frac{1}{x}g\left(\frac{x}{(B+t^2)^\theta}\right)v(1-\gamma\partial_x^2)^{-1}H dx,$$

其中

$$H = 2xv_{xx}Q' + xv_xQ'' - 2\gamma(1-\gamma\partial_x^2)^{-1}(2v_{xx}Q' + v_xQ'')_x.$$

因为 $\forall y \in \mathbb{R}$, $|g(y)| \leqslant C|y|$, 我们有

$$|\mathbf{B}| \leqslant \frac{C\gamma}{(B+t^2)^\theta}\|v\|_{L^2}\|(1-\gamma\partial_x^2)^{-1}H\|_{L^2}.$$

现在利用断言 (ii) 估计 $\|(1-\gamma\partial_x^2)^{-1}H\|_{L^2}$. 将 H 写为下列形式:

$$H = (2vxQ')'' + (vF_1)' + vF_2 - 2\gamma(1-\gamma\partial_x^2)^{-1}((2vQ')'' + (vF_3)' + vF_4)_x,$$

其中 $j = 1, \cdots, 4$, $|F_j(x)| \leqslant C\dfrac{1}{1 + x^2}$. 因此

$$\|(1 - \gamma\partial_x^2)^{-1}H\|_{L^2} \leqslant C\gamma^{-\frac{3}{4}}\|vxQ'\|_{\dot{H}^{\frac{1}{2}}} + C\gamma^{-\frac{1}{2}}\left\|v\frac{1}{1 + x^2}\right\|_{L^2}$$
$$+ \gamma^{-\frac{1}{2}}\|(1 - \gamma\partial_x^2)^{-1}(2vQ')'' + (vF_3)' + vF_4\|_{L^2}$$
$$\leqslant C\gamma^{-\frac{3}{4}}\|vxQ'\|_{\dot{H}^{\frac{1}{2}}} + C\gamma^{-\frac{1}{2}}\left\|v\frac{1}{1 + x^2}\right\|_{L^2}.$$

现在我们断言

$$\left\|v\frac{1}{1 + x^2}\right\|_{L^2} \leqslant C\|z\|_{L^2}, \quad \|vxQ'\|_{\dot{H}^{\frac{1}{2}}} \leqslant C\|z\|_{H^{\frac{1}{2}}}. \tag{13.3.51}$$

因为 $\dfrac{1}{1 + x^2} \leqslant C\sqrt{g'}$, 第一个估计是显然的. 令

$$f(x) = \frac{xQ'(x)}{\sqrt{g'\left(\dfrac{x}{(B + t^2)^\theta}\right)}},$$

那么通过引理 13.2.1,

$$\|D^{\frac{1}{2}}(vxQ')\|_{L^2} = \|D^{\frac{1}{2}}(zf)\|_{L^2} \leqslant \|(D^{\frac{1}{2}}z)f\|_{L^2} + C\|z\|_{L^4}\|D^{\frac{1}{2}}f\|_{L^4} \leqslant \|z\|_{H^{\frac{1}{2}}},$$

因为 $\|f\|_{L^\infty} + \|D^{\frac{1}{2}}f\|_{L^4} \leqslant \|f\|_{H^1} \leqslant C$, 所以, $\|(1 - \gamma\partial_x^2)^{-1}H\|_{L^2} \leqslant C\gamma^{-\frac{3}{4}}\|z\|_{H^{\frac{1}{2}}}$, 于是

$$|\mathbf{B}| \leqslant \frac{C\gamma^{\frac{1}{4}}}{(B + t^2)^\theta}\|z\|_{H^{\frac{1}{2}}}\|v\|_{L^2}.$$

把上面估计相加可得 (13.3.51), 至此完成 (13.3.50) 的证明.

现在断言下列命题 (见 13.3.2 节的证明).

命题 13.3.4 存在 $\lambda > 0$, $\gamma_0 > 0$ 和 $B_0 > 1$ 使得, 对于 $0 < \gamma < \gamma_0$, $B \geqslant B_0$,

$$\forall t, \ (\tilde{\mathcal{L}}z(t), z(t)) \geqslant \lambda\|z(t)\|_{H^{\frac{1}{2}}}^2,$$

其中 z 的定义与 (13.3.49) 给出的子定义一样.

注记 13.3.5 算子 $\tilde{\mathcal{L}}$ 不依赖于 γ 和 B, 但是关于 w 的正交条件意味着 z 上几乎正交条件依赖于 γ 和 B, 证明见命题 13.3.4 的证明.

选择 $\theta = \dfrac{2}{5}$, $\sigma_0 = \dfrac{\lambda}{4}$. 那么

$$-2I'(t) \geqslant \frac{\lambda}{2(B+t^2)^\theta} \|z(t)\|_{H^{\frac{1}{2}}}^2 - \frac{C}{(B+t^2)^\theta} \left(\frac{1}{2(B+t^2)^{\frac{1}{5}}} + \gamma^{\frac{1}{2}} \right) \|v\|_{L^2}^2.$$

通过 (13.3.45) 的衰减性质, 有

$$\int v^2(t)\mathrm{d}x \leqslant \int_{|x| \leqslant \frac{1}{2}(B+t^2)^\theta} v^2(t)\mathrm{d}x + \frac{C_\gamma}{(B+t^2)^{\frac{3\theta}{4}}}$$

$$\leqslant C \int z^2(t)\mathrm{d}x + \frac{C_\gamma}{(B+t^2)^{\frac{3}{10}}}.$$

对于 $\gamma > 0$ 足够小和 B 足够大, 并且通过 $\|v\|_{H^{\frac{1}{2}}} \leqslant C$, 我们得到

$$-2I'(t) \geqslant \frac{\gamma}{4(B+t^2)^\theta} \|z(t)\|_{H^{\frac{1}{2}}} - \frac{C_\gamma}{(B+t^2)^{\frac{3}{5}}}.$$

因为 $I(t)$ 有界, 通过积分可得

$$\int_{-\infty}^{+\infty} \frac{1}{(B+t^2)^\theta} \|z(t)\|_{H^{\frac{1}{2}}}^2 \mathrm{d}t \leqslant C_\gamma. \tag{13.3.52}$$

下面我们断言 (13.3.52) 和 (13.3.45) 暗示了

$$\int_{-\infty}^{+\infty} \frac{1}{(B+t^2)^\theta} \|v(t)\|_{H^{\frac{1}{2}}}^2 \mathrm{d}t \leqslant C. \tag{13.3.53}$$

事实上, 通过 (13.3.45) 和 g' 的表达式, 考虑两个区域 $x > \dfrac{1}{(B+t^2)^{\frac{\theta}{2}}}$, $x < \dfrac{1}{(B+t^2)^{\frac{\theta}{2}}}$, 我们有

$$\|v - z\|_{H^1}^2 = \|v(1 - \sqrt{g'})\|_{H^1}^2 \leqslant \frac{C}{(B+t^2)^{\frac{3\theta}{8}}} = \frac{C}{(B+t^2)^{\frac{3}{20}}}. \tag{13.3.54}$$

因此, 通过 $\|v\|_{H^{\frac{1}{2}}} \leqslant \|z\|_{H^{\frac{1}{2}}} + \|v - z\|_{H^{\frac{1}{2}}}$ 和 (13.3.52), 有

$$\int_{-\infty}^{+\infty} \frac{1}{(B+t^2)^\theta} \|v(t)\|_{H^{\frac{1}{2}}}^2 \mathrm{d}t \leqslant 2C_\gamma + \int_{-\infty}^{+\infty} \frac{1}{(B+t^2)^{\frac{11}{20}}} \mathrm{d}t \leqslant C.$$

另外, 我们断言

$$\int_{-\infty}^{+\infty} \frac{1}{(B+t^2)^\theta} \|z(t)\|_{H^{\frac{3}{2}}}^2 \mathrm{d}t \leqslant C. \tag{13.3.55}$$

下面证明 (13.3.55). 设

$$J(t) = \frac{1}{2} \int g\left(\frac{x}{(B+t^2)^\theta}\right) v_x^2(t) \mathrm{d}x.$$

类似于 (13.3.50) 的证明, 我们得到

$$\left| J'(t) + \frac{1}{(B+t^2)^\theta} \int (D^{\frac{3}{2}}z)^2 \mathrm{d}x \right| \leqslant \frac{C}{(B+t^2)^\theta} \|v\|_{H^1}(\|v\|_{H^1} + \|z\|_{H^{\frac{3}{2}}}).$$

通过 $\|v\|_{H^1} \leqslant \|z\|_{H^1} + \|v-z\|_{H^1}$, (13.3.54) 和下列估计

$$\|z\|_{H^1} \leqslant \varepsilon \|D^{\frac{3}{2}}z\|_{L^2} + C_\varepsilon \|z\|_{L^2},$$

我们得到, 对于 $\varepsilon > 0$ 足够小,

$$-J'(t) \geqslant \frac{1}{2}\frac{1}{(B+t^2)^\theta}\|D^{\frac{3}{2}}z\|_{L^2}^2 + C\frac{1}{(B+t^2)^\theta}\|z\|_{L^2}.$$

因为 $J(t)$ 有界, 利用 (13.3.52) 可得 (13.3.55).

最后, 通过 (13.3.52), (13.3.54) 和 (13.3.55), 我们得到 (13.3.46). 引理 13.3.2 证毕. □

引理 13.3.6 ($w(t)$ 的衰减估计) 下列成立

$$\int_{-\infty}^{+\infty} \frac{1}{(1+t^2)^{\frac{2}{5}}} \|w(t)\|_{L^2}^2 \mathrm{d}t < C, \tag{13.3.56}$$

$$\sup_{t \in \mathbb{R}} \int |x|w^2(t,x)\mathrm{d}x \leqslant C. \tag{13.3.57}$$

证明 通过比较 v 和 w 可得 (13.3.56) 的估计是引理 13.3.2 的结果. 令 γ 足够小, 由 v 的定义可得 $(1-\gamma\partial_x^2)^{\frac{1}{2}}v = \mathcal{L}w$. 令 $\tilde{w} = (1-\gamma\partial_x^2)^{-\frac{1}{4}}w$, 那么

$$\int w(1-\gamma\partial_x^2)^{\frac{1}{2}}v\mathrm{d}x = \int \tilde{w}(1-\gamma\partial_x^2)^{-\frac{1}{4}}(\mathcal{L}w)\mathrm{d}x.$$

一方面, 我们有

$$\left| \int w(1-\gamma\partial_x^2)^{\frac{1}{2}}v\mathrm{d}x \right| \leqslant C\|w\|_{L^2}\|v\|_{H^1}.$$

另一方面, 正如断言 13.3.3 中的证明,

$$\|(1-\gamma\partial_x^2)^{-\frac{1}{4}}(\mathcal{L}w) - \mathcal{L}\tilde{w}\|_{L^2}$$

$$\leqslant \|(1-\gamma\partial_x^2)^{-\frac{1}{4}}(Qw) - Qw\|_{L^2} + \|Q(w-\tilde{w})\|_{L^2}$$

$$\leqslant \gamma^{\frac{1}{4}}\|w\|_{L^2}.$$

因此,

$$\left|\int \left(\tilde{w}(1-\gamma\partial_x^2)^{-\frac{1}{4}}(\mathcal{L}w) - (\mathcal{L}\tilde{w},\tilde{w})\right)\mathrm{d}x\right| \leqslant C\gamma^{\frac{1}{4}}\|w\|_{L^2}^2,$$

并且因为当 $\gamma > 0$ 足够小时, $(\mathcal{L}\tilde{w},\tilde{w}) \geqslant \frac{1}{2}\lambda\|\tilde{w}\|_{H^{\frac{1}{2}}}$ (见命题 13.3.4 的证明). 我们得到

$$\int \tilde{w}(1-\gamma\partial_x^2)^{-\frac{1}{4}}(\mathcal{L}w)\mathrm{d}x \geqslant \frac{\lambda}{2}\|\tilde{w}\|_{H^{\frac{1}{2}}}^2 - C\gamma^{\frac{1}{4}}\|w\|_{L^2}^2 \geqslant \lambda_1\|w\|_{L^2}^2.$$

因此, 我们得到

$$\|w\|_{L^2} \leqslant C\|v\|_{H^1},$$

于是, 引理 13.3.2 暗示了 (13.3.56).

现在, 我们证明 (13.3.57). 实际上, 可积性 (13.3.56) 允许我们通过单调性得到 $w(t,x)$ 的衰减估计.

由命题 13.2.8 的证明, 对于 $\forall\lambda \in (0,1)$, $\forall t_0, t \in (-\infty, t_0]$, $x_0 > 1$, 我们有

$$\int w^2(t_0, x)(\varphi(x-x_0) - \varphi(-x_0))\mathrm{d}x$$

$$\leqslant \int w^2(t,x)(\varphi(x-x_0-\lambda(t_0-t)) - \varphi(-x_0-\lambda(t_0-t)))\mathrm{d}x$$

$$+ C\int_t^{t_0} \frac{\|w(t')\|_{L^2}^2}{(x_0+\lambda(t_0-t))^2}\mathrm{d}t'. \tag{13.3.58}$$

(13.3.58) 式的最后一项可进行如下估计

$$\int_t^{t_0} \frac{\|w(t')\|_{L^2}^2}{(x_0+\lambda(t_0-t))^2}\mathrm{d}t' \leqslant Cx_0^{-\frac{6}{5}} \int_t^{t_0} \frac{\|w(t')\|_{L^2}^2}{(1+\lambda(t_0-t))^{\frac{4}{5}}}\mathrm{d}t'.$$

因此, 根据 (13.3.56) 和 (13.3.42), 令 (13.3.58) 中的 $t \to -\infty$, 我们得到

$$\int w^2(t_0)(\varphi(x-x_0) - \varphi(-x_0))\mathrm{d}x \leqslant Cx_0^{-\frac{6}{5}},$$

由 $x \to -x$, $t \to -t$ 方程的不变性, 可得

$$\int w^2(t_0)(\varphi(x_0) - \varphi(x+x_0))\mathrm{d}x \leqslant Cx_0^{-\frac{6}{5}},$$

因此把上面两个估计相加可得

$$\int w^2(t_0)(\varphi(x-x_0) - \varphi(x+x_0) + \varphi(x_0) - \varphi(-x_0))\mathrm{d}x \leqslant Cx_0^{-\frac{6}{5}}.$$

对于任意 $|x| > x_0 \geqslant 1$, 很容易验证

$$\varphi(x-x_0) - \varphi(x+x_0) + \varphi(x_0) - \varphi(-x_0)$$
$$\geqslant \varphi(0) - \varphi(2x_0) + \varphi(x_0) - \varphi(-x_0)$$
$$\geqslant \frac{\pi}{2} - \arctan(2) > 0.$$

因此, 对 $\forall x_0 > 1$,

$$\int_{|x| \geqslant x_0} w^2(t_0)\mathrm{d}x \leqslant Cx_0^{-\frac{6}{5}}. \tag{13.3.59}$$

通过在 x_0 上的积分可得下列估计

$$\forall t \in \mathbb{R}, \quad \int |x|w^2(t)\mathrm{d}x \leqslant C.$$

引理 13.3.6 得证. $\qquad\qquad\qquad\qquad\qquad\qquad\qquad\qquad\qquad\qquad\qquad\qquad\square$

现在, 我们断言 (13.3.57) 式估计暗示着 $w(t)$ 上正则性的提高.

引理 13.3.7 (关于 $w(t)$ 正则性的提高)　令 $w \in \mathcal{C}(\mathbb{R}, L^2(\mathbb{R})) \cap L^{\infty}(\mathbb{R}, L^2(\mathbb{R}))$ 是 (13.3.40) 的解, 并且满足 (13.3.57), 那么, $w(t) \in \mathcal{C}(\mathbb{R}, H^{\frac{1}{2}}(\mathbb{R}))$, 且有下列等式成立

$$\int xw^2(t_2)\mathrm{d}x - \int xw^2(t_1)\mathrm{d}x$$
$$= -\int_{t_1}^{t_2} \int (2|D^{\frac{1}{2}}w|^2 + w^2 + w^2(xQ' - Q))\mathrm{d}x\mathrm{d}t + 2\int_{t_1}^{t_2} \beta(t) \int xQ'w\mathrm{d}x\mathrm{d}t. \tag{13.3.60}$$

假设引理 13.3.7 成立, 现在继续证明定理 13.3.1. 首先, 在 $w(t)$ 方程两边与 Q' 作内积, 并利用 $\int wQ'\mathrm{d}x = 0$, 可得 $\beta(t) \int (Q')^2 \mathrm{d}x = \int w\mathcal{L}(Q'')\mathrm{d}x$, 使得

$$|\beta(t)| \leqslant C\|w\|_{L^2}.$$

在 $w(t)$ 方程两边与 $\mathcal{L}w$ 作内积, 由 $\mathcal{L}Q' = 0$, 可得

$$\forall t \in \mathbb{R}, \quad (\mathcal{L}w(t), w(t)) = (\mathcal{L}w(0), w(0)).$$

根据 (13.3.60), $\int |x| w^2(t) \mathrm{d}x$, $\beta(t)$ 的估计和引理 13.3.6, 我们有

$$\int_{-\infty}^{+\infty} \frac{1}{(1+t^2)^{\frac{2}{5}}} \|w(t)\|_{H^{\frac{1}{2}}}^2 \mathrm{d}t < C.$$

这暗示了对于一个序列 $t_n \to +\infty$, 我们有当 $n \to \infty$ 时, $\|w(t_n)\|_{H^{\frac{1}{2}}} \to 0$. 由 $(\mathcal{L}w(t), w(t)) = \lim_{t_n \to \infty}(\mathcal{L}w(t_n), w(t_n))$, 可得 $(\mathcal{L}w(t), w(t)) = 0$. 因此, 通过 $w(t)$ 的正交条件和引理 13.2.2, 有 $\forall t$, $w(t) = 0$. 至此定理 13.3.1 得证.　　　　□

引理 13.3.7 的证明　一般地, 在方程 (13.3.40) 两边与 xw 作内积, 然后利用分部积分和 Hilbert 变换的性质可得 (13.3.60) 式. 为证明 (13.3.60), 我们利用 $w(t)$ 的正则化性质.

设 $w_n = \left(1 - \frac{1}{n}\partial_x^2\right)^{-1} w$, 使得对 $\forall t$, 在 L^2 上, 当 $n \to \infty$ 时, $w_n(t) \to w(t)$. 那么 w_n 满足下列方程

$$w_{nt} = (\mathcal{L}w_n)_x - \frac{1}{n}\left(1 - \frac{1}{n}\partial_x^2\right)^{-1}(2Q'w_{nx} + w_n Q'')_x + \beta\left(1 - \frac{1}{n}\partial_x^2\right)^{-1}Q'.$$

令 $h: \mathbb{R} \to \mathbb{R}$ 是一个光滑非减函数, 使得当 $x > 1$ 时, $h(x) = x$; 当 $x < 0$ 时, $h(x) = 0$. 那么

$$\int h(x) w^2 \mathrm{d}x$$

$$= \int h(x)\left(w_n - \frac{1}{n}w_{nxx}\right)^2 \mathrm{d}x$$

$$= \int h(x) w_n^2 \mathrm{d}x - \frac{2}{n}\int w_{nxx} w_n h(x) \mathrm{d}x + \frac{1}{n^2}\int w_{nxx} h(x) \mathrm{d}x$$

$$= \int h(x) w_n^2 \mathrm{d}x + \frac{2}{n}\int w_{nx}^2 h(x) \mathrm{d}x - \frac{1}{n}\int w_n^2 h''(x) \mathrm{d}x + \frac{1}{n^2}\int w_{nxx}^2 h(x) \mathrm{d}x,$$

意味着

$$\text{当 } n \to \infty \text{ 时}, \int_{x>0} x w_n^2 \mathrm{d}x \leqslant C \text{ 和 } \int_{x>0} x(w - w_n)^2 \mathrm{d}x \to 0. \qquad (13.3.61)$$

类似地, 当 $x < 0$ 时也成立.

对于函数 $w_n(x)$, 有下列事实: $\forall t_1 < t_2$,

$$\int x w_n^2(t_2)\mathrm{d}x - \int x w_n^2(t_1)\mathrm{d}x$$

$$= -\int_{t_1}^{t_2} \int \left(2|D^{\frac{1}{2}} w_n|^2 + w_n^2 + w_n^2(xQ' - Q) \right) \mathrm{d}x\mathrm{d}t$$

$$+ \int_{t_1}^{t_2} \int \left(-\frac{2}{n} x \left(1 - \frac{1}{n}\partial_x^2 \right)^{-1} (2Q'w_{nx} + w_n Q'')_x w_n \right) \mathrm{d}x\mathrm{d}t$$

$$+ 2\int_{t_1}^{t_2} \beta \int x \left(\left(1 - \frac{1}{n}\partial_x^2 \right)^{-1} Q' \right) w_n \mathrm{d}x\mathrm{d}t. \tag{13.3.62}$$

事实上, 在 w_n 方程两边与 $Ag\left(\dfrac{x}{A}\right) w_n$ 作内积, 其中 $g(x) = \arctan x$, 可得

$$\int Ag\left(\frac{x}{A}\right) w_n^2(t_2)\mathrm{d}x - \int Ag\left(\frac{x}{A}\right) w_n^2(t_1)\mathrm{d}x$$

$$= -\int_{t_1}^{t_2} \int \left(2|D^{\frac{1}{2}} w_n|^2 g'\left(\frac{x}{A}\right) + 2D^{\frac{1}{2}} w_n \left(D^{\frac{1}{2}}\left(w_n g'\left(\frac{x}{A}\right)\right) - D^{\frac{1}{2}}(w_n)g'\left(\frac{x}{A}\right) \right) \right.$$

$$\left. + 2Dw_n w_{nx} Ag\left(\frac{x}{A}\right) + w_n^2 g'\left(\frac{x}{A}\right) + w_n^2\left(Ag\left(\frac{x}{A}\right)Q' - g'\left(\frac{x}{A}\right)Q \right) \right)\mathrm{d}x\mathrm{d}t$$

$$- 2\int_{t_1}^{t_2} \beta \int x \left(\left(1 - \frac{1}{n}\partial_x^2 \right)^{-1} Q \right) Ag\left(\frac{x}{A}\right) w_n \mathrm{d}t$$

$$- \frac{2}{n}\int_{t_1}^{t_2} \int \left(\left(1 - \frac{1}{n}\partial_x^2 \right)^{-1} Q \right) (2Q'w_{nx} + w_n Q'')_x Ag\left(\frac{x}{A}\right) w_n \mathrm{d}x\mathrm{d}t.$$

那么, 根据引理 13.2.7 和引理 13.2.1, 然后应用勒贝格控制收敛定理对 $A \to +\infty$ 取极限, 从而可证 (13.3.62).

根据 (13.3.62), 我们可以断言 $\forall t_1, t_2$,

$$\limsup_{n \to +\infty} \int_{t_1}^{t_2} \|w_n(t)\|_{H^{\frac{1}{2}}}^2 \mathrm{d}t < +\infty. \tag{13.3.63}$$

(13.3.63) 的证明 通过断言 13.3.3 (i), 我们有

$$\frac{1}{2}\int x \left(1 - \frac{1}{n}\partial_x^2 \right)^{-1} (2Q'w_{nx} + w_n Q'')_x w_n \mathrm{d}x$$

$$= \frac{1}{2} \int w_n \left(1 - \frac{1}{n}\partial_x^2\right)^{-1} (2xQ'w_{nxx} + 3xQ''w_{nx} + xQ^{(3)}w_n)\mathrm{d}x$$

$$- \frac{2}{n^2} \int w_n \left(1 - \frac{1}{n}\partial_x^2\right)^{-2} (2Q'w_{nx} + w_nQ'')_{xx}\mathrm{d}x$$

$$= \mathbf{I} + \mathbf{II}.$$

正如在引理 13.3.2 中 (**B** 的估计) 的证明, 我们有

$$|\mathbf{I}| \leqslant \frac{C}{n^{\frac{1}{4}}} \|w_n\|_{H^{\frac{1}{2}}} \|w_n\|_{L^2}, \quad |\mathbf{II}| \leqslant \frac{C}{n^{\frac{1}{2}}} \|w_n\|_{L^2}^2. \tag{13.3.64}$$

根据 (13.3.62), (13.3.64) 和 $w(t)$, $w_n(t)$ 的 L^2 有界性可得

$$\int_{t_1}^{t_2} \|w_n\|_{H^{\frac{1}{2}}}^2 \mathrm{d}t \leqslant C|t_2 - t_1| + \sup_t \int |x|w_n^2(t)\mathrm{d}x + \frac{C}{n^{\frac{1}{4}}} \int_{t_1}^{t_2} \|w_n\|_{H^{\frac{1}{2}}}^2 \mathrm{d}t.$$

当 n 足够大时, 我们可得 $\int_{t_1}^{t_2} \|w_n\|_{H^{\frac{1}{2}}}^2 \mathrm{d}t \leqslant C$. 因此, (13.3.63) 得证. $\square$

根据 $w(t)$ 在 $H^{\frac{1}{2}}$ 中的适定性, 可得 $\forall t$, $w(t) \in H^{\frac{1}{2}}$, 且在 $H^{\frac{1}{2}}$ 上 $w_n \to w$. 最后, 根据 (13.3.61) 和 (13.3.64), 通过对 (13.3.62) 中 $n \to \infty$ 取极限可得 (13.3.60).

13.3.2　对偶问题的正定二次型

在本小节, 我们证明命题 13.3.4, 其证明主要依赖下列结果.

命题 13.3.8　存在 $\lambda_0 > 0$ 使得对任意 $z \in H^{\frac{1}{2}}$, $\int z(xQ)'\mathrm{d}x = 0$ 使得

$$(\tilde{\mathcal{L}}z, z) = 2 \int |D^{\frac{1}{2}}z|^2\mathrm{d}x + \int z^2\mathrm{d}x - \int (xQ' + Q)z^2\mathrm{d}x$$

$$\geqslant \lambda_0 \|z\|_{H^{\frac{1}{2}}}^2.$$

证明　首先, 我们引入一些说明. 回忆

$$\mathcal{L}f = -\mathcal{H}f' + f - Qf.$$

定义 $S = (xQ)'$. 注意到 $S = \frac{\mathrm{d}}{\mathrm{d}c}Q_c\Big|_{c=1}$, 因此通过 Q_c 关于 c 进行分部积分, 并且当 $c = 1$ 时, 可得 $\mathcal{L}S = -Q$. 根据 Q 的方程, 也可以观察到 $\mathcal{L}Q = -\mathcal{H}Q' + Q - Q^2 = -\frac{1}{2}Q^2$. 现在设 $T = S - Q$. 那么由 $Q(x) = \frac{4}{1+x^2}$, 可得 $\mathcal{L}T = -Q + \frac{1}{2}Q^2 =$

$(xQ)' = S.$ 我们计算 $\int TS\mathrm{d}x = \int S^2\mathrm{d}x - \int QS\mathrm{d}x.$ 因为 $S = -\mathcal{H}Q' = \frac{1}{2}Q^2 - Q$ (显示计算), 我们有 $\int S^2\mathrm{d}x = \int (Q')^2\mathrm{d}x$ 和 $(Q')^2 = \dfrac{64x^2}{(1+x^2)^4} = Q^3 - \dfrac{1}{4}Q^4,$ 因此

$$\int (Q')^2\mathrm{d}x = \int Q^3\mathrm{d}x - \frac{1}{4}\int Q^4\mathrm{d}x$$
$$= \int S^2\mathrm{d}x = \int \left(\frac{1}{2}Q^2 - Q\right)^2\mathrm{d}x$$
$$= \frac{1}{4}\int Q^4\mathrm{d}x - \int Q^3\mathrm{d}x + \int Q^2\mathrm{d}x.$$

同时不难发现 $\int S^2\mathrm{d}x = \dfrac{1}{2}\int Q^2\mathrm{d}x.$ 进一步, $\int SQ\mathrm{d}x = -\int xQQ'\mathrm{d}x = \dfrac{1}{2}\int Q^2\mathrm{d}x,$ 因此, $\int TS\mathrm{d}x = 0.$ 最后, $\int TQ\mathrm{d}x = -\int T\mathcal{L}S\mathrm{d}x = -\int S^2\mathrm{d}x.$

总之, 我们已经证明

$$S = \frac{1}{2}Q^2 - Q = (xQ)', \quad T = S - Q,$$
$$\mathcal{L}Q = -\frac{1}{2}Q^2, \quad \mathcal{L}S = -Q, \quad \mathcal{L}T = S, \tag{13.3.65}$$
$$(S,Q) = \frac{1}{2}\int Q^2\mathrm{d}x, \quad (S,T) = 0, \quad (T,Q) = -\int S^2\mathrm{d}x.$$

现在, 我们断言:

引理 13.3.9 存在 $\lambda > 0$ 使得, 对 $\forall \varepsilon > 0,$ 如果 $\int wS_\varepsilon\mathrm{d}x = 0,$ 其中 $S_\varepsilon = S + \varepsilon Q,$ 那么 $(\mathcal{L}w, w) \geqslant 0, (\tilde{\mathcal{L}}w, w) \geqslant \lambda\|w\|_{H^{\frac{1}{2}}}^2.$

证明 令 $T_\varepsilon = T - \varepsilon S, S_\varepsilon = S + \varepsilon Q,$ 那么通过 (13.3.65): $\mathcal{L}T_\varepsilon = S_\varepsilon$ 和

$$(\mathcal{L}T_\varepsilon, T_\varepsilon) = (S_\varepsilon, T_\varepsilon) = (S,T) + \varepsilon(-(S,S)) + (T,Q) - \varepsilon^2(S,Q)$$
$$\leqslant -2\varepsilon(S,S) < 0,$$

进一步, 如果将 f_0, λ_0 分别定义为 $\mathcal{L}$ 的第一特征函数和第一特征值, 我们有 $f_0 > 0$ 时, $(S, f_0) = (\mathcal{L}T, f_0) = (T, \mathcal{L}f_0) = \lambda_0(xQ', f_0) \neq 0.$ 根据参考文献 [153] 中的引理 E.1, 我们可得引理 13.3.9 的第一部分的证明.

现在, 注意到因为 $xQ' > 0$,

$$(\tilde{\mathcal{L}}w, w) = 2\int |D^{\frac{1}{2}}w|^2\mathrm{d}x + \int w^2\mathrm{d}x - \int (xQ' + Q)w^2\mathrm{d}x$$

$$\geqslant 2\int |D^{\frac{1}{2}}w|^2\mathrm{d}x + \int w^2\mathrm{d}x - \int Qw^2\mathrm{d}x$$

$$= \int |D^{\frac{1}{2}}w|^2\mathrm{d}x + (\mathcal{L}w, w).$$

利用不等式 $\|w\|_{L^4}^2 \leqslant C\|w\|_{L^2}\|D^{\frac{1}{2}}w\|_{L^2}$ 和 Cauchy-Schwarz 不等式, 可得对于一些常数 $C_0 > 0$,

$$\int Qw^2\mathrm{d}x \leqslant C\|w^2\|_{L^2} \leqslant C_0\int |D^{\frac{1}{2}}w|^2\mathrm{d}x + \frac{1}{2}\int w^2\mathrm{d}x.$$

因此, 对于 $\delta_0 > 0$ 使得 $2 - C_0\delta_0 > 1 - \dfrac{\delta_0}{2}$, 假如 $\int wS_\varepsilon\mathrm{d}x = 0$, 我们有

$$(\tilde{\mathcal{L}}w, w) \geqslant (2 - C_0\delta_0)\int |D^{\frac{1}{2}}w|^2\mathrm{d}x + \left(1 - \frac{1}{2}\delta_0\right)\int w^2\mathrm{d}x$$

$$- (1 - \delta_0)\int Qw^2\mathrm{d}x$$

$$\geqslant (1 - \delta_0)(\mathcal{L}w, w) + \frac{\delta_0}{2}\|w\|_{H^{\frac{1}{2}}}^2$$

$$\geqslant \frac{\delta_0}{2}\|w\|_{H^{\frac{1}{2}}}^2.$$

令 $z \in H^{\frac{1}{2}}$ 使得 $\int zS\mathrm{d}x = \int z(xQ)'\mathrm{d}x = 0$. 设 $w = z + aQ$, 其中 $\int wS_\varepsilon\mathrm{d}x = 0$, $0 < \varepsilon < \varepsilon_0$, ε_0 充分小. 特别地, 我们有

$$\int wS_\varepsilon\mathrm{d}x = \int zS_\varepsilon\mathrm{d}x + a\int QS_\varepsilon\mathrm{d}x$$

$$= \varepsilon\int zQ\mathrm{d}x + a\int QS\mathrm{d}x + a\varepsilon\int Q^2\mathrm{d}x$$

$$= \varepsilon\int zQ\mathrm{d}x + a\left(\frac{1}{2} + \varepsilon\right)\int Q^2\mathrm{d}x$$

$$= 0,$$

因此, $|a| \leqslant \dfrac{2}{\|Q\|_{L^2}} \varepsilon \|z\|_{L^2}$, 并且对于 ε_0 足够小, $\|w\|_{L^2} \leqslant 2\|z\|_{L^2}$. 类似地, 选取合适小的 ε_0, 有 $\|z\|_{L^2} \leqslant 2\|w\|_{L^2}$. 根据引理 13.3.9, 可得

$$\frac{\lambda}{2} \|z\|_{H^{\frac{1}{2}}}^2 \leqslant \lambda \|w\|_{H^{\frac{1}{2}}}^2 \leqslant (\tilde{\mathcal{L}}w, w) = (\tilde{\mathcal{L}}z, z) + a^2(\tilde{\mathcal{L}}Q, Q) + 2a(\tilde{\mathcal{L}}Q, z).$$

对于 ε_0 小, 可得 $(\tilde{\mathcal{L}}z, z) \geqslant \dfrac{\lambda}{4} \|z\|_{H^{\frac{1}{2}}}^2$. 至此, 我们完成了命题 13.3.8 的证明.

现在开始证明命题 13.3.4.

证明 在命题 13.3.4 中, 想要证明当 B 足够大, γ 足够小, 并且对于 $\lambda_1 > 0$, $\forall t > 0$, 有

$$(\tilde{\mathcal{L}}z(t), z(t)) \geqslant \lambda_1 \|z(t)\|_{H^{\frac{1}{2}}}^2,$$

当 $z(t) = v(t)\sqrt{g'\left(\dfrac{x}{(B+t^2)^\alpha}\right)}$ 时, 其中 $v = (1 - \gamma\partial_x^2)^{-1}(\mathcal{L}w)$. 最后, 如果 $B = +\infty$, $\gamma = 0$, 我们有 $z(t) = v(t) = \mathcal{L}w$ 和 $0 = \displaystyle\int wQ\mathrm{d}x = -\int w\mathcal{L}S\mathrm{d}x = -\int zS\mathrm{d}x$, 这个结果根据命题 13.3.8 可证. 现在我们只考虑当 B 大, γ 小的情况.

令 $S_{B,\gamma}(t) = g'\left(\dfrac{x}{(B+t^2)^\alpha}\right)^{-\frac{1}{2}} (S - \gamma S'')$. 那么,

$$\mathcal{L}\left((1 - \gamma\partial_x^2)^{-1}\left(\sqrt{g'\left(\frac{x}{(B+t^2)^\alpha}\right)} S_{B,\gamma}(t)\right)\right) = -Q,$$

于是, $\displaystyle\int S_{B,\gamma}(t)z\mathrm{d}x = -\int wQ\mathrm{d}x = 0$. 下面, 我们估计 $S_{B,\gamma}(t) - S$:

$$S_{B,\gamma}(t) - S = \sqrt{1 + \frac{x^2}{(B+t^2)^\alpha}} (S - \gamma S'') - S$$

$$= \left(\sqrt{1 + \frac{x^2}{(B+t^2)^\alpha}} - 1\right) - \gamma\sqrt{1 + \frac{x^2}{(B+t^2)^\alpha}} S''.$$

因此, 通过基本估计和 S 的表达式, 可得

$$|S_{B,\gamma}(t, x) - S(x)| \leqslant (B^{-\frac{\alpha}{2}} + \gamma)\frac{1}{1 + |x|}.$$

于是

$$\left| \int Sz(t)\mathrm{d}x \right| = |(S - S_{B,\gamma}(t))z(t)| \leqslant (B^{-\frac{\alpha}{2}} + \gamma)\|z\|_{L^2}.$$

设 $z = z_1 + aQ$, 其中 $\int z_1 S \mathrm{d}x = 0$, $|a| \leqslant (B^{-\frac{\alpha}{2}} + \gamma)\|z\|_{L^2}$. 因此, 根据引理 13.3.2, 选取 B 足够大, γ 足够小, 我们可完成命题 13.3.4 的证明. □

13.4　渐近稳定性

在本节, 我们首先证明定理 13.1.2 暗示着定理 13.1.1 成立, 然后证明定理 13.3.1 暗示着定理 13.1.2 成立.

13.4.1　定理 13.1.1 的证明

根据参考文献 [141] 和 [142] 的结果, 本定理证明的主要思路是利用单调性理论 (例如命题 13.2.5) 来证明方程 (13.1.1) 的极限解在空间上具有一致衰减性. 有关单调性理论的类似证明也可参考 [155].

假设 $\alpha_0 > 0$ 足够小, 我们考虑方程 (13.1.1) 的解 $u(t)$ 在 $H^{\frac{1}{2}}$ 中满足

$$\|u_0 - Q\|_{H^{\frac{1}{2}}} = \alpha < \alpha_0.$$

那么通过稳定性, 可得对于 $\forall t \in \mathbb{R}$,

$$\inf_y \|u(t) - Q(\cdot - y)\|_{H^{\frac{1}{2}}} \leqslant C\alpha.$$

(1) 在渐近孤立子附近 $u(t)$ 的分解. 首先, 确定参数 $c^+ > 0$. 它是由当 $t \to +\infty$ 时, 在区域 $x > \dfrac{t}{10}$ 上 L^2 范数的渐近性给出的. φ 的定义见 (13.2.18), 设 $A > 1$ 使得命题 13.3.8 成立. 令

$$c^+ = \frac{1}{\pi \int Q^2 \mathrm{d}x} \limsup_{t \to +\infty} \int u^2(t,x)\varphi\left(x - \frac{1}{10}\right)\mathrm{d}x. \tag{13.4.66}$$

根据稳定性, $|c^+ - 1| \leqslant C\alpha_0 (\lim_{x \to +\infty} \varphi = \pi)$. 利用引理 13.2.3 在 Q_{c^+} 附近对 $u(t)$ 分解, 现在考虑下列分解

$$u(t,x) = Q_{c^+}(x - \rho(t)) + \eta(t, x - \rho(t)),$$

$$\int Q'_{c^+}\eta(t,x)\mathrm{d}x = 0, \quad \sup_t \|\eta(t)\|_{H^{\frac{1}{2}}} \leqslant K\alpha_0. \tag{13.4.67}$$

下面, 我们考虑 $\alpha_0 > 0$ 且充分小使得下列成立 (通过 (13.2.16)):

$$\forall t, \quad \frac{99}{100} \leqslant \rho'(t) \leqslant \frac{101}{100}, \quad \frac{99}{100} \leqslant c^+ \leqslant \frac{101}{100}. \tag{13.4.68}$$

(2) 单调性理论. 我们断言下列估计成立.

引理 13.4.1 (关于 $u(t)$ 的渐近性)

$$\forall y_0 > 1, \quad \limsup_{t \to +\infty} \int u^2(t,x)\varphi(x - y_0 - \rho(t))dx \leqslant \frac{C}{y_0}, \tag{13.4.69}$$

$$\forall y_0 > 1, \ \limsup_{t \to +\infty} \int u^2(t,x)\left(\varphi\left(x - \rho(t) + \frac{t}{10}\right) - \varphi(x - \rho(t) + y_0)\right)dx \leqslant \frac{C}{y_0}, \tag{13.4.70}$$

$$\lim_{t \to +\infty} \int u^2(t,x)\left(\varphi\left(x - \rho(t) + \frac{19}{20}t\right) - \varphi\left(x - \rho(t) + \frac{t}{10}\right)\right)dx = 0, \tag{13.4.71}$$

$$\lim_{t \to +\infty} \int u^2(t,x)\varphi\left(x - \rho(t) + \frac{t}{10}\right)dx = c^+\pi \int Q^2 dx. \tag{13.4.72}$$

证明 孤立子右侧的单调性. 通过 (13.2.19), 当 $\lambda = \frac{1}{2}$ 时, 我们有对于 $\forall y_0 > 1$,

$$\int u^2(t,x)\varphi(x - y_0 - \rho(t))dx \leqslant \int u^2(0,x)\varphi\left(x - y_0 - \rho(0) - \frac{1}{2}t\right)dx + \frac{C}{y_0}.$$

因为 $\lim_{t \to +\infty} \int u^2(0,x)\varphi\left(x - y_0 - \rho(0) - \frac{1}{2}t\right)dx = 0$, 我们证得 (13.4.69).

孤立子左侧的单调性. 通过 (13.2.20), 当 $\lambda = \frac{19}{20}$, $x_0 = \frac{19}{20}t'$ 时, 我们有对于 $0 \leqslant t' \leqslant t$,

$$\int u^2(t,x)\varphi\left(x - \rho(t) + \frac{19}{20}t\right)dx \leqslant \int u^2(t',x)\varphi\left(x - \rho(t') + \frac{19}{20}t'\right)dx + \frac{C}{t'}.$$

于是可得当 $t \to +\infty$ 时, $\int u^2(t,x)\varphi\left(x - \rho(t) + \frac{19}{20}t\right)dx$ 存在极限. 设

$$\ell = \lim_{t \to +\infty} \int u^2(t,x)\varphi\left(x - \rho(t) + \frac{19}{20}t\right)dx, \quad \ell \geqslant c^+\pi \int Q^2 dx.$$

利用 (13.2.20), 当 $\lambda = \dfrac{100}{99}\left(\dfrac{19}{20} - \dfrac{1}{1000}\right) < 1$, $x_0 = \dfrac{1}{1000}$ 时, 有

$$\int u^2(t,x)\varphi\left(x - \rho(t) + \frac{19}{20}t\right)\mathrm{d}x$$

$$\leqslant \int u^2\left(\frac{t}{100}, x\right)\varphi\left(x - \rho\left(\frac{t}{100}\right) + \frac{t}{1000}\right)\mathrm{d}x + \frac{C}{t},$$

因为

$$\limsup_{t \to +\infty} \int u^2\left(\frac{t}{100}, x\right)\varphi\left(x - \rho\left(\frac{t}{100}\right) + \frac{1}{10}\frac{t}{100}\right)\mathrm{d}x \leqslant c^+\pi \int Q^2 \mathrm{d}x,$$

可得 $c^+\pi \displaystyle\int Q^2 \mathrm{d}x = \ell$, 且 (13.4.71) 证毕.

选取 $y_0 > 1$, $\lambda = \dfrac{1}{2}$. 考虑 $t_2 > t$, 定义 $t_1 = \dfrac{4}{5}t_2 + 2y_0$, 使得当 t 充分大时, $t_1 < t_2$. 但是通过 (13.2.19), 有

$$\int u^2(t_2, x)\varphi\left(x - \rho(t_2) + \frac{t_2}{10}\right)\mathrm{d}x$$

$$= \int u^2(t_2, x)\varphi(x - \rho(t_2) + \lambda(t_2 - t_1) + y_0)\mathrm{d}x$$

$$\leqslant \int u^2(t_1, x)\varphi(x - \rho(t_1) + y_0)\mathrm{d}x + \frac{C}{y_0}.$$

根据 (13.4.71) 和 ℓ 的存在性, (13.4.70) 得证. 因此引理 13.4.1 得证.　　□

(3) 紧性极限的构造. 令 $t_n \to +\infty$. 通过 $H^{\frac{1}{2}}$ 空间中 $u(t)$ 的一致有界性, 存在 $\tilde{u}_0 \in H^{\frac{1}{2}}$ 和一个子序列, 仍定义为 (t_n), 使得

$$\text{当 } n \to +\infty, \text{ 在 } H^{\frac{1}{2}} \text{ 上 } u(t_n, \cdot + \rho(t_n)) \rightharpoonup \tilde{u}_0.$$

考虑方程 (13.1.1) 的整体 $H^{\frac{1}{2}}$ 解 $\tilde{u}(t)$ 使得 $\tilde{u}(0) = \tilde{u}_0$. 通过 (13.4.68), $\|\tilde{u}_0 - Q_{c^+}\| \leqslant C\alpha_0$, 因此, 通过稳定性可得 $\sup_t \inf_y \|\tilde{u}(t) - Q(\cdot - y)\|_{H^{\frac{1}{2}}} \leqslant C\alpha_0$. 令 $\tilde{\rho}(t), \tilde{\eta}(t)$ 是引理 13.2.3 中 $u(t)$ 围绕 Q_{c^+} 相应的分解. 通过定理 13.6.1 和注记 13.2.4, 对于 $\forall t \in \mathbb{R}$, 我们有

$$\text{在 } H^{\frac{1}{2}} \text{ 上 } u(t_n + t, \cdot + \rho(t_n)) \rightharpoonup \tilde{u}(t).$$

$$\text{当 } n \to +\infty \text{ 时, } \rho(t_n + t) - \rho(t_n) \to \tilde{\rho}(t).$$

通过弱收敛和引理 13.4.1, 我们可以断言下列关于 $\tilde{u}(t)$ 的衰减估计

$$\forall y_0 > 1, \quad \forall t \in \mathbb{R}, \quad \int_{|x|>y_0} \tilde{u}^2(t, x + \tilde{\rho}(t)) \mathrm{d}x \leqslant \frac{C}{y_0}. \tag{13.4.73}$$

实际上, 首先, 通过 (13.4.69), 对于 $\forall y_0 > 1, t \in \mathbb{R}$, 我们有

$$\limsup_{n \to +\infty} \int u^2(t + t_n, x + \rho(t_n)) \varphi(x - \rho(t_n + t) + \rho(t_n) - y_0) \mathrm{d}x \leqslant \frac{C}{y_0}.$$

并且通过弱收敛

$$\int \tilde{u}^2(t, x) \varphi(x - \tilde{\rho}(t) - y_0) \mathrm{d}x \leqslant \frac{C}{y_0}.$$

其次, 通过 (13.4.70), 选取 $t \in \mathbb{R}$,

$$\limsup_{n \to +\infty} \int u^2(t + t_n, x + \rho(t_n)) \left(\varphi\left(x - \rho(t_n + t) + \rho(t_n) + \frac{t + t_n}{10} \right) \right.$$
$$\left. - \varphi(x - \rho(t_n + t) + \rho(t_n) + y_0) \right) \mathrm{d}x \leqslant \frac{C}{y_0}.$$

注意到当选取并固定 t, y_0 时, 我们有

$$\lim_{n \to +\infty} \varphi\left(x - \rho(t_n + t) + \rho(t_n) + \frac{t + t_n}{10} \right)$$
$$- \varphi(x - \rho(t_n + t) + \rho(t_n) + y_0)$$
$$= \pi - \varphi(x - \tilde{\rho}(t) + y_0)$$
$$= \varphi(-x + \tilde{\rho}(t) - y_0).$$

因此可得

$$\int \tilde{u}^2(t, x) \varphi(-x + \tilde{\rho}(t) - y_0) \mathrm{d}x \leqslant \frac{C}{y_0}.$$

最后, 通过 (13.4.69)—(13.4.72), 对于 $y_0 > 1$, 有

$$\lim_{t \to +\infty} \left| \int u^2(t_n, x) \left(\varphi(x - \rho(t_n) + y_0) - \varphi(x - \rho(t_n) - y_0) \right) \mathrm{d}x - c^+ \pi \int Q^2 \mathrm{d}x \right|$$
$$\leqslant \frac{C}{y_0}.$$

因此, 根据 L^2_{loc} 收敛, 对于任意 $y_0 > 1$,

$$\left| \int \tilde{u}_0^2(x) \left(\varphi(x + y_0) - \varphi(x - y_0) \right) \mathrm{d}x - c^+ \pi \int Q^2 \mathrm{d}x \right| \leqslant \frac{C}{y_0}.$$

通过取极限 $y_0 \to +\infty$, 可得

$$\|\tilde{u}_0\|_{L^2} = \|\tilde{u}(t)\|_{L^2} = \sqrt{c^+} \|Q\|_{L^2} = \|Q_{c^+}\|_{L^2}.$$

(4) 定理 13.1.2 的结论. 根据定理 13.1.2, 可得当 c_1 接近于 c^+, x_1 接近于 0 时, 有

$$\tilde{u}(t, x) \equiv Q_{c_1}(x - x_1 - c_1 t).$$

但是 $\|\tilde{u}(t)\|_{L^2} = \|Q_{c^+}\|_{L^2}$ 暗示了 $c_1 = c^+$. 进一步 $\tilde{\rho}(0) = 0$, $\tilde{u}(0) = Q_{c^+}(x - x_1) = Q_{c^+}(x) + \tilde{\eta}(0, x)$, 其中 x_1 小, $\int \tilde{\eta}(0) Q'_{c^+} \mathrm{d}x = 0$ 意味着 $x_1 = 0$. 总之, $\tilde{u}_0 = Q_{c^+}$.

通过 (13.4.69) 和 (13.4.72), 可得

当 $t \to +\infty$ 时, 在 $H^{\frac{1}{2}}$ 上, $u(t, \cdot + \rho(t)) \rightharpoonup Q_{c^+}$,

$$\lim_{t \to +\infty} \int_{x > \frac{t}{10}} |u(t, x) - Q_{c^+}(x - \rho(t))|^2 \mathrm{d}x = 0. \tag{13.4.74}$$

因此定理 13.1.1 是定理 13.1.2 的结果.

13.4.2　定理 13.1.2 的证明

首先, 我们注意到当 $\int u_0^2 \mathrm{d}x = \int Q^2 \mathrm{d}x$ 时证明定理 13.1.2 是有效的. 实际上, 对于 u_0 满足定理 13.1.2 的假设, 令

$$c_1 = \frac{\displaystyle\int u_0^2 \mathrm{d}x}{\displaystyle\int Q^2 \mathrm{d}x} \quad \text{和} \quad \tilde{u} = \frac{1}{c_1} u \left(\frac{1}{c_1^2} t, \frac{1}{c_1} x \right).$$

那么 $|c_1 - 1| \leqslant C\alpha_0$, $\tilde{u}$ 满足方程 (13.1.1), $\int \tilde{u}^2 \mathrm{d}x = \int Q^2 \mathrm{d}x$, $\|\tilde{u}_0 - Q\|_{H^{\frac{1}{2}}} \leqslant C\alpha_0$. 因此, 通过稳定性可得, 对于所有 t, 存在 $y(t)$ 使得 $\sup_t \|\tilde{u}(t) - Q(\cdot - y(t))\|_{H^{\frac{1}{2}}} \leqslant C'\alpha_0$. 进一步 $\tilde{u}(t)$ 也满足方程 (13.1.8). 如果证明 $\tilde{u}(t, x) = Q(x - t - x_0)$, 且 $|x_0| \leqslant C\alpha_0$, 结论成立.

下面通过反证法证明定理 13.1.2. 假设方程 (13.1.1) 在 $H^{\frac{1}{2}}$ 中存在一个序列 $u_n(t)$ 使得

$$\text{当 } n \to +\infty \text{ 时,} \quad \sup_{t \in \mathbb{R}} \|u_n(t) - Q(\cdot - \rho_n(t))\|_{L^2} \to 0, \tag{13.4.75}$$

$$\text{当 } \eta_n \neq 0 \text{ 时,} \quad \int u_n^2(0)\mathrm{d}x = \int Q^2\mathrm{d}x, \tag{13.4.76}$$

$$\forall n, \ \forall \varepsilon > 0, \ \exists A_{n,\varepsilon} > 0, \ \text{s.t. } \forall t \in \mathbb{R}, \int_{|x|>A_{n,\varepsilon}} u_n^2(t, x + \rho_n(t))\mathrm{d}x < \varepsilon, \tag{13.4.77}$$

其中 $\rho_n(t)$ 和 $\eta_n(t)$ 的定义见引理 13.2.3. 注意到 $\int u_n^2(0)\mathrm{d}x = \int Q^2\mathrm{d}x$ 暗示着

$$\forall n, \ \forall t, \int \eta_n^2(t)\mathrm{d}x = -2\int \eta_n(t)Q\mathrm{d}x. \tag{13.4.78}$$

定义

$$\text{当 } n \to +\infty \text{ 时,} \quad 0 \neq b_n = \sup_t \|\eta_n(t)\|_{L^2} \to 0. \tag{13.4.79}$$

那么, 存在 t_n 使得 $\|\eta_n(t_n)\|_{L^2} \geqslant \frac{1}{2}b_n$. 设

$$w_n(t, x) = \frac{\eta_n(t_n + t, x)}{b_n}.$$

对于一个序列 w_n, 我们断言下列结论成立.

命题 13.4.2 (重整化解的弱收敛)　存在 (w_n) 的子序列 $(w_{n'})$, 且 $w \in \mathcal{C}(\mathbb{R}, L^2(\mathbb{R})) \cup L^\infty(\mathbb{R}, L^2(\mathbb{R}))$ 使得

$$\text{在 } L^2 \text{ 上,当 } n \to +\infty \text{ 时,} \forall t \in \mathbb{R}, w_{n'}(t) \rightharpoonup w(t).$$

进一步, 对于连续函数 $\beta(t)$, $w(t)$ 满足

$$\text{在 } \mathbb{R} \times \mathbb{R} \text{ 上,} \quad w_t = (\mathcal{L}w)_x + \beta(t)Q',$$

$$w(0) \neq 0, \quad \int wQ\mathrm{d}x = \int wQ'\mathrm{d}x = 0,$$

$$\forall t \in \mathbb{R}, \quad \forall x_0 > 1, \quad \int_{|x|>x_0} w^2(t, x)\mathrm{d}x \leqslant \frac{C}{x_0}.$$

命题 13.4.2 是定理 13.3.1 的一个矛盾. 因此, 对于 $\alpha_0 > 0$ 充分小, $u(t)$ 满足定理 13.1.2 的假设, 我们有 $\eta \equiv 0$ 使得 $\rho'(t) = 1$ 且当 $|\rho(0)| \leqslant C\alpha_0$ 时, $u(t,x) = Q(x - \rho(0) - t)$.

因此, 下面开始证明命题 13.4.2.

命题 13.4.2 的证明　实际上, 我们需要一个 L^2 强收敛的结果, 见证明的最后.

注意到命题 13.4.2 中的关键一点是 $w \neq 0$. 因此对于合适的 t, 我们需要得到一个 L^2 强收敛.

衰减估计. 通过命题 13.2.8, 有

$$\int \eta_n^2(t_0, x)(\varphi(x - x_0) - \varphi(-x_0))\mathrm{d}x$$

$$\leqslant \int \eta_n^2(t, x)(\varphi(x - x_0 - \lambda(t_0 - t)) - \varphi(-x_0 - \lambda(t_0 - t)))\mathrm{d}x + \frac{Cb_n^2}{x_0}.$$

令 $t \to -\infty$, 利用 (13.4.77), 可得对 $\forall x_0 > 1$,

$$\int \eta_n^2(t_0, x)(\varphi(x - x_0) - \varphi(-x_0))\mathrm{d}x \leqslant \frac{Cb_n^2}{x_0}.$$

类似地, 考虑 $\eta_n(-t, -x)$, 对于任意 $x_0 > 1$,

$$\int \eta_n^2(t_0, x)(\varphi(x_0) - \varphi(x + x_0))\mathrm{d}x \leqslant \frac{Cb_n^2}{x_0}.$$

通过 (13.3.59), 类似于 (13.3.59) 的证明可得

$$\forall x_0 > 1, \quad \int_{|x| > x_0} \eta_n^2(t, x)\mathrm{d}x \leqslant \frac{Cb_n^2}{x_0}, \quad \int_{|x| > x_0} w_n^2(t, x)\mathrm{d}x \leqslant \frac{C}{x_0}. \qquad (13.4.80)$$

关于 w_n 的局部光滑估计. φ 的定义见 (13.2.18), 选取并固定 A, 例如 $A = 1$, 那么

$$\int_0^1 \int |D^{\frac{1}{2}}(w_n(t, x)\sqrt{\varphi'(x)})|^2 \mathrm{d}x\mathrm{d}t \leqslant C. \qquad (13.4.81)$$

(13.4.81) 的证明. 首先, 断言下列估计:

$$\frac{1}{2}\frac{\mathrm{d}}{\mathrm{d}t}\int \eta_n^2 \varphi \mathrm{d}x \leqslant -\frac{1}{2}\int |D^{\frac{1}{2}}(\eta_n(t, x)\sqrt{\varphi'})|^2 \mathrm{d}x + C\int \eta_n^2 \mathrm{d}x$$

$$\leqslant -\frac{1}{2}\int |D^{\frac{1}{2}}(\eta_n(t, x)\sqrt{\varphi'})|^2 \mathrm{d}x + Cb_n^2. \qquad (13.4.81)'$$

因此, 通过积分, 有

$$\forall t \in \mathbb{R}, \quad \int_t^{t+1} \int |D^{\frac{1}{2}}(\eta_n(t,x)\sqrt{\varphi'})|^2 \mathrm{d}x \mathrm{d}t \leqslant C b_n^2$$

$$\text{且} \int_t^{t+1} \int |D^{\frac{1}{2}}(w_n(t,x)\sqrt{\varphi'})|^2 \mathrm{d}x \mathrm{d}t \leqslant C.$$

现在, 我们证明 (13.4.81)′. 通过直接计算, 引理 13.2.7, (13.2.16) 和 $\left|\int \eta_n^3 \varphi' \mathrm{d}x\right| \leqslant$ $C \int |\eta|^3 \mathrm{d}x \leqslant C \int \eta^2 \mathrm{d}x$ 可得

$$\frac{1}{2}\frac{\mathrm{d}}{\mathrm{d}x}\int \eta_n^2 \varphi$$

$$= -\int \left(\mathcal{L}\eta_n - \frac{1}{2}\eta_n^2\right)(\eta_{nx}\varphi + \eta_n\varphi')\mathrm{d}x$$

$$\quad + (\rho_n' - 1)\int Q'\eta_n\varphi \mathrm{d}x - \frac{1}{2}(\rho_n' - 1)\int \eta_n^2 \varphi' \mathrm{d}x$$

$$= \int ((\mathcal{H}\eta_{nx})\eta_{nx}\varphi + (\mathcal{H}\eta_{nx}\eta_n)\varphi')\mathrm{d}x - \frac{1}{2}\int \eta_n^2 \varphi' \mathrm{d}x + \frac{1}{2}\int \eta_n^2(-Q'\varphi + Q\varphi')\mathrm{d}x$$

$$\quad + \frac{1}{3}\int \eta_n^3 \varphi' \mathrm{d}x + (\rho_n' - 1)\int Q'\eta_n\varphi \mathrm{d}x - \frac{1}{2}(\rho_n' - 1)\int \eta_n^2 \varphi' \mathrm{d}x$$

$$\leqslant \int (\mathcal{H}\eta_{nx})\eta_n\varphi' \mathrm{d}x + C \int \eta_n^2 \mathrm{d}x.$$

利用 (13.2.13) 和 (13.2.11), 我们有

$$-\int (\mathcal{H}\eta_{nx})\eta_n\varphi' \mathrm{d}x$$

$$= \int \eta_n D(\eta_n\varphi')\mathrm{d}x$$

$$= \int \eta_n \sqrt{\varphi'}D(\eta_n\sqrt{\varphi'})\mathrm{d}x + \int \eta_n \left(D(\eta_n\varphi') - \sqrt{\varphi'}D(\eta_n\sqrt{\varphi'})\right)$$

$$\geqslant \int |D^{\frac{1}{2}}(\eta_n(t,x)\sqrt{\varphi'})|^2 \mathrm{d}x$$

$$\quad - C\|\eta_n\|_{L^2} \times \|D(\eta_n\varphi') - \sqrt{\varphi'}D(\eta_n\sqrt{\varphi'})\|_{L^2}$$

$$\geqslant \int |D^{\frac{1}{2}}(\eta_n(t,x)\sqrt{\varphi'})|^2 \mathrm{d}x - C\|\eta_n\|_{L^2}\|\eta_n\sqrt{\varphi'}\|_{L^4}\|D\sqrt{\varphi'}\|_{L^4}$$

$$\geqslant \frac{1}{2} \int ||D^{\frac{1}{2}}(\eta_n(t,x)\sqrt{\varphi'})|^2 \mathrm{d}x - C\|\eta_n\|_{L^2}^2,$$

这里我们利用了 $\|D\sqrt{\varphi'}\|_{L^4} \leqslant +\infty$. 因此 (13.4.81)′ 证毕.

关于时间的 L^2 紧. 根据 η_n 的方程和式 (13.2.15)′, 可得

$$\frac{\mathrm{d}}{\mathrm{d}t} \int \eta_n^2 \mathrm{d}x = -\frac{1}{2} \int Q'\eta_n^2 \mathrm{d}x + (\rho_n' - 1) \int Q'\eta_n \mathrm{d}x,$$

因此

$$\left|\frac{\mathrm{d}}{\mathrm{d}t} \int \eta_n^2 \mathrm{d}x\right| \leqslant C_0 \int \eta_n^2 \mathrm{d}x.$$

特别地, 根据 t_n 的定义, $\forall t \in [0,1]$, $\int \eta_n^2(t+t_n)\mathrm{d}x \geqslant e^{-C_0}b_n^2$, 因此

$$\forall t \in [0,1], \quad \|w_n\|_{L^2} \geqslant e^{-\frac{1}{2}C_0} = \delta_0 > 0. \tag{13.4.82}$$

根据 (13.4.81), 对于 $\forall n$, 存在 $\tau_n \in [0,1]$ 使得 $\int |D^{\frac{1}{2}}(w_n(\tau_n)\sqrt{\varphi'})|^2\mathrm{d}x \leqslant C$. 因此, 存在 (w_n) 的子序列 (仍定义为 (w_n)), 并且当 $s_0 \in [0,1]$, $W \in H^{\frac{1}{2}}$ 时使得

$$\text{在 } H^{\frac{1}{2}}\text{上, 当 } n \to +\infty, \ \tau \to s_0, \ w_n(\tau_n)\sqrt{\varphi'} \rightharpoonup W,$$

但是 (通过可能提取进一步的一个序列), 存在 $w_{s_0} \in L^2$ 使得

$$\text{在 } L^2\text{上, 当 } n \to +\infty, \ \tau \to s_0, \ w_n(\tau_n) \rightharpoonup w_{s_0}.$$

于是, $W = w_{s_0}\sqrt{\varphi'}$. 因为在 $\mathbb{R}$ 上 $\sqrt{\varphi'} > 0$ 可得

$$\text{在 } L_{\mathrm{loc}}^2 \text{ 上, 当 } n \to +\infty, \ w_n(\tau_n) \to w_{s_0}.$$

通过 (13.4.80) 和 (13.4.82), 我们最后得到

$$\text{在 } L^2 \text{ 上, 当 } n \to +\infty, \ w_n(\tau_n) \to w_{s_0}, \ \int w_{s_0}Q'\mathrm{d}x = 0, \ w_{s_0} \neq 0. \tag{13.4.83}$$

同时通过 (13.4.78) 和 $\int \eta_n Q'\mathrm{d}x = 0$, 我们有

$$\int w_{s_0}Q\mathrm{d}x = \int w_{s_0}Q'\mathrm{d}x = 0, \tag{13.4.84}$$

对任意时间的弱收敛. 考虑在 $\mathbb{R} \times \mathbb{R}$ 上, 方程 $\tilde{w}_t = (\mathcal{L}\tilde{w})_x$ 的解 $\tilde{w}(t) \in \mathcal{C}(\mathbb{R}, L^2(\mathbb{R}))$, 且在 $\mathbb{R}$ 上, $\tilde{w}(s_0) = w_{s_0}$.

(通过标准的能量估计和正则化理论可得方程的 Cauchy 问题在 L^2 上是适定的.) 现在, 为了得到弱收敛, 我们需要消去 w_n 方程中的一些项, 根据参考文献 [141], 引理 13.4.1 和引理 13.5.5 的证明, 我们可写

$$w_{nt} = \left(\mathcal{L}w_n - \frac{b_n}{2}w_n^2 \right)_x + \frac{1}{b_n}(\rho' - 1)(Q + b_n w_n)_x$$
$$= (\mathcal{L}w_n)_x - \frac{b_n}{2}(w_n^2)_x + \beta_n Q' + b_n F_n' + b_n \tilde{\beta}_n (w_n)_x,$$

其中

$$\beta_n = \frac{1}{\left(\int Q' \mathrm{d}x \right)^2} \int w_n \mathcal{L}(Q'') \mathrm{d}x, \quad \tilde{\beta}_n = \frac{1}{b_n}(\rho' - 1), \quad F_n = \frac{1}{b_n}(\tilde{\beta}_n - \beta_n) Q.$$

设 $\tilde{w}_n(t) = w_n(t) - Q' \int_{\tau_n}^t \beta_n(s) \mathrm{d}s$, 那么 $\tilde{w}_n(t)$ 的方程可写为

$$\tilde{w}_{nt} = (\mathcal{L}\tilde{w}_n)_x - \frac{b_n}{2}(w_n^2)_x + b_n F_n' + b_n \tilde{\beta}_n (\tilde{w}_n)_x + b_n \tilde{\beta}_n Q'' \int_{\tau_n}^t \beta_n(s) \mathrm{d}s.$$

我们断言下列的弱收敛结果.

引理 13.4.3 对于任意 $t \in \mathbb{R}$, 在 L^2 上,

$$\tilde{w}_n(t) \rightharpoonup \tilde{w}(t).$$

假设引理 13.4.3 成立, 通过 (13.2.17), 我们有, 对所有 t,

$$\tilde{\beta}_n(t) \to \tilde{\beta}(t) = \frac{1}{\int (Q')^2 \mathrm{d}x} \int \tilde{w} \mathcal{L}(Q'') \mathrm{d}x, \quad \int_{\tau_n}^t \tilde{\beta}_n(s) \mathrm{d}s \to \int_{s_0}^t \tilde{\beta}_n(s) \mathrm{d}s.$$

设 $w(t) = \tilde{w}(t) + Q' \int_{s_0}^t \tilde{\beta}_n(s) \mathrm{d}s$, 那么 $w(t)$ 是下列方程

$$w_t = (\mathcal{L}w)_x + \tilde{\beta} Q'$$

的解, 且 $w(s_0) = w_{s_0} \neq 0$. 进一步, 对于所有 $t \in \mathbb{R}$, 在 L^2 上

$$w_n(t) \rightharpoonup w(t).$$

最后, 通过 (13.4.78) 和 $\int \eta_n Q' \mathrm{d}x = 0$, 我们有 $\int w(t)Q\mathrm{d}x = \int w(t)Q'\mathrm{d}x = 0$.
根据弱收敛和 (13.4.80), 有

$$\forall x_0 > 1,\ \forall t,\ \int_{|x|>x_0} w^2(t,x)\mathrm{d}x \leqslant \frac{C}{x_0}.$$

因此, 下面开始证明引理 13.4.3.

引理 13.4.3 的证明　设

$$G_{1,n} = -\frac{1}{2}w_n^2, \quad G_{2,n} = F_n + \tilde{\beta}_n \tilde{w}_n + \tilde{\beta}_n Q' \int_{\tau_n}^t \beta_n(s)\mathrm{d}s, \quad G_n = G_{1,n} + G_{2,n}.$$

观察得, 在有界区间 $C(t)$ 有界时, $\|G_{1,n}\|_{L^1} + \|G_{2,n}\|_{L^2} \leqslant C(t)$. 令 $T \in \mathbb{R}$. 通过 $\sup_t \|w_n(t)\|_{L^2} \leqslant C$ 和 $\tilde{w}_n$ 的表达, 我们有 $\sup_{[-T,T]} \|\tilde{w}_n(t)\|_{L^2} \leqslant C_T$.

令 $g \in \mathcal{C}_0^\infty(\mathbb{R})$, v 是下列方程的解

$$\begin{cases} \partial_t v = \mathcal{L}(v_x), \\ v_{|t=T} = g. \end{cases}$$

那么

$$\int (\tilde{w}_n - \tilde{w})(T)g(x)\mathrm{d}x - \int (w_n(\tau_n) - w(\tau_n))v(\tau_n)\mathrm{d}x$$

$$= \int_{\tau_n}^T \int \partial_t((\tilde{w}_n - \tilde{w})(t)v(t,x))\mathrm{d}x\mathrm{d}t$$

$$= \int_{\tau_n}^T \int ((\mathcal{L}\tilde{w}_n)_x - (\mathcal{L}\tilde{w})_x + b_n(G_n)_x)v(t,x) + (\tilde{w}_n - \tilde{w})(\mathcal{L}v)_x \mathrm{d}x\mathrm{d}t$$

$$= -b_n \int_{\tau_n}^T \int G_n v_x(t,x)\mathrm{d}x\mathrm{d}t.$$

通过能量方法可以得到

$$\|v\|_{L^\infty[\tau_n,T],L^2(\mathbb{R})} + \|v_x\|_{L^\infty[\tau_n,T]\times\mathbb{R}} + \|v_x\|_{L^\infty[\tau_n,T],L^2(\mathbb{R})} \leqslant C.$$

进一步, 通过在 L^2 上 $t \mapsto w(t)$ 的连续性可得

$$\lim_{n\to+\infty} \int (w_n(\tau_n) - w(\tau_n))v(\tau_n)\mathrm{d}x$$

$$= \lim_{n \to +\infty} \int (w_n(\tau_n) - w(s_0)) v(\tau_n) \mathrm{d}x$$

$$+ \lim_{n \to +\infty} \int (w(s_0) - w(\tau_n)) v(\tau_n) \mathrm{d}x = 0.$$

因此, 当 $n \to +\infty$ 时,

$$\tilde{w}(T) \rightharpoonup \tilde{w}(T).$$

至此, 我们完成了引理 13.4.3 的证明. $\qquad\square$

对任意时间的强 L^2 收敛的证明   现在我们利用定理 13.6.2 来证明对于时间 t, 序列 $(w_n)(t)$ 的强 L^2 的收敛性.

令 $T > 0$. 设

$$\zeta_n(t,x) = w_n(t, x - \rho_n(t) + \rho_n(0)) + \frac{1}{b_n}[Q(x - (\rho_n(t) + \rho_n(0))) - Q(x - t)], \quad (13.4.85)$$

使得

$$u_n(t, x + \rho_n(0)) = Q(x - \rho_n(t) + \rho_n(0)) + b_n w_n(t, x - \rho_n(t) + \rho_n(0))$$

$$= Q(x - t) + b_n \zeta_n(t, x),$$

并且对于 $\forall t \in [-T, T]$, ζ_n 满足

$$(\zeta_n)_t = (-\mathcal{H}(\zeta_n)_x - Q(x-t)\zeta_n)_x - \frac{b_n}{2}(\zeta_n^2)_x$$

和

$$\|\zeta_n(t)\|_{L^2} \leqslant C_T.$$

实际上, 因为 $|\rho_n'(t) - 1| \leqslant C\|\eta_n\|_{L^2} \leqslant Cb_n$, 我们有

$$|\rho_n(t) - \rho_n(0) - t| \leqslant Cb_n|t|. \quad (13.4.86)$$

下面进行 ζ_n 的估计. 一方面, 定理 13.6.2 对于 n 足够大 (使得 b_n 足够小) 应用 $\frac{1}{C_T}\zeta_n$ 暗示了 $t \in [-T, T] \mapsto \zeta_n(t)(t) \in L^2$ 关于 n 是等度连续的.

另一方面, 通过 (13.4.81), 我们有

$$\int_{[-T,T]} \int \left| D^{\frac{1}{2}}(\zeta_n(t,x)\sqrt{\varphi'(x)}) \right|^2 \mathrm{d}x\mathrm{d}t \leqslant C_T,$$

并且对于在 $[-T, T]$ 上的 $\zeta(t)$, 常数依赖于 T, (13.4.80) 的衰减也成立. 特别地, 存在零测度 $N \in [-T, T]$ 使得对于所有 $t \in [-T, T]/N$,

$$\int_{[-T,T]/N} \int \left| D^{\frac{1}{2}}(\zeta_n(t, x) \sqrt{\varphi'(x)}) \right|^2 \mathrm{d}x\mathrm{d}t \leqslant +\infty.$$

现在, 在 $[-T, T]$ 上选择一个稠密且可数的子集 I 使得对于所有 $t \in I$,

$$\int_{I/N} \int \left| D^{\frac{1}{2}}(\zeta_n(t, x) \sqrt{\varphi'(x)}) \right|^2 \mathrm{d}x\mathrm{d}t \leqslant +\infty.$$

正如 (13.4.83) 的证明, 利用对角理论, 存在 $\{\zeta_n\}$ 的子序列, 仍定义为 $\{\zeta_n\}$, 使得对于任意 $t \in I$, 当 $n \to +\infty$ 时, 在 L^2 上 $\zeta_n(t) \to \zeta(t)$. 根据等度连续可得对于 $\forall t \in [-T, T]$, 当 $n \to +\infty$ 时, 在 L^2 上

$$\zeta_n(t) \to \zeta(t). \tag{13.4.87}$$

根据 (13.4.86) 和 $|\rho_n' - 1| \leqslant Cb_n$, 我们也可以假设对相同的子序列

$$\forall t \in [-T, T], \quad \frac{1}{b_n}(\rho_n(t) - \rho_n(0) - t) \to \kappa(t). \tag{13.4.88}$$

现在, 通过 (13.4.85), (13.4.87) 和 (13.4.88) 可得在 L^2 上, 当 $n \to +\infty$ 时, 对于任意时间 $t \in [-T, T]$

$$w_n(t) \to w(t) = \eta(t, \cdot + t) + \kappa(t)Q'.$$

至此完成了 13.4.2 的证明, 同时定理 13.1.2 得证.

13.4.3　注记 13.1.3 的证明

令 $u(t)$ 是方程的解且满足定理 13.1.1 的假设, c^+, $\rho(t)$ 和 $\eta(t)$ 的定义见定理 13.1.1. 特别地, 通过 (13.4.74), 我们有

$$\lim_{t \to +\infty} \int_{x > \frac{t}{10} - \rho(t)} |\eta(t, x)|^2 \mathrm{d}x = 0. \tag{13.4.89}$$

为了证明 (13.1.10), 我们利用关于 η 的事实 (13.2.39), 其中 $\varphi = \frac{\pi}{2} + \arctan \frac{x}{A}$, $A > 1$ 足够大, 在后面将被定义

$$\frac{1}{2} \frac{\mathrm{d}}{\mathrm{d}x} \int \eta^2 \varphi \mathrm{d}x$$

$$= \int (\mathcal{H}\eta_x)\eta\varphi' \mathrm{d}x + \int (\mathcal{H}\eta_x)\eta_x\varphi \mathrm{d}x - \frac{1}{2}\int \eta^2\varphi' \mathrm{d}x$$

$$+ \frac{1}{2}\int \eta^2(-Q'\varphi + Q\varphi')\mathrm{d}x + \frac{1}{3}\int \eta^3\varphi' \mathrm{d}x + (\rho'-1)\int Q'\eta\varphi \mathrm{d}x$$

$$- \frac{1}{2}(\rho'-1)\int \eta^2\varphi' \mathrm{d}x.$$

我们断言当 A 足够大, α_0 足够小时, 对于 $C > 0$ 不依赖于 A,

$$\frac{1}{2}\frac{\mathrm{d}}{\mathrm{d}x}\int \eta^2\varphi \mathrm{d}x \leqslant \int (\mathcal{H}\eta_x)\eta\varphi' \mathrm{d}x + C\int \frac{\eta^2}{1+x^2}. \tag{13.4.90}$$

实际上, 通过引理 13.2.7, 有 $\int (\mathcal{H}\eta_x)\eta_x\varphi \mathrm{d}x \leqslant \dfrac{C}{A}\int \eta^2\varphi' \mathrm{d}x$. 根据 Q 的定义, 有

$\int \eta^2(-Q'\varphi + Q\varphi')\mathrm{d}x \leqslant C\int \dfrac{\eta^2}{1+x^2}$. 通过 (13.2.37), $\left|\int \eta^3\varphi' \mathrm{d}x\right| \leqslant C\alpha_0\int \eta^2\varphi' \mathrm{d}x$.

最后, 利用 (13.2.16) 式估计最后两项, 使得对于 A 足够大, α_0 足够小 (13.4.90) 被证明.

现在, 利用关于 η 函数 (13.4.81)′ 式, 可得

$$\frac{1}{2}\frac{\mathrm{d}}{\mathrm{d}x} \leqslant - \int |D^{\frac{1}{2}}(\eta\sqrt{\varphi'})|^2 \mathrm{d}x + C\|\eta\|_{L^2}\|\eta\sqrt{\varphi'}\|_{L^4}\|D\sqrt{\varphi'}\|_{L^4} + C\int \frac{\eta^2}{1+x^2}\mathrm{d}x. \tag{13.4.91}$$

注意到当 $A > 1$ 时, 则在 $\mathbb{R}$ 上 $\dfrac{1}{1+x^2} \leqslant C\varphi$. 令 $t_0 > 1$, 对上式在 $[t_0, t_0+1]$ 上积分可得

$$\int_{t_0}^{t_0+1}\int |D^{\frac{1}{2}}(\eta\sqrt{\varphi'})|^2 \mathrm{d}x\mathrm{d}t \leqslant C \sup_{t\in[t_0,t_0+1]}\left(\int \eta^2\varphi \mathrm{d}x + C\|\eta\sqrt{\varphi'}\|_{L^4}\|D\sqrt{\varphi'}\|_{L^4}\right).$$

另一方面, 通过 (13.2.13) 有

$$\int |D^{\frac{1}{2}}\eta|^2\varphi' \mathrm{d}x \leqslant 2\int |D^{\frac{1}{2}}(\eta\sqrt{\varphi'})|^2 \mathrm{d}x + 2\int |(D^{\frac{1}{2}}\eta)\sqrt{\varphi'} - D^{\frac{1}{2}}(\eta\sqrt{\varphi'})|^2 \mathrm{d}x$$

$$\leqslant 2\int |D^{\frac{1}{2}}(\eta\sqrt{\varphi'})|^2 \mathrm{d}x + C\|\eta\|_{L^4}^2\|D^{\frac{1}{2}}\sqrt{\varphi'}\|_{L^4}^2$$

$$\leqslant 2\int |D^{\frac{1}{2}}(\eta\sqrt{\varphi'})|^2 \mathrm{d}x + C\|D^{\frac{1}{2}}\sqrt{\varphi'}\|_{L^4}^2.$$

因此, 我们得到

$$\int_{t_0}^{t_0+1}\int |D^{\frac{1}{2}}\eta|^2\varphi' \mathrm{d}x\mathrm{d}t$$

$$\leqslant C \sup_{t \in [t_0, t_0+1]} \left(\int \eta^2 \varphi \mathrm{d}x + C \|\eta \sqrt{\varphi'}\|_{L^4} \|D\sqrt{\varphi'}\|_{L^4} \right) + C \|D^{\frac{1}{2}} \sqrt{\varphi'}\|_{L^4}^2.$$

我们有 $\|D^{\frac{1}{2}} \sqrt{\varphi'}\|_{L^4}^2 \leqslant CA^{-\frac{3}{2}}$, $\|D\sqrt{\varphi'}\|_{L^4} \leqslant CA^{-\frac{5}{4}}$ 和 $\|\eta\sqrt{\varphi'}\|_{L^4} \leqslant \|\eta\|_{L^8} \|\sqrt{\varphi}\|_{L^8}$ $\leqslant CA^{-\frac{3}{8}}$. 因此,

$$\int_{t_0}^{t_0+1} \int |D^{\frac{1}{2}}\eta(t,x)|^2 \frac{1}{1 + \left(\dfrac{x}{A}\right)^2} \mathrm{d}x\mathrm{d}t \leqslant A \sup_{t \in [t_0, t_0+1]} \left(\int \eta^2(t)\varphi \mathrm{d}x \right) + CA^{-\frac{1}{2}}.$$

现在选择 A 依赖于 t_0:

$$A = A_{t_0} = \min \left(\frac{\sqrt{t_0}}{2}, \left(\sup_{t \in [t_0, t_0+1]} \int_{x \geqslant \frac{t}{10} - \rho(t)} \eta^2(t,x)\mathrm{d}x \right)^{-\frac{1}{2}} \right).$$

对于 A_{t_0} 的选择, 我们有 $\lim_{t_0 \to} A_{t_0} = +\infty$, 并且因为 $\dfrac{t}{10} - \rho(t) \leqslant -\dfrac{t}{2}$,

$$A \sup_{t \in [t_0, t_0+1]} \left(\int \eta^2(t)\varphi \mathrm{d}x \right) \leqslant CA \sup_{t \in [t_0, t_0+1]} \left(\int_{x \geqslant \frac{t}{10} - \rho(t)} \eta^2(t,x)\mathrm{d}x \right) + \frac{CA}{t_0}$$

$$\leqslant CA^{-1}.$$

于是 $\lim_{t_0 \to A} \sup_{t \in [t_0, t_0+1]} \left(\int \eta^2(t)\varphi \mathrm{d}x \right) = 0$. 因此

$$\lim_{t_0 \to A} \int_{t_0}^{t_0+1} \int |D^{\frac{1}{2}}\eta(t,x)|^2 \frac{1}{1 + x^2}\mathrm{d}x\mathrm{d}t = 0.$$

13.5　多个孤立子的情况

本节, 利用前面理论和参考文献 [146] 中 KdV 方程的证明, 我们得到下列方程 (13.1.1) 关于多个孤立子的结果.

定理 13.5.1 (孤立子总和的渐近稳定性)　令 $N \geqslant 1$, $0 < c_1^0 < \cdots < c_N^0$. 存在 $L_0 > 0$, $A_0 > 0$ 和 $\alpha_0 > 0$ 使得如果 $u_0 \in H^{\frac{1}{2}}$ 满足, 对于一些 $0 \leqslant \alpha < \alpha_0$, $L \geqslant L_0$,

$$\left\| u_0 - \sum_{j=1}^{N} Q_{c_j^0}(\cdot - y_j^0) \right\|_{H^{\frac{1}{2}}}, \tag{13.5.92}$$

其中 $\forall j \in \{2, \cdots, N\}$, $y_j^0 - y_{j-1}^0 \geqslant 1$, 并且如果 $u(t)(u(0) = u_0)$ 是方程 (13.1.1) 的解, 那么存在 $\rho_1(t), \cdots, \rho_N(t)$ 使得下列成立

(a) N 个孤立子总和的稳定.

$$\forall t \geqslant 0, \quad \left\| u(t) - \sum_{j=1}^{N} Q_{c_j^0}(x - \rho_j(t)) \right\|_{H^{\frac{1}{2}}} \leqslant A_0 \left(\alpha + \frac{1}{L} \right). \qquad (13.5.93)$$

(b) N 个孤立子总和的渐近稳定性. 存在 $c_1^+, \cdots, c_N^+$, 且 $|c_j^+ - c_j^0| \leqslant A_0 \Big(\alpha$

$+ \dfrac{1}{L} \Big)$, 使得

$$\forall j, \ \text{当} \ t \to +\infty, \ u(t, \cdot + \rho_j(t)) \rightharpoonup Q_{c_j^+} \ \text{在} \ H^{\frac{1}{2}}, \qquad (13.5.94)$$

$$\text{当} \ t \to +\infty, \ \rho_j'(t) \to c_j^+, \quad \left\| u(t) - \sum_{j=1}^{N} Q_{c_j^+}(\cdot - \rho_j(t)) \right\|_{L^2(x \geqslant \frac{1}{10} c_1^0 t)} \to 0. \quad (13.5.95)$$

由于 Benjamin-Ono 方程有精确的多个孤立子. 定义 $U_N(x; c_j, y_j)$ 为 N-孤立子, 例如参考文献 [147] 中 (1.7) 式, 我们得到下列定理的推论和解在 $H^{\frac{1}{2}}$ 上的连续依赖.

令 $N \geqslant 1, 0 < c_1^0 < \cdots < c_N^0$ 和

$$d_N(u) = \inf\{\|u - U_N(\cdot; c_j^0, y_j)\|_{H^{\frac{1}{2}}}, y_j \in \mathbb{R}\}.$$

推论 13.5.2 (在 $H^{\frac{1}{2}}$ 上多个孤立子的渐近稳定性)　对于 $\forall \delta > 0$, 存在 $\alpha > 0$ 使得如果 $d_N(u_0) \leqslant \alpha$, 那么对 $\forall t \in \mathbb{R}, d_N(u(t)) \leqslant \delta$.

13.5.1　稳定性理论的概括

为读者方便, 我们先讨论一个孤立子的稳定性理论. 令 $u(t)$ 是方程 (13.1.1) 的一个 $H^{\frac{1}{2}}$ 解使得在 $H^{\frac{1}{2}}$ 上 $u(0)$ 接近于 Q. 令 $c^+ > 0$ 接近于 1 使得 $\displaystyle\int u^2(0) \mathrm{d}x = c^+ \displaystyle\int Q^2 \mathrm{d}x$. 利用引理 13.2.3 和 L^2 守恒 $\displaystyle\int \eta(t) Q_{c^+} \mathrm{d}x = -\frac{1}{2} \int \eta^2(t) \mathrm{d}x$ 使得 $\eta(t, x) = u(t, x + \rho(t)) - Q_{c^+}(x)$, 并满足 $\displaystyle\int \eta(t) Q_{c^+}' \mathrm{d}x = 0$.

定义函数

$$\mathcal{G}(u(t)) = E(u(t)) + c^+ \int u^2(t) \mathrm{d}x. \qquad (13.5.96)$$

观察 $\mathcal{G}(u(t)) = \mathcal{G}(u(0))$ 且在 $\mathcal{G}(u(t))$ 上延拓 $u(t)$, 可得

$$(\mathcal{L}_{c^+} \eta(t), \eta(t)) + \mathcal{O}(\eta^3(t)) = (\mathcal{L} \eta(0), \eta(0)) + \mathcal{O}(\eta^3(0)),$$

其中 $\mathcal{L}_{c^+}\eta = -\mathcal{H}\eta_x + c^+\eta - Q_{c^+}\eta$. 通过 $\mathcal{L}_{c^+}$ 是正的, 我们有

$$\|\eta(t)\|_{H^{\frac{1}{2}}} \leqslant C\|\eta(0)\|_{H^{\frac{1}{2}}}.$$

注意这里 $\left|\int \eta Q_{c^+}\mathrm{d}x\right| \leqslant C\|\eta\|_{L^2}^2$ 代替了正交条件 $\int \eta Q_{c^+}\mathrm{d}x = 0$.

13.5.2 定理 13.5.1 的证明概括

定理 13.5.1 的证明类似于参考文献 [146] 中定理 1 的证明.

首先, 我们回忆下面四个引理 (对应于参考文献 [146] 中引理 1—引理 4), 这是证明定理 13.5.1 的重要工具.

引理 13.5.3 (解的分解) 存在 L_1, α_1, $K_1 > 0$ 使得下列成立. 如果 $L > L_1$, $0 < \alpha < \alpha_1$, $t_0 > 0$,

$$\sup_{0 \leqslant t \leqslant t_0} \left(\inf_{y_j > y_{j-1}+L} \left\{ \left\| u(t,\cdot) - \sum_{j=1}^N Q_{c_j^0}(\cdot - y_j) \right\|_{H^{\frac{1}{2}}} \right\} \right) < \alpha,$$

那么存在唯一的 $\mathcal{C}^1$ 函数 $c_j\colon [0,t_0] \to (0,+\infty)$, $\rho_j\colon [0,t_0] \to \mathbb{R}$, 使得

$$\eta(t,x) = u(t,x) - R(t,x),$$

其中 $R(t,x) = \sum_{j=1}^N R_j(t,x)$, $R_j(t,x) = Q_{c_j(t)}(x - \rho_j(t))$, 满足下列正交条件

$$\forall j, \quad \forall t \in [0,t_0], \quad \int R_j(t)\eta(t)\mathrm{d}x = \int (R_j(t))_x\eta(t)\mathrm{d}x = 0.$$

进一步, 存在 $C > 0$ 使得 $\forall t \in [0,t_0]$,

$$\|\eta(t)\|_{H^{\frac{1}{2}}} + \sum_{j=1}^N |c_j(t) - c_j^0| \leqslant C\alpha,$$

$$\forall j, \quad |c_j'(t)| + |\rho_j'(t) - c_j(t)| \leqslant C\left(\|\eta(t)\|_{L^2} + \frac{1}{L} \right).$$

注记 13.5.4 接下来的讨论中, 在伸缩变换中对任意时间的调制是不需要的. 实际上, 在 $t = 0$ 处的调制是足够的因为我们解决了次临界的情况. 然而我们更习惯引入这种调制来匹配参考文献 [146] 中的策略.

在能量守恒上延拓 $u(t)$ 并且利用 $E(Q_c) = c^2 E(Q)$, 我们有

引理 13.5.5 存在 $C > 0$ 使得在引理 13.5.3 的情况下, $\forall t \in [0, t_0]$,

$$\left| E(Q) \sum_{j=1}^{N} [c_j^2(t) - c_j^2(0)] + \frac{1}{2} \int (\eta_x \mathcal{H} \eta - R\eta^2)(t) \mathrm{d}x \right|$$

$$\leqslant C \left(\|\eta(0)\|_{H^{\frac{1}{2}}}^2 + \|\eta(t)\|_{H^{\frac{1}{2}}}^3 + \frac{1}{L} \right).$$

考虑 (13.2.18) 中定义的 φ, 且当 A 足够大, 设

$$\forall j \in \{2, \cdots, N\}, \quad \mathcal{I}_j(t) = \int u^2(t, x) \varphi(x - m_j(t)) \mathrm{d}x, \quad m_j(t) = \frac{1}{2}(\rho_{j-1}(t) + \rho_j(t)).$$

然后按照命题 13.2.5 的证明, 我们得到下列引理.

引理 13.5.6 存在 $C > 0$ 使得在引理 13.5.3 的情况下

$$\forall j \in \{2, \cdots, N\}, \quad \forall t \in [0, t_0], \quad \mathcal{I}_j(t) - \mathcal{I}_j(0) \leqslant \frac{C}{L}.$$

最后, 设 $c(t, x) = c_1(t) + \sum_{j=2}^{N} (c_j(t) - c_{j-1}(t)) \varphi(x - m_j(t))$, 并且根据命题 13.3.4 和命题 13.3.8 的证明, 我们有

引理 13.5.7 存在 $\lambda > 0$ 使得在引理 13.5.3 的情况下

$$\forall t \in [0, t_0], \quad \mathcal{G}_N(t) := \int \eta_x \mathcal{H} \eta \mathrm{d}x + c(t, x) \eta^2 - Q\eta^2 \geqslant \lambda \|\eta(t)\|_{H^{\frac{1}{2}}}^2.$$

稳定性证明的构思 令

$$\mathcal{V}_{A_0}(L, \alpha) = \left\{ u \in H^{\frac{1}{2}}; \inf_{y_j - y_{j-1} \geqslant L} \left\| u - \sum_{j=1}^{N} Q_{c_j^0}(\cdot - y_j) \right\|_{H^{\frac{1}{2}}} \leqslant A_0 \left(\alpha + \frac{1}{L} \right) \right\}.$$

定理 13.5.1 中 (a) 部分是下列命题和连续性理论的一个结果.

命题 13.5.8 存在 $A_0 > 0$, $L_0 > 0$ 和 $\alpha_0 > 0$ 使得对于所有的 $u_0 \in H^{\frac{1}{2}}$, 如果

$$\left\| u_0 - \sum_{j=1}^{N} Q_{c_j^0}(\cdot - y_j^0) \right\|_{H^{\frac{1}{2}}} \leqslant \alpha,$$

这里 $L \geqslant L_0$, $0 < \alpha < \alpha_0$, $y_j^0 - y_{j-1}^0 + L$, 并且如果对于 $t^* > 0$,

$$\forall t \in [0, T^*], \quad u(t) \in \mathcal{V}_{A_0}(L, \alpha),$$

其中 $u(t)$ 是方程 (13.1.1) 的解, 那么

$$\forall t \in [0, T^*], \quad u(t) \in \mathcal{V}_{\frac{1}{2} A_0}(L, \alpha).$$

引理 13.5.3、注记 13.5.4、引理 13.5.6、引理 13.5.7、命题 13.5.8 的证明和参考文献 [146] 中命题 1 的证明完全相同. 特别地, 首先证明

$$\forall t \in [0, T^*], \quad \sum_{j=1}^{N} |c_j(t) - c_j(0)| \leqslant C_1 \left(\|\eta(t)\|_{H^{\frac{1}{2}}}^2 + \|\eta(0)\|_{H^{\frac{1}{2}}}^2 + \frac{1}{L} \right), \quad (13.5.97)$$

那么

$$\|\eta(t)\|_{H^{\frac{1}{2}}}^2 \leqslant C_2 \left(\|\eta(0)\|_{H^{\frac{1}{2}}}^2 + \frac{1}{L} \right), \quad (13.5.98)$$

其中 $C_1, C_2 > 0$ 且不依赖于 A_0, 根据 $u(t)$ 在 $\eta(t)$ 和 $R(t)$ 的分解可得我们想要的结果.

　　注意在证明 (13.5.97) 时, 我们利用了下列代数事实

$$E(Q_c) = c^2 E(Q), \quad \int Q_C^2 \mathrm{d}x = c \int Q^2 \mathrm{d}x, \quad E(Q) = -\frac{1}{2} \int Q^2 \mathrm{d}x.$$

通过 Q 的方程点乘 Q, 然后与 xQ' 作内积, 并利用 $\int (\mathcal{H}Q')(xQ')\mathrm{d}x = 0$ 可知最后一个公式可以很容易得到. 现在我们证明下列估计

$$\left| E(Q) \sum_{j=1}^{N} (c_j(t) - c_j(0)) + \int Q^2 \sum_{j=1}^{N} \{c_j(0)(c_j(t) - c_j(0))\}\mathrm{d}x \right|$$

$$\leqslant C \sum_{j=1}^{N} |c_j(t) - c_j(0)|^2.$$

证明类似于参考文献 [146] 中 (44) 式. 定理 13.5.1 中 (b) 部分的内容的证明和参考文献 [146] 完全相同, 即利用定理 13.1.2、单调性理论 (命题 13.2.5) 和定理 13.6.1 的证明. 本节中多个孤立子的稳定性的证明类似于定理 13.1.1 的证明.

　　由于推论 13.5.2 的证明类似于参考文献 [146] 中推论 1 的证明, 这里就不再赘述.

13.6 弱收敛和适定性结果

13.6.1 弱收敛

定理 13.6.1 (BO 方程的弱连续) 令 (u_n) 是方程 (13.1.1) 整体 $H^{\frac{1}{2}}$ 解的一个序列. 假设在 $H^{\frac{1}{2}}$ 上 $u_n \rightharpoonup u_0$, $u(t)$ 是方程 (13.1.1) 的解且初值 $u(0) = u_0$. 那么, 对于所有的 $t \in \mathbb{R}$, 在 $H^{\frac{1}{2}}$ 上, $u_n(t) \rightharpoonup u(t)$.

证明 令 $u_{0,n} = u_n(0)$. 下面证明 $T \in [0,1]$.

第一步. H^2 的情况. 这里, 我们假设在 H^2 上, $u_{0,n} \rightharpoonup u_0$. 令 $w_n = u_n - u$, w_n 的方程为

$$\begin{cases} w_{nt} + \mathcal{H}(w_n)_{xx} + u_n w_{nx} + u_x w_n = 0, \\ w_n(0) = \psi_n, \ \psi_n = u_{0,n} - u_0. \end{cases} \tag{13.6.99}$$

固定 $t = T$, $g \in \mathcal{C}_0^\infty(\mathbb{R})$. 对一个函数 $\tilde{u}$, 在后面将被确定, 考虑 $v(t)$ 的方程

$$\begin{cases} v_t + \mathcal{H} v_{xx} + (\tilde{u} v)_x - u_x v = 0, \\ v(T) = g. \end{cases}$$

那么

$$\int w_n(T,x) g(x) \mathrm{d}x - \int \psi_n(x) v(0,x) \mathrm{d}x$$

$$= \int_0^T \int w_{nt}(t) v(t) \mathrm{d}x \mathrm{d}t + \int_0^T \int w_n(t) v(t) \mathrm{d}x \mathrm{d}t$$

$$= I + II,$$

其中

$$I = \int_0^T \int w_n(\mathcal{H} v_{xx} + (u_n v)_x - u_x v) \mathrm{d}x \mathrm{d}t,$$

$$II = -\int_0^T \int w_n(\mathcal{H} v_{xx} + (\tilde{u} v)_x - u_x v) \mathrm{d}x \mathrm{d}t,$$

使得

$$\int w_n(T,x) g(x) \mathrm{d}x - \int \psi_n(x) v(0,x) \mathrm{d}x$$

$$= \int_0^T \int w_n((u_n - \tilde{u}) v)_x \mathrm{d}x \mathrm{d}t = -\int_0^T \int w_{nx}(u_n - \tilde{u}) v \mathrm{d}x \mathrm{d}t.$$

我们可以假设, 通过子序列, $u_n - \tilde{u} \to 0$, 在 $L^2_{\mathrm{loc}}(\mathbb{R} \times [0,T])$ 上. 下面我们将要证明对于已给 $\varepsilon > 0$, 存在 $R > 0$ 使得

$$\left| \int_0^T \int_{|x|>R} w_{nx}(u_n - \tilde{u}) v \mathrm{d}x \mathrm{d}t \right| \leqslant \varepsilon$$

关于 n 是一致的.

实际上, 因为 $\|w_{nx}\|_{L^\infty} \leqslant C$, $\sup_t \|v\|_{L^2} \leqslant C$ 和 $\sup_t \|u_n - \tilde{u}\|_{L^2} \leqslant C$, 于是这个证明是显然的. 但是, 当 $n \to +\infty$ 时, $I + II \to 0$. 我们仅需要 $\sup_t \|v\|_{L^2} \leqslant C$, 为证明它, 只需要 $\tilde{u}_x \in L^\infty$, $u_x \in L^\infty$, 这两个是显然的. (利用能量方法来估计 v 的有界性.)

第二步. 一般情况. 选择 N 充分大, 定义 $u_{0,n}^N$ 使得 $\widehat{u_{0,n}^N}(\xi) = \mathbf{1}_{[-N,N]}(\xi) \hat{u}_{0,n}(\xi)$, 这里 $\mathbf{1}_I$ 是 I 的特征函数. 注意到

$$\|u_{0,n}^N - u_{0,n}\|_{L^2}^2 = \int_{|\xi| \geqslant N} |\widehat{u_{0,n}^N}(\xi)|^2 \mathrm{d}\xi \leqslant \frac{1}{N} \|u_{0,n}\|_{H^{\frac{1}{2}}}^2 \leqslant \frac{C}{N},$$

使得在 L^2 上, 当 $N \to +\infty$ 时, $u_{0,n}^N \to u_{0,n}$ 关于 n 是一致的.

固定 $g \in \mathcal{C}_0^\infty$, $T \in \mathbb{R}$, $\varepsilon > 0$. 由函数流的 L^2 连续的证明 (见参考文献 [87]) 可得

$$\sup_{t \in [0,1]} \|u^N(t) - u(t)\|_{L^2} \leqslant C \|u_0^N - u_0\|_{L^2},$$

$$\sup_{t \in [0,1]} \|u_n^N(t) - u_n(t)\|_{L^2} \leqslant C \|u_{0,n}^N - u_{0,n}\|_{L^2}.$$

对于任意常数 $C > 0$, 选择 N 使得

$$\left| \int (u_n(T) - u(T)) g \mathrm{d}x - \int (u_n^N(T) - u^N(T)) g \mathrm{d}x \right| \leqslant \frac{\varepsilon}{2}$$

关于 n 是一致收敛的.

固定 N, 令 $n \to +\infty$, 然后利用第一步, 定理 13.6.1 得证. □

13.6.2　非线性 BO 方程的适定性结果

在本小节, 对于 $0 < b < b_0$, 且 b_0 足够小, 我们考虑下列方程的初值问题

$$\begin{cases} v_t = (-\mathcal{H} v_x)_x - (Q(x-t)v)_x - \dfrac{b}{2}(v^2)_x = 0, & \text{在 } [-T,T] \times \mathbb{R} \text{ 上}, \\ v(t=0, x) = v_0(x), & \text{在 } \mathbb{R} \text{ 上}. \end{cases}$$

$$(13.6.100)$$

根据参考文献 [87] 可得此方程在 L^2 上的 Cauchy 问题是适定的, 因为 $u(x,t) = Q(x-t) + bv(t,x)$ 满足 BO 方程. 我们主要关心的是在 L^2 上映射 $t \mapsto v(t)$ 关于 b 的等度连续性. 为了得到这个结果我们遵循参考文献 [87] 中关于方程 (13.6.100) 的思路, 并利用 Q 的特殊结构和 b 的依赖关系.

定理 13.6.2 (a) 假设 $v_0 \in H^\infty$. 那么存在 $T = T(Q) > 0$, 在 $[-T, T]$ 上方程 (13.6.100) 存在唯一的解 $v = \mathcal{S}_b^\infty(v_0)$, $v \in \mathcal{C}([-T, T]; H^\infty)$.

(b) 存在常数 C 不依赖于 b 使得

$$\sup_{t \in [-T,T]} \|v(t)\|_{H^2} \leqslant C \|v_0\|_{H^2}. \tag{13.6.101}$$

(c) 映射 $\mathcal{S}_b^\infty$ 唯一扩展到连续映射 $\mathcal{S}_b^0 \colon L^2 \to \mathcal{C}([-T, T]; L^2)$, 并且存在 C 不依赖于 b 使得

$$\sup_{t \in [-T,T]} \|v(t)\|_{L^2} \leqslant C \|v_0\|_{H^2}. \tag{13.6.102}$$

进一步, 给出 $v_0 \in L^2$, $\|v_0\|_{L^2}$, 对于任意 $\varepsilon > 0$, 存在 $\delta = \delta(v_0, \varepsilon) > 0$ (δ 不依赖于 b) 使得对任意 $v_1 \in L^2$, $\|v_1\|_{L^2} \leqslant 2$,

$$\|v_0 - v_1\|_{L^2} \leqslant \delta \implies \sup_{t \in [-T,T]} \|\mathcal{S}_b^0(v_0)(t) - \mathcal{S}_b^0(v_1)(t)\|_{L^2} \leqslant \varepsilon. \tag{13.6.103}$$

最后, 存在 $\tilde{\delta} = \tilde{\delta}(v_0, \varepsilon) > 0$ (不依赖于 b) 使得对任意 $t, t' \in [-T, T]$,

$$|t - t'| \leqslant \tilde{\delta} \implies \|\mathcal{S}_b^0(v_0)(t) - \mathcal{S}_b^0(v_0)(t')\|_{L^2} \leqslant \varepsilon. \tag{13.6.104}$$

证明概要 选取 $0 < \lambda \ll 1$, 考虑 $v_\lambda(t, x) = \lambda v(\lambda^2 t, \lambda x)$. 那么 v_λ 是下列方程的解

$$\begin{cases} (v_\lambda)_t = (-\mathcal{H}(v_\lambda)_x)_x - (\lambda Q(\lambda x - \lambda^2 t) v_\lambda)_x - \dfrac{b}{2}(v_\lambda^2)_x = 0, & \text{在 } [-T, T] \times \mathbb{R} \text{ 上}, \\ v_\lambda(t = 0, x) = v_{0,\lambda}(x), & \text{在 } \mathbb{R} \text{ 上}, \quad v_{0,\lambda}(x) = \lambda v_0(\lambda x). \end{cases}$$

$$\tag{13.6.105}$$

定义

$$Q_\lambda(t, x) = \lambda Q(\lambda x - \lambda^2 t).$$

那么证明定理 13.6.2 可以简化为证明下列方程的初值问题

$$\begin{cases} v_t = (-\mathcal{H} v_x)_x - (Q_\lambda(t, x) v)_x - \dfrac{b}{2}(v^2)_x = 0, & \text{在 } [-1, 1] \times \mathbb{R} \text{ 上}, \\ v(t = 0, x) = v_0(x), & \text{在 } \mathbb{R} \text{ 上}, \quad \|v_0\|_{L^2} \leqslant \lambda^{\frac{1}{2}}. \end{cases}$$

$$\tag{13.6.106}$$

我们有

定理 13.6.3　存在 $b_0, \lambda > 0$ 足够小使得如果 $0 < b < b_0$, 下列成立:

(a) 假设 $v_0 \in H^\infty$. 那么方程 (13.6.106) 存在一个唯一解 $v = \mathcal{S}_b^\infty(v_0)$ 在 $[-1, 1]$ 上, $v \in \mathcal{C}([-1, 1]; H^\infty)$.

(b) 存在 C 不依赖于 b 使得

$$\sup_{t \in [-1,1]} \|v(t)\|_{H^2} \leqslant C \|v_0\|_{H^2}. \tag{13.6.107}$$

(c) 映射 $\mathcal{S}_b^\infty$ 唯一扩展到连续映射 $\mathcal{S}_b^0 \colon L^2 \to \mathcal{C}([-1, 1]; L^2)$, 并且存在 C 不依赖于 b 使得

$$\sup_{t \in [-1,1]} \|v(t)\|_{L^2} \leqslant C \|v_0\|_{L^2}. \tag{13.6.108}$$

进一步, 给出 $v_0 \in L^2$, $\|v_0\|_{L^2} \leqslant \lambda^{\frac{1}{2}}$, 对于任意 $\varepsilon > 0$, 存在 $\delta = \delta(v_0, \varepsilon) > 0$ (δ 不依赖于 b) 使得对于任意 $v_1 \in L^2$, $\|v_1\|_{L^2} \leqslant \lambda^{\frac{1}{2}}$,

$$\|v_0 - v_1\|_{L^2} \leqslant \delta \ \Rightarrow \ \sup_{t \in [-1,1]} \|\mathcal{S}_b^0(v_0)(t) - \mathcal{S}_b^0(v_1)(t)\|_{L^2} \leqslant \varepsilon. \tag{13.6.109}$$

最后, 存在 $\tilde{\delta} = \tilde{\delta}(v_0, \varepsilon) > 0$ (不依赖于 b) 使得对任意 $t, t' \in [-1, 1]$,

$$|t - t'| \leqslant \tilde{\delta} \ \Rightarrow \ \|\mathcal{S}_b^0(v_0)(t) - \mathcal{S}_b^0(v_0)(t')\|_{L^2} \leqslant \varepsilon. \tag{13.6.110}$$

定理 13.6.3 的证明依赖于下列三个命题.

命题 13.6.4　假设 $v_0 \in H^\infty$, 那么存在 $T = T(\|v_0\|_{H^2})$ 和在 $(-T, T)$ 上方程 (13.6.106) 存在唯一一个解 v. 并且对于任意 $\sigma \leqslant 2$,

$$\sup_{t \in (-T,T)} \|u(t)\|_{H^\sigma} \leqslant C \left(\sigma, \|v_0\|_\sigma, \sup_{t \in (-T,T)} \|v_0\|_{H^2} \right). \tag{13.6.111}$$

特别地, 存在 C 不依赖于 b, $(0 < b < b_0)$ 且 $\lambda < 1$.

通过考虑

$$\|\partial_x Q_\lambda\|_{L^1((-1,1);L_x^\infty)} \leqslant C,$$

可知命题 13.6.4 是能量方法的一个结果.

命题 13.6.5　对于 λ 充分小, 我们有如果 $T \in (0, 1]$, $\|v_0\|_{L^2} \leqslant \lambda^{\frac{1}{2}}$, $v = \mathcal{S}^\infty(v_0) \in \mathcal{C}([-T, T]; H^\infty)$ 是一个解, 那么

$$\sup_{t \in [-T,T]} \|v(t)\|_{H^2} \leqslant C \|v_0\|_{H^2},$$

其中 C 不依赖于 b $(0 < b < b_0)$.

命题 13.6.6 对于 $v_0 \in H^\infty$, $N \in [1, \infty)$, $\|v_0\|_{L^2} \leqslant \lambda^{\frac{1}{2}}$, 令 $\hat{v}_0^N(\xi) = \mathbf{1}_{[-N,N]}(\xi)\hat{v}_0(\xi)$, $v_0^N \in H^\infty$. 那么

$$\sup_{t \in (-1,1)} \|\mathcal{S}_b^\infty(v_0)(t) - \mathcal{S}_b^\infty(v_0^N)(t)\|_{L^2} \leqslant C\|v_0 - v_0^N\|_{L^2},$$

$$\sup_{t \in (-1,1)} \|\mathcal{S}_b^\infty(v_0)(t)\|_{L^2} \leqslant C\|v_0\|_{L^2}.$$

这里 C 不依赖于 b $(0 < b < b_0)$.

定理 13.6.3 的证明来自命题 13.6.4、命题 13.6.5 和命题 13.6.6. 首先, 可以看出命题 13.6.4 和命题 13.6.5 清楚地给出定理 13.6.3 中的 (a) 和 (b). 现在开始证明 (c): 如果 $v_{0,n} \in H^\infty$, 在 L^2 中 $\lim_{n \to +\infty} v_{0,n} = v_0$, 则序列 $\mathcal{S}_b^\infty(v_{0,n})$ 在 $\mathcal{C}([-1,1]; L^2)$ 上是 Cauchy 列. 令 $\varepsilon > 0$, 下面证明存在 M_ε (不依赖于 b) 使得

$$m, n \geqslant M_\varepsilon \Rightarrow \sup_{t \in [-1,1]} \|\mathcal{S}_b^\infty(v_{0,n})(t) - \mathcal{S}_b^\infty(v_{0,m})(t)\|_{L^2} \leqslant \varepsilon.$$

因为

$$\|v_{0,n} - v_{0,n}^N\|_{L^2} \leqslant \|v_0 - v_0^N\|_{L^2} + \|v_0 - v_{0,n}\|_{L^2},$$

所以, 固定 $N = N(\varepsilon, v_0)$ 和 M_ε^1 足够大使得 $\|v_{0,n} - v_{0,n}^N\|_{L^2} \leqslant \dfrac{\varepsilon}{4C}$, 对于 $n \geqslant M_\varepsilon^1$, 其中 C 是命题 13.6.6 ($\|v_{0,n}\|_{L^2} \leqslant \lambda^{\frac{1}{2}}$) 中的常数. 那么, 根据命题 13.6.6 可得对于 $n \geqslant M_\varepsilon^1$,

$$\sup_{t \in [-1,1]} \|\mathcal{S}_b^\infty(v_{0,n})(t) - \mathcal{S}_b^\infty(v_{0,n}^N)(t)\|_{L^2} \leqslant \frac{\varepsilon}{4}.$$

下面估计 $\sup_{t \in [-1,1]} \|\mathcal{S}_b^\infty(v_{0,n})(t) - \mathcal{S}_b^\infty(v_{0,m})(t)\|_{L^2}$. 但对于不同的方程的能量估计可得, 当 m, n 足够大时

$$\sup_{t \in [-1,1]} \|\mathcal{S}_b^\infty(v_{0,n})(t) - \mathcal{S}_b^\infty(v_{0,m})(t)\|_{L^2}$$

$$\leqslant \|v_{0,n}^N - v_{0,m}^N\|_{L^2} \exp\left(C\int_{-1}^1 \left(\|\partial_x(\mathcal{S}_b^\infty(v_{0,n}^N))(t)\|_{L_x^\infty} + C\|\partial_x(\mathcal{S}_b^\infty(v_{0,m}^N))(t)\|_{L_x^\infty}\right) \mathrm{d}t\right)$$

$$\leqslant \|v_{0,n} - v_{0,m}\|_{L^2} \exp\left(C\sup_{t \in (-1,1)} \|\mathcal{S}_b^\infty(v_{0,n}^N)(t)\|_{H^2} + C\sup_{t \in (-1,1)} \|\partial_x(\mathcal{S}_b^\infty(v_{0,m}^N))(t)\|_{H^2}\right)$$

$$\leqslant \|v_{0,n} - v_{0,m}\|_{L^2} \exp\left(CN^2\|v_{0,n}\|_{L^2} + CN^2\|v_{0,m}\|_{L^2}\right)$$

$$\leqslant \|v_{0,n} - v_{0,m}\|_{L^2} \exp(CN^2)$$

$$\leqslant \frac{\varepsilon}{2}.$$

这里我们利用了命题 13.6.5 的估计. 同时, 根据命题 13.6.6, 我们有

$$\sup_{t\in(-1,1)} \|\mathcal{S}_b^\infty(v_{0,n}^N)(t)\|_{L^2} \leqslant C.$$

因此, 我们得到唯一延拓 $\mathcal{S}_b^0$, (13.6.108) 成立.

为了证明 (13.6.109), 选取 v_0, $\|v_0\|_{L^2} \leqslant \lambda^{\frac{1}{2}}$, 令 $\varepsilon > 0$. 与命题 13.6.5 中的 C 一样, 选择 N ($N = N(\varepsilon, v_0)$) 足够大使得 $\|v_0 - v_0^N\|_{L^2} \leqslant \dfrac{\varepsilon}{8C}$. 现在选择 $\delta_1 = \delta_1(\varepsilon, v_0)$ 足够小使得如果 $\|v_0 - v_1\|_{L^2} \leqslant \delta_1$, 那么 $\|v_1 - v_1^N\|_{L^2} \leqslant \dfrac{\varepsilon}{4C}$. 我们有

$$\sup_{t\in[-1,1]} \|\mathcal{S}_b^0(v_0)(t) - \mathcal{S}_b^0(v_1)(t)\|_{L^2}$$

$$\leqslant \sup_{t\in[-1,1]} \|\mathcal{S}_b^0(v_0)(t) - \mathcal{S}_b^0(v_0^N)(t)\|_{L^2} + \sup_{t\in[-1,1]} \|\mathcal{S}_b^0(v_1)(t) - \mathcal{S}_b^0(v_1^N)(t)\|_{L^2}$$

$$+ \sup_{t\in[-1,1]} \|\mathcal{S}_b^0(v_1^N)(t) - \mathcal{S}_b^0(v_0^N)(t)\|_{L^2}.$$

通过命题 13.6.6, 前两项小于 $\dfrac{\varepsilon}{2}$. 对于最后一项, 再一次利用能量估计可得

$$\sup_{t\in[-1,1]} \|\mathcal{S}_b^0(v_1^N)(t) - \mathcal{S}_b^0(v_0^N)(t)\|_{L^2} \leqslant C\|v_1 - v_0\|_{L^2} \exp(CN^2),$$

利用命题 13.6.5 和命题 13.6.6, (13.6.109) 证毕.

对于 (13.6.110), 首先选择 $N = N(\varepsilon, v_0)$ 足够大使得 $\|v_0 - v_0^N\|_{L^2} \leqslant \dfrac{\varepsilon}{4C}$, 其中 C 与命题 13.6.6 中的一样. 那么 $\sup_{t\in[-1,1]} \|\mathcal{S}_b^0(v_0)(t) - \mathcal{S}_b^0(v_0^N)(t)\|_{L^2} \leqslant \dfrac{\varepsilon}{4}$, 于是简化为证明对于 N 使得如果 $|t-t'| \leqslant \delta'$, 那么 $\|\mathcal{S}_b^0(v_0^N)(t) - \mathcal{S}_b^0(v_0^N)(t')\|_{L^2} \leqslant \dfrac{\varepsilon}{2}$.

令 $f(t) = \|\mathcal{S}_b^0(v_0^N)(t)\|_{L^2}$. 根据能量方法, 结合命题 13.6.5 可得 $|f'(t)| \leqslant f(0) \exp(CN^2)$. 然后对于 $|t-t'| \leqslant \tilde{\delta}_1$, $|f(t) - f(t')| \leqslant \dfrac{\varepsilon}{4}$. 然而

$$\|\mathcal{S}_b^0(v_0^N)(t) - \mathcal{S}_b^0(v_0^N)(t')\|_{L^2}^2$$

$$= f(t) + f(t') - 2\int \mathcal{S}_b^0(v_0^N)(t) \cdot \mathcal{S}_b^0(v_0^N)(t') \mathrm{d}x$$

$$= f(t) - f(t') + 2\int \mathcal{S}_b^0(v_0^N)(t)[\mathcal{S}_b^0(v_0^N)(t) - \mathcal{S}_b^0(v_0^N)(t')]\mathrm{d}x.$$

令 $v^N(t) = \mathcal{S}_b^0(v_0^N)(t)$, 则第二项等价于

$$2\int v^N(t)\int_{t'}^t \partial_s v^N(s)\mathrm{d}s\mathrm{d}x$$

$$= 2\int_{t'}^t\int v_N(t)\left[-\mathcal{H}\partial_x^2 v^N(s) - (Q_\lambda v^N)_x - \frac{b}{2}((v^N)^2)_x(s)\right]\mathrm{d}x\mathrm{d}s.$$

根据命题 13.6.5, $\sup_{t\in[-1,1]}\|v^N(t)\|_{H^2} \leqslant C\|v_0^N\|_{H^2} \leqslant CN^2$. 因此, 第二项被 $C|t-t'|N$ 控制并且假如命题 13.6.5 和命题 13.6.6 成立, 定理 13.6.3 证毕.

命题 13.6.5 和命题 13.6.6 的证明 第一步. 假设 $v_0 \in H^\infty$, $\|v_0\|_{H^2} \leqslant M$ 且 $0 < T \leqslant 2$, $v = \mathcal{S}_b^\infty(t)$ 存在于 $[-T, T]$. 那么存在 $\lambda_0 = \lambda_0(M)$, $b_0 = b_0(M)$ 使得对于 $0 < \lambda < \lambda_0$, $0 \leqslant b < b_0$, 有

$$\sup_{t\in[-T,T]} \|v(t)\|_{H^2} \leqslant 2\|v_0\|_{H^2}. \tag{13.6.112}$$

证明 (13.6.112). 注意到 $\|\partial_x^k Q\lambda\|_{L^\infty} \leqslant C_k\lambda^{k+1}$. 令 $f(t) = \|v(t)\|_{H^2}^2$. 标准的能量估计给出

$$|f'(t)| \leqslant C(\lambda_0^2 + b_0\|\partial_x v(t)\|_{L_x^\infty})f(t) \leqslant (\lambda_0^2 + b_0(f(t))^{\frac{1}{2}})f(t).$$

积分常微分方程可得想要的结果. 作为一个推论, 我们得到在第一步的证明下存在 $v \in (-1, 1)$ 且

$$\sup_{t\in[-2,2]} \|v(t)\|_{H^2} \leqslant 2\|v_0\|_{H^2}.$$

第二步. 考虑下列问题

$$\begin{cases} u_t + \mathcal{H}u_{xx} + (Q_\lambda u)_x + \dfrac{b}{2}(u^2)_x = 0, & 在 (t,x) \in (-1,1)\times\mathbb{R} \text{ 上}, \\ u(t=0,x) = \phi, & \|\phi\|_{L^2} \leqslant \lambda^{\frac{1}{2}}. \end{cases} \tag{13.6.113}$$

我们使用参考文献 [87] 中的一些记号 P_{low}, $P_{\pm\mathrm{high}}$:

P_{low} 通过 Fourier 乘积算子定义为 $\xi \to \mathbf{1}_{[-2^{10}, 2^{10}]}(\xi)$;

$P_{\pm\mathrm{high}}$ 通过 Fourier 乘积算子定义为 $\xi \to \mathbf{1}_{[2^{10}, \infty]}(\pm\xi)$;

$P_\pm$ 通过 Fourier 乘积算子定义为 $\xi \to \mathbf{1}_{[0, \infty]}(\pm\xi)$.

令 $\phi_0 = P_{\mathrm{low}}\phi \in H^\infty$, 是实值函数, $\|\phi_0\|_{H^2} \leqslant 2^{20} = M$. 选择第一步中的 λ_0, b_0 和推论, 使得命题 13.6.4 和下列结果成立, 当 $u_0^{(1)} = \mathcal{S}_b^\infty(\phi_0)(t)$, $\sigma_i \geqslant 0$ 时,

$$\sup_{t \in [-2,2]} \|\partial_t^{\sigma_1} \partial_x^{\sigma_2} u_0^{(1)}\|_{L_x^2} \leqslant C_{\sigma_1, \sigma_2} \|\phi\|_{L^2}.$$

令 $\tilde{u} = u - u_0^{(1)}$, 则 $\tilde{u}$ 满足下列方程:

$$\begin{cases} \tilde{u}_t + \mathcal{H}\tilde{u}_{xx} + (Q_\lambda \tilde{u})_x + b(u_0^{(1)}\tilde{u})_x + \dfrac{b}{2}(\tilde{u}^2)_x = 0, \quad \text{在 } (t,x) \in (-1,1) \times \mathbb{R} \text{ 上}, \\ \tilde{u}(t=0, x) = P_{+\mathrm{high}}\phi + P_{-\mathrm{high}}\phi. \end{cases}$$

$$\text{(13.6.114)}$$

现在令 $u_0(t,x) = Q_\lambda(t,x) + bu_0^{(1)}(t,x)$. 那么

$$\sup_{t \in [-2,2]} \|\partial_t^{\sigma_1} \partial_x^{\sigma_2} u_0^{(1)}\|_{L_x^2} \leqslant C_{\sigma_1, \sigma_2}(\lambda_0^{\frac{1}{2}} + b_0).$$

现在构造类似于参考文献 [87] 中的 U_0, 并满足下列性质 $\partial_x U_0(t,x) = \dfrac{1}{2} U_0(t,x)$, $U_0(0,0) = 0$ 和

$$\sup_{t \in [-2,2]} \|\partial_t^{\sigma_1} \partial_x^{\sigma_2} U_0(t,\cdot)\|_{L_x^2} \leqslant C_{\sigma_1, \sigma_2}(\lambda_0^{\frac{1}{2}} + b_0),$$

其中 σ_1, $\sigma_2 \geqslant 0$, $(\sigma_1, \sigma_2) \neq (0,0)$.

因为 $Q_\lambda(t,x) = \dfrac{4\lambda}{1 + (\lambda x - \lambda^2 t)^2}$, 设 $U_0^{(2)}(t,x) = 2\arctan(\lambda x - \lambda^2 t)$, 回忆 $u_0^{(1)}$ 的方程满足

$$\partial_t \left(\frac{1}{2} u_0^{(1)}\right) + \mathcal{H}\partial_x^2\left(\frac{1}{2} u_0^{(1)}\right) + \partial_x\left(Q_\lambda \frac{1}{2} u_0^{(1)}\right) + b\partial_x\left(\left(\frac{1}{2} u_0^{(1)}\right)^2\right) = 0.$$

那么我们首先定义 $U_0^{(1)}(t,0)$ 通过 $U_0^{(1)}(0,0) = 0$ 和

$$\partial U_0^{(1)}(t,0) + \mathcal{H}\partial_x\left(\frac{1}{2} u_0^{(1)}(t,0)\right) + Q_\lambda(t,0)\frac{1}{2} u_0^{(1)}(t,0) + b\left(\frac{1}{2} u_0^{(1)}(t,0)\right)^2 = 0.$$

下面通过 $\partial_x U_0^{(1)}(t,x) = \dfrac{1}{2} u_0^{(1)}(t,x)$ 构造 $U_0^{(1)}(t,x)$. 注意到 $U_0^{(1)}$ 是实值函数. 利用 $u_0^{(1)}$ 的方程可得在 $\mathbb{R} \times [-2,2]$ 上,

$$\partial_x\left(\partial_t U_0^{(1)} + \mathcal{H}\partial_x^2 U_0^{(1)} + Q_\lambda \partial_x U_0^{(1)} + b(\partial_x U_0^{(1)})^2\right) = 0.$$

但是在 $\mathbb{R} \times [-2, 2]$ 上, 我们有

$$\partial_t U_0^{(1)}(t,x) + \frac{1}{2}\mathcal{H}\partial_x u_0^{(1)}(t,x) + Q_\lambda(t,x)\frac{1}{2}u_0^{(1)}(t,x) + \frac{b}{4}(u_0^{(1)}(t,x))^2 = 0.$$

然后定义 $u_0(t,x) = bu_0^{(1)}(t,x) + u_0^{(2)}(t,x)$, 并且所有的性质成立. 回忆

$$\begin{cases} \tilde{u}_t + \mathcal{H}\tilde{u}_{xx} + (u_0\tilde{u})_x + \dfrac{b}{2}(\tilde{u}^2)_x = 0, \quad \text{在 } (t,x) \in (-1,1) \times \mathbb{R} \text{ 上,} \\ \tilde{u}(t=0,x) = P_{+\text{high}}\phi + P_{-\text{high}}\phi. \end{cases}$$

$$(13.6.115)$$

下面开始参考文献 [87] 的第二节. 定义

$$P_{+\text{high}}\tilde{u} = e^{-iU_0}w_+, \quad P_{-\text{high}}\tilde{u} = e^{iU_0}w_- \quad \text{和} \quad P_{\text{low}}\tilde{u} = w_0.$$

应用 $P_{+\text{high}}$, $P_{-\text{high}}$ 和 P_{low} 对上面的方程和上面的定义, 我们有

$$(w_+)_t + \mathcal{H}\partial_x^2 w_+$$
$$= -\frac{b}{2}e^{-iU_0}P_{+\text{high}}\partial_x((e^{-iU_0}w_+ + e^{-iU_0}w_- + w_0)^2)$$
$$\quad - e^{-iU_0}P_{+\text{high}}\partial_x(u_0(e^{-iU_0}w_- + w_0)) + e^{-iU_0}(P_{-\text{high}} + P_{\text{low}})(e^{-iU_0}u_0\partial_x w_+)$$
$$\quad + 2iP_-\partial_x^2 w_+ - e^{-iU_0}P_{+\text{high}}(\partial_x(u_0 e^{-iU_0}w_+)) + iw_+[(U_0)_t - i(U_0)_{xx} - ((U_0)_x)^2].$$

经过计算之后, 可得

$$(w_+)_t + \mathcal{H}\partial_x^2 w_+ = -\frac{b}{2}e^{iU_0}P_{+\text{high}}\partial_x((e^{-iU_0}w_+ + e^{iU_0}w_- + w_0)^2)$$
$$\quad - e^{-iU_0}P_{+\text{high}}[\partial_x(u_0 P_{-\text{high}}(e^{-iU_0}w_-) + u_0 P_{\text{low}}(w_0))]$$
$$\quad + e^{-iU_0}(P_{-\text{high}} + P_{\text{low}})[\partial_x(u_0 P_{+\text{high}}(e^{-iU_0}w_+))]$$
$$\quad + 2iP_-[\partial_x^2(e^{iu_0}P_{+\text{high}}(e^{-iU_0}w_-))]$$
$$\quad + iw_+[(U_0)_t + \mathcal{H}\partial_x^2 - U_0 + (\partial_x U_0)^2 + iP_+\partial_x U_0],$$

回忆 $\partial_x U_0^{(2)} = \dfrac{1}{2}Q_\lambda$ 并且 Q_λ 是方程 $\partial_t Q_\lambda + \mathcal{H}\partial_x^2 Q_\lambda + \partial_x\left(\dfrac{1}{2}Q_\lambda^2\right) = 0$ 或者

$\partial_t U_0^{(2)} + \mathcal{H}\partial_x U_0^{(2)} = -\dfrac{1}{4}Q_\lambda^2$ 和 $\partial_t U_0^{(1)} + \mathcal{H}\partial_x^2 U_0^{(1)} = -Q_\lambda\partial_x U_0^{(1)} - b(\partial_x U_0^{(1)})^2$ 解. 因此,

$\partial_t U_0 + \mathcal{H}\partial_x^2 U_0 + (\partial_x U_0)^2 = 0$, 并且我们可以得到 $\partial w_+ + \mathcal{H}w_+ = E_+(w_+, w_-, w_0)$,

这里 E_+ 见参考文献 [87] 中定义, p.756. 除了第一项乘 b. w_- 的方程和 E_- 方程是类似的. w_0 的方程可写为

$$\partial_t(P_{\text{low}}\tilde{u}) + \mathcal{H}\partial_x^2 P_{\text{low}}\tilde{u} + P_{\text{low}}\partial_x(u_0\tilde{u}) + \frac{b}{2}P_{\text{low}}\partial_x((\tilde{u})^2) = 0,$$

其中 $\tilde{u} = e^{-iU_0}w_+ + e^{iU_0}w_- + w_0$. 下面我们注意到当 $\delta = (\lambda_0^{\frac{1}{2}} + b_0)$, 参考文献 [87] 中的 (10.19) 成立. 由于这个和 E_+, E_-, E_0 形式就像参考文献 [87] 中命题 10.5 一样, 我们有

$$\|\psi(t)(\boldsymbol{E}(\boldsymbol{w}) - \boldsymbol{E}(\boldsymbol{w}'))\|_{N^\sigma} \leqslant Cb_0\|\boldsymbol{w} - \boldsymbol{w}'\|_{F^\sigma}(\|\boldsymbol{w}\|_{F^0} + \|\boldsymbol{w}'\|_{F^0}) + C\sigma\|\boldsymbol{w} - \boldsymbol{w}'\|_{F^\sigma}$$
$$+ Cb_0\|\boldsymbol{w} - \boldsymbol{w}'\|_{F^0}(\|\boldsymbol{w}\|_{F^\sigma} + \|\boldsymbol{w}'\|_{F^\sigma}),$$

其中 $\boldsymbol{w} = (w_+, w_-, w_0)$ 和

$$\boldsymbol{E}(\boldsymbol{w}) = (E_+(w_+, w_-, w_0), E_-(w_+, w_-, w_0), E_0(w_+, w_-, w_0)).$$

其余的符号 (范数 $\|\cdot\|_{N^\sigma}$ 和函数 ψ) 也来自文献 [87]. 我们有一个不同于 E_0 的估计, 但是在参考文献 [87] 中 (10.27) 式也给出了我们的估计.

下面我们构造下列方程的一个解

$$\begin{cases} \boldsymbol{v}_t + \mathcal{H}\boldsymbol{v}_{xx} = \boldsymbol{E}(\boldsymbol{v}), & \text{在 } \mathbb{R} \times \left[-\frac{5}{4}, \frac{5}{4}\right] \text{ 上,} \\ \boldsymbol{v}(0) = \boldsymbol{\phi}, \end{cases}$$

在参考文献 [87] 中 (10.32)—(10.37). 注意文献 [87] 中 (10.35) 和 $\|v(\boldsymbol{\Phi}) - v(\boldsymbol{\Phi}')\|_{F^0[-\frac{5}{4},\frac{5}{4}]} \leqslant C\|\boldsymbol{\Phi} - \boldsymbol{\Phi}'\|_{\tilde{H}^0}$ 也成立. 其次, 参考文献 [87] 引理 10.1 中

$$\boldsymbol{\Phi} = (\phi_+, \phi_-, \phi_0) = (e^{iU_0(0,\cdot)}P_{+\text{high}}\phi, e^{iU_0(0,\cdot)}P_{-\text{high}}\phi, 0), \quad \boldsymbol{\Phi} \in \tilde{H}^{20}.$$

下面展示 $(w_+, w_-, w_0) = \boldsymbol{v}(\boldsymbol{\Phi})$ 在 $\mathbb{R} \times [-1, 1]$ 上. 这与参考文献 [87] 一样. 命题 13.6.5 和命题 13.6.6 的第二项估计遵循 $\boldsymbol{v}(\boldsymbol{\Phi})$ 的有界性, 例如文献 [87] 中 (10.35). 对于命题 13.6.6, 注意到 N 足够大, 通过在 $\hat{\phi}_N = \mathbf{1}_{[-N,N]}(\xi)\hat{\phi}(\xi)$ 中定义的 ϕ 和 ϕ_N 与 U_0 一致. 然后我们有

$$u(t,x) = u_0^{(1)} + u - u_0^{(1)} = u_0^{(1)} + e^{-iU_0}w_+ + e^{iU_0}w_- + w_0,$$

类似地,

$$u^N(t,x) = u_0^{(1)} + u^N - u_0^{(1)} = u_0^{(1)} + e^{iU_0}w_+^N + e^{iU_0}w_-^N + w_0^N.$$

因此

$$\sup_{t\in[-1,1]} \|u(t,\cdot) - u^N(t,\cdot)\|_{L^2} \leqslant \sup_{t\in[-1,1]} \|w(t) - w^N(t)\|_{L^2}$$

$$\leqslant C\|\psi(t)[w - w^N]\|_{F^0} \leqslant C\|\phi - \phi^N\|_{L^2}.$$

至此我们完成了命题 13.6.5 和命题 13.6.6 的证明. □

参 考 文 献

[1] Sobolev S L. Some Applications of Functional Analysis in Mathematical Physics.Wang Rouhuai translated. The Science Publishing Company(Chinese), 1959.

[2] Admas R A, Fournier J J F. Sobolev Space. 2nd ed. Amsterdam: Academic Press, 2003.

[3] Lions J L. Quelques Methodes de Resolution des Problemes aux Limites Nonlieaires. Paris: Dunod-Gauthier Villars, 1969.

[4] Friedman A. Partial Differential Equations. London: Holt, Rinehart and Winston, 1969.

[5] Smoller J. Shock Waves and Reaction-diffusion Equations. New York: Springer-Verlag, 1983.

[6] Guo B. The global solution for a class of generalized KdV equations. Acta Math. Sinica (Chinese), 1982, 25: 641-656.

[7] Guo B. Global Solutions of a class of equations in the comlex Schrodinger field and the Boussinesq self consistent field. Journal of Mathematics (Chinese), 1983, 26(3): 295-306.

[8] Guo B. The existence and uniqueness of the global solution to the periodic initial value problem for a class of KdV nonlinear Schrödinger equation. Journal of Mathematics (Chinese), 1983, 26(5): 513-532.

[9] Guo B, Shen L. The periodic initial value problem and the initial value problem for the system of KdV equation coupling with nonlinear Schrödinger equation. Proceedings of DD-3 Symposium, 1982: 417-435.

[10] Zhou Y L, Guo B L. Periodic boundary problem and initial value problem for high order Kortewey-de Vries generalized equations. Journal of Mathematics (Chinese), 1984, 27(2): 154-176.

[11] Zhou Y, Guo B. A class of general systems of KdV type I, weak solutions with derivative. Acta Mathematicae Applicatae Sinica, 1984, (2): 59-68.

[12] Zhou Y, Guo B. Existence of weak solution for boundary problems of systems of ferromagnetic chain. Scientia Sinica (Ser. A), 1984, 27(8): 799-811.

[13] Zhou Y, Guo B. Some boundary problems of the spin systems and the systems of ferromagnetic chain I: Nonlinear boundary problems. Acta. Math. Scientia, 1986, 6(3): 321-337.

[14] Zhou Y, Guo B. Some boundary problems of the spin systems and the systems of ferromagnetic chain II mixed problems and others. Acta Math. Scientia, 1987, 7(2): 121-132.

[15] Zhou Y, Guo B. Existence of global weak solutions for generalized Korteweg-de Vries systems with several variables. Science in China Ser. A, 1986, 50(4): 375-390.

[16] Zhou Y, Guo B. Weak solution of ferromagnetic chain with several variables. Science in China Ser. A, 1987, 30(12): 1251-1266.

[17] Zhou Y, Guo B. Initial value problems for a nonlinear singular integra-differential equation of deep water. Partial Differential Equations, 1986, 1306: 278-290.

[18] Zhou Y, Guo B, Tan T. Existence and uniqueness of smooth solution for system of ferromagnetic chain. Science in China Ser. A, 1991, 54(3): 257-266.

[19] Guo B. On some problems for a wide class of the systems of Zakharov equations. Proceedings of Zakharov Equations, 1982: 395-415.

[20] Guo B. Initial boundary value problem for one class of system of multidimensional nonlinear Schrödinger equations with wave operator. Science in China Ser. A, 1983, 26(6): 561-575.

[21] Tao T. Multilinear weighted convolution of L^2 functions, and applications to nonlinear dispersive equations. Amer. J. Math., 2001, 123: 839-908.

[22] Guo B. Initial boundary value problem for one class of system of multi dimensional in homogeneous GBBM equations. Chin. Ann. Math., 1987, 8B(2): 226-238.

[23] Guo B. Some Problems of the Generalized Kuramoto-Sivashinsky Type Equations with Dispersive Effects. Berlin, Heidelberg: Springer, 1990.

[24] Pava J A. Existence and stability of solitary wave solutions of the Benjamin equation. J. Diff. Equ., 1999, 152: 136-159.

[25] Benjamin T B. A new kind of solitary wave. J. Fluid Mech., 1992, 245: 401-411.

[26] Linares F. L^2 global well-posedness of the initial value problem associated to the Benjamin equation. J. Diff. Equ., 1999, 152: 377-393.

[27] Bourgain J. Fourier transform restriction phenomena for certain lattice subsets and applications to nonlinear evolution equations. Geometric & Functional Analysis Gafa, 1993, 3(2): 107-156.

[28] Kenig C E, Ponce G, Vega L. The Cauchy problem for the Korteweg-de Vries equation in Sobolev spaces of negative indices. Duke Math. J., 1993, 71: 1-21.

[29] Kenig C E, Ponce G, Vega L. A bilinear estimate with applications to the KdV equation. J. Amer. Math. Soc., 1996, 9: 573-603.

[30] Ozawa T. On the nonlinear Schrödinger equations of derivative type. Indiana Univ. Math. J., 1996, 45: 137-163.

[31] Takaoka H. Well-posedness for the one-dimensional nonlinear Schrödinger equation with the derivative nonlinearity. Adv. Diff. Equ., 1999, 4: 561-580.

[32] Takaoka H. Global well-posedness for Schrodinger equations with derivative in a nonlinear term and data in low-order Sobolev spaces. Electronic Journal of Differential Equations, 2001, 2001: 221-222.

[33] Guo B, Tan S B. Global smooth solution for nonlinear evolution equation of Hirota type. Science in China, Ser. A, 1992, 35:1425.

[34] Laurey C. The Cauchy problem for a third order nonlinear Schrödinger equation. Nonlinear Anal, TMA, 1997, 29: 121-158.

[35] Tan S, Han Y. Long time behavior of solutions for nonlinear generalized evolution equation. Chinese Ann. Math. Ser. A, 1995, 16: 127-141.

[36] Kenig C E, Ponce G, Vega L. Oscillatory integrals and regularity of dispersive equations. Indiana Univ. Math. J., 1991, 40: 33-69.

[37] Abdelouhab L, Bona J L, Felland M, Saut J C. Nonlocal models for nonlinear dispersive waves. Physica D Nonlinear Phenomena, 1989, 40: 360-392.

[38] Birnir B, Kenig C E, Ponce G, Svanstedt N, Vega L. On the ill-posedness of the IVP for the generalized Korteweg-de Vries and nonlinear Schrödinger equation. J. London Math. Soc., 1996, 53: 551-559.

[39] Guo B, Tan S. Long time behavior for the equation of finitedepth fluids. Commum. Math. Phys., 1994, 163: 1-15.

[40] Joseph R I. Solitary waves in a finite depth fluid. J. Phys. A, 1977, 10: L225-L227.

[41] Kato T. On the Cauchy problem for the (generalized) Korteweg-de Vries equation. Studies in Appl. Math. Adv. in Math. Suppl. Stud., 1983, 8: 93-128.

[42] Kenig C E, Ponce G, Vega L. Well-posedness of the initial value problem for the Korteweg-de Vries equation. J. Amer. Math. Soc., 1991, 4: 323-347.

[43] Kenig C E, Ponce G, Vega L. Well-posedness and scattering results for the generalized Korteweg-de Vries equation via contraction principle. Comm. Pure Appl. Math., 1993, 46: 527-620.

[44] Kodama Y, Satsuma J, Ablowitz M J. Nonlinear intermediate long-wave equation: Analysis and method of solution. Phys. Rev. Lett., 1981, 46: 687-690.

[45] Molinet L, Ribaud F. On the cauchy problem for the generalized Korteweg-de Vries equation. Comm. Part. Diff. Equ., 2003, 28: 2065-2091.

[46] Molinet L, Ribaud F. Well-posedness results for the generalized Benjamin-Ono equation with small initial data. J. Math. Pures Appl., 2004, 83: 277-311.

[47] Satsuma J, Ablowitz M J, Kodama Y. On an internal wave equation describing a stratified fluid with finite depth. Phys. Lett. A, 1979, 73: 283-286.

[48] Triebel H. Theory of Function Spaces. Basle: Springer, 1992.

[49] Guo Z, Wang B. Global well-posedness and limit behavior for the modified finite depth-fluid equation. arXiv: 0809.2318v1. 2008.

[50] Han L, Wang B. Global wellposedness and limit behavior for the generalized finitedepth-fluid equation with small data in critical Besov spaces [formula omitted]. J. Diff. Equ., 2008, 245: 2103-2144.

[51] 韩励佳. 广义有限深度流方程解的整体适定性和极限行为. 北京: 北京大学, 2009.

[52] Ablowitz M J, Clarkson P A. Solitons, Nonlinear Evolution Equations and Inverse Scattering. Cambridge: Cambridge University Press, 1992.

[53] Ablowitz M J, Segur H. Long internal waves in fluids of great depth. Stud. Appl. Math., 1980, 62: 249-262.

[54] Ablowitz M J, Villarroel J. On the Kadomtsev-Petviashvili equation and associated constraints. Stud. Appl. Math., 1991, 85: 195-213.

[55] Bourgain J. On the Cauchy problem for the Kadomtsev-Petviashvili equation. Geometric Functional Analysis GAFA, 1993, 3(4): 315-341.

[56] Faminskii A V. The Cauchy problem for the Kadomtsev-Petviashvili equation. Russ. Math. Surv., 1990, 45: 203-204.

[57] Guo B L, Tan S B. Cauchy problem for a generalized nonlinear dispersive equation. J. Part. Diff. Equat., 1992, 5: 37-50.

[58] Isaza P, Mejia J, Stallbohm V. Local solution for the kadomtsev-petviashvili equation in R^2. Journal of Mathematical Analysis and Applications, 1995, 196(2): 566-587.

[59] Kadomtsev B B, Petviashvili V I. On the stability of solitary waves in weakly dispersing media. Soviet Phys. Dokl., 1970, 15: 539-543.

[60] Kato T. Quasi-linear equations of evolution, with applications to partial differential equations. Lecture Notes in Mathematics, 1975, 448: 25-70.

[61] Kato T, Ponce G. Commutator estimates and the Euler and navier-stokes equations. Comm. Pure Appl. Math., 1988, 41: 891-907.

[62] Kenig C E, Ponce G, Vega L. On the (generalized) Korteweg-de Vries equation. Duke Math. J., 1989, 59: 585-610.

[63] Saut J C. Remarks on the generalized Kadomtsev-Petviashvili equations. Indiana Univ. Math. J., 1993, 42: 1011-1026.

[64] Spector M D, Miloh T. Stability of nonlinear periodic internal waves in a deep stratified fluid. SIAM J. Appl. Math., 1994, 54: 688-707.

[65] Ukai S. Local solutions of the Kadomtsev-Petviashvili equation. J. Fac. Sci. Univ. Tokyo Sect. IA Math., 1989, 36: 193-209.

[66] Wang X P, Ablowitz M J, Segur H. Wave collapse and instability of solitary waves of a generalized Kadomtsev-Petviashvili equation. Physica D: Nonlinear Phenomena, 1994, 78: 241-265.

[67] de Bouard A, Debussche A. On the stochastic Korteweg-de Vries equation. J. Funct. Anal., 1998, 154: 215-251.

[68] de Bouard A, Debussche A, Tsutsumi Y. White noise driven Korteweg-de Vries equation. J. Funct. Anal., 1999, 169: 532-558.

[69] de Bouard A, Debussche A. Random modulation of solitons for the stochastic Korteweg-de Vries equation. Annales de l Institut Henri Poincare (C) Non Linear Analysis, 2007, 24(2): 251-278.

[70] Bourgain J. Fourier transform restriction phenomena for certain lattice subsets and applications to nonlinear evolution equations. Part II: The KdV equation. Geom. Funct. Anal., 1993, 3: 209-262.

[71] Chen Y, Gao H J, Guo B L. Well-posedness for stochastic Camassa-Holm equation. J. Diff. Equ., 2012, 253: 2353-2379.

[72] Colliander J, Keel M, Staffilani G, Takaoka H, Tao T. Global well-posedness for Schrödinger equations with derivative. SIAM J. Math. Anal., 2001, 33: 649-669.

[73] Colliander J, Keel M, Staffilani G, Takaoka H, Tao T. Global well-posedness for KdV in Sobolev spaces of negative index. Electr. J. Diff. Equ., 2001, 26: 1-7.

[74] Colliander J, Keel M, Staffilani G, Takaoka H, Tao T. Almost conservation laws and global rough solutions to a nonlinear Schrödinger equation. Math. Res. Lett., 2002, 9: 659-682.

[75] Colliander J, Keel M, Staffilani G, Takaoka H, Tao T. Sharp global well-posedness for KdV and modified KdV on $\mathbb{R}$ and $\mathbb{T}$. J. Amer. Math. Soc., 2003, 16: 705-749.

[76] Colliander J, Kenig C E, Staffilani G. Local well-posedness for dispersion generalized Benjamin-Ono equations. Diff. Int. Equ., 2003, 16: 1441-1472.

[77] Ginibre J, Velo G. Smoothing properties and existence of solutions for the generalized Benjamin-Ono equation. J. Diff. Eqns., 1991, 93: 150-212.

[78] Gruñrock A. New applications of the Fourier restriction norm method to wellposedness problems for nonlinear evolution equations. Dissertation, University of Wuppertal, 2002.

[79] Grünrock A. An improved local well-posedness result for the modified KdV equation. Int. Math. Res. Not., 2004, 61: 3287-3308.

[80] Guo Z H. Global well-posedness of Korteweg-de Vries equation in $H^{-3/4}(\mathbb{R})$. J. Math. Pures Appl., 2009, 91: 583-597.

[81] Guo Z H. Local well-posedness for dispersion generalized Benjamin-Ono equations in Sobolev spaces. J. Diff. Equ., 2012, 25: 2053-2084.

[82] Herr S. Well-posedness results for dispersive equations with derivative nonlinearities. Dissertation, Dem Fachbereich Mathematik der University at Dormund, 2006.

[83] Herr S. Well-posedness for equations of Benjamin-Ono type. Illinois J. Math., 2007, 51: 951-976.

[84] Herr S, Ionescu A D, Kenig C E, Koch H. A para-differential renormalization technique for nonlinear dispersive equations. Comm. Part. Diff. Equ., 2010, 35: 1827-1875.

[85] Kato T. Quasilinear equation of evolution with applications to partial differential equations. Berlin: Springer, 1975: 27-50.

[86] Kenig C, Ponce G, Vega L. On the ill-posedness of some canonical dispersive equations. Duke Math. J., 2001, 106: 617-633.

[87] Ionescu A, Kenig C. Global well-posedness of the Benjamin-Ono equation in low regularity spaces. J. Amer. Math. Soc., 2007, 20: 753-798.

[88] Kappeler T, Topalov P. Global well-posedness of mKdV in $L^2(\mathbb{T}, \mathbb{R})$. Comm. Partial Diff. Equ., 2005, 30: 435-449.

[89] Kappeler T, Topalov P. Global wellposedness of KdV in $H^{-1}(\mathbb{T}, \mathbb{R})$. Duke Math. J., 2006, 135: 327-360.

[90] Kishimoto N. Well-posedness of the Cauchy problem for the Korteweg-de Vries equation at the critical regularity. Diff. Int. Equ., 2009, 22: 447-464.

[91] Koch H, Tzvetkov N. On the local well-posedness of the Benjamin-Ono equation in $H^s(\mathbb{R})$. Int. Math. Res. Not., 2003, 26: 1449-1464.

[92] Molinet L. Sharp ill-posedness results for the KdV and mKdV equations on the torus. Advances in Mathematics, 2012, 230: 1895-1930.

[93] Molinet L. Global well-posedness in the energy space for the Benjamin-Ono equation on the circle. Math. Ann., 2007, 337: 353-383.

[94] Molinet L. Global well-posedness in L^2 for the periodic Benjamin-Ono equation. Amer. J. Math., 2008, 130: 635-683.

[95] Molinet L. Sharp ill-posedness result for the periodic Benjamin-Ono equation. J. Funct. Anal., 2009, 257: 3488-3516.

[96] Molinet L, Pilod D. The Cauchy problem for the Benjamin-Ono equation in L^2 Revisited. Anal. PDE, 2012, 5: 365-395.

[97] Molinet L, Saut J C, Tzvetkov N. Ill-posedness issues for the Benjamin-Ono and related equations. SIAM J. Math. Anal., 2001, 33: 982-988.

[98] Nguyen T. Power series solution for the modified KdV equation. Electron. Electr. J. Diff. Eqns., 2008, 2008: 359-370.

[99] Nakanishi K, Takaoka H, Tsutsumi Y. Local well-posedness in low regularity of the mKdV equation with periodic boundary condition. Discrete Contin. Dyn. Syst., 2010, 28: 1635-1654.

[100] Olver P, Rosenu P. Tri-Hamiltonian duality between solitons and solitary-wave solutions having compact support. Phys. Rev. E., 1996, 53: 1900-1906.

[101] Prato G, Zabczyk J. Stochastic Equations in Infinite Dimensions. Cambridge: Cambridge University Press, 1992.

[102] Richards G. Well-posedness of the stochastic KdV-Burgers equation. Stochastic Process and Their Applications, 2014, 124: 1627-1647.

[103] Richards G. Maximal-in-time behavior of deterministic and stochastic dispersive PDEs. Ph.D. Thesis, University of Toronto, 2012.

[104] Kwon S, Oh T. On unconditional well-posedness of modified KdV. Int. Math. Res. Not., 2012, 15: 3509-3534.

[105] Tao T. Global well-posedness of the Benjamin-Ono equation in $H^1(\mathbb{R})$. J. Hyperbolic Differ. Equ., 2004, 1: 27-49.

[106] Takaoka H, Tsutsumi Y. Well-posedness of the Cauchy problem for the modified KdV equation with periodic boundary condition. Int. Math. Res. Not., 2004, 56: 3009-3040.

[107] Benjamin T B. Internal waves of permanent form in fluids of great depth. J. Fluid Mech., 1967, 29: 559-592.

[108] Burq N, Planchon F. On well-posedness for the Benjamin-Ono equation. Math. Ann., 2008, 340: 497-542.

[109] Iorio R J. On the Cauchy problem for the Benjamin-Ono equation. Comm. Partial Diff. Eqns., 1986, 11: 1031-1081.

[110] Kenig C E, Koenig K D. On the local well-posedness of the Benjamin-Ono and modified Benjamin-Ono equations. Math. Res. Lett., 2003, 10: 879-895.

[111] Klainerman S, Machedon M. Space-time estimates for null forms and the local existence theorem. Comm. Pure Appl. Math., 1993, 46: 1221-1268.

[112] Klainerman S, Selberg S. Remark on the optimal regularity for equations of wave maps type. Comm. Partial Diff. Eqns., 1997, 22: 901-918.

[113] Ono H. Algebraic solitary waves in stratieduids fluids. J. Phys. Soc. Japan, 1975, 39: 1082-1091.

[114] Ponce G. On the global well-posedness of the Benjamin-Ono equation. Diff. Int. Equ., 1991, 4: 527-542.

[115] Saut J C. Sur quelques généralisations de léquation de Korteweg-de Vries. J. Math. Pures Appl., 1979, 58: 21-61.

[116] Tao T. Global regularity of wave maps, I: Small critical Sobolev norm in high dimension. Int. Math. Res. Not., 2001, 2001: 299-328.

[117] Tao T. Global regularity of wave maps II. Small energy in two dimensions. Comm. Math. Phys., 2001, 224: 443-544.

[118] Tataru D. Local and global results for wave maps I. Comm. Partial Diff. Equ., 1998, 23: 1781-1793.

[119] Tataru D. On global existence and scattering for the wave maps equation. Amer. J. Math., 2001, 123: 37-77.

[120] Tom M. Smoothing properties of some weak solutions of the Benjamin-Ono equation. Diff. Int. Equ., 1990, 3: 683-694.

[121] Sidi A, Sulem C, Sulem P L. On the long time behaviour of a generalized KdV equation. Acta Applicandae Math. J., 1986, 7: 35-47.

[122] Koch H, Tzvetkov N. Nonlinear wave interactions for the Benjamin-Ono equation. Int. Math. Res. Not. IMRN, 2005, 30: 1833-1847.

[123] Herr S. An improved bilinear estimate for Benjamin-Ono type equations. https://arxiv.org/abs/math/0509218v1. 2005.

[124] lonescu A D, Kenig C E. Complex-valued solutions of the Benjamin-Ono equation, Harmonic analysis, partial differential equations, and related topics. Contemp Math. 2007, 428: 61-74.

[125] Zhou Y L, Guo B L. Global solutions and there large-time behavior of Cauchy problem for equations of deep water type. J. Part. Diff Equat., 1996, 9: 1-41.

[126] Guo B L, Huo Z H. The well-posedness of the Korteweg-de Vries-Benjamin-Ono equation. J. Math. Anal. Appl., 2004, 295: 444-458.

[127] Grillakis M, Shatah J, Strauss W. Stability theory of solitary waves in the presence of symmetry, I. J. Funct. Anal., 1987, 74: 160-197.

[128] Grillakis M, Shatah J, Strauss W. Stability theory of solitary waves in the presence of symmetry, II. J. Funct. Anal., 1990, 94: 308-348.

[129] Luenberger D. Optimization by Vector Space Methods. New York: Wiley and Sons, 1997.

[130] Bennett D P, Brown R W, Stansfield S E, Stroughair J D, Bona J L. The stability of internal solitary waves. Math. Proc. Cambridge Philos. Soc., 1983, 94: 351-379.

[131] Albert J P, Bona J L, Henry D B. Sufficient conditions for stability of solitary-wave solutions of model equations for long waves. Physica D: Nonlinear Phenomena, 1987, 24: 343-366.

[132] Kato T. Perturbation Theory for Linear Operators. 2nd ed. Berlin: Springer, 1984.

[133] Amick C J, Toland J F. Uniqueness and related analytic properties for the Benjamin-Ono equation a nonlinear Neumann problem in the plane. Acta Math., 1991, 167: 107-126.

[134] Bona J L, Souganidis P E, Strauss W A. Stability and instability of solitary waves of Korteweg-de Vries type. Proc. Roy. Soc. London Ser., 1987, A 411: 395-412.

[135] Calderon A P. Commutators of singular integral operators. Proc. Nat. Acad. Sci. U.S.A., 1965, 53: 1092-1099.

[136] Coifman R R, Meyer Y. On commutators of singular integrals and bilinear singular integrals. Trans. Amer. Math. Soc., 1975, 212: 315-331.

[137] Ginibre J, Velo G. Commutator expansions and smoothing properties of generalized Benjamin-Ono equations. Ann. Inst. H. Poincare Phys. Theor., 1989, 51: 221-229.

[138] Gustafson S, Takaoka H, Tsai T P. Tsai, Stability in $H^{\frac{1}{2}}$ of the sum of K solitons for the Benjamin-Ono equation. J. Math. Phys., 2009, 50: 013101.

[139] Martel Y. Linear problems related to asymptotic stability of solitons of the generalized KdV equations. SIAM J. Math. Anal., 2006, 38: 759-781.

[140] Martel Y, Merle F. Instability of solitons for the critical generalized Korteweg-de Vries equation. Geom. Funct. Anal., 2001, 11: 74-123.

[141] Martel Y, Merle F. A Liouville theorem for the critical generalized Korteweg-de Vries equation. J. Math. Pures Appl., 2000, 79: 339-425.

[142] Martel Y, Merle F. Asymptotic stability of solitons for subcritical generalized KdV equations. Arch. Ration. Mech. Anal., 2001, 157: 219-254.

[143] Martel Y, Merle F. Asymptotic stability of solitons of the subcritical gKdV equations revisited. Nonlinearity, 2005, 18: 55-80.

[144] Martel Y, Merle F. Asymptotic stability of solitons of the gKdV equations with general nonlinearity. Math. Ann., 2008, 341: 391-427.

[145] Martel Y, Merle F. Refined asymptotics around soliton for gKdV equations. Discrete Contin. Dyn. Syst., 2008, 20: 177-218.

[146] Martel Y, Merle F, Tsai T P. Stability and asymptotic stability in the energy space of the sum of N solitons for subcritical gKdV equations. Comm. Math. Phys., 2002, 231: 347-373.

[147] Matsuno Y. The Lyapunov stability of the N-soliton solutions in the Lax hierarchy of the Benjamin-Ono equation. J. Math. Phys., 2006, 47:103505.

[148] Neves A, Lopes O. Orbital stability of double solitons for the Benjamin-Ono equation. Comm. Math. Phys., 2006, 262: 757-791.

[149] Pego R L, Weinstein M I. Asymptotic stability of solitary waves. Comm. Math. Phys., 1994, 164: 305-349.

[150] Ponce G. Smoothing properties of solutions to the Benjamin-Ono equation//Analysis and Partial Differential Equations. New York: Dekker, 1989: 667-679.

[151] Stein E. Singular Integrals and Differentiability Properties of Functions. Princeton: Princeton Univ. Press, 1970.

[152] Toland J F. The Peierls-Nabarro and Benjamin-Ono equations. J. Funct. Anal., 1997, 145: 136-150.

[153] Weinstein M I. Modulational stability of ground states of nonlinear Schrödinger equations. SIAM J. Math. Anal., 1985, 16: 472-491.

[154] Weinstein M I. Lyapunov stability of ground states of nonlinear dispersive evolution equations. Comm. Pure Appl. Math., 1986, 39: 51-67.

[155] Weinstein M I. Existence and dynamic stability of solitary wave solutions of equations arising in long wave propagation. Comm. Partial Diff. Eqns., 1987, 12: 1133-1173.

[156] Whitham G B. Non-linear dispersion of water waves. Journal of Fluid Mechanics, 1967, 27: 399-412.

[157] Benjamin T B. Internal waves of finite amplitude and permanent from. J. Fluid Mech., 1966, 25: 241-270.